中国地质调查成果 CGS 2024-001

# 清江流域水文地质调查与地下水资源研究

QINGJIANG LIUYU SHUIWEN DIZHI DIAOCHA YU DIXIASHUI ZIYUAN YANJIU

黄长生　王节涛　刘凤梅
龚　冲　王芳婷　著

**图书在版编目(CIP)数据**

清江流域水文地质调查与地下水资源研究/黄长生等著.—武汉：中国地质大学出版社，2024.7

ISBN 978-7-5625-5559-9

Ⅰ.①清…　Ⅱ.①黄…　Ⅲ.①清江-流域-水文地质调查 ②清江-流域-地下水资源-研究　Ⅳ.①P641

中国国家版本馆 CIP 数据核字(2023)第 202193 号

**清江流域水文地质调查与地下水资源研究**　　黄长生　王节涛　刘凤梅　龚　冲　王芳婷　著

责任编辑:李焕杰　　选题策划:王凤林　　责任校对:何澍语

出版发行:中国地质大学出版社(武汉市洪山区鲁磨路 388 号)　　邮编:430074
电　　话:(027)67883511　　传　　真:(027)67883580　　E-mail:cbb@cug.edu.cn
经　　销:全国新华书店　　http://cugp.cug.edu.cn

开本:787 毫米×1092 毫米　1/16　　字数:448 千字　　印张:17.5
版次:2024 年 7 月第 1 版　　印次:2024 年 7 月第 1 次印刷
印刷:武汉精一佳印刷有限公司

ISBN 978-7-5625-5559-9　　定价:168.00 元

# 《清江流域水文地质调查与地下水资源研究》编撰委员会

**主　任：**黄长生　王节涛

**委　员：**刘凤梅　龚　冲　王芳婷　刘学浩
李　璇　陈　威　韩文静　尹志彬
侯萍萍　韩基弘　李晓哲　任崇贺
邹　金

# 前言

PREFACE

清江流域是长江在湖北省境内的第二大支流，流经7个县(市)，流域面积约16 700km$^2$。清江流域水文地质调查工作主要在清江流域及长江流域湖北、河南、陕西三省范围内开展，掌握了清江流域的水文地质特征和岩溶发育特征，在多尺度水文要素监测网络的基础上，构建了地表水-地下水一体化调查-监测-评价方法，实现了清江流域地下水-地表水转换特征的研究。

笔者组织开展了长江流域地下水资源评价工作，建立了长江流域概念性水资源模型，实现了不同地区的水资源量的计算评价，开展了清江流域水化学特征与地下水质量的评价工作，实现了对清江流域水质状况的全面掌控与分析，提出了长江流域水资源、水生态、水环境问题的地球科学解决方案，支撑了服务脱贫攻坚和水资源管理中心工作。

此外，完成了1∶25万区域水文地质补充调查和重点区1∶5万水文地质调查工作，完成了长江流域湖北、河南、陕西范围的地下水资源年度评价和周期评价，以及清江流域、渝东北、江汉平原、南襄盆地等2019—2021年周期性的重点地区地下水位统测，并实现了科学技术与理论技术的创新，构建了岩溶流域地表水-地下水一体化调查评价方法，建立了分层封隔地下水流速流向监测及极限方程法计算方法，完善了清江流域水资源承载力评价理论与方法，探索了建立流域水量-水质-水生态多维度评价方法体系，分析了水资源与经济、社会、环境等方面之间的相互制约关系。

在以上基础上，开展了科技成果转化以及有效社会服务，开展了打井找水脱贫攻坚服务，以及白石河、龙洞湾污染调查治理服务，全面分析了水资源动态变化对长江大保护的影响。最终，建立清江流域及长江流域水文地质与水资源调查评价数据库，为长江流域水文地质与水资源调查评价的后续工作奠定了良好的基础，建立了优秀的水资源调查创新团队，培养了优秀地质人才，取得了多项优秀论文、重点专项专利等创新的实质性科研成果。

著　者

2023年12月

CONTENTS

## 第二篇　长江流域地下水位统测与地下水资源评价

# 第一章 绪 论

## 第一节 项目概况

本专著为二级项目“清江流域水文地质调查”的重要成果。该项目承担单位为中国地质调查局武汉地质调查中心，项目负责人是黄长生，项目所属一级项目名称为“地质灾害隐患和水文地质环境地质调查”，项目所属工程名称为“长江流域水文地质调查”，项目周期是2019—2021年。

### 一、目标任务

（一）总体目标任务

（1）开展清江流域1∶25万区域水文地质补充调查和重点区1∶5万水文地质调查，组织完成清江流域、渝东北、江汉平原、南襄盆地地下水统测，查明地下水流场和水位变化特征。

（2）牵头组织长江流域成果汇总，组织完成长江流域湖北、河南、陕西范围的地下水资源年度评价和周期评价，支撑建立长江流域地下水资源评价参数空间数据集。

（3）定量分析丹水流域地表水与地下水转化机制；解析丹水流域地下水水质演化特征和主要控制因素，构建岩溶流域地表水-地下水一体化调查评价方法；构建清江流域水资源承载能力评价指标体系，分析水资源与经济、社会、环境等方面的约束关系，分类分区优化清江流域水资源配置，提出水资源开发利用和保护建议；圈定富水地段，实施探采结合井1～2眼，为3000人提供水源保障，服务乡村振兴。

（4）开展科普宣传2～3次，编写科普读物1～2篇。

（5）建立清江流域及长江流域湖北、陕西、河南三省水文地质与水资源调查评价数据库，支撑长江流域水文地质与水资源调查评价数据库建设。

（6）建设岩溶流域水资源调查创新团队，培养达到中国地质调查局优秀地质人才标准的人员1名。

（二）年度目标任务

#### 1. 2019年目标任务

（1）开展清江流域下游段《高家堰幅》（H49E009012）、《贺家坪幅》（H49E009013）1∶5万水文地质调查，累计面积 880km$^2$，查明水文地质条件和相关地质环境问题，编制分幅综合水文地质图及说明书，建立 1∶5 万水文地质调查数据库与信息系统。

（2）补充完善清江流域水资源动态监测网络，调查丹水重点岩溶流域的产汇流过程；建立典型小流域和场地的水循环过程监测场；调查重大工程活动对流域水资源和生态环境的影响。

（3）进行清江流域水资源评价；调查地表水和地下水的相互转化关系，开展岩溶流域地表水-地下水资源一体化评价；进行流域水量、水质、生态“三位一体”综合评价。

（4）通过对清江流域水文地质和水资源有关样本及数据资料的调查，评价识别清江流域地下水和地表水开发利用过程中存在的生态环境问题，构建水资源承载力评价指标体系，评价清江流域水资源对经济、社会、生态等方面的承载能力，分类分区优化清江流域水资源配置，并对清江流域的开发、利用、保护提出建议。

（5）清江流域水文地质调查工作设计分年度开展清江流域、渝东北、南襄盆地、江汉平原内地下水统测工作，掌握地下水水位和水资源动态变化规律，掌握水资源基本国情数据，服务水资源确权。统测工作计划完成渝东北、清江、江汉平原、南襄盆地 4 个区域合计面积为 10.8 万 km$^2$，其中一般区面积 9.2 万 km$^2$，重点区面积 1.6 万 km$^2$，合计 1650 个统测点。

**2. 2020 年目标任务**

（1）2020 年开展清江流域水文地质与水资源调查、清江流域下游段《火烧坪幅》和《野三关幅》1∶5 万水文地质和环境地质调查，查明区域水文地质条件，查明流域主要环境地质问题发育特征，研究地下水在其演化和发展中的作用；编制分幅综合水文地质图及说明书，建立 1∶5 万水文地质调查数据库与信息系统。

（2）调查清江流域地表水和地下水相互转化关系，建设清江流域岩溶水资源动态监测网络，初步建立岩溶流域地表水-地下水资源一体化评价技术方法。

（3）开展清江流域、南襄盆地、江汉平原的地下水统测工作，掌握水资源基本国情数据，服务水资源确权。

**3. 2021 年目标任务**

（1）完善长江流域地下水资源评价技术方案，统筹长江流域地下水资源评价工作，组织开展清江流域地下水统测和渝东北、江汉平原、南襄盆地等重点地区地下水统测成果集成，查明地下水流场及水位变化特征。

（2）完成长江流域内湖北、河南、陕西三省地下水资源评价。

（3）开展清江流域 1∶25 万环境地质补充调查，查明清江流域水文地质环境地质条件、地表水-地下水转化关系以及存在的主要环境地质问题，建成典型流域水循环长期监测试验场，建立完善中小流域“三水”转换野外科学观测研究基地，开展水循环要素监测和水平衡理论分析，建立岩溶流域地表水-地下水一体化评价方法。

（4）完成清江流域水资源承载力评价及优化配置。编制科普宣传手册 1 册，编写科普读物 1 份，组织开展科普活动 1～2 次。

(5)继续推进“地调在线”水文地质调查系统使用，建立长江流域水文地质与地下水资源评价数据库。建设优秀水文地质调查团队1个，培养博士、硕士研究生3～5名。

## 二、预期成果

### 1. 2019年预期成果

(1)《火烧坪幅》《野三关幅》1∶5万水文地质图及图幅说明书。

(2)《火烧坪幅》《野三关幅》1∶5万水文地质空间数据库。

(3)清江流域、江汉平原、南襄盆地和重庆东北部地区地下水统测2019年度报告。

(4)水资源保护科普活动1次，发表论文4篇。

(5)圈定岩溶台原缺水区表层岩溶带水源地1～2处，提供1000人饮用水源。

(6)初步建成招徕河流域产汇流监测试验场。

(7)初步建立清江流域水资源承载力评价指标体系。

### 2. 2020年预期成果

(1)长江流域地下水资源评价初步成果报告1份。

(2)长江流域地下水统测2020年度报告1份。

(3)长江流域水文地质调查工程2020年度进展报告1份。

(4)长江流域地下水资源评价技术方案1套。

(5)长江流域湖北、河南、陕西三省地下水资源评价初步成果报告1份。

(6)清江流域、渝东北、江汉平原、南襄盆地等重点地区地下水统测2020年度报告及图件1套。

(7)清江流域水文地质调查2020年进展报告1份。

(8)清江流域水文地质调查2020年度数据库1个。

(9)清江流域水资源承载能力评价报告1份。

(10)科普读物1份，科普宣传活动1次。

(11)中文核心期刊及SCI、EI源刊发表论文3篇。

### 3. 2021年预期成果

(1)长江流域地下水资源评价技术方案1套。

(2)长江流域水资源动态变化对长江大保护决策实施的影响。

(3)长江流域地下水位统测评价报告。

(4)长江流域地下水资源评价报告。

(5)长江流域湖北、河南、陕西三省地下水资源评价成果报告1份。

(6)清江流域、渝东北、江汉平原、南襄盆地等重点地区地下水位统测2021年度报告及图件1套。

(7)清江流域水资源承载能力评价报告1份。

(8)水土平衡与江湖水平衡分析的长江流域生态保护建议报告。

(9)科普读物1份,科普宣传活动1次。

(10)中文核心期刊及SCI、EI源刊发表论文1篇。

## 三、主要成果归纳

### (一)解决的主要问题

本项目已成功解决的资源环境问题主要归纳为7项。

(1)查明了清江流域水文地质背景条件,先后完成了《贺家坪幅》《高家堰幅》典型区域与补充性水文地质调查编测。查明了清江流域水文地质条件,完成了地下含水系统、地下河、岩溶大泉以及分散排泄系统划分。重点介绍了岩溶水系统4类结构模式,对3组典型地下水系统进行了详细分析,分析了清江流域地下水动态与大气降水的紧密关系。

(2)基本掌握了重点地区(南襄盆地)地下水位动态变化。南襄盆地(河南部分)丰、枯水期等水位线图对比分析,地下水流向整体西、南、东向北流动,出现王庄镇-前高庙漏斗,地下水位正不断呈现出回升的趋势,漏斗面积将不断减少。

(3)查明了长江流域内湖北、河南、陕西三省的地下水资源量,采用六级分区,以六级评价单元作为地下水资源量计算单元,以长江流域内湖北、河南、陕西三省为评价单元,以地下水类型为分类,完成了2001—2020年周期性评价。

(4)集成了长江流域地下水资源量,完成了长江流域2020年度、2021年度评价。

(5)基本查明了清江流域地下水化学特征、主要物质来源及水质状况,揭示了清江流域地下水化学成因、清江流域主要物质来源、六大岩溶含水层岩组的特征以及水质情况。其中,山丘区水质良好,平原区略差。

(6)基本掌握了长江流域地下水质状况。按潜水和承压水分别进行了地下水水质单项组分评价和综合评价,湖北省内清江流域地下水多呈低矿化度重碳酸型水,全域Ⅳ类、Ⅴ类水占比较大,平原区综合评价为Ⅳ—Ⅴ类水较多,肉眼可见物、浑浊度、铁是超标水样的主要影响因子。

(7)建立了地下水资源调查评价数据库。水文地质调查工作取得野外调查、遥感、钻探、物探、测量、动态监测、样品测试等众多数据资料,形成了重要的原始资料、文档、图件等成果数据。主要使用水文地质与水资源调查App野外移动端采集,利用地质信息元数据采集系统完成清江流域水文地质调查数据库元数据的录入、修改、编辑等元数据建设。

### (二)成果转化应用

(1)打井找水服务脱贫攻坚与高质量发展。为贺家坪集镇布设水文地质钻孔ZK01和ZK02,极大地改善了大长冲村枯季供水量不足的问题。

(2)分析了水资源动态变化对长江大保护的影响。长江大保护应该深入推进长江经济带“生态优先,绿色发展”的建议。重点分析讨论了清江流域梯级水库开发对水资源、汉水南水北调开发对水环境与湖泊湿地对生态系统的影响。

(3)建立了水资源-水环境-水生态等多维度承载能力评价方法。完善了清江流域水资源承载力评价理论与方法,探索建立了流域水量-水质-水生态多维度评价方法体系。对清江流域水资源承载力分别进行了原值评价、余量集成评价与潜力集成评价,以及水资源、水环境、水生态等多个维度的评价。

(4)白石河水污染调查服务环境治理。陕西省白河县硫铁矿开采污染导致河水以及河床变黄,初步识别了研究区水质超标情况,并分析了引起水质超标的主要原因,提出了相关建议,为保障居民生活、生产用水安全提供支撑。

(5)龙洞湾地下水污染调查服务地方管理。查明了龙洞湾地下水污染的主要来源,服务恩施市岩溶地下水污染防治与治理。

### (三)科学理论创新

(1)提出了基于流域水循环的地表水-地下水资源一体化调查-监测-评价方法,即地表水-地下水资源一体化调查方法、地表水-地下水资源一体化监测方法和地表水-地下水资源一体化评价方法3类。在流域尺度上,针对丘陵山区、平原盆地和盆山转换地带的组合关系,建立地表水-地下水耦合模型,嵌套各地貌单元的地表水-地下水转换模式,实现地表水-地下水资源一体化评价。

(2)建立了分层封隔地下水流速流向监测与极限方程计算方法。胶囊管道孔镜结合井内摄像仪、深井找稳抓捕器、高保真分层封隔器,可以实现对监测目标裂隙、含水层的精确定位,解决管道孔镜数据采集时探头在井中的摆动问题。不同类型的含水层要求选择不同的方法来监测计算裂隙水流速流向。获得高精度基岩裂隙水流速流向的最有效方法是实际流速法,其次是累积流速法(适用性广),再次是时均流速法(适应性较广)。

(3)制定了地下水统测和地下水资源评价技术要求与指南。制定了长江流域地下水统测、地下水资源评价技术工作方案和技术指南。

(4)建立了地下水资源量计算水文地质模型,即平原、岩溶山区以及基岩山区水文地质模型。主要资源量的计算方法为补给量和排泄量的计算与均衡分析、降水入渗补给系数法、泉域法、基流分割法等。

(5)初步建立了以地下水为主的流域监测网络。掌握了区域地下水流场、地表水与地下水的补排关系,完成了清江流域地表水-地下水一体化多尺度的水文要素长期监测网络的建设,重点详细调查了丹水流域,选择老雾冲流域、五爪泉泉域、酒甄子泉域3个末级流域为典型流域开展了水文气象监测。

## 第二节　工作实施

### 一、工作思路

以地球系统科学理论和水循环理论为指导,以1∶5万水文地质环境地质调查工作为主线,整合清江流域已有的基础地质、水文地质、环境地质图幅调查成果和工程建设的勘察资料，融合第二次、第三次全国水资源调查在清江流域的工作成果，采用野外调（勘）查、遥感地质、试验测试、野外观测站、地理信息系统等多种先进的技术方法，围绕流域水循环过程诸要素展开岩溶地质、水文地质、流域水文学、生态地质、环境地质等多学科的野外调查和科学试验，重点针对不同空间尺度的流域产汇流过程和地表水与地下水的相互转换关系，建立基于流域水资源信息系统的不同尺度的地表水-地下水耦合模型，查明流域岩溶水资源的形成、转化及其时空变化规律，并据此开展流域水资源功能区划、水资源开发利用相关的生态环境问题、工程活动对流域水资源系统的影响、岩溶流域水资源及其生态环境承载力等应用性研究，实现清江流域岩溶水资源数量、质量、生态“三位一体”综合评价，为当地的社会经济总体规划和工农业发展提供基础性的科学支撑。

## 二、长江流域水文地质调查组织实施

长江流域是全国最大的流域，它涉及青海、西藏、四川、云南、重庆、湖北、湖南、江西、安徽、江苏、上海、贵州、甘肃、陕西、河南、广西、广东、浙江、福建 19 个省（区、市），这些省（区、市）地下水资源评价的承担单位如表 1.2.1 所示。在中国地质调查局水文地质环境地质部和中国地质环境监测院的指导下，按照《自然资源调查监测体系构建总体方案》的要求和《水资源调查监测工作方案》的安排，由武汉地质调查中心牵头，中国地质科学院岩溶地质研究所、中国地质科学院探矿工艺研究所等中国地质调查局直属单位，中国地质大学（武汉），以及湖南、湖北、四川、重庆、江苏、上海、江西 7 个主要省（市）的地质环境（监测）总站和地质调查（研究）院、水文队等专业队伍共同构成“7 省-2 所-1 校-1 中心”的长江流域地下水资源评价组织体系（图 1.2.1，表 1.2.1）。其中各省（市）专业队伍包括上海市地质调查研究院（上海市环境地质站）、江苏省地质调查研究院、江西省地质环境监测总站、湖北省地质环境总站、湖南省自然资源事务中心、重庆市地质环境监测总站、四川省国土空间生态修复与地质灾害防治研究院。

**表 1.2.1　长江流域各省（市）地下水资源评价承担单位表**

| 评价省（区、市） | 承担单位 |
| --- | --- |
| 青海、西藏、甘肃、四川 | 中国地质科学院探矿工艺研究所 |
| 云南、贵州、重庆 | 中国地质科学院岩溶地质研究所 |
| 湖北、河南、陕西 | 中国地质大学（武汉） |
| 湖南、广东、广西一部分 | 湖南省地质矿产勘查开发局四一六队 |
| 江西、福建一部分 | 江西省勘察设计研究院 |
| 安徽 | 安徽省地质调查院（安徽省地质科学研究所） |
| 江苏 | 江苏省地质调查研究院 |
| 浙江 | 浙江省水文地质工程地质大队 |
| 上海 | 上海市地质调查研究院 |

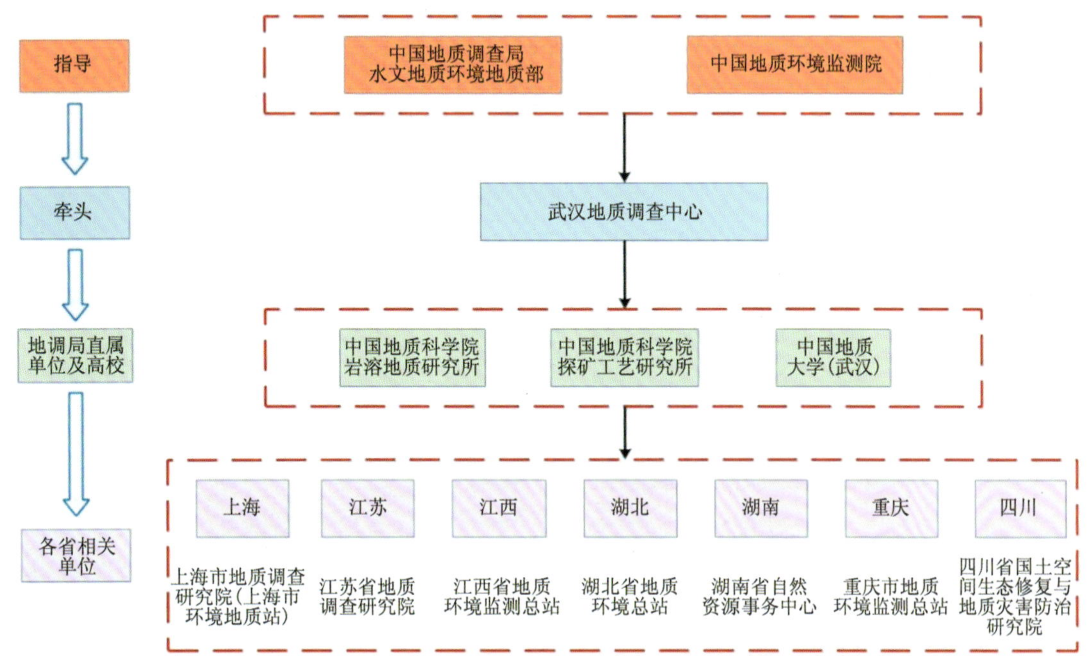


图 1.2.1　长江流域地下水资源评价组织体系

## 三、清江流域水文地质调查技术路线

本项目以流域为单元开展水文地质和水资源调查，建立健全了流域地表水、地下水动态监测网，开展了长期监测、地下水年度统测、站点监测与遥感水文监测，掌握了动态变化规律，查明了水资源数量、质量、空间分布、开发利用现状，进行了重大工程对水资源和生态环境的影响研究，完善了岩溶流域水资源承载能力的理论方法研究，建立了流域地表水-地下水一体化的水资源评价模型，调查了流域土地利用、植被、土壤等下垫面信息与水环境、水生态状况，开展了水资源数量、质量、生态“三位一体”综合评价。此外，本项目开展了 4 个区域的地下水统测工作，提出水资源战略配置方案，支撑水资源管理和可持续开发利用，服务国土空间规划；建立水文地质与水资源信息平台，支撑地质云建设，服务于水资源确权管理，同时注重新技术和新方法的应用，提高调查效率和成果质量，既取得了专业成果，又实现了社会服务和人才培养。本项目以生态优先对清江流域展开水文地质和水资源调查，具体技术路线如图 1.2.2 所示。

## 四、执行的技术标准与规范

调查、监测与评价工作中参照执行的主要技术标准、规范共 21 种，详细如下：《水文地质钻探规程》(DZ/T 0148—94)；《供水水文地质勘查规范》(GB 50027—2001)；《农村饮水安全评价准则》(T/CHES 18—2018)；《生活饮用水卫生标准》(GB 5749—2006)；《地下水水质标准》(DZ/T 0290—2015)；《地下水质量标准》(GB/T 14848—2017)；《地表水环境质量标准》

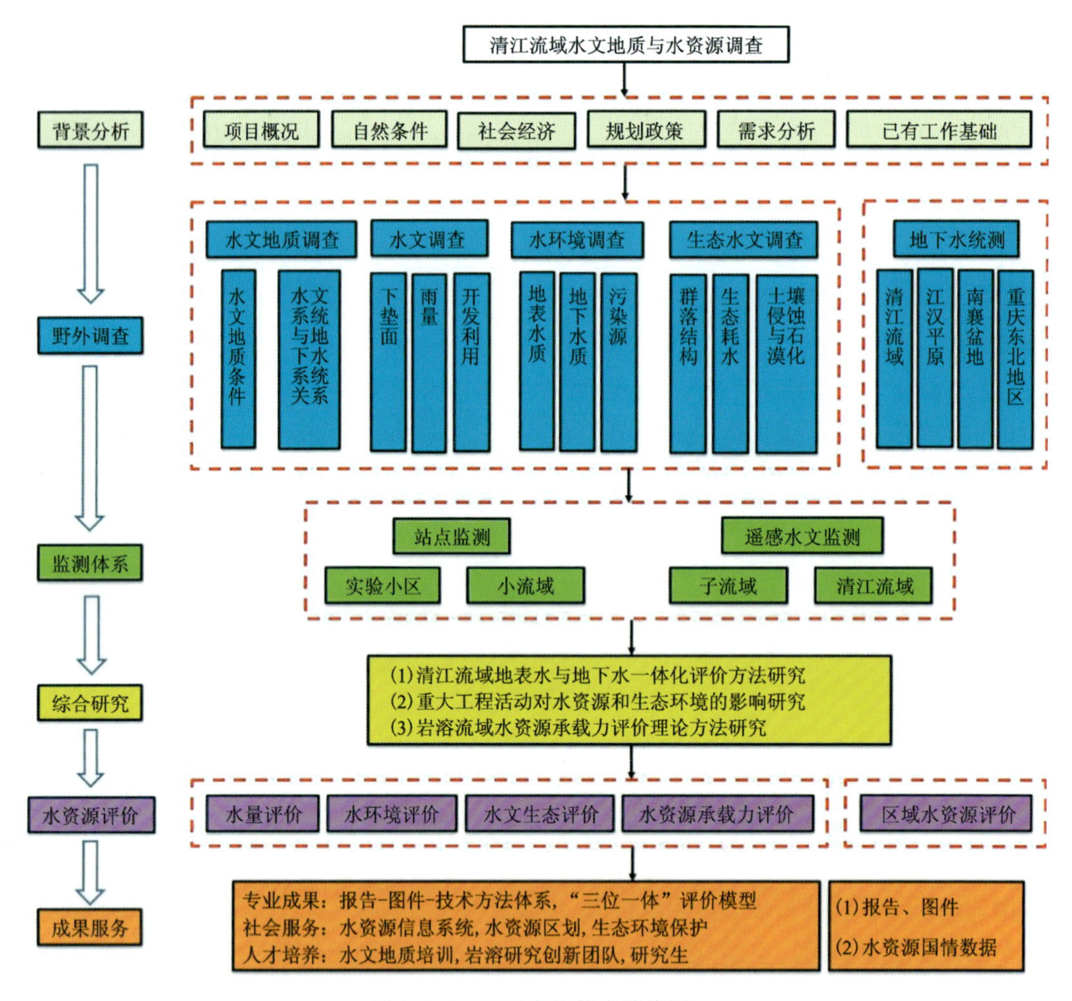


图 1.2.2　项目实施技术路线图

(GB 3838—2002)；《饮用天然矿泉水》(GB 8537—2008)；《水样的采集与保存》(GB/T 5750.2—2006)；《地下水动态监测规程》(DZ/T 0133—94)；《地质信息元数据标准》(DD 2006-05)；《水文地质手册》(第 2 版)(中国地质调查局)；《水文地质与水资源调查评价技术要求》(DD 2019-01)；《水文地质调查图件编制规范》(DD 2019-04)；《水文地质调查数据库建设规范(1∶5 万)》(DD 2019-05)；《岩土工程勘察规范》(GB 50021—2009)；《区域地下水资源调查评价数据库标准》(DD 2010-03)；《水文基本术语和符号标准》(GB/T 50095—2014)；《水位观测标准》(GB/T 50138—2010)；《水功能区划分标准》(GB/T 50594—2010)；《地下水质量标准》(GB/T 14848—2017)。

## 五、参加工作的人员及分工

根据本项目的工作特点和要求，项目组主要人员由具有岩溶山区水文地质环境地质调查研究经验的教授级高级工程师、高级工程师构成，项目负责人、技术负责人均承担过多项水文地质调查研究项目，具有较强的野外调查和研究能力，未出现过技术和质量事故。根据研究工作内容，项目下设若干研究小组，负责本研究小组承担的工作内容，并对工作进度、质量负责。

本项目由武汉地质调查中心负责统一部署实施，项目组由30多人组成，其中教授、教授级高级工程师12名，副高级工程师3名。主要工作人员有黄长生、王节涛、龚冲、刘凤梅、王芳婷、周宏、罗明明、王涛、万军伟、成金华、刘伟、江聪等。

本书是在前期图件编制、阶段性总结的基础上编写而成，是集体研究成果。本书执笔人员及分工如下：第一章绪论（除第三节）、第三章岩溶发育特征、第八章清江流域水资源承载能力与水均衡（除第三节）、第十一章地下水流速流向监测研究、第十三章结论与建议由黄长生、李璇、陈威执笔；第一章第三节工作量完成情况、第四章第三节地下水动态特征、第十章水资源动态变化与长江大保护由王节涛执笔；第五章第一节清江流域地下水监测由刘学浩执笔；第十二章数据库建设由刘凤梅执笔；第五章第二节清江流域地下水-地表水转换特征、第六章清江流域地下水资源量评价和第九章长江流域湖北、河南、陕西地下水评价（除第七节）由龚冲执笔；第二章自然地理与区域地质、第四章清江流域水文地质特征（除第三节）、第七章清江流域地下水化学特征与水质状况和第九章第七节地下水质量、第八章第三节清江流域水平衡由王芳婷执笔；书中图表整理及编制由刘凤梅负责，王芳婷、韩文静、尹志彬、侯萍萍、韩基弘、李晓哲、任崇贺、邹金协助；全书由黄长生汇总统稿。

## 第三节 工作量完成情况

### 一、目标任务完成情况

项目组已全部完成2019—2021年目标任务，具体完成情况如下：

（1）已完成清江流域、渝东北、江汉平原、南襄盆地地下水统测2019—2021年工作，形成统测报告，分析动态变化特征，同时开展2019—2020年湖北、陕西、河南长江流域范围地下水资源评价，初步完成2000—2020年周期性评价及2020—2021年评价工作，支撑国土空间规划。

（2）集成各工程统测成果，编制长江流域2019—2021年地下水统测报告。

（3）集成各工程水资源评价成果，编制2019—2020年地下水资源评价报告，初步总结2000—2020年地下水资源评价成果。

（4）根据总体目标任务，分3年逐步完成清江流域水资源承载能力评价指标体系构建，评价清江流域水资源对经济、社会、环境等方面的承载能力，分类分区优化清江流域水资源配置，并对水资源开发利用和保护提出建议。

（5）以清江流域丹水子流域为研究对象，对流域关键断面展开水文监测工作，同时对流域主要岩溶大泉展开长期监测，建立岩溶流域产汇流试验场，解析丹水子流域地下水水质演化特征和主要控制因素，构建岩溶流域地表水-地下水一体化调查水量-水质-水生态评价方法。

(6)以本项目研究成果为基础，完善我国南方水文地质与水资源调查评价技术方法体系，建设山区水文地质与水资源综合调查的人才培育基地。

## 二、主要实物工作量完成情况

2019—2021年的工作周期内，项目组先后在水文地质调查、地下水统测、物探、钻探、水土样测试以及岩矿分析等方面进行了实物工作，每年的工作量指标全部都满额甚至超额完成，其中水文地质调查面积超过3万$km^2$，地下水统测点次4000多次，遥感解译超过17 000$km^2$，水土样测试2500多件，岩矿分析700多件。

截至目前，已基本完成计划实物工作量，具体如表1.3.1所示。

表1.3.1　2019—2021年实物工作量及完成情况

| 序号 | 项目 | 单位 | 设计工作量 | | | | 完成工作量 | | | | 完成/设计 |
|---|---|---|---|---|---|---|---|---|---|---|---|
| | | | 2019年 | 2020年 | 2021年 | 合计 | 2019年 | 2020年 | 2021年 | 合计 | |
| 1 | 1∶5000水文地质剖面测量 | $km^2$ | 6 | | | 6 | 6.08 | | | 6.08 | 1.01 |
| 2 | 1∶1万水文地质调查 | $km^2$ | 15 | | | 15 | 15 | | | 15 | 1.00 |
| 3 | 1∶1万生态环境地质调查 | $km^2$ | 20 | | | 20 | 20 | | | 20 | 1.00 |
| 4 | 1∶5万水文地质调查 | $km^2$ | 880 | | | 880 | 880 | | | 880 | 1.00 |
| 5 | 1∶5万生态环境地质调查 | $km^2$ | 634 | | | 634 | 880 | | | 880 | 1.38 |
| 6 | 1∶25万水文地质调查 | $km^2$ | | 17 000 | | 17 000 | | 17 000 | | 17 000 | 1.00 |
| 7 | 1∶5万水文地质调查 | $km^2$ | | 240 | | 240 | | 240 | | 240 | 1.00 |
| 8 | 1∶25万水文地质调查编测 | $km^2$ | | | 14 500 | 14 500 | | | 18 000 | 18 000 | 1.24 |
| 9 | 1∶5万水文地质调查编测 | $km^2$ | | | 250 | 250 | | | 250 | 250 | 1.00 |
| 10 | 地下水水位、流量统测 | 点 | 1319 | | | 1319 | 1701 | | | 1701 | 1.28 |
| 11 | 区域地下水统测 | 点次 | | 1650 | 1650 | 3300 | | 1650 | 1650 | 3300 | 1.00 |
| 12 | 地下水统测点调查 | 点 | | | 300 | 300 | | | 300 | 300 | 1.00 |
| 13 | 物探(高密度电阻率法) | 点 | 120 | | | 120 | 120 | | | 120 | 1.00 |
| 14 | 物探(广域电磁法) | m | 420 | | | 420 | 434 | | | 434 | 1.03 |
| 15 | 1∶5万遥感地质解译 | $km^2$ | 880 | | | 880 | 880 | | | 880 | 1.00 |
| 16 | 1∶25万遥感地质解译 | $km^2$ | | 17 000 | | 17 000 | | 17 000 | | 17 000 | 1.00 |
| 17 | 水文地质钻探 | m | 700 | | | 700 | 709.1 | | | 709.1 | 1.01 |
| 18 | 岩矿分析 | 件 | 200 | 50 | 50 | 300 | 200 | 50 | 50 | 300 | 1.00 |
| 19 | 土壤样品测试 | 件 | | 50 | 50 | 100 | | 50 | 50 | 100 | 1.00 |
| 20 | 水质分析 | 件 | 1080 | 500 | 900 | 2480 | 1080 | 500 | 900 | 2480 | 1.00 |
| 21 | 岩矿鉴定与试验 | 件 | 100 | 150 | 210 | 460 | 100 | 150 | 210 | 460 | 1.00 |

## 第四节 工作质量评述

### 一、质量体系运行情况

项目组在实施过程中实行三级质量管理体系，即项目组—中国地质大学（武汉）—武汉地质调查中心。为保障项目质量，项目实施前对所有工作人员开展了室内理论知识学习及野外水文地质调查技能培训；项目实施过程中，项目坚持了对调查资料进行每天自检和阶段性互检工作（自检和互检率100%），并形成文字记录和质量检查卡片。项目资料齐全，工作总结内容较全面，各项工作质量符合合同规定的技术要求。

### 二、野外验收

2019年12月20—23日，武汉地质调查中心科技处组织专家对《贺家坪幅》《高家堰幅》进行了验收；2020年12月25—27日科技处组织专家对"清江流域水文地质与水资源调查评价"野外工作进行了验收；2021年1月2—4日科技处组织专家对"江汉平原地下水统测""南襄盆地地下水统测与分析""渝东北地区地下水统测与分析"3个委托业务野外工作进行了验收，形成了验收意见，项目组根据专家意见进行整改，提交了整改报告。

2021年11月19—22日，中国地质调查局武汉地质调查中心组织专家对"清江流域水文地质调查"二级项目进行野外验收。验收组采用听取汇报、野外抽查、查阅资料、质询等方式，对遥感、地面调查、物探、钻探、采样与测试等相关资料进行了全面检查，并对2019年、2020年各项野外验收工作及整改情况进行了复核。经查，该项目按照总体设计书、年度工作方案中的工作部署、技术路线、工作方法要求开展1∶5万水文地质调查、水文地质钻探、水文测井、地下水统测等野外工作，工作质量满足相关技术要求。野外验收综合评分92分，为优秀级。

### 三、工作质量评述

#### （一）水文地质调查

项目包括《贺家坪幅》《高家堰幅》水文地质填图，清江流域、甘溪鱼泉洞、恩施龙洞和龙鳞宫暗河水文地质调查，并且全面分析了这些地区的水文地质条件，划分了地下含水系统、地下水流系统，并对地下河和岩溶大泉系统进行了进一步的特征分析和分类。野外地质综合调查工作有遥感解译、地质剖面测量、地面调查，野外采样，所有工作均参照《水文地质调查规范（1∶5万）》（DZ/T 0282—2015）和《水文地质调查技术要求》（1∶5万）（DD 2019-03），经质量检查、野外验收，其原始资料齐全，野外记录格式统一，点性、点位准确，内容较齐全，描述较准确，满足质量管理的要求，已通过野外验收。经室内整理后，形成实际材料图18幅。所有野外调查资料均为2019年1月至2021年12月期间项目组实测。

### 1. 水文地质测绘

参照《区域水文地质工程地质环境地质综合勘查规范(1∶5万)》(GB/T 14158—93)及此次中国地质调查局的工作方案确定并完成了重点区域1∶5万水文地质调查，开展了野外地质调查。调查数据均按调查卡片要求在野外填写，包括1∶5万图幅的各类野外调查卡片、地下水统测卡片、野外照片、平剖面图、遥感、物探、钻探、水样分析测试数据。这些数据经过室内整理分析及二次开发形成一系列成果图件，其调查精度、可靠度符合有关规范要求。项目组按照审批意见书及设计要求，较好地完成了野外阶段的工作任务，经验收委员会验收通过。

### 2. 遥感地质解译

遥感解译选取2019年1月22日研究区的GF-1数据及2015年Landsat 8数据进行解译工作。影像图制作要求参考中国地质调查局地质调查技术标准《遥感影像地图制作规范(1∶5万、1∶25万)》(DD 2011-01)，遥感影像的配准以1∶5万及1∶25万DRG为参考坐标系，采用数据生产、质量检查相分离的工作方法进行。综合运用直判法、对比法、邻比法和综合判断法4种解译方法在ArcGIS软件平台上进行。在遥感解译过程中，必须严格遵循以下程序：熟悉研究区资料→野外实地踏勘→建立遥感解译标志→初步解译→野外调查验证→详细解译步骤，循序渐进、不断反馈和逐步深化。室内解译之后，均经野外调查验证，并补充、完善了土地利用及地质灾害的解译标志，修正了解译结果，尤其是地质灾害的类型、规模、危害及土地利用/覆盖图斑的界线、属性根据验证结果进行系统全面的修订，最终形成了18幅遥感解译图、两份遥感解译调查报告及验证卡片。

### 3. 地质剖面测量

清江流域水文地质调查剖面测量工作部署在《贺家坪幅》《高家堰幅》1∶5万水文地质调查图幅中，其中《贺家坪幅》实测剖面工作主要实测PM01剖面，累计长度771m，主要覆盖奥陶系、志留系。PM01位于《贺家坪幅》内，主要为奥陶系分乡组($O_1f$)至志留系龙马溪组($S_1l$)。《高家堰幅》实测剖面工作主要实测PM02至PM04共3条地层剖面，累计长度5 309.1m，主要涉及南华系、震旦系、寒武系、奥陶系。PM02剖面主要涉及娄山关组($\in_2O_1l$)至大湾组($O_{1\text{-}2}d$)；PM03剖面主要涉及天河板组($\in_1t$)至南津关组($O_1n$)；PM04主要涉及连沱组($Nh_1l$)至娄山关组($\in_2O_1l$)。通过这3条剖面的实测，对南华系至奥陶系有了进一步认识，为该区域水文地质调查提供重要基础。

## (二)野外综合施工

### 1. 地球物理勘探

物探工作采用广域电磁法和高密度电阻率法，使用的仪器设备为Ultra EM EH4K电磁成像系统和WGMD-4高密度电法系统。布置广域电磁法测点420个，探测深度600m，主要探测岩溶管道发育情况和区域内主要断裂构造；高密度电法测点120个，主要探测浅部土层的厚度、地层分布情况。物探成果已通过野外验收。

**2. 水文地质钻探**

参照执行《水文地质钻探规程》(DZ/T 0148—94)及《供水水文地质勘查规范》(GB 50027—2001),于2019年9月29日开孔,2019年12月5日完工。共完成钻探进尺240.5m,测井240.5m,进行了两段6个落程抽水试验,修建孔口保护装置一处。施工资料经野外质量检查,原始资料齐全,钻孔质量较好,钻孔编录资料完整,描述较准确,记录格式统一,点性、点位准确,通过野外验收。

(三)地下水统测

本次统测工作前期选点工作严格遵循《中国地质调查局地质调查技术标准——水文地质与水资源调查技术要求》中所提出的:①统测点应覆盖流域内主要的平原盆地等重点区域,并控制主要含水层,工作程度高的地区应分层开展水位统测工作,岩溶地区和丘陵山区选择具有重要水文地质意义的地下河和泉点进行监测;②统测点应按一般区与重点区布设,一般区主要指地下水开采强度较小地区、无人区等,重点区主要指人口密集城镇区、主要经济活动区、地下水主要开采区及地质环境问题突出区等;③结合已有地下水监测站点的疏密程度,以掌握区域流场形态和重点地区流场特征为目标,合理布设统测点,一般区密度为1~2个/100km$^2$,重点区为2~4个/100km$^2$;④地表水与地下水水力联系密切区适当加密地下水监测站点,并分段控制性测量地表水水位和水量。着重对清江源、恩施市地区、利川市地区、长阳土家族自治县、五峰土家族自治县以及已作为旅游开发和将要开发旅游业的城镇布设统测点位并重点研究,将统测工作与生态、城市发展紧密结合,服务城市发展、民生与生态。在野外调查工作开始前,项目组进行了《中国地质调查局地质调查技术标准——水文地质与水资源调查技术要求》的学习以及流量测量方法等相关培训。在野外调查中,保证每次测量前仪器均进行了校正并且在测量前进行了访问,避免前期开采对水位造成的影响,保证在野外完成调查卡片的填写。统测工作室内整理阶段对统测卡片进行了三重"质量检测",即自检、互检、抽检,保证野外第一手资料的准确性,同时明确了各个监测站建设的监测意义、监测站布设是否具有代表性,确保统测工作的可靠性。

(四)地下水资源评价

水资源评价分别开展了2020年、2021年和2000—2019年周期性评价工作,评价范围为长江流域湖北、河南、陕西段。

按照《自然资源调查监测体系构建总体方案》和《水资源调查监测工作方案》部署,在全国第二轮地下水资源评价的工作基础上,收集整理了大量前人的工作成果,包括1∶20万和1∶5万区域水文地质调查的相关报告和图件,以及原国土、气象、水利、环保等部门开展的其他专题性调查研究成果,分析了研究区内水文地质条件,重新划定了四级、五级、六级计算单元,构建了区内水文地质概念模型,完成了典型区评价参数计算、水资源量计算与均衡分析。

项目实施过程中,严格按照《全国地下水资源评价技术要求》(送审稿)、《全国地下水水资源调查评价工作方案》的要求，地下水资源分区严格按照下发文件进行子区划分并经过拓扑检查；评价参数均经过参数检验；水资源计算成果均开展了自检、互检、队检三级质量检查，保证了计算结果的准确性和合理性；报告和图件的绘制符合相关规范及工程统一要求。

（五）样品分析测试

2019—2021年野外工作阶段，针对区域具有代表性的水电站开展周期性水化学全分析、稳定氢氧同位素分析、锶同位素分析、饮用水水质分析、有机污染分析（有机氯、多环芳烃）、碳同位素分析、硫同位素分析。同时，在实测剖面及研究区具有代表性地层（岩性）采样进行岩矿化学全分析及薄片鉴定。水化学全分析、氢氧同位素、锶同位素、碳同位素等样品的测定在中国地质调查局武汉地质调查中心同位素地球化学研究中心、贝塔实验室等单位完成，岩矿分析及土壤测试样品送往澳实分析检测（广州）有限公司进行元素分析测定。参照《地下水质检验方法》（DZ/T 0064—1993）、《地下水质量标准》（GB/T 14848—2017）、《饮用天然矿泉水检验方法》（GB/T 8538—2008）、《生活饮用水标准检验方法——有机物指标》（GBT 5750.9—2006）和《地质矿产实验室测试质量管理规范　第6部分：水样分析》（DZ/T 0130.6—2006）进行分析和质量监控，样品均能达到规范要求。

（六）数据库及数据集

建库数据以本次工作成果为依据，以数据记录（表格）为数据采集的原始对照记录。以数据库专题组制定的相应数据检查制度及中国地质调查局武汉地质调查中心质量检查监督制度为前提，严把数据质量关，严格履行自检、互检、抽检的质量检查程序。中国地质调查局武汉地质调查中心信息技术室组织相关技术专家对本项目数据库进行了初审，并对照原数据进行检查。建库人员根据检查结果对数据格式及质量进行相应修改，经再次对照检查后正式提交验收，并从以下几个方面进行质量监控。

（1）规范配置：执行《水文地质调查数据库建设规范（1∶5万）》（DD 2019-05）及《1∶25万区域水文地质调查技术要求》（DD 2014-01）系统内有对应比例尺调查尺度的表格，选择所需要填写的表格内容即可。

（2）野外调查数据管理：项目调查人员对自己的调查数据进行修改，二级项目负责人及所授权的负责人有权对数据进行修改或者删除，对应人员可以对自己的数据进行导入和导出。

（3）空间数据质量检查：数据质量检查主要是对空间数据库的入库数据进行质量检查，检查的重点是图层套合精度、拓扑一致性（重点是公共界线的重合性，如断层与地层、地层与侵入体等）、TIC点精度、命名的标准化程度、分层的正确性、数据的完整性、水系方向、图元与属性的对应性、属性代码的准确性等。

# 第一篇

# 清江流域水文地质专题

# 第二章　自然地理与区域地质

## 第一节　自然地理

清江是长江在湖北省境内的第二大支流，发源于利川市齐岳山龙洞沟(图2.1.1)，流经利川、恩施、宣恩、建始、巴东、长阳、宜都7个县(市)，干流全长423km，流域面积为16 700km$^2$。清江流域位于云贵高原的东北端，属于武陵山系，地形奇特，大多属于喀斯特地貌，石灰岩裸露广泛。清江流经范围内海拔落差较大，总高差达1430m；地表起伏坡度普遍超过15°，适于水能工程的开发与建设。清江流域地处亚热带季风区，光热资源充足，为湖北省高值区。雨热同期，年均温为16℃，年日照时数达1500～1900h；雨量充沛，年均降水量约1366mm，年内径流分配与降水量基本一致。

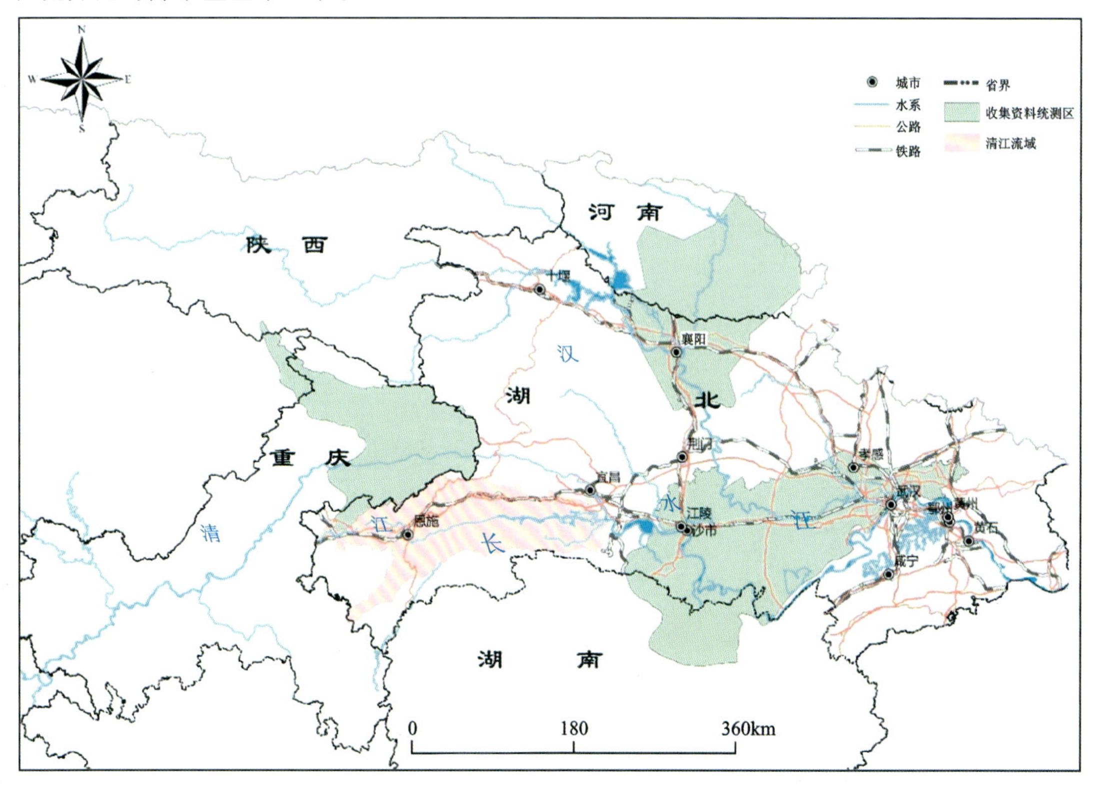


图2.1.1　清江流域交通位置图

流域内多山地土壤，受地势陡峻、土层浅薄及人类活动的影响，清江流域较容易产生水土流失。由于复杂的地形地貌和气候条件，清江流域植被呈垂直变化的不均衡分布，主要植被类型包括草甸、灌木丛林、次生林、阔叶林、针叶林、针阔混交林等。清江流域内物种资源丰富多样，随着人类活动的强度加大，干扰程度加深，林地系统遭到破坏。

## 第二节　地层岩性

清江流域除缺失上志留统、下泥盆统、下石炭统和上侏罗统外，自新元古界南华系至新生界均有出露（表 2.2.1）。研究区主要岩性为滨海相至浅海相的碳酸盐类岩石，局部出露有陆相碎屑岩，地层岩性简述如下。

**表 2.2.1　研究区地层岩性表**

| 界 | 系 | 统 | 群组 | 代号 | 厚度/m | 主要岩性描述 |
|---|---|---|---|---|---|---|
| 新生界 | 第四系 | 全新统 | | Qh | | 卵石、砂、亚砂土、亚黏土、黏土 |
| | | 更新统 | | Qp | | 砾石、冲积半成岩状薄层粉砂、黏土等 |
| | 古近系 | 古新统 | 方家河组 | $\mathrm{E}f$ | | 浅红色、灰白色砂岩与砖红色粉砂岩互层，未见顶 |
| | | | 分水岭组 | $\mathrm{E}fn$ | | 砾岩、砂质泥岩、含钙质团块泥岩、泥灰岩等组成韵律 |
| 中生界 | 白垩系 | 上统 | 正阳组或罗镜滩组 | $\mathrm{K}_2z$/$\mathrm{K}_2l$ | 281～1377 | 砖红色块状石英砂岩夹砂岩、粉砂岩、砾岩，灰红色、棕红色块状砾岩，下部夹砂岩、粉砂岩 |
| | | 下统 | 五龙组 | $\mathrm{K}_1w$ | | 黄灰色、红灰色中厚层至块状粉砂岩，细砂岩夹砾岩，底部为砾岩 |
| | | | 石门组 | $\mathrm{K}_1s$ | | 上、下部为砾岩夹细砂岩，中部为棕红色泥岩夹薄层粉砂岩 |
| | 侏罗系 | 中统 | 沙溪庙组 | $\mathrm{J}_2s$ | 749～1087 | 灰绿色、青灰色厚层至块状长石石英砂岩与紫色泥岩和砂质泥岩互层 |
| | | | 新田沟组 | $\mathrm{J}_2x$ | 50～120 | 灰绿色长石石英砂岩夹页岩、泥岩 |
| | | | 自流井组 | $\mathrm{J}_2z$ | 150～300 | 灰黑色、灰绿色中厚层长石石英砂岩与页岩互层 |
| | | 下统 | 珍珠冲组 | $\mathrm{J}_1z$ | 50 | 灰绿色砂岩及砂质页岩互层，其中有碳质页岩夹煤层 |
| | | | 香溪组 | $\mathrm{J}_1x$ | 124.6 | 灰黄色中厚—厚层状黏土质细—粗粒岩屑石英砂岩，下部夹含碳粉砂质页岩及煤层 |

续表 2.2.1

| 界 | 系 | 统 | 群组 | 代号 | 厚度/m | 主要岩性描述 |
|---|---|---|---|---|---|---|
| 中生界 | 三叠系 | 上统 | 须家河组 | $T_3xj$ | 147 | 灰黄色、紫灰色、黄绿色粉砂质黏土岩，泥岩夹黏土质粉砂岩，中、上部夹碳质页岩及煤层 |
| | | | 沙镇溪组 | $T_3s$ | 22.28 | 灰色、深灰色厚层中粒长石石英砂岩与页岩互层，夹煤层 |
| | | 中统 | 巴东组 | $T_2b$ | 1 155.24 | 紫红色、浅灰色微晶白云岩，微晶灰岩，夹页岩、黏土岩、泥灰岩，顶部含有钙质结核及辉铜矿 |
| | | | 嘉陵江组 | $T_2j$ | 576～768 | 灰色、深灰色、浅肉红色中厚层白云岩、微晶灰岩 |
| | | 下统 | 大冶组 | $T_1d$ | 259～854 | 上部中—厚层微晶灰岩，下部夹黄色页岩，底部为黄绿色页岩夹泥灰岩 |
| 古生界 | 二叠系 | 上统 | 长兴组或大隆组 | $P_2c$/$P_2d$ | 1～36 | 灰白色块状细晶白云岩夹灰色块状生屑灰岩，灰黑色薄层硅质岩夹碳质页岩 |
| | | | 吴家坪组 | $P_2w$ | 56～282 | 深灰色厚层含燧石微晶灰岩夹条带状硅质岩，下部为深灰色钙质黏土岩，黑色碳质页岩夹煤层 |
| | | 下统 | 茅口组 | $P_1m$ | 40～180 | 顶部为泥灰岩，中部为薄层状含锰质硅质灰岩，下部为厚层状灰岩 |
| | | | 栖霞组 | $P_1q$ | 139～245 | 上部含碳质瘤状灰岩，下部含燧石结核、燧石条带灰岩 |
| | | | 梁山组或马鞍组 | $P_1l$/$P_1mn$ | 0～7 | 浅灰色中厚层状石英砂岩夹粉砂岩、黑色页岩及煤层 |
| | 石炭系 | 上统 | 黄龙组 | $C_2h$ | 0～33 | 上部为浅灰色微晶灰岩，下部为中—厚层微晶白云岩 |
| | 泥盆系 | 上统 | 写经寺组 | $D_3x$ | 21～164 | 上部为灰色微晶灰岩夹泥灰岩，下部为黄绿色钙质页岩夹鲕状赤铁矿 |
| | | | 黄家磴组 | $D_3h$ | | 灰色、灰绿色页岩，粉砂质页岩夹细粒石英砂岩及鲕状赤铁矿 |
| | | 中统 | 云台观组 | $D_2y$ | | 灰白色、浅黄色厚层石英岩状砂岩夹紫红色砂质页岩 |
| | 志留系 | 中统 | 纱帽组 | $S_2s$ | 1057～1759 | 灰黄色、灰绿色石英细砂岩夹页岩，顶部夹生物碎屑灰岩，底部夹一层粉砂岩 |

续表 2.2.1

| 界 | 系 | 统 | 群组 | 代号 | 厚度/m | 主要岩性描述 |
| --- | --- | --- | --- | --- | --- | --- |
| 古生界 | 志留系 | 下统 | 罗惹坪组 | $S_1lr$ | 1057～1759 | 灰黄色、黄绿色、灰绿色页岩夹粉砂岩 |
| | | | 龙马溪组 | $S_1l$ | | 灰绿色、黄绿色页岩夹泥质粉砂岩 |
| | | | 新滩组 | $S_1x$ | | 黄绿色页岩夹少量薄层粉砂岩 |
| | 奥陶系 | 上统 | 五峰组 | $O_3w$ | 19.5 | 灰黑色碳质页岩与薄层硅质岩与紫灰色页岩互层 |
| | | | 临湘组 | $O_3l$ | 20～36 | 青灰色含生屑泥质瘤状灰岩 |
| | | 中统 | 宝塔组 | $O_2b$ | 10～40 | 灰色中厚层含生屑龟裂纹灰岩 |
| | | | 庙坡组 | $O_2m$ | 5 | 灰黑色页岩与薄层含碳质灰岩互层 |
| | | | 牯牛潭组 | $O_2g$ | 20～36 | 青灰色中厚层瘤状微晶灰岩 |
| | | 下统 | 大湾组 | $O_1d$ | 18～37 | 灰绿色、紫红色泥质瘤状微晶灰岩夹灰绿色页岩 |
| | | | 红花园组 | $O_1h$ | 22～40 | 灰色中厚层、厚层亮晶生屑灰岩 |
| | | | 分乡组 | $O_1f$ | 45～50 | 灰色中厚—薄层生物碎屑灰岩夹鲕粒灰岩、生物碎屑砂屑亮晶灰岩与灰绿色页岩互层 |
| | | | 南津关组 | $O_1n$ | 126～164 | 灰色中厚—厚层微晶白云质灰岩、生物碎屑灰岩、泥质条带灰岩，刀砍纹发育，底部为黄绿色页岩 |
| | 寒武系 | 上统 | 娄山关组 | $\in_2O_1l$ | 361～537 | 灰色厚层微—细晶白云岩夹微晶白云质灰岩 |
| | | 中统 | 覃家庙组 | $\in_2q$ | 531.36 | 灰色微晶灰岩、白云质灰岩夹鲕状灰岩 |
| | | 下统 | 石龙洞组 | $\in_1sl$ | 150～205 | 灰色厚层微—细晶白云岩、白云质灰岩，下段常含鲕粒灰岩，上段常含铁质结核黄铁矿晶体及页岩透镜体 |
| | | | 天河板组 | $\in_1t$ | 42～68 | 灰色薄层泥质条带灰岩夹灰绿色页岩 |
| | | | 石牌组 | $\in_1sh$ | 195～225 | 灰色薄层粉砂岩、粉砂质页岩夹细砂岩，顶部含鲕状灰岩 |
| | | | 水井沱组 | $\in_1s$ | 130～265 | 上部为灰黑色碳质微晶灰岩夹含白云质微晶灰岩，下部夹碳质页岩，含铁质结核 |
| 新元古界 | 震旦系 | 上统 | 灯影组 | $Z_2\in_1d$ | 425 | 灰白色夹灰黑色微晶白云岩，中部为厚层白云岩夹黑色燧石条带，中下部夹鲕状灰岩 |
| | | 下统 | 陡山沱组 | $Z_1d$ | 197 | 灰黑色含碳泥质白云岩、白云岩、灰岩，中部夹白云质硅质岩 |
| | 南华系 | 上统 | 南沱组 | $Nh_2n$ | 103.4 | 灰绿色冰碛含砂泥砾岩，下部为黄灰色巨厚—中厚层石英砂岩 |
| | | 下统 | 莲沱组 | $Nh_1l$ | >937 | 紫灰色薄层含砾砂岩及紫红色长石石英砂岩 |

# 第三节 地质构造

清江流域所处大地构造位置属扬子准地台的鄂湘黔台褶带之东北部，在构造体系上为新华夏系鄂西隆起带的南段。该隆起带属我国东部新华夏系第三隆起带的一部分，它东邻鄂中沉降带，西接第三沉降带的四川盆地。其构造格局主要定型于距今约1.4亿a的侏罗纪末的燕山运动第三幕。新华夏系主体构造呈北北东向(图2.3.1)展布，受基底北西西向构造的牵制及区域性东西向构造带的联合作用等因素的影响，这一中生代形成的褶皱在黄陵背斜的西南侧成为向北西凸出的弧形构造，称为恩施弧形褶皱带，这就是流域的主控构造。该弧形褶皱带由一系列低序次的褶皱构成，并伴有断裂构造，在不同部位，褶皱轴线走向及展布特征差别较大，大致以榔坪—付家堰一线为界，此线以西为北北东—北东向褶皱展布区，以东为东西向构造，褶皱轴向总体上近东西向展布。下面对弧形褶皱带的构造形迹进行具体阐述。

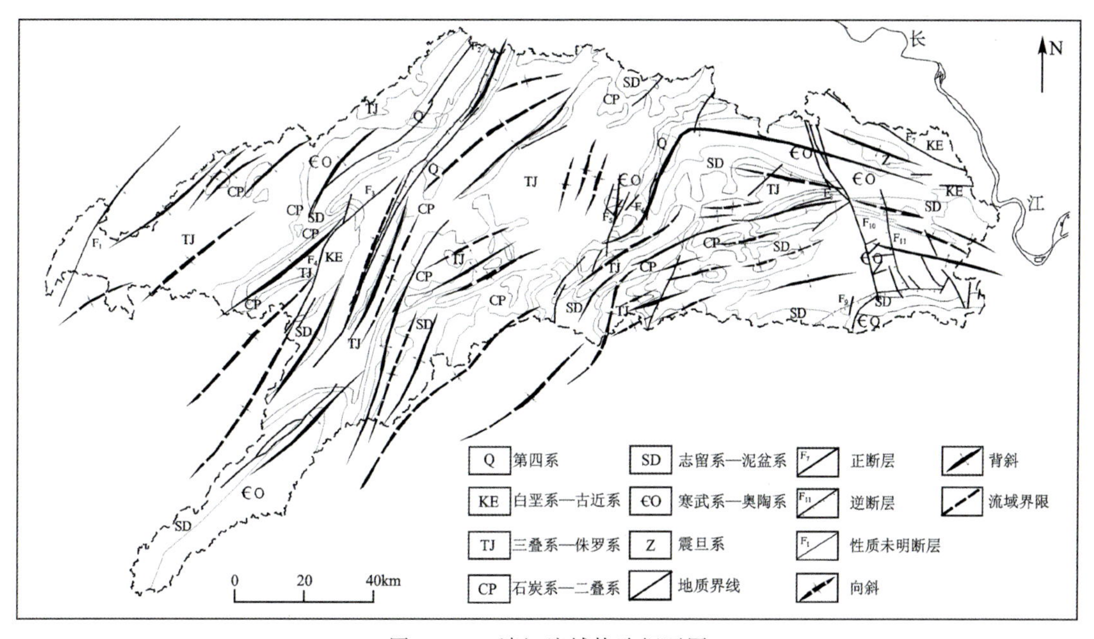


图2.3.1 清江流域构造纲要图

## 一、褶皱构造

研究区褶皱轴线展布方向以北北东—北东向与东西向为主。

### (一)北北东—北东向褶皱

(1)齐耀山背斜：此背斜轴弯曲，略呈“S”形，由南至北，轴向由20°逐渐转为40°。区内长度约80km，沿北东方向伸入四川境内。核部岩层为二叠系及下三叠统，倾角陡直；两翼岩层为中三叠统嘉陵江组及巴东组，倾角均为9°～14°，分别向北西及南东倾斜。形成轴部狭窄、紧闭，两翼宽阔平缓并基本对称的隔档式褶皱。

(2)利川复向斜:复向斜槽部在利川一带,出露侏罗系,侏罗系和部分三叠系在四周圈闭,产状极为平缓(4°～10°),外围的中、下三叠统产状突然变陡,东翼地层走向北东,西翼为北北东,形成一开阔的平底复向斜。该复向斜在流域内是由猫儿梁背斜、向东坪向斜、鸡公岭背斜、马鞍山向斜、沐抚背斜、金子山向斜等一系列次级褶皱组成。在流域外则沿北东方向穿过四川省,再延至巴东县内,然后消失于秭归盆地西南侧。由西南至北东,褶皱轴向呈现圆滑地向东偏转,在巴东附近转为近东西向。

(3)茶山-白果坝背斜带:由茶山背斜及白果坝背斜组成。其中,茶山背斜分布于屯堡—茶山—大转拐一带,北端延入奉节县,长约40km,总体轴向40°,宽约12km,核部为寒武系,产状平缓,倾角120°左右;两翼由奥陶系—三叠系构成。东翼倾角较陡,为30°～45°,局部倒转;西翼倾角较缓,20°～40°,呈箱形,并向东略显斜歪。

白果坝背斜分布于毛坝—白果坝—龙风坝一带,长约40km,宽10km,轴向45°。其地层组成与茶山背斜相同。核部倾角20°～70°;北西翼30°～50°,局部达60°;东南翼较缓,为20°～30°,向西斜歪。背斜东北段因恩施盆地覆盖,出露不完整;东南翼因被断裂切割而遭受强烈破坏。

由上述两背斜组成的背斜带,由于新华夏复合式构造的叠加改造,总体显示为宽缓的"S"形。

(4)宣恩-白杨-清太坪复向斜带:此复向斜带分为东、西两支。

东支即为清太坪复向斜,位于花坪—清太坪—野三关一带,包括野三河向斜、清太坪向斜、双社坪背斜等次级褶皱,主要由三叠系组成,轴向15°,在平面上呈右行雁列分布。两翼地层倾角30°～60°,转折部位倾角15°左右,甚至近于水平。由于褶皱枢纽波状起伏,在双社坪背斜的高点上有二叠系出露。

西支又可分为南北两段:南段为万寨复向斜,位于白杨—万寨一带,褶皱轴向25°,包括白杨向斜、猫儿山背斜、万寨向斜等次级褶皱,主要由三叠系组成;北段为红岩寺复向斜,轴向40°～65°,包括客坊背斜、红岩寺向斜、天宝山背斜等次级褶皱,其中背斜核部出露志留系及泥盆系,两翼为二叠系,向斜均为三叠系。

以上由3个复向斜组成的复向斜带,北宽南窄,长约86km,其南北两端分别延入咸丰及巴东县境。其平面形态亦呈"S"形弧曲。在各个次级褶皱中,一般向斜较开阔,背斜较狭窄,整体上表现为隔档式构造。

(5)咸丰背斜:分布于尖山—咸丰—三胡一带,核部由寒武系、奥陶系组成,两翼由志留系—二叠系组成。构造轴向45°,向北止于宣恩一带,向南伸入四川省境。两翼倾角16°～30°,形成一个比较开阔的褶皱。背斜之北西翼被一条同向的压扭性断层所切割。

(6)椿木营-四方崖褶皱束:分布于流域中南部的新塘—椿木营—下坪—四方崖一带,实为复式向斜构造,由周家台背斜、八里荒向斜、四方崖向斜、三代坪背斜、大安场向斜、养云坪背斜及马棚岭向斜等次级褶皱组成。这些褶皱的轴向,由西向东,表现为由北北东—北东东的平滑过渡,显示"S"形弧曲;轴迹向北东撒开,向西南收敛,总体形成一弧形帚状构造。其中,向斜一般由二叠系—三叠系组成,背斜常由志留系—泥盆系(个别为寒武系—奥陶系)组成。一般地层倾角都较陡,为30°～40°,有的近直立,且常呈东翼陡、西翼缓的向东斜歪不对称褶皱。

### （二）东西向褶皱

（1）长阳复背斜：分布于流域东北部的杨柳池—榔坪—长阳一带，主要由长阳背斜、蛇口山向斜、资丘向斜、元齐背斜等次级褶皱组成。现以其主体构造长阳背斜为例叙述。该背斜为流域内规模最大的构造形迹，它东起宜都，向西经长阳、榔坪至杨柳池、官店口一带。全长约130km，宽5～10km。在榔坪以东，背斜轴总体为南东东向，榔坪以西转为北北东—北东向，形成向北西凸出、平面呈"S"形的弧形褶皱。其核部主要由震旦系—寒武系组成，两翼由奥陶系—志留系组成。背斜东段核部地层产状较平缓，倾角在15°左右；两翼较陡，倾角一般30°～45°，局部可达50°，呈宽阔箱形褶皱。背斜西段则逐渐变窄，由北向南，核部倾角由20°～30°变为70°～80°；两翼倾角变化不大，为20°～40°，形成伞状褶皱。

（2）都镇湾-长乐坪褶皱群：分布于流域靠东南部位的都镇湾—白溢—长乐坪一带。该褶皱群总体上呈北东东向，为新华夏系向区域性东西向构造过渡的地带。它由许多次级构造组成，其中较大者有西湾背斜、白溢向斜、长乐坪背斜等。背斜主要由寒武系—志留系组成，向斜主要由泥盆系—三叠系组成。一般背斜比较开阔平缓，轴部地层倾角5°～8°，两翼倾角10°～20°，但西湾背斜北翼较陡，达45°，呈现向北斜歪之势；向斜比较狭窄，倾角25°～45°，为长条状褶皱。这与西部的隔档式构造明显不同。

（3）马鞍山-柳树店褶皱群：分布于流域东南角，由两个背斜及两个向斜组成。背斜核部为寒武系，向斜核部为三叠系或志留系，翼部均由奥陶系—二叠系组成。这些褶皱一般长50～60km，宽2～4km，呈南东东向线状排列，枢纽呈起伏状，轴面自北向南有所偏转，其中马鞍山-洛雁山向斜及石羊山背斜为轴面近直立的对称褶皱，而燕坪老向斜及梁山-肖家隘背斜为轴面向南倾斜的斜歪褶皱。

## 二、断裂构造

在上述恩施弧形褶皱带形成的同时，还发育有与之同向及配套的断裂构造，现选择其中较有代表性的主要形迹，按展布方向分别阐述如下。

### （一）北北东—北东向断裂

（1）齐耀山断层（$F_1$）：发育于齐耀山背斜轴部中桥—郑家垭一带，长约70km。其展布方向与背斜轴完全一致。断裂面产状340°∠45°～60°，为高倾角压性断裂。在断层的两侧，与断层同向的压性结构面（主要表现为节理面及劈理面）十分发育。

（2）建始-恩施断裂带：此断裂带发育于茶山、白果坝背斜的东南侧，由猫儿坪断层（$F_2$）、龙风坝断层（$F_3$）和檐杆堡断层（$F_4$）组成，平面上呈右行侧列展布，断面向东或南东倾斜，倾角50°～70°，具有多期活动性的特点。1∶20万区测报告认为：早期属张性，以平均宽度约20m的棱角状断层角砾岩为佐证；中期为压扭性，可见到在早期张性断层角砾岩带中发育挤压透镜体，并有挤压劈理带出现；晚期继承了中期活动特点，但以扭性活动为主，使断层破碎带进一步扩展，以发育大量与断裂平行的剪切裂隙为特征；挽近期又复张性活动，中、晚期形成的构造岩重被改造为角砾带。

此断裂带既控制了东侧的中、新生代红色盆地的形成，又对盆地早期岩层起到切割破坏的作用。在现代地貌特征上，断裂带东西两侧也截然不同，其东侧为海拔500～600m的丘陵地带，西侧为海拔1000～1400m的中高山地，这种地貌反差现象反映第四纪以来断层仍有强烈活动。

(3)杨柳池断裂($F_5$)：位于三友坪至杨柳池一带，长约27km，走向北东15°～20°，断面倾向东，倾角一般大于75°，平面略呈“S”形弧曲，主要发育于志留系—三叠系中，为一压性断层。

(4)盐池河断裂($F_6$)：又叫龙王冲断裂，北起榔坪，向南经二家坪、盐池河，在赵家湾一带与杨柳池断裂复合，全长约25km，走向北东25°。主要发育于下古生界中。主断裂倾向东或南东，倾角55°～70°，为一压性断裂。在龙王冲附近该断裂向南延伸出一分支，倾向北西，倾角约30°，亦为压性断裂。

## (二)东西向断裂

(1)天阳坪断裂($F_7$)：位于长阳复背斜之北翼，西起董家沟，经天阳坪，高家堰、马王山，止于红花套以西的张家湾附近，全长约60km。断裂总体走向280°～300°，倾向南西，倾角在西段10°左右，向东逐渐增大到70°～85°。断裂切过了古生界及白垩系，空间展布呈舒缓波状，有分支现象。断裂内岩石遭受强烈破坏，角砾岩中的砾石具有定向排列特点，主断面上保留有较多垂直擦痕，指示上盘上冲，在局部地段断面擦痕则指示上盘下滑。受断裂影响，南西盘古生界发生倒转，厚度变薄，并向北逆冲于白垩系之上。以上说明，天阳坪断裂以压性为主，其后发生过张性活动。

(2)西湾断裂($F_8$)：西起板桥沟之西的土地岭，东至高面坡，总长约12.5km。断裂走向60°～80°，大致沿西湾背斜核部延伸，稍具弧形弯曲。断裂倾向南东150°～170°，倾角85°～89°，地层断距约240m。构造岩带宽8～10m，主要由角砾岩、透镜体、断层泥等组成，具明显的压性特征，沿断层带有零星泉水出露。

(3)渔洋关断裂($F_9$)：分布于流域东南侧，西起沙土垭，向东经茶园坪、九姊妹尖、渔洋关—曾家坪一带，全长约40km。在渔洋关以西断层走向近北东东向，向东渐变为东西向。该断裂在唐家河以西主要发育于志留系—二叠系中，以东主要发育于寒武系—志留系中。断面倾向南或南南东，倾角70°左右，为一压性断裂。

## (三)北北西向断裂

(1)都镇湾断裂($F_{10}$)：在区域上称仙女山断裂。此断裂北起秭归荒口，南至渔洋关，全长百余千米，在研究区内长约50km。总体走向330°～340°。高桥以北总体倾向南西，局部倾向北东；高桥以南倾向北东，倾角60°～80°。该断裂切割了震旦系—白垩系及东西向褶皱。断裂面上发育两组擦痕：一组近水平，指示右行平移性质；另一组近垂直，指示上盘下滑。断裂带中发育不同特征的角砾岩，构造透镜体挤压面与断裂面的夹角约30°，说明该断裂具右行斜冲特征，而棱角状的角砾岩及断层泥则显示该断裂后期的张性活动。以上说明，该断裂具有多期活动性，早期为右行压扭，晚期为左行张扭。

有关地震资料及深部物探资料表明，此断裂属一条规模较大的基底性断裂，它是控制鄂西地震分布的中强震发震构造之一，在挽近期沿断裂带曾有破坏性地震发生。

(2)松园坪断裂($F_{11}$)：是与都镇湾断裂伴生的断裂，它主要发育于清江南部。该断裂北起清江北岸的杨风溪之东，向南穿过清江后，经庙沱、洞湾至松园坪，于天院老南延出区外，总长约40km，在研究区内长14.5km，总体走向340°。倾向260°～270°，倾角75°～85°。断层带宽8～12m，构造岩为碎裂岩、角砾岩。根据断裂面擦痕分析，断裂南段具右行平移特征；中段松园坪一带亦具右行平移特征；北段则显示西盘向南斜冲。可见该断裂总体上以右行平移性质为主。此断裂自北向南切错马鞍山向斜、松园坪背斜及长乐坪背斜北翼一部分，水平错距达500～1000m。

以上的构造特点和本区沉积盖层西厚东薄、南厚北薄这一条件相结合，决定着各个不同地质层位碳酸盐岩的保留程度、赋存状态、分布和出露面积等一系列特点的地区差异，同时也影响着各个碳酸盐岩体中地下水的形成与活动规律，因而从根本上控制了本区岩溶发育条件及所表现出的空间特征。

# 第三章　岩溶发育特征

## 第一节　可溶岩组类型

清江流域主要发育沉积岩。调查区内从上震旦统到三叠系，除志留系—泥盆系为单一的碎屑岩外，其他则以海相碳酸盐岩为主，仅局部组段为砂页岩类，如水井沱组、石牌组、栖霞组、马鞍山段、龙口组及巴东组一段和巴东组三段。由于沉积环境的变化和成岩作用的差异，调查区地层剖面上的碳酸盐岩，在物质组分和结构构造上表现出复杂变化，同时物质组分和结构构造影响岩石的可溶性和含水特征，形成了多种岩石类型，即非碳酸盐岩岩组、不纯碳酸盐岩岩组和纯碳酸盐岩岩组 3 种类型。下面仅就其主要岩溶岩组类型按从老到新顺序简述如下。

**1. 上震旦统($Z_2$)陡山沱组和灯影组**

该地层基本属于不纯碳酸盐岩岩组类，岩石类型以硅质白云岩、灰质白云岩、白云岩为主，中夹碳质、硅质或砂质页岩和少量泥灰岩，多含燧石结核或条带。其单层厚度以中厚层为主，部分为厚层。总体岩溶不发育，透水介质基本为初始构造裂隙组成。所以在该层的分布区，地貌上表现为常态山，无集中性大泉水出露，而流量不超过 1L/s 的小泉、小溪流则到处可见。

**2. 寒武系(∈)**

(1)水井沱组、石牌组：为非碳酸盐岩岩组类构成的地层，不发育岩溶，为区域的良好隔水层。

(2)天河板组：主要由灰色薄层泥质条带灰岩夹灰绿色页岩组成。在区域上，该组由以含丰富古杯类化石为特征的泥质条带灰岩组成。

(3)石龙洞组：基本为纯碳酸盐岩岩组，上部为巨厚层的斑块状白云质灰岩，中、下部为灰岩与白云质条带间互的组合或厚层灰岩夹白云质灰岩。虽然随其分布和出露条件不同，岩溶发育有较大的差异，但总体来讲，是岩溶发育的层位。该组出露集中排泄的溶洞泉。该组透水介质是一个以溶隙-溶洞-管道综合构成的岩溶网络系统，因此是岩溶含水系统。

(4)覃家庙组：主要为不纯碳酸盐岩岩组，其中还夹有薄层泥灰岩、钙质泥岩及砂岩。单层厚度与连续厚度均很薄，不利于岩溶发育，含水介质为裂隙-溶隙网络系统，分布区多出露季节性裂隙泉和溶隙泉,泉流量在 0.01～0.03L/s 之间,整体为弱透水层,特别是上部和下部,硅泥质含量高达 45%～50%,垂向不透水,可视为相对隔水层。

(5)娄山关组:分布于长阳龙潭坪、长阳背斜及五峰湾潭、长乐坪一带,为灰色厚层白云岩、细晶白云岩、砂质白云岩夹白云质灰岩、灰质白云岩,顶部含少量燧石结核。娄山关组在流域内,厚度较大,且为较纯的碳酸盐岩,是岩溶较为发育的岩层之一。

**3. 奥陶系(O)**

(1)南津关组:除底部为不纯碳酸盐岩-泥质条带灰岩与页岩的互层外,基本属于厚—巨厚层纯碳酸盐岩岩组,为单一均匀连续型。该组有利于岩溶发育,为强透水层,其中洞穴、暗河发育。

(2)分乡组:由厚层灰岩夹页岩组成,属于不纯碳酸盐岩岩组中的间互型。其中,灰岩单层厚度和连续厚度较大,有利于岩溶发育,但由于水流受到页岩夹层的限制只发育顺层溶隙,该组属于中等—弱透水层。

(3)红花园组:由厚—巨厚层灰岩岩组构成,属纯碳酸盐岩岩组,有利于岩溶发育,但总厚度仅 22～40m。该组有溶洞发育,泉流量最大可达 30L/s,为中等—较强通水层。

(4)大湾组—五峰组:除底部五峰组为非碳酸盐岩岩组外,基本属于薄—中厚层的泥质灰岩,灰岩泥质含量高,且夹有少量页岩,限制了岩溶的发育,一般以裂隙-溶隙为含水介质,属于弱透水岩组。

**4. 志留系—泥盆系(S—D)**

该地层是典型的隔水岩组,为非碳酸盐岩岩组。

**5. 石炭系(C)**

该地层主要分布于北部建始县城—长阳火烧坪,东部长阳石板坡—五峰北风垭,南部宣恩长潭河—建始官店口等地,流域内出露不全,仅发育黄龙组。黄龙组岩性:上部为浅灰色微晶灰岩;下部为中至厚层微晶白云岩,含生物碎屑灰岩。

**6. 二叠系(P)**

(1)栖霞组:为不纯碳酸盐岩岩组,其间夹有薄层状泥质岩类且含大量燧石结核(或团块),一般多发育小型洞穴和溶隙。其中,裂隙、溶隙可构成相互连接的网络,常见流量很大的溶隙泉,属于中等—较强透水层。该组顶部为厚几米的非碳酸盐岩,即一般所指的马鞍山段。

(2)茅口组:为不纯碳酸盐岩岩组,以厚层含燧石结核的微晶灰岩为主,为单一断续型。该组燧石结核或团块的含量在断面面积上占 20%～30%,因此岩溶化程度和透水性不强,少见地下河和大型溶洞,地下水多沿溶隙汇流,溶隙为主要含水介质,属于中等透水层。

(3)吴家坪组:主要为非碳酸盐岩类,不发育岩溶,属于隔水层。

(4)长兴组:特点同茅口组。

(5)大隆组:为非碳酸盐岩岩组,厚度小,不发育岩溶,属于相对隔水层。

**7. 三叠系(T)**

(1)大冶组:下部为不纯碳酸盐岩岩组,属间互型,主要为薄—中厚层微晶灰岩夹页岩,或二者交互,页岩夹层的比例由上往下逐渐递增,上部偶夹,基本为纯碳酸盐岩,中部为10%~20%,下部为40%~60%,故上部为强透水层,下部为层状非均质透水层,岩溶发育区,构成以溶隙为主的强弱交替的含水系统,底部相对隔水。

(2)嘉陵江组:为纯碳酸盐岩组类,属单一均匀型,偶夹有泥质条带和薄层钙质页岩,连续厚度和总厚度均较大。岩石类型主要为灰岩,是本区岩溶化最强烈的地层之一。其中发育有各种岩溶类型,由溶隙-洞穴和管道构成岩溶透水介质,属于强透水层。

嘉陵江组厚度大,在清江流域中上游广泛分布,其下、中、上3段略有不同。下段为灰岩岩组,连续厚度大,有利于岩溶发育,属于强透水层;中段也基本是连续厚度巨大的灰岩岩组,属强透水层,但其下部为含较多铁泥质的薄层灰岩,局部铁泥质成层分布,影响垂向透水层,而起相对隔水作用,岩溶管道常在其上部发育;上段岩类较复杂,主要为晶粒白云岩、白云质灰岩、灰质白云岩和角砾岩的交互,为岩溶中等发育的层位。

(3)巴东组:上、下段为非碳酸盐岩类,属岩溶不发育的岩组,是区域相对隔水层。中段为泥灰岩、灰岩夹少许砂页岩,属不纯碳酸盐岩岩组,是岩溶中等发育的层位。

从上述可以看出:本区震旦系—三叠系中,不同岩溶岩组类型交替出现,岩溶发育程度、透水介质类型及透水性大小亦呈交替变化形式,强弱相间,其中石龙洞组、光竹岭组、三游洞群、南津关组、嘉陵江组为强透水层,新屋组、红花园组、栖霞组、茅口组、长兴组、大冶组、巴东组中段为中等透水层,茅坪组、大水井组、毛田组、覃家庙组、大湾组—临湘组为弱透水层,其余则为隔水层或相对隔水层。含水层与隔水层或相对隔水层大多呈相间分布,因而构成多层水文地质结构体。

## 第二节 岩溶地貌类型

清江流域及周缘地区,大地构造上归属扬子准地台二级单元八面山褶皱带,构造体系上清江流域主要展布在新华夏系第三隆起带中南段,只有河口地段展布在新华夏系第二沉降带江汉沉降区边缘。大部分为山地地貌,西边以齐岳山为界与四川盆地相隔,东边向江汉平原过渡。清江流域地貌类型与地形高程、流域水系展布有很大关系,不同区段地貌类型有所差别(图3.2.1)。

清江流域西缘至白果段,海拔超过1000m,以溶蚀侵蚀中低山洼地为主,发育较多洼地地貌。白果以东至新塘段,建始—恩施—宣恩—咸丰一带,海拔在500~1200m之间,为溶蚀侵蚀中低山槽谷地貌,以发育大型槽谷为特征。新塘以东至都镇湾一带,海拔在500~1200m之间,清江两岸以及二级、三级支流流域以溶蚀侵蚀中低山峡谷地貌为主;其中北岸渔峡口—资丘以北、南岸五峰—渔洋关一带海拔超过1200m地带,以剥蚀侵蚀中低山峡谷地貌为主,是各种岩溶地形(洼地、落水洞、槽谷)等发育地段。都镇湾以东至隔河岩以西,海拔低于500m,为溶蚀侵蚀低山丘陵地貌,地形总体呈现向东倾斜斜坡地形。隔河岩以西至清江口,海拔100~200m的丘陵及垄岗地形,以平原地貌为主,岩溶地貌发育较少。

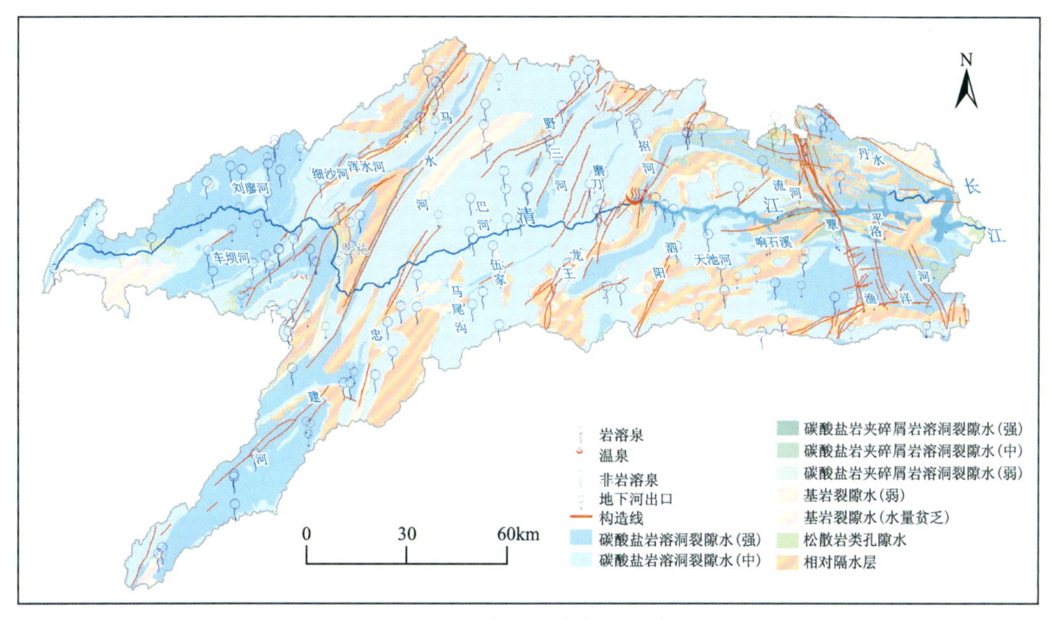


图 3.2.1 清江流域水文地质图

## 第三节 岩溶形态特征

清江流域岩溶形态丰富，可分为地表岩溶形态和地下岩溶形态两类：地表岩溶形态包括溶隙、石牙、石脊、岩溶槽谷、溶蚀洼地、溶蚀漏斗、落水洞、岩溶盆地、溶峰、石柱、天生桥、盲谷、干谷及一些岩溶组合地貌等；地下岩溶形态主要包括竖向落水洞和水平溶洞。

### 一、地表岩溶形态

溶隙、石芽、石脊：溶隙是岩溶区常见的溶蚀形态，由地表水沿碳酸盐岩裂隙流动溶蚀侵蚀形成；脊状岩体则是石脊(溶沟间突起的石脊称为石芽)，其间常被泥土填充(图 3.3.1)。

岩溶槽谷：长条形溶蚀槽地，通常由流水形成，广泛分布于各级岩溶台面上，规模一般较大，长可达数千米、宽可达数百米。谷底通常较为平坦，并向一端倾斜(图 3.3.2)。

图 3.3.1 溶隙、石芽、石脊

图 3.3.2 岩溶槽谷

溶蚀洼地：为圆形或椭圆形的负地形，规模大小不一，洼地底部常堆积泥土，当地农作物主要生长地，在洼地中部或边缘常发育有落水洞排泄地表水。

溶蚀漏斗：分布于洼地或槽谷底部，山间垭口少见。一般直径为数十米，深10余米。其中常充填有黏土和碎石，底部与落水洞或溶隙相连。

落水洞：是由间断性垂直下渗水流沿高倾角裂隙或其交会处不断溶蚀，有时还伴有围岩不稳定岩块崩塌而形成，洞口与地面相通，常是大气降水集中汇流入渗补给的主要岩溶地貌类型，也常是现代暗河的入口。它们主要分布于洼地、槽谷、谷地的中央和边缘。落水洞按形态可分为裂隙状落水洞、漏斗状落水洞和竖井状落水洞。裂隙状落水洞一般分布在洼地或槽谷边缘，沿裂隙延伸方向展布(图3.3.3)；漏斗状落水洞多分布在洼地中心，接受洼地四周汇水，洞口呈漏斗状或碟状；竖井状落水洞洞口呈圆形，洞壁陡峭，可见深度几米至几十米不等(图3.3.4)。

图3.3.3　青岗坪裂隙状落水洞

图3.3.4　贺家坪四十五里冲竖井状落水洞

岩溶盆地：是指面积较宽广的大型岩溶谷地(图3.3.5)，是多期岩溶作用的产物。区内较大的岩溶盆地有利川盆地、野三关盆地等。其地势平坦，又是汇水场所，往往发育有地表河漫滩，是山区人口密集区和主要粮食产地，因此都是大型乡镇的所在处。

溶峰、石柱：碳酸盐岩岩体受垂直裂隙溶蚀、侵蚀而残留的峰状溶蚀体为溶峰；溶蚀强烈形成上、下直径大体一致的柱状岩体则称为石柱。它们常发育在溶蚀程度较高的陡峭碳酸盐岩山体中(图3.3.6)。

图3.3.5　贺家坪大长冲岩溶盆地

图3.3.6　高家堰母猪峡溶峰、石柱

天生桥:由岩溶作用形成横跨河谷或岩体的穿洞顶板,其两端与地面连接,中间悬空而成桥状岩溶地貌(图 3.3.7)。

盲谷:岩溶区没有出口的地表河谷称盲谷。盲谷规模大小不等。非岩溶化地区发育的地表河流流到强岩溶化地区后,水流消失在河谷末端陡崖下的落水洞而转为地下河,形成盲谷地形,如枝拓坪盲谷和龙潭坪盲谷。

干谷:常年地表水流的沟谷。地壳上升或气候变化导致侵蚀基准面下降,使原河床变干而成为干谷,如高坝洲右岸的王家冲干谷、郑家冲干谷。

其他岩溶组合地貌:不同的岩溶地貌往往相伴发育,其组合形态众多,主要有峰丛洼地、峰丛槽谷。

峰丛洼地为起伏较大的峰丛之间嵌生着规模不大的洼地,主要分布在高级剥夷面上,一般 1200～1500m,山顶浑圆,如火烧坪一带高差 100 余米。洼地近圆形,直径几十米,堆积物较薄(图 3.3.8)。洼地平坦且较大,直径可达数百米,堆积物较厚(图 3.3.9)。

峰丛槽谷即槽谷周围为峰丛所包围,多分布在次高级剥夷面上,如官店口以南的龙竹坪一带和贺家坪以南的长冲一带(图 3.3.10)。

图 3.3.7 贺家坪鸳鸯村天生桥

图 3.3.8 火烧坪峰丛洼地

图 3.3.9 峰丛洼地卫星图

图 3.3.10 峰丛槽谷卫星图

## 二、地下岩溶形态

地下岩溶形态主要有竖向落水洞和水平溶洞，常构成地下洞穴系统。竖向落水洞是大气降水或暗河地表入口，在地下形态展布以裂隙管道为特征，是岩溶区地下水运移的主要通道；水平溶洞是饱水强径流带长期溶蚀作用所形成的洞穴。洞穴系统通常由竖向洞穴和横向溶洞组合构成。

# 第四节　空间分布特征

岩溶地貌发育与地层岩性、地质构造、气候条件、水动力条件密切相关，从平面展布或高程分布来看，不同岩溶地貌的发育均具有一定的相似性和规律性。区内分布较多的峰丛洼地、岩溶盆地、岩溶槽谷等代表了清江流域主要岩溶地貌的发育特征。

## 一、平面分布

从平面分布上看，以仙女山断裂为界可将区内岩溶地貌分为东部的斜坡岩溶地貌和西部的高原岩溶地貌。

峰丛洼地是斜坡岩溶的主要地貌类型，主要分布于隔河岩、高坝洲、高家堰一带。

岩溶盆地则多居于西部高原岩溶区，如区内较大的利川盆地、野三关盆地等，该类岩溶地貌的形成主要受构造运动控制，它们都是处于向斜构造内，地层走向控制了盆地的展布方向。

岩溶槽谷也多分布在西部高原岩溶区，主要分布于长阳、大堰及龙潭坪一带，是高原岩溶地貌与斜坡岩溶地貌的过渡地带，多以峰丛槽谷为主。在恩施盆地西部和北部的白果坝、团堡、白杨一带，以丘状槽谷为主，该类型槽谷一般规模较大，延伸长，并有分支谷汇于大型槽谷中。谷底有干涸遗留河槽或间歇性溪流。槽谷四周山体以丘丛为主，也有锥状峰丛地形。槽谷中有叠置洼地、漏斗、落水洞，边缘还有小泉出露，沿槽谷一般有大型暗河发育，如清江伏流段即发育在槽谷中(图 3.4.1)。

图 3.4.1　清江伏流段槽谷(谷歌卫星地图)

纵观全区，不论是洼地还是槽谷，其展布方向与发育特征受地质构造影响强烈，其发育方向绝大部分都与所处构造单元的构造线一致。前人对清江流域主要槽谷统计中，槽谷走向主要为NE60°～80°，NW300°，少部分近南北向和近东西向（图3.4.2）。从构造位置上看，槽谷多发育在背斜或向斜核部，部分发育在两翼，出露地层均为寒武系、奥陶系、三叠系碳酸盐岩。五峰地区槽谷、洼地的主要方向是NE30°～40°、NE60°～70°、NW50°～70°及近SN（图3.4.3），区内主要优势方向为NE30°～40°，其主要受到新华夏构造体系控制，而NE60°～70°及NW50°～76°则受到东西向构造体系的控制。

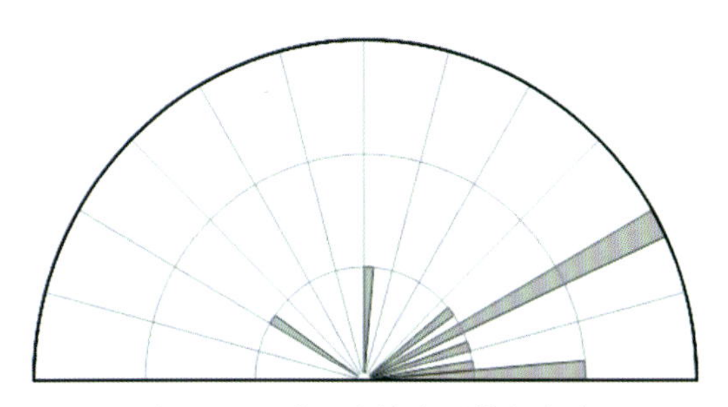

图3.4.2 清江流域主要槽谷走向

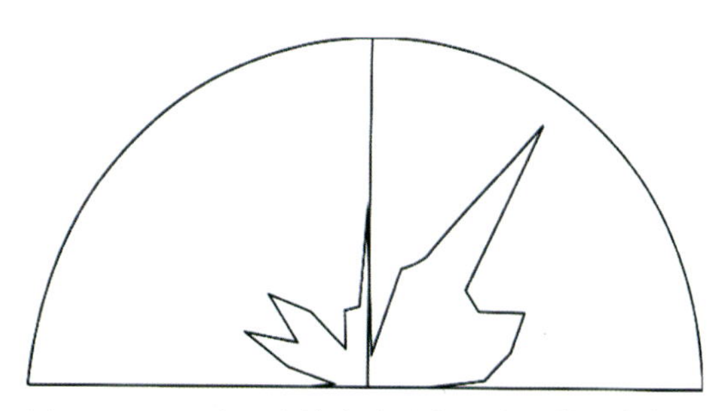

图3.4.3 五峰土家族自治县主要洼地槽谷走向图

## 二、垂向分布

岩溶地貌在垂向上的分布和发育多集中在一定高程的剥夷面上，清江流域槽谷主要分布在几个高程上：500～700m、700～900m、1100～1200m、1700m以上。并且1100～1200m岩溶槽谷最为发育，发育规模相对较大，在此高程的槽谷中发育较多暗河，如白果坝暗河、小溪暗河，清江伏流段也在此高程出露。而在1200m以上的槽谷、洼地数量也较多，但规模相对较小；在900m以下个数较少，但规模大小不一。这一现象是由高级剥夷面上的槽谷、洼地受后期岩溶叠加作用破坏所致。而低级剥夷面上的槽谷、洼地受后期破坏较轻。

从剖面上看，清江流域岩溶地貌具有阶梯状分布的特征。特别是清江中上游地区较为明显，从分水岭地带向恩施盆地地形呈阶梯状下降，如在恩施盆地东南部的石灰窑、椿木营一带以高程为1900～2000m的台原地貌为主，在校场坝、红土地一带以高程为1500～1600m的丘丛地貌为主，在三岔、凉风一带以高程为1100～1200m的丘丛垄脊地貌为主，在恩施七里坪一带以高程为700m左右的峰丛地貌为主。

# 第五节 岩溶发育控制因素

综上所述，本区各类岩溶地貌都是在特定条件下经历一定时期岩溶作用形成的地貌景观（图3.5.1、图3.5.2）。在诸多控制因素中，地层岩性是基础，地质构造是主导，而水动力条件起决定性的因素。

## 一、地层因素

从震旦纪—中三叠世，本区大部分时间处于海侵条件下，沉积了巨厚的海相碳酸盐岩地

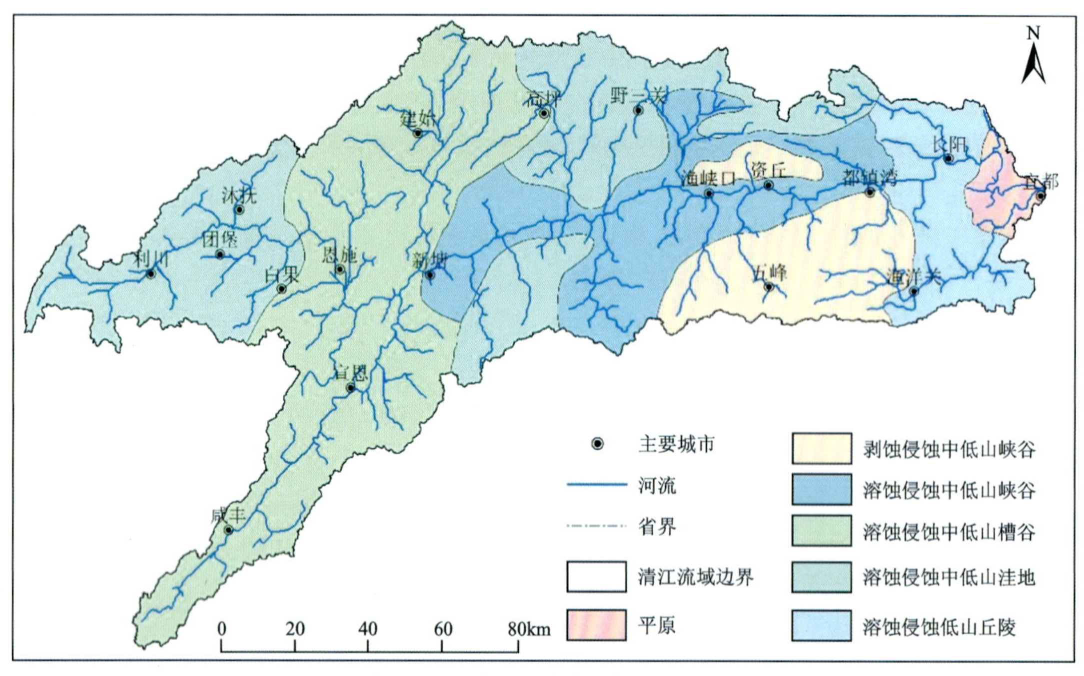


图 3.5.1 清江流域溶蚀侵蚀分布图

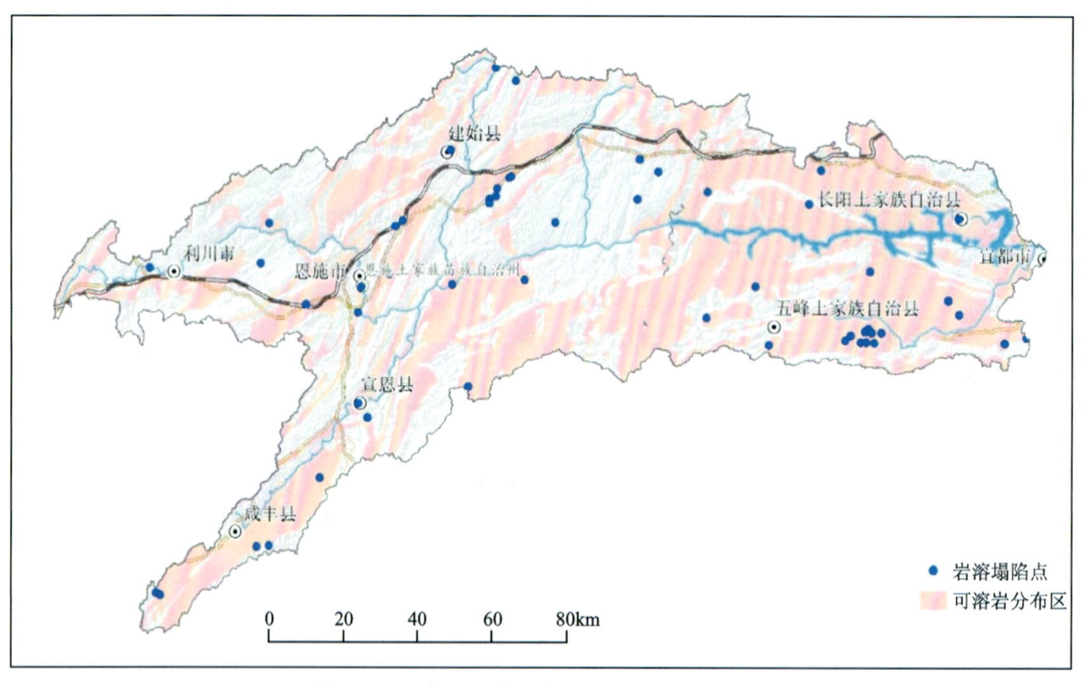


图 3.5.2 清江流域可溶岩及岩溶塌陷分布图

层，这为岩溶地貌发育提供了物质基础和空间。但由于所处沉积环境不同，地层岩性有较大差异，其可溶性也有较大差异。一般来说，质纯层厚的碳酸盐岩分布区有利于形成以溶蚀作用为主的岩溶地貌，而层薄及不溶物含量高的碳酸盐岩，或可溶岩与非可溶岩呈间互状分布的地区则有利于形成溶蚀-侵蚀地貌。本区下寒武统石龙洞组—下奥陶统红花园组及石炭系黄龙组—三叠系嘉陵江组这两大层系岩层厚度大，碳酸盐矿物含量高，分布面积广，故而形成了大范围以溶蚀作用为主的岩溶地貌。

## 二、构造因素

构造运动使碳酸盐岩岩体发生破裂形成裂隙是岩溶作用得以进行的先决条件。各种岩溶负形态的发育主要与裂隙有关，特别是裂隙(断层)密集和交会处更是岩溶负形态形成的有利部位。褶皱构造核部及转折端亦是岩溶发育的有利部位，特别是背斜核部，往往形成宽度、长度都较大的纵张巨型裂隙。这些巨型裂隙构成了地下水的强径流带，有利于形成大型岩溶槽谷。向斜核部在一定条件下也是岩溶强烈发育部位，特别是当岩层中存在相对阻水岩组时，则构成完整的向斜盆地，地下水向核部汇集，而沿褶皱轴部线径流，因此在向斜核部也往往形成大型岩溶槽谷和岩溶盆地。

岩层产状对岩溶地貌的发育也有一定的控制作用。岩层倾角小或近于水平，并夹有相对隔水岩组时，由于隔水层的阻水作用，限制了岩溶发育的深度，往往形成浅切的岩溶槽谷和洼地，山体也以圆缓状丘丛地貌为主。当岩层倾角较大，特别是纯碳酸盐岩与不纯碳酸盐岩呈相间带状分布时，正向岩溶形态和负向岩溶形态的展布往往与岩层走向一致，形成垄脊状丘丛槽谷地貌。

## 三、水流因素

在可溶岩地区，水的溶蚀性能是岩溶作用得以进行的必要条件，而水的循环交替是水的溶蚀性能的决定因素，同时水动力条件也决定了水流侵蚀性能。相对江汉盆地来说，本区是地壳强烈上升地区，一般水力坡降大，水交替强烈，水流溶蚀和侵蚀性能均较强烈，因此形成了深切的峡谷和高耸的峰丛及大型的洞穴系统。但受局部隔水层影响，不同地区可溶岩的底板高度不同，即岩溶基准面高度不一样，使水力坡降大小不一样，对于水力坡降大的地区，地下水垂直运动距离大，然后转为水平运动，有利于形成深切的槽谷和洼地；对于水力坡降小的地区，地下水垂直运动距离小，形成浅切的槽谷和洼地。

# 第四章　清江流域水文地质特征

清江流域水文地质调查项目2019年完成了《贺家坪幅》(H49E009012)、《高家堰幅》(H49E009013)1∶5万水文地质填图880km$^2$,2020年完成了清江流域1∶25万水文地质调查17 000km$^2$以及甘溪鱼泉洞、恩施龙洞和龙鳞宫暗河系统3个重点泉域1∶5万水文地质填图240km$^2$,2021年完成了1∶25万补充性水文地质调查编测以及渔洋关地区1∶5万补充性水文地质调查编测。基于水文地质调查,查明清江流域水文地质条件,概化了岩溶水系统结构模式,揭示了不同模式下的地表水-地下水转化规律,为地下水资源分区和地下水资源评价奠定了基础。

## 第一节　地下水含水岩组与地下含水系统

### 一、含水岩组

碳酸盐岩的富水性受到地层结构、构造变动和出露条件等诸多因素的影响,是这些因素综合作用的结果。结合统测调查结果对统测研究区出露的寒武系—三叠系的岩层含水性进行概括性描述。

#### 1.寒武系

寒武系主要分布于清江东南部大堰—长乐坪—渔洋关地区,中东部火烧坪—贺家坪—水布垭地区长阳背斜两翼以及中西部建始县—屯堡地区。主要岩性:水井沱组($\in_1 s$)钙质粉砂岩、碳质页岩、微晶灰岩、白云质微晶灰岩;石牌组($\in_1 sh$)粉砂岩、细砂岩、页岩含碎屑灰岩夹层;石龙洞组($\in_1 sl$)白云质斑纹灰岩、鲕粒灰岩、泥质条带灰岩、白云质灰岩及条带灰岩互层,含页岩夹层;覃家庙组($\in_2 q$)灰岩、白云质灰岩、白云质长石石英砂岩;娄山关组($\in_2 O_1 l$)白云岩、白云质灰岩。除水井沱组下段与石牌组泥质含量较高,透水性差,作为区域相对隔水层外,其他各地层均有地下水出露。地形切割至地下水位以下或地形揭露地下河管道使地下水得以出露,个别泉点由断层阻隔形成。地下水以碳酸盐岩裂隙溶洞水为主,含水性较强。

#### 2.奥陶系

奥陶系与寒武系整合接触,区内出露范围、规模与寒武系大致相当。主要岩性:南津关组($O_1 n$)灰绿色页岩、中粗晶白云质灰岩、生物碎屑灰岩;分乡组($O_1 f$)灰绿色页岩,生物碎屑灰岩；红花园组（$O_1h$）生物碎屑灰岩，结晶灰岩；大湾组（$O_1d$）微晶灰岩、瘤状灰岩、灰绿色页岩；牯牛潭组（$O_2g$）瘤状灰岩、含白云质微晶灰岩；宝塔组（$O_2b$）生物碎屑灰岩；五峰组（$O_3w$）碳质页岩与硅质页岩互层。该套地层岩性主要为不纯碳酸盐岩，上奥陶统南津关组及中奥陶统牯牛潭组、宝塔组含水性相对较好，有地下水出露。在奥陶系出露范围及接受补给条件较广，偶发育地下河。地下水类型以碳酸盐岩裂隙溶洞水为主，含水性一般。

### 3. 志留系、泥盆系

志留系、泥盆系呈带状分布于清江流域西部天生—屯堡—恩施、杨柳池—火烧坪—鸭子口、五峰—雨花寨一带。主要岩性：页岩、粉砂质页岩、泥质粉砂岩和石英砂岩。该套地层透水性差、含水性差，作为区域隔水层。

### 4. 石炭系

石炭系主要分布于北部建始县城长阳火烧坪，东部长阳石板坡—五峰北风垭，南部宣思长潭河建始官店口等地。主要岩性：岩关组（$C_1y$）粉砂质页岩、石英砂岩、白云质灰岩、碳质页岩；黄龙组（$C_2h$）粗晶白云岩、角砾状白云岩、生物碎屑灰岩。该套地层总厚度 0～103m，与下伏地层皆为平行不整合接触。岩关组以碎屑岩为主，作为相对隔水层；黄龙组作为区域相对含水层，但厚度较薄。地下水类型以碳酸盐岩溶洞裂隙水为主，含水性较差。

### 5. 二叠系

二叠系广泛分布于利川齐耀山、黄泥扩，恩施见天、沐抚，建始城关、花坪、大河，宣恩长潭河、长坝，五峰红渔坪、白温坪，长阳渔峡口、资丘、鸭子口等地。主要岩性：马鞍组/梁山组（$P_1mn/P_1l$）石英砂岩、碳质页岩夹煤层；栖霞组（$P_1q$）生物碎屑灰岩夹页岩及燧石条带；茅口组（$P_1m$）生物碎屑灰岩、硅质岩及燧石条带、泥岩、泥灰岩；吴家坪组（$P_2w$）碳质页岩、生物碎屑灰岩、硅质岩；长兴组/大隆组（$P_2c/P_2d$）细晶白云岩、灰岩、硅质岩。除二叠系马鞍组/梁山组与长兴组/大隆组含泥质较高，透水性差，其他地层具有一定含水性，其中栖霞组含水性最好。地下水类型以碳酸盐岩裂隙溶洞水为主，含水性较强。

### 6. 三叠系

研究区内三叠系分布极为广泛，在利川的李子助—汪家营、猫儿梁—团堡，恩施七里坪、水坪，建始花果坪、石窑，巴东野三河、磨刀河、泗井水，长阳大龙坪、资丘、凉水寺、雷公包等地均呈大面积出露。主要岩性：大冶组（$T_1d$）微晶灰岩、泥灰岩、砂屑灰岩；嘉陵江组（$T_2j$）白云质灰岩、微晶灰岩、白云质灰岩；巴东组（$T_2b$）白云岩、粉砂质黏土岩、泥质白云岩、亮晶砾屑灰岩；须家河组（$T_3xj$）粉砂质黏土岩、粉砂岩及碳质页岩。地下水含水介质类型以碳酸盐岩裂隙溶洞水为主，含水性强。

### 7. 侏罗系

侏罗系仅见于利川金子山和恩施七里坪。主要岩性：侏罗系沙溪庙组（$J_2s$）、新田沟组

($J_2x$)、自流井组($J_2z$)、珍珠冲组($J_1z$)、香溪组($J_1x$)灰黄色中厚至厚层状黏土质细—粗粒岩屑石英砂岩,下部夹含碳粉砂质页岩及煤层。该套地层总厚度124.60m。区域内作为相对隔水层。

统计已收集到的地下水排泄点出露层位、规模,对不同地层含水性进行初步评价分析(表4.1.1)。

**表4.1.1 清江流域含水岩组划分**

<table>
<tr><th colspan="2">地下水类型</th><th>含水性</th><th>地层代号</th></tr>
<tr><td colspan="2">松散岩类孔隙水(Ⅰ)</td><td></td><td>Q</td></tr>
<tr><td rowspan="5">碳酸盐岩类岩溶水(Ⅱ)</td><td rowspan="2">碳酸盐岩溶洞裂隙水(Ⅱ1)</td><td>强</td><td>$\in_2O_1l$、$T_2j$</td></tr>
<tr><td>较强</td><td>$\in_1t$、$\in_1sl$、$O_1n$、$O_2b$、$P_1q$、$P_1m$、$P_2w$、$T_1d$、$Z_2\in_1d$</td></tr>
<tr><td rowspan="2">碳酸盐岩夹碎屑岩溶洞裂隙水(Ⅱ2)</td><td>较强</td><td>$O_1g$、</td></tr>
<tr><td>中等</td><td>$Z_2d$、$\in_2q$、$\in_1s$</td></tr>
<tr><td>可溶性砾岩裂隙孔洞水(Ⅱ3)</td><td>中等</td><td>K</td></tr>
<tr><td rowspan="2">基岩裂隙水(Ⅲ)</td><td rowspan="2">碎屑岩风化裂隙水(Ⅲ1)</td><td>弱</td><td>$J_1x$、$T_3j$、$P_2d$</td></tr>
<tr><td>极弱</td><td>$D_{2\text{-}3}y$</td></tr>
</table>

## 二、含水系统

根据水文地质条件研究可将清江流域进行地下含水系统的初步划分,即震旦系岩溶含水系统、寒武系—奥陶系岩溶含水系统、石炭系—二叠系岩溶含水系统、三叠系岩溶含水系统、三叠系巴东组—侏罗系裂隙含水系统、白垩系—古近系孔隙裂隙含水系统(图4.1.1)。

1)震旦系岩溶含水系统

震旦系岩溶含水系统主要分布于清江流域东北部高家堰—贺家坪—火烧坪—高坝洲一带,主要岩性为震旦系陡山沱组与灯影组碳酸盐岩。系统底部边界为南华系南沱组冰碛砾岩;测区东北侧震旦系陡山沱组与白垩系石门组呈角度不整合接触,西侧津阳口背斜处,震旦系灯影组与寒武系水井沱组呈平行整合接触,寒武系底部与白垩系底共同组成震旦系含水系统上边界。贺家坪-鸭子口方向仙女山断裂与鸭子口-磨市共同组成震旦系含水系统垂向边界。

2)寒武系—奥陶系岩溶含水系统

寒武系—奥陶系岩溶含水系统主要分布于津阳口背斜核部,以及大堰—五峰—渔洋关—高坝洲地区,岩性主要为微晶灰岩、白云岩,含页岩,并作为该含水系统内子系统的隔水边界。区域内,此系统下边界为寒武系底部水井沱组页岩,以志留系粉砂质泥岩为隔水顶板;渔洋河南边界为近东西向断裂。

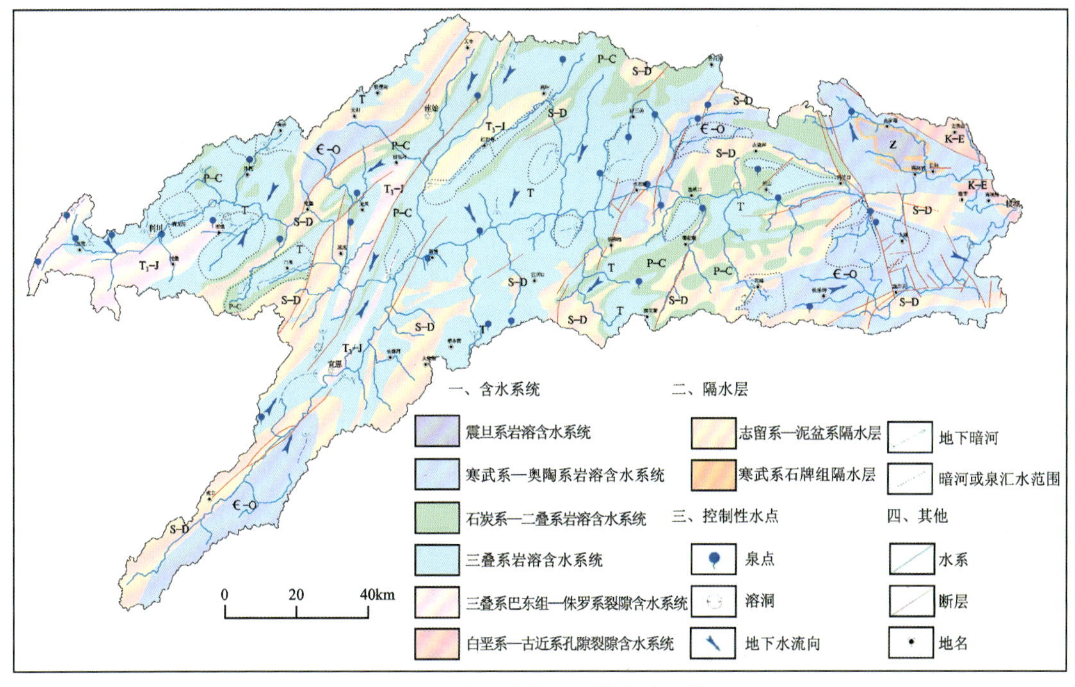


图 4.1.1 清江流域地下水含水系统图

此系统内发育主要水系有渔洋河、招徕河与东流河。东流河水系结构由津阳口背斜控制,沿北西南东向发育,支流发育较少,水系形态上呈树干状;招徕河干流位于津阳口背斜迹线转折处,呈树枝状,共发育三条主要的支流,两条位于寒武系—奥陶系含水系统,另一条北西南东向支流源于三叠系,经地表汇流汇入招徕河干流。渔洋河位于清江干流南侧,源于五峰、长乐坪流经渔洋关,最后于枝城汇入清江。水系结构呈羽状,支流分布较多且密集。

3)石炭系—二叠系岩溶含水系统

石炭系岩溶含水系统主要集中于野三关—建始—宜恩—雨花寨一带,呈带状分布于清江流域中部边缘位置,岩性主要为石炭系中统黄龙组粗晶白云岩、角砾状白云岩、白云质灰岩、生物碎屑灰岩。石炭系底部碳质页岩、粉砂质页岩构成该系统隔水底板;二叠系底部栖霞组粉砂质页岩、碳质页岩夹煤层为隔水顶板。

二叠系栖霞组—茅口组含水岩组可认为是次级的岩溶含水子系统,主要分布于清江流域西部至长阳资丘一带。子系统下边界为栖霞组($P_1q$)底部马鞍山段,岩性主要为粉砂质页岩、碳质页岩夹煤层;吴家坪组($P_2w$)东西向相变明显,东部长阳资丘、齐头山一带则以生物碎屑微晶灰岩为主,最大厚度达 281.99m,无明显隔水层;西部由底至顶岩性依次为碳质页岩、微晶灰岩、硅质岩、碳质页岩,总厚度 55~74m,构成子系统上边界。

4)三叠系岩溶含水系统

三叠系岩溶含水系统主要分布于清江流域中部以及西部地区,出露范围最广,岩性以灰岩、白云质灰岩、鲕粒灰岩为主。下边界为二叠系大隆组硅质岩、含碳硅质页岩,上边界为三叠系沙镇溪组粉砂质黏土岩。该系统内发育水系主要有沐抚河、滞水河、野三河、磨刀河等。该类水系通常较为发达,水系多为树枝状,近南北向发育。

5)三叠系巴东组—侏罗系裂隙含水系统

三叠系巴东组—侏罗系裂隙含水系统主要分布于清江流域西北部利川金子山以及恩施七里坪两地。三叠系含水系统岩性主要为紫红色砂质泥岩、泥质碳酸盐岩及灰黄色、紫灰色、黄绿色粉砂质黏土岩;侏罗系含水系统岩性主要为灰绿色、青灰色厚层至块状长石石英砂岩与紫色泥岩和砂质泥岩互层。

6)白垩系—古近系孔隙裂隙含水系统

白垩系—古近系孔隙裂隙含水系统分布于清江流域东缘地带。岩性为砖红色块状石英砂岩夹钙质泥岩、钙质粉砂岩及含砾砂岩,底部为厚层砾岩。

# 第二节　地下水流系统

## 一、基本特征

### (一)地下河系统

根据地下河的补给方式,将地下河系统分为地表水河道灌入式补给地下河系统、洼地落水洞灌入式补给地下河系统、地表水渗入式补给地下河系统和降水渗入式补给地下河系统4个类别。据不完全统计,清江流域各类型地下河系统数量如表4.2.1所示。

**表4.2.1　清江流域地下河系统类型表**

| 地下河补给类型 | 补给方式 | 补给来源 | 介质类型 | 含水岩组 | 典型实例 |
|---|---|---|---|---|---|
| 地表水河道灌入式补给地下河系统 | 点状 | 地表水 | 裂隙-溶洞 | P—T | 腾龙洞地下河系统、双龙洞地下河系统、七渡河龙洞地下河系统、鱼泉洞地下河系统 |
| 洼地落水洞灌入式补给地下河系统 | 面状、点状 | 降水 | 裂隙-溶洞 | ∈—O | 高桥出水洞地下河系统、虎洞地下河系统、三现水地下河系、大鱼泉地下河系统 |
| 地表水渗入式补给地下河系统 | 线状、点状 | 地表水 | 溶洞-裂隙 | ∈—O | 迷水洞地下河系统 |
| 降水渗入式补给大型地下河系统 | 面状 | 降水 | 裂隙-管道 | P—T | 小溪河地下河系统 |

### (二)岩溶大泉系统

根据岩溶大泉系统含水介质类型可将岩溶大泉系统分为洼地落水洞灌入式补给岩溶大泉系统、地表水渗入式补给岩溶大泉系统和降水渗入式补给岩溶大泉系统三大类(表4.2.2)。

表 4.2.2 岩溶泉系统统计表

| 岩溶大泉系统类型 | 补给方式 | 补给来源 | 介质类型 | 含水岩组 | 流量/($L \cdot s^{-1}$) | 数量/个 |
|---|---|---|---|---|---|---|
| 洼地落水洞灌入式补给岩溶大泉系统 | 集中灌入 | 降水 | 裂隙-溶洞 | P—T、∈ | 100～500 | 179 |
| 地表水渗入式补给岩溶大泉系统 | 渗入补给 | 地表水 | 裂隙-管道 | P—T | 200 | 3 |
| 降水渗入式补给岩溶大泉系统 | | 降水 | 裂隙-管道 | P—T、∈、Z | 10～100 | 79 |
| 合计 | | | | | | 261 |

数据来源:《咸丰幅》《恩施幅》《五峰幅》《长阳幅》《巴东幅》《宜昌幅》《钟祥幅》1∶20 万水文地质图、报告,以及《清江流域岩溶研究》。

### 1. 洼地落水洞灌入式补给岩溶大泉系统

洼地落水洞灌入式补给岩溶大泉系统指的是降水主要通过地表大型洼地、落水洞、天窗等补给地下水,由以岩溶裂隙-溶洞为主的岩溶含水层集中出露的泉水,主要分布于板桥、利川、汪营、白果、龙凤、野三关、云台荒、长乐坪、渔洋关等地区。发育地层主要为寒武系、二叠系、三叠系等。地层岩性较纯,层厚较大,出露面积较广的碳酸盐岩,多伴有构造发育,管道沿优势裂隙方向发育。降水多数沿补给区落水洞补给地下水,泉域面积多数在 6～40$km^2$之间,泉流量 100～400L/s,径流模数在 1.7～10L/($s \cdot km^2$)之间。典型的系统如下。

(1)木珠岩溶大泉系统:位于大龙坪向斜东北端东侧的木珠村山坡上,发育于三叠系嘉陵江组,地貌上发育大型溶蚀洼地及槽谷,漏斗、落水洞分布密集。系统控制面积大约 60$km^2$,泉流量最大 500L/s。

(2)仙人洞岩溶大泉系统:位于长阳土家族自治县鸭子口乡马连坪西侧的三登崖陡壁上,发育于下三叠统大冶组细晶灰岩中,受断层控制。地貌上为二级岩溶台地、漏斗、洼地、槽谷等均较发育,有利于大气降水灌入补给,控制面积大约 100$km^2$,最大泉流量 500L/s。

### 2. 地表水渗入式补给岩溶大泉系统

地表水渗入式补给岩溶大泉系统指的是系统补给区地表洼地、落水洞等发育较少,降水多汇入地表水系,进而通过河床底部缝隙补给地下水,由以岩溶裂隙-管道为主的岩溶含水层集中出露的泉水。该类岩溶大泉系统区内数量较少,主要分布于官店口、杨柳池、水布垭等地,发育地层主要为下三叠统、上二叠统,岩性为含碎屑岩夹层的中厚层碳酸盐岩。泉域面积多在 60$km^2$左右,地下水径流模数约 8L/($s \cdot km^2$)。典型的系统如下。

细砂岩溶大泉系统:位于宣恩县细砂乡南边山坡上,发育于一向斜构造北端二叠系岩溶水系统中,岩溶泉控制流域面积大约 30$km^2$,平均流量 260L/s,中建河两条支流为此系统的地下水的主要补给来源,泉流量远大于大气降水的直接补给量。

### 3. 降水渗入式补给岩溶大泉系统

降水入渗式补给岩溶大泉系统指的是系统补给区大型洼地、落水洞发育较少，降水多通过地表裂隙或小型落水洞补给地下水，呈面状补给，由以岩溶裂隙-管道为主的岩溶含水层集中出露的泉水。该类岩溶大泉系统在区内分布较为广泛，主要分布于长阳、高家堰、贺家坪、隔河岩、桃山、傅家堰、水布垭、长谭河、官店口、渔峡口等地区。发育地层主要为震旦系、奥陶系、二叠系、三叠系等。地层层厚较薄，岩性较不均匀，出露面积较小的碳酸盐岩夹碎屑岩地层中。此区降水入渗补给系数一般小于0.4，地下水平均径流模数2～6L/(s·km$^2$)。典型的系统如下。

(1)纸坊头岩溶大泉系统：位于纸坊村东面白炭河岸边附近的山坡脚下，标高200m，发育于下三叠统大冶组底部的薄层灰岩中。构造上为一向东倾伏的向斜，其轴在纸坊头附近通过，因含水层被地形切割而成为区域出露最低点，大气降水通过表层裂隙入渗补给地下水，通过纸坊头泉集中排泄，控制面积大约35km$^2$，最大泉流量300L/s。

(2)洞湾岩溶大泉系统：位于松圆坪南约1km的洞湾附近，标高380m，出露于下奥陶统南津关组灰岩含水层中，受松圆坪断层控制而出露，控制面积大约100km$^2$，枯季流量大约200L/s，地下水径流模数5L/(s·km$^2$)。

## (三)分散排泄系统

### 1. 基岩裂隙水流系统

该类系统测区内主要为砂岩、砾岩区水流系统。砂岩、砾岩出露面积相对较小，多集中于文佛山、元堡、白杨坪、红岩寺北部、火烧堡西部、火烧坪西部等地区，发育层位主要为泥盆系、下侏罗统、白垩系。该类系统中地下水多赋存于基岩裂隙中，由于地形切割作用而出露地表，主要受地表水系控制。此类系统数量较多，流量较小，故不进行统计。

### 2. 表层岩溶泉系统

表层岩溶泉指的是表层岩溶带的地下水在运移的过程中，由于上、下层渗透性差异而出露的泉水，储水空间主要为表层岩溶裂隙。该类系统在全区分布较为普遍，但不连续，多集中于海拔位置较高、植被覆盖率相对较低的地区，一般规模较小，泉流量一般为0.01～2.5L/s，雨后可达9L/s，若长期无降水，泉水会断流。

## 二、系统结构模式

### 1. 单斜单层裂隙分散排泄型

该模式地下水流系统广泛发育于图幅内岩溶水和裂隙水含水系统中，在平面上表现分别为窄条状和面状两种。岩溶水主要分布在丹水南侧支流汇流处，寒武系在此近乎陡立呈条带状分布，地下水运移受层面控制，地表水系及沟谷的切割是地下水排泄的主要成因，因接收补给面积有限，地下水多以顺层分散排泄为主。碎屑岩裂隙含水系统主要分布在罗马溪、椰木溪等丹水北岸支流，均位于天阳坪断裂以北，地形以低矮山包为主，四周被水系切割，多分散排泄(图 4.2.1)。

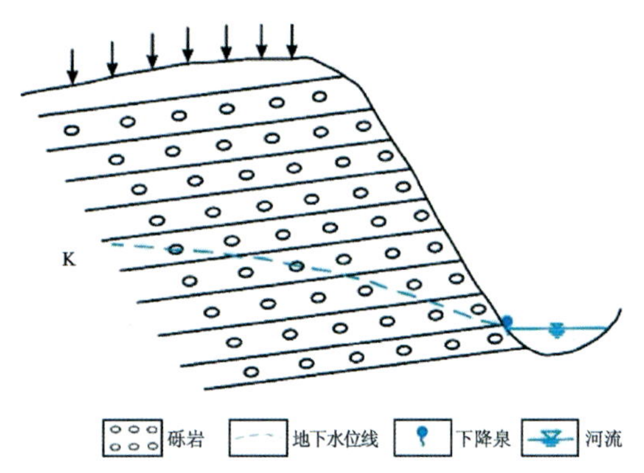

图 4.2.1　单斜单层裂隙分散排泄型剖面示意图

**2. 背斜核部双层管道裂隙集中排泄型**

该模式岩溶水系统广泛发育于长阳背斜核部，广泛分布于寒武系、震旦系岩溶含水系统中。其中寒武系娄山关组、天河板组、震旦系灯影组为出露最为广泛的岩溶含水岩组，呈块状分布；寒武系覃家庙组、石牌组及震旦系陡山沱组分别为其底部的隔水边界，形成双层结构。该地区地层产状较为平缓，补给区与排泄点的相对高差 10～200m。受树枝状水系切割强烈，补给区多以小型溶蚀槽谷、岩溶洼地为主；受地形和隔水层的控制，地下水集中排泄形成岩溶泉或岩溶暗河，多悬挂在悬崖上，以接触成因为主。

**3. 背斜两翼裂隙分散排泄型**

该模式岩溶水系统广泛存在于长阳复式背斜两翼，以震旦系、寒武系和奥陶系岩溶含水系统为主。北翼以寒武系、奥陶系岩溶含水系统为主，地层产状陡立乃至倒转，奥陶系底部为相对的隔水层，形成双层含水结构，地貌类型为岩溶斜坡，受城子河等丹水支流和丹水干流切割形成多个子岩溶含水系统。而南翼以寒武系、震旦系岩溶含水系统为主，地层产状较缓，地貌类型为溶蚀侵蚀沟谷地貌，接受大气降水分散入渗补给。含水介质以岩溶裂隙为主，地下水在接受降水补给后沿裂隙网络径流，在沟谷切割或奥陶系底部相对隔水层综合作用分散排泄，北翼以侵蚀和溢流成因为主，南翼以侵蚀成因为主(图 4.2.2)。

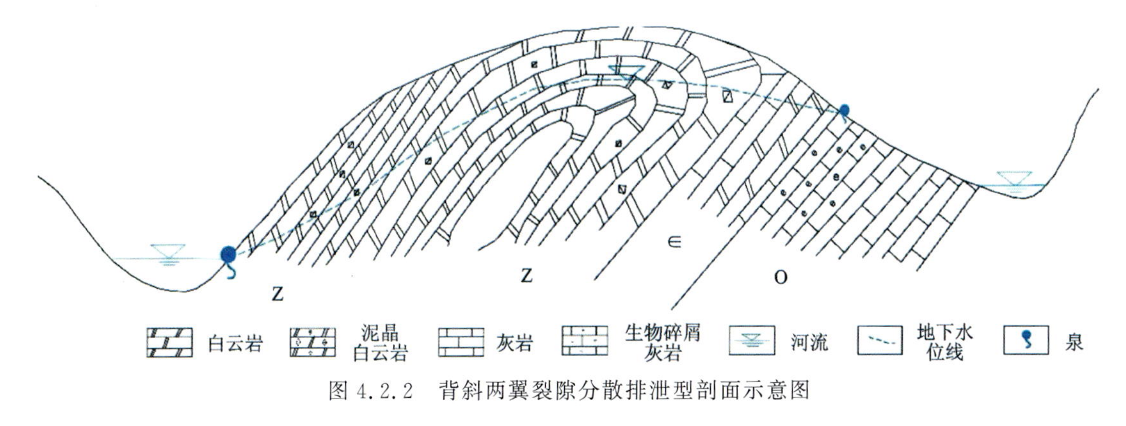

图 4.2.2　背斜两翼裂隙分散排泄型剖面示意图

**4. 断裂管道裂隙分散-集中排泄型**

该模式岩溶水系统主要集中在图幅北侧天阳坪断裂附近，岩溶含水层逆冲推覆至白垩系砾岩、砂岩碎屑岩含水层之上，以寒武系娄山关组岩溶含水层为主。测区西侧断层倾角较小，在丹水干流北侧东西向延伸，地形上表现为断坎，下部白垩系碎屑岩含水层相对隔水形成双层结构。而测区东侧断层倾角大，地形多以溶蚀侵蚀沟谷地貌为主，在沟谷切割和天阳坪断裂带相对阻水的情况分散或集中排泄。前者以接触成因为主，多为分散-集中排泄；后者岩溶地下水主要是受水系切割而分散排泄。天阳坪断裂为测区中部寒武系、奥陶系岩溶含水系统的北部隔水边界（图 4.2.3）。

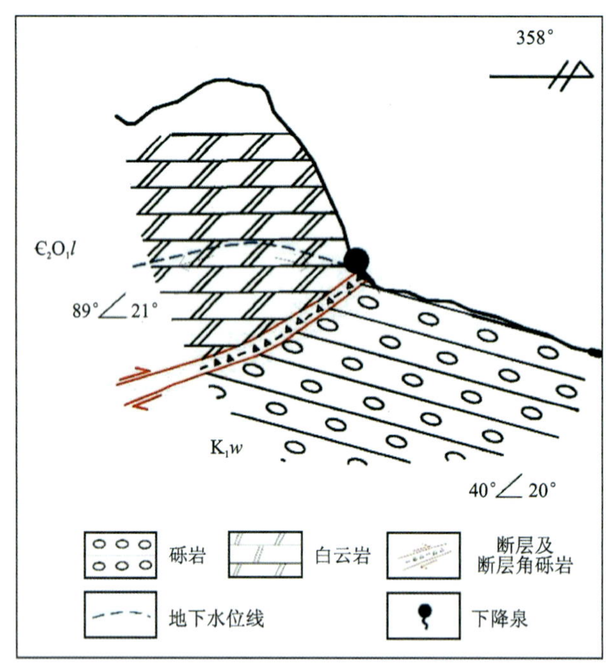


图 4.2.3　断裂管道裂隙分散-集中排泄型剖面示意图

## 三、地下河系统的补给方式分类

清江流域地下水来源有两种组合类型：内源水和外源水＋内源水，根据地下水的水源及其补给方式，对清江流域地下河系统分为地表常年性河流集中灌入式补给、地表季节性溪沟分散灌入式补给、洼地-落水洞集中灌入式补给、洼地-落水洞分散渗入式补给（表 4.2.3）。

**表 4.2.3　清江流域地下水流系统类型表**

| 地下水补给方式 | 水源 | 主要含水介质类型 | 含水岩组 | 典型实例 |
|---|---|---|---|---|
| 地表常年性河流集中灌入式补给 | 外源水＋内源水集中灌入 | 地下河 | T、∈、O | 腾龙洞、团堡小溪、长阳迷水洞、甘溪渔泉洞 |
| 地表季节性溪沟分散灌入式补给 | 内源水＋外源水集中灌入 | 地下河 | T、P、∈、O | 恩施龙鳞宫、恩施龙洞、五峰千鱼洞、五峰龙洞、五峰黄龙洞 |

续表 4.2.3

| 地下水补给方式 | 水源 | 主要含水介质类型 | 含水岩组 | 典型实例 |
|---|---|---|---|---|
| 洼地-落水洞集中灌入式补给 | 内源水集中灌入+面状入渗 | 岩溶管道或地下河 | T、∈、O | 长阳酒甄子、建始红-白鱼泉、长阳灯盏窝 |
| 洼地-落水洞分散渗入式补给 | 内源水面状入渗 | 岩溶管道 | T、P、∈、O | 宣恩封口坝泉、清江源、利川大鱼泉、巴东大支坪泉 |

岩溶发育主要有3个要素：可溶岩、流动的水、具有溶蚀性的水。因此，岩溶地区非常关注地下水来源。地下水的来源通常有两种：外源水和内源水。外源水主要是指参与化学风化的水，未充分经历水-碳酸盐岩相互作用或是来源于非碳酸盐岩区的水，具有较强侵蚀性的水；内源水指参与物理风化的水，充分经历水-碳酸盐岩相互作用，化学侵蚀能力较弱的水。

**1. 地表常年性河流集中灌入式补给**

该类型地下河地下水补给特点为常年性地表河流通过溶洞以灌入形式进入地下，形成地下河。地貌上形成盲谷、溶洞，主要含水介质类型为地下河，具有重要的导水意义，同时岩溶管道-溶隙并存，为主要的储水空间。地下水来源于常年性地表河流灌入及大气降水入渗，水源包含河流外源水及岩溶管道中经过一定水-岩作用的内源水，地下岩溶非常发育，径流速度快，地下河流量大。

该类型的地下水系统主要发育在灰岩岩性纯、层厚大的地区，主要含水岩组有三叠系大冶组、嘉陵江组，寒武系娄山关组、奥陶系南津关组。清江流域已调查发育此类的地下河有利川腾龙洞（图4.2.4）、利川团堡小溪、长阳迷水洞、宣恩-恩施甘溪渔泉洞。

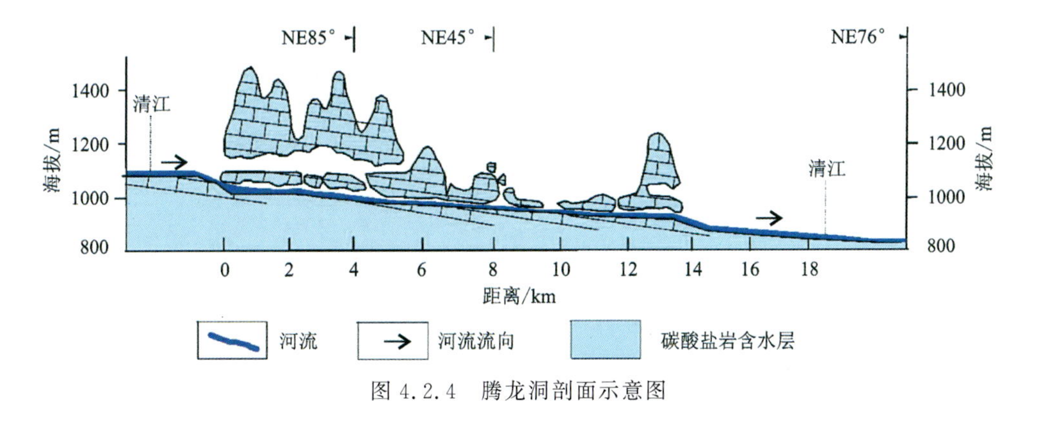


图4.2.4　腾龙洞剖面示意图

腾龙洞地下河位于湖北省利川市旅游路，距离利川市城区约6km，腾龙洞伏流入口现已被开发为旅游景区，出口尚未被开发。暗河属构造溶蚀侵蚀高山峡谷地貌，为典型的常年性地表水集中灌入补给地下河的类型，清江整条干流在此转变为伏流，暗河主要接受地表水补给。暗河发育于三叠系嘉陵江组（$T_2j$）灰色中厚层灰岩中，入口产状185°∠10°，暗河全长约

8.02km。补给面积约 35.25km²。暗河为统测区内向斜构造形成的独立岩溶地下水系统,暗河底部为三叠系大冶组($T_1d$)黄色页岩。腾龙洞地下河系统上游发育一系列大型岩溶槽谷,如长堰槽、水井槽,槽谷中有众多落水洞分布,汇集大气降水形成的地表坡面流。此外系统还发育有龙灯江、白龙江等支流,汇集了周围地表水、地下水。

**2. 地表季节性溪沟分散灌入式补给**

该类型地下河地下水补给特点为季节性地表河流通过河床落水洞或溶洞以灌入形式进入地下,形成地下河,主要含水介质类型为地下河,具有重要的导水意义,同时岩溶管道-溶隙并存,成为主要的储水空间。地下水来源于季节性地表河流分散灌入及大气降水入渗,水源包含河流外源水及岩溶管道中经过一定水-岩作用的内源水,地下岩溶非常发育,径流速度快,地下河流量大。该类型的地下水系统主要发育在灰岩岩性较纯、层厚大的地区,主要含水岩组有三叠系大冶组、嘉陵江组,二叠系栖霞组、茅口组,寒武系娄山关组,奥陶系南津关组。清江流域已调查发育此类的地下河有恩施龙鳞宫、恩施龙洞(图 4.2.5)、五峰千鱼洞、五峰龙洞、五峰黄龙洞。

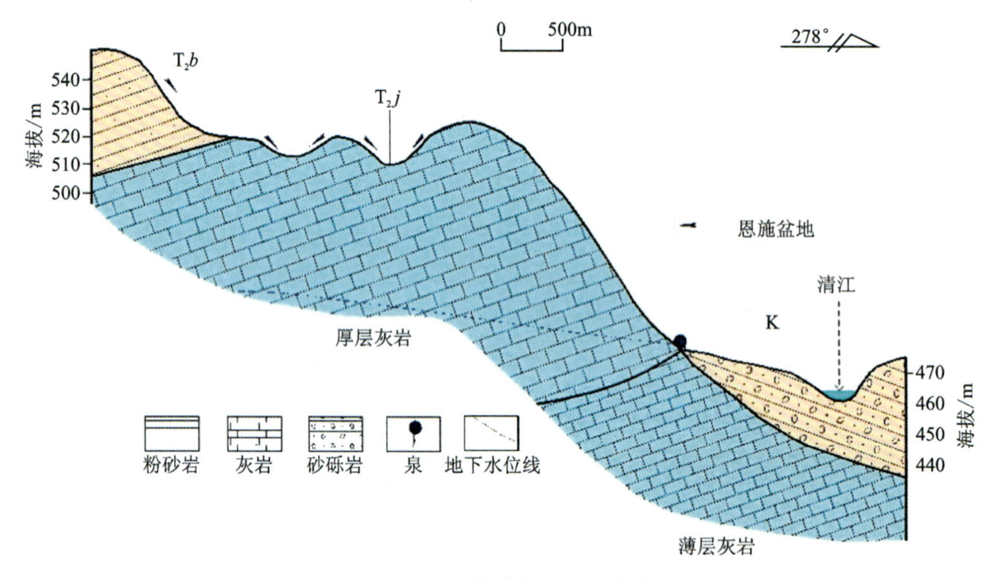


图 4.2.5 龙洞成因剖面示意图

恩施龙洞地下河位于恩施盆地东侧柏杨坪-磨刀石向斜的西翼三叠系嘉陵江组($T_2j$)灰色中厚层灰岩地层中。暗河出口标高 460m,高出排泄基准面龙洞河约 35m。洞口高约 15m,宽约 10m。受岩层走向张裂隙控制,洞口延伸方向 314°。暗河出口岩层产状 115°∠20°。调查时暗河流量为 6500L/s,暗河全长约 5.6km,汇水面积约 30km²,暗河平面上呈树枝状展布。龙洞暗河系统发育在磨刀石向斜西翼,地层在平面上呈近南北向长条状展布。暗河受到汇水范围内面上多源分散补给,补给区地表广布岩溶洼地-落水洞、天窗,形成汇集地表明流或大气降水直接注入的补给通道。发源于巴东组($T_2b$)碎屑岩区的周家河,流经补给区入渗补给地下水,部分通过落水洞灌入补给龙洞暗河,与其水力联系强烈。嘉陵江组含水层被巴东组

($T_2b$)和白垩系的砂岩夹持，限制地下水的运动，使得赋存于嘉陵江组($T_2j$)中的地下水顺层流动，受白垩系红层的阻挡，地下水水位抬升，向沿着红层盆地边缘发育的龙洞河溢流排泄。

### 3. 洼地-落水洞集中灌入式补给

该类型地下水在清江流域最为常见，地下水补给特点为降水后地表产流快速汇集至岩溶洼地-落水洞，呈灌入式补给地下水，主要含水介质类型为岩溶管道或地下河，具有重要的导水及储水意义。地下水水源包含岩溶管道中经过一定水-岩作用的内源水，地下岩溶较发育，径流速度较快，流量较大。该类型的地下水系统主要发育在灰岩岩性较纯、层厚较大的地区，主要含水岩组有三叠系大冶组、寒武系娄山关组、奥陶系南津关组。清江流域已调查发育此类的地下河有长阳酒甑子(图 4.2.6)、建始红-白鱼泉、长阳灯盏窝。

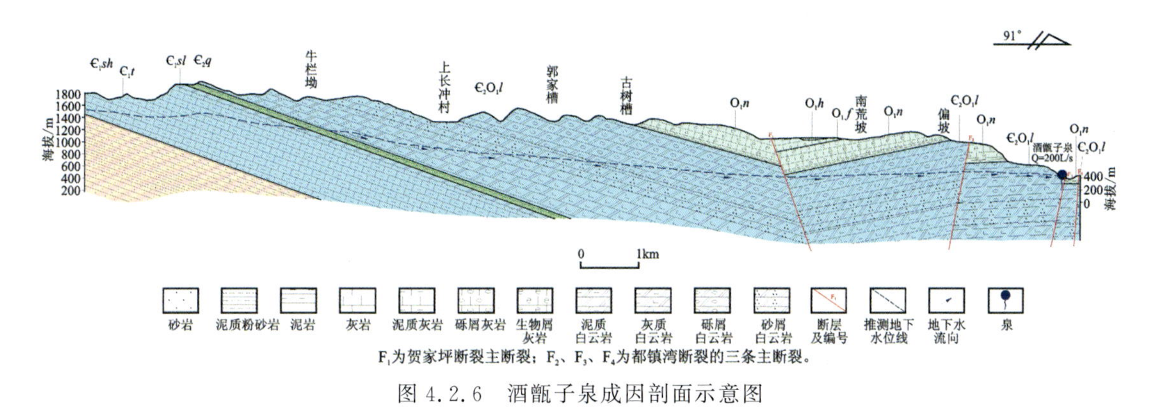


图 4.2.6　酒甑子泉成因剖面示意图

酒甑子地下河系统发育于寒武系岩溶含水系统中，出露地层为寒武系娄山关组厚层状白云岩。泉口高程 470m，泉口朝向 50°，泉流量 200～700L/s，绝大部分泉水被引入酒甑子水电站发电，少量泉水直接汇入沿溪。泉口上方 20m 处有一直径 4m 充水岩溶洞穴，据访问，暴雨后洞穴水呈水柱喷出。酒甑子出露于长阳复背斜中段北翼娄山关组，娄山关组大面积出露，宽缓的北翼地层接受降水补给充足，背斜导致北翼地层倾向北，地下水自南向北顺层流动至奥陶系南津关组底部受阻向东西两侧流动。自牛栏坳—大包一带的地下分水岭以东，复背斜北翼的娄山关组沿背斜的轴向发育串珠状落水洞。酒甑子地下河系统北侧以奥陶系南津关组底部的泥岩为隔水边界，西侧以牛栏坳—大包一带的地下分水岭为界，南侧以大花田村—紫台山一带的地下分水岭为界，四十五里冲(大长冲—下长冲)一带大气降水在东西向串珠状发育的岩溶槽谷和岩溶洼地汇集，后进入落水洞直接灌入补给地下水，地下水开始沿裂隙管道向南径流，在贺家坪断裂处受阻向北流动，在丹水侵蚀基准面处受地形影响出露成泉。泉西侧补给区为四十五里冲长阳复背斜北翼岩溶槽谷和洼地，岩溶发育较强烈，洼地底部发育有一个或多个落水洞，为降水入渗补给地下水提供了良好的条件。酒甑子地下河系统补给区大长冲一带的物探结果显示：①存在平行双层管道，断面宽 400～520m，在不同高程存在两个低阻区。高程 1000～1240m 处存在低阻区 1，低阻区 1 位于区域落水洞的连线上；高程小于 900m 处存在低阻区 2。②娄山关组地表岩溶发育弱于地下岩溶发育，有岩溶管道发育，补给区的娄山关组存在大量高阻区。

### 4. 洼地-落水洞分散渗入式补给

该类型地下水在清江流域较为常见，地下水补给特点为降水呈面状入渗补给地下水，含水介质类型以岩溶管道为主，岩溶管道-裂隙空间比例较小，岩溶管道-裂隙具有重要的导水及储水意义。地下水水源包含岩溶管道-裂隙中经过一定水-岩作用的内源水，地下岩溶发育程度一般，径流速度一般，流量不大。该类型的地下水系统主要发育在灰岩岩性较纯、层厚较大的地区，主要含水岩组有三叠系大冶组，二叠系栖霞组、茅口组，寒武系娄山关组，奥陶系南津关组。清江流域已调查发育此类的地下河有宣恩封口坝泉、利川清江源泉水（图 4.2.7）、利川大鱼泉、巴东大支坪泉。

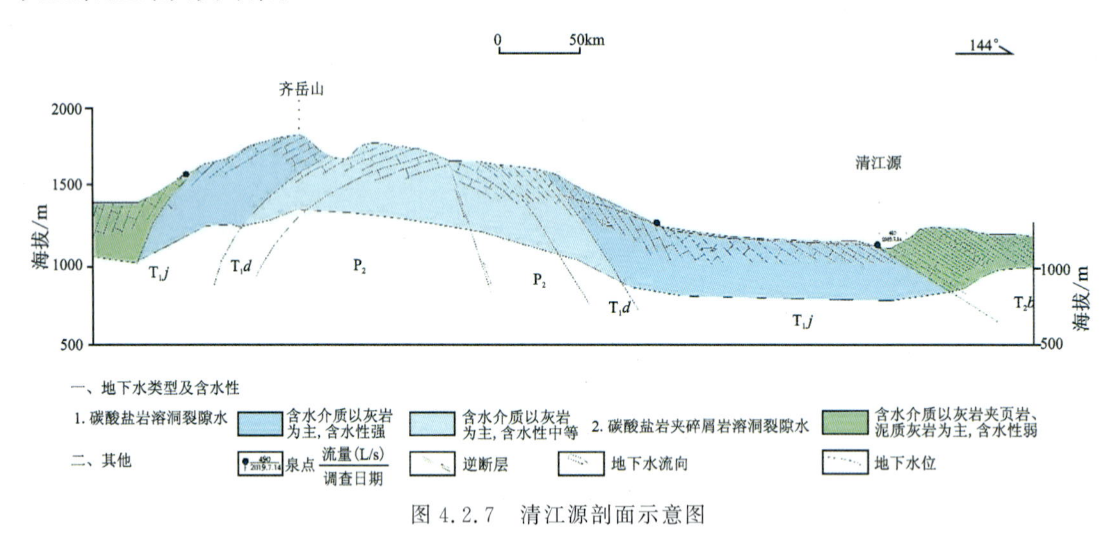


图 4.2.7　清江源剖面示意图

清江源位于湖北省利川市汪营镇陈家湾，距离汪营镇镇中心约 10km，现被用作饮用水水源地，高程约 1210m，高于清江河床约 7m。暗河发育于三叠系嘉陵江组（$T_2j$）灰色中厚层灰岩中。暗河出口岩层产状 120°∠35°，汇水面积约 13.53km$^2$；暗河出口标高 1210m，洞口高 11m，宽 10m。调查时暗河流量为 490L/s，径流模数 36.2L/(s·km$^2$)。暗河为统测区内齐岳山背斜构造形成的独立岩溶地下水系统，轴部为地下水补给区，由于褶皱紧密，地层陡倾呈近直立，地貌呈宽阔的大型岩溶槽谷，洼地-落水洞在其中星罗棋布，接受降水补给条件良好，降水呈面状入渗补给，因此该地区为岩溶强烈发育区和岩溶水富集区。排泄区位于背斜两翼及倾伏端，地貌上呈溶丘洼地和谷地，清江为地下水的排泄基准面，在清江源头河流强烈的河谷深切作用下，岩溶大泉及地下河沿着清江两岸出露。补给区与排泄区高差在 300m 左右，水平向岩溶管道强力发育，水力坡度大，径流速度快。

## 四、典型地下水系统特征

### （一）红岩泉地下河系统

红岩泉地下河出口位于湖北省宜昌市长阳土家族自治县贺家坪镇，地理位置在清江支流丹水(后河)左岸,其地下河系统基本由都镇湾断裂带自北向南发育,与朱家岩隧道立交。红岩泉标高727m,泉口朝向为123°,出口处洞高15.0m,宽6.5m,可进入长度25.5m。地下河出口地层岩性为寒武系娄山关组巨厚层白云岩,产状为219°∠22°,层面和垂向的节理裂隙发育,两者共同控制了泉口的形态。出口处洞底基本与后河河床持平,其发育受到当地排泄基准面的控制。枯水期流量为76～110L/s,丰水期流量为1000～2000L/s。丰水期地下水调查时水温为16℃,pH为7.59,电导率为368$\mu$s/cm。

### 1. 边界条件

红岩泉地下河系统位于都镇湾断裂带上,补给区出露地层岩性以碳酸盐岩为主,出露少量的碎屑岩边界。地表岩溶发育,洼地落水洞零星分布,洼地落水洞数量上较酒甑子地下河与五爪泉地下河的补给区少,但落水洞发育规模较大,且人工修建有沟渠将水引入落水洞,此时边界的选择主要考虑都镇湾断裂的导水性与地表水的汇水范围。都镇湾断裂为逆冲推覆断裂,呈北北西向。不同时代地层呈断层接触。受地层岩性控制,表现为纵向导水,局部为横向阻水,具体情况需要结合地貌与垂向水文剖面进行分析,通过分析断层两侧的岩性来判断断层导水性。

(1)北部边界:同时存在地表分水岭边界与隔水边界。地表分水岭为丹水与九畹溪流域的分隔,水文系统上的级次为一级边界。志留系砂岩与寒武系娄山关组呈断层接触关系,此部分的断层为隔水边界,含水系统上为二级边界。地表分水岭边界级次更高,此时要结合岩溶地貌来判断边界是否合适。

红岩泉地下河系统平面示意图见图4.2.8。$A_1$剖面位于寒武系娄山关组与志留系的断裂带上,断裂带所在位置偏低,此处断裂为单侧导水断裂(图4.2.9)。但断层两侧地层形成陡坎,雨后汇聚降水导入落水洞,此时如果只考虑含水系统的隔水边界,会导致计算地表水汇水范围偏小,考虑不够周全,因此,选择地表分水岭边界,前文中五爪泉的北边界也是基于同样考虑选择的边界。综上,北部边界为地表分水岭边界。

(2)东部边界:较为复杂,要分段考虑。偏北侧与北部边界的考虑相同,为地表分水岭边界。偏南部边界,根据物探结果和水文地质剖面(图4.2.9中$A_2$剖面),结合野外实地调查证明判断断层局部阻水。综上,东部偏北侧边界为隔水层边界。

(3)南部边界:后河作为区域的最低排泄基准面,河道高层低于红岩泉暗河出口,地下水自暗河出口排出流入后河。综上,东部边界为排泄边界。

(4)西部边界:出露地层较复杂,综合示踪试验及野外实地调查,考虑构造作用和地层岩性,都镇湾断裂西侧、向斜翼部的奥陶系南津关组视为弱透水层。综上,西部边界为弱透水层边界。

### 2. 地质结构特征

红岩泉地下河发育及延伸方向明显受都镇湾断裂带的控制。为判断断裂带的水文地质性质,垂直于断裂带上布置了平行物探剖面。物探结果显示(图4.2.10),都镇湾断裂带展布在红岩泉地下河系统的3条断裂的水文地质性质不同。3条断层倾角近直立,西侧的断裂带

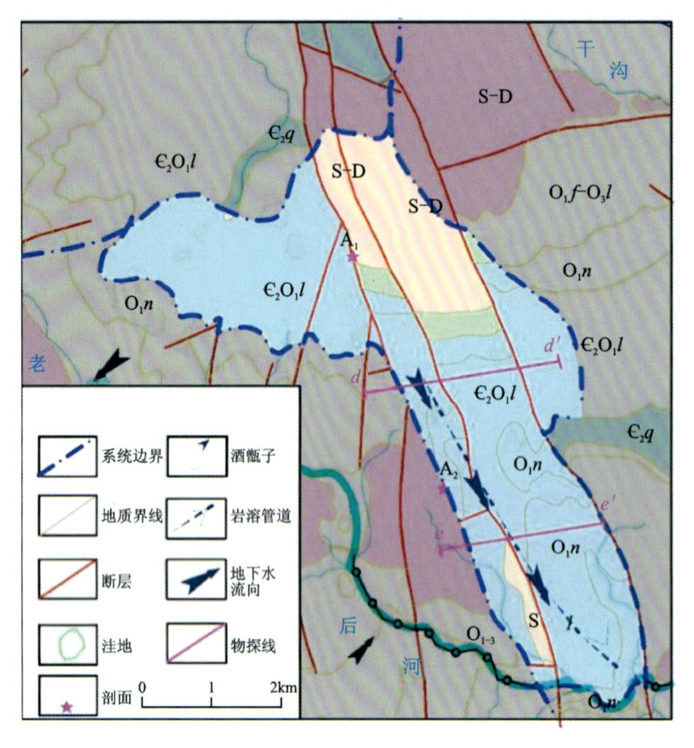


图 4.2.8 红岩泉地下河系统平面示意图

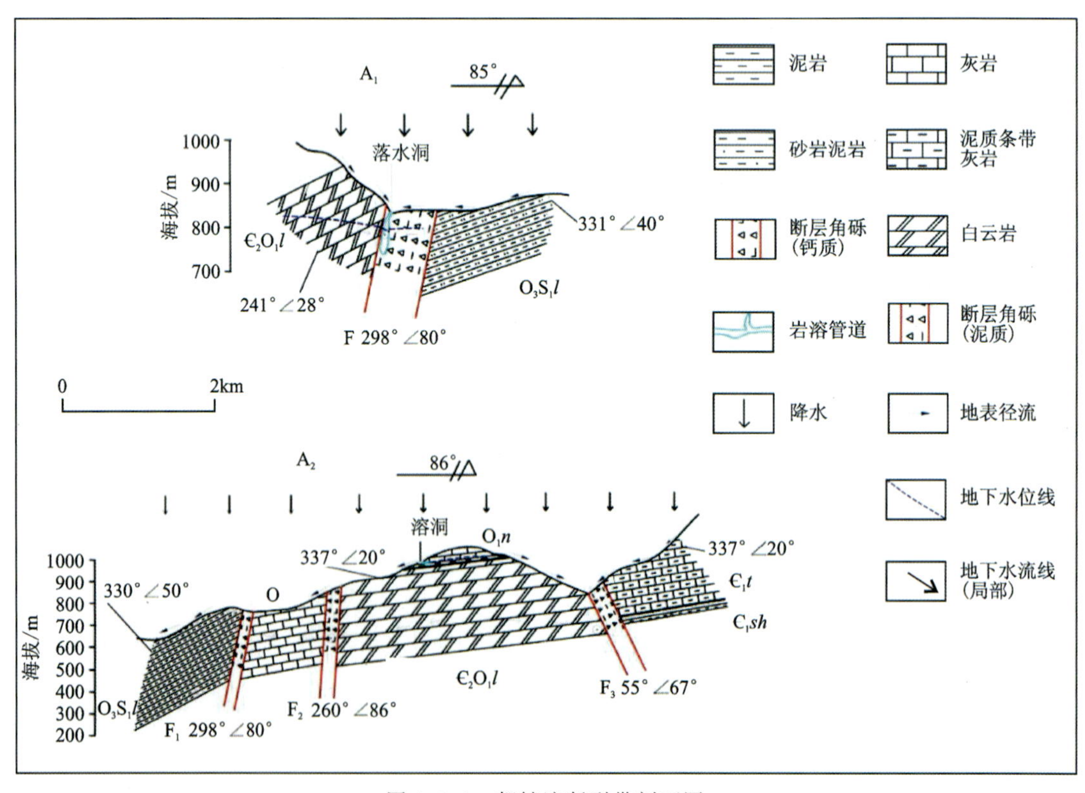


图 4.2.9 都镇湾断裂带剖面图

在深部影响范围较大，西边和中间的断层从补给区到排泄区在600m和400m高程的地方推断存在岩溶管道，而东侧断层地层较完整，相对阻水。

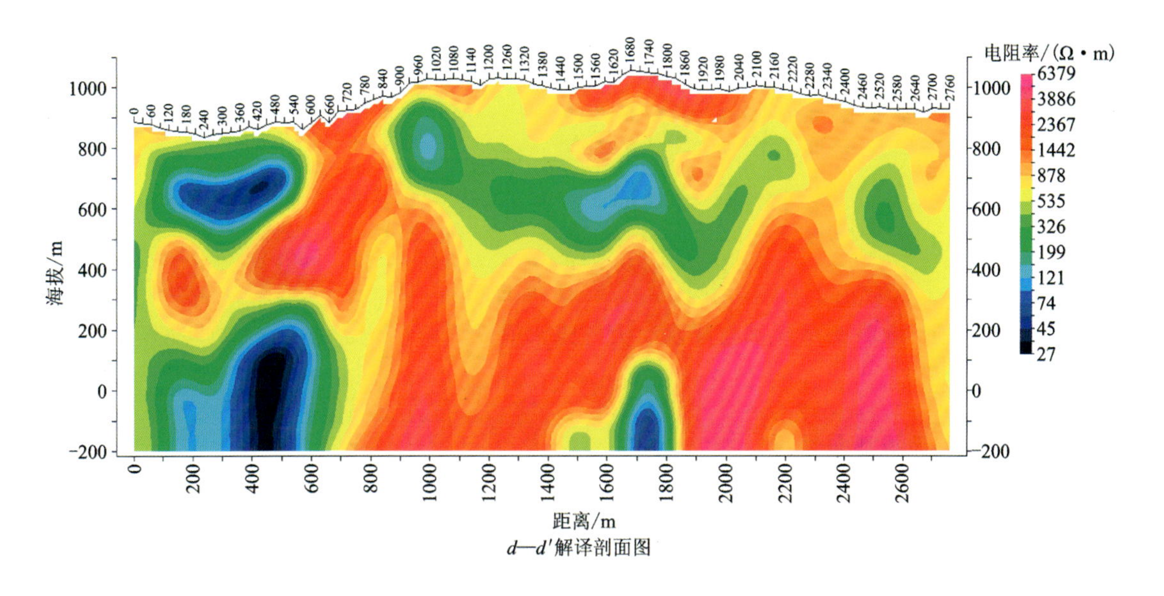

*d*—*d*′解译剖面图

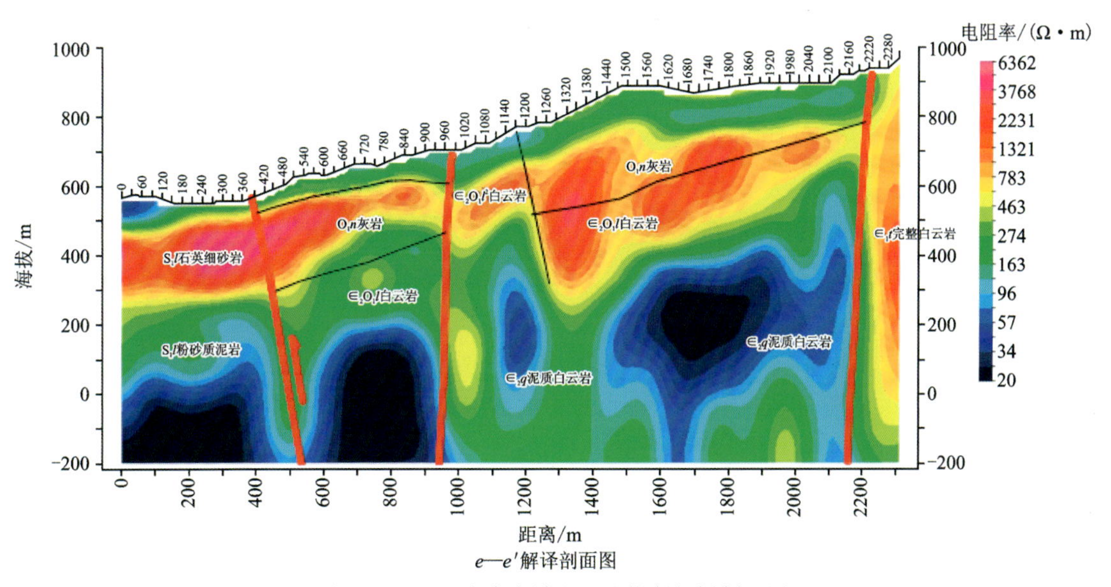

*e*—*e*′解译剖面图

图4.2.10　红岩泉广域电磁法推断解译剖面图

### 3. 地下水补给条件

红岩泉地下河系统补给区位于地下河出口北侧，地下河汇水面积为19.3$km^2$。补给区出露地层岩性以奥陶系和寒武系的碳酸盐岩为主，包括少部分志留系碎屑岩。碳酸盐岩发育大量落水洞，其中最大的2个落水洞位于贺家坪镇白咸池村，发育在都镇湾断裂带上，地面标高853m，落水洞发育受垂向及层面裂隙控制，长轴方向为南北向，与都镇湾断裂发育方向一致，除极端干旱天气外，常年有水向里灌入(图 4.2.11)。

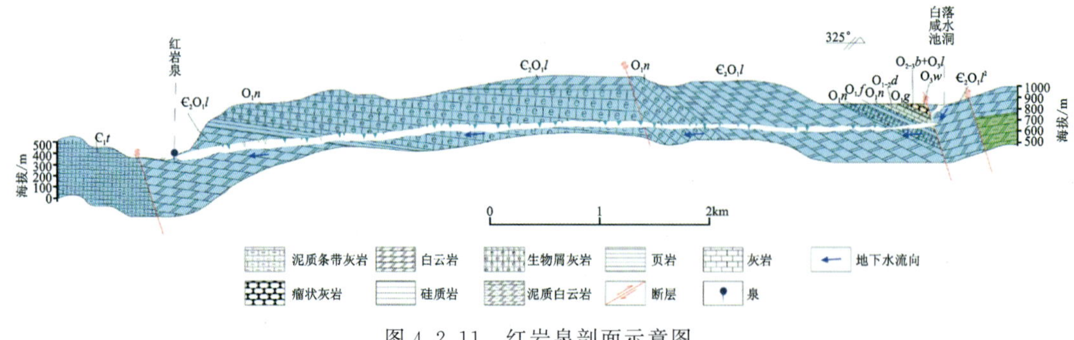


图 4.2.11　红岩泉剖面示意图

该系统的地下水补给主要来自降水。大气降水通过岩溶洼地汇集，以洼地底部落水洞直接灌入式补给地下水为主，以岩溶裂隙渗入式补给为辅。

**4. 地下水径流排泄条件**

晚三叠世末期，受印支运动影响，在形成长阳复背斜的同时，形成了本区北北西-南南东走向的都镇湾断裂(仙女山断裂)，总体走向 340°，同时伴随一系列次生断裂。都镇湾断裂在红岩泉地下河系统范围内存在 3 条平行断裂。西侧、中部的 2 条断裂的错动导致断层破碎带上南津关组与下部娄山关组 2 套强岩溶含水层的管道系统通过断裂连通，构成了本区统一的岩溶发育体系。而东侧断裂的错动导致断层上盘上升成为系统的隔水边界。该系统地下水在溶隙、管道中径流，最终在地形切割强烈处集中出露形成地下河。

(二)五爪泉地下河系统

五爪泉地下河出口位于湖北省宜昌市长阳土家族自治县贺家坪镇景阳坪兰花谷峭壁上，位置标高为 489m，泉口呈裂隙状，有多处出水口，调查期间平水期流量 400～900L/s。暗河出口地层岩性为奥陶系南津关组生物碎屑灰岩，构造上处于桃子垭向斜宽缓向斜核部，沿北西向展布。向斜北东翼倾向 170°～210°，倾角 6°～8°；南西翼倾向 10°～50°，倾角15°～25°。五爪泉地下河系统平面示意图见图 4.2.12。

**1. 边界条件**

(1)北部边界：丹水与九畹溪的地表分水岭，同时也是丹水全流域的流域界线。综上，北部边界为地表分水岭边界。

(2)东部边界：点兵河与丹水下游区域的地表分水岭。综上，东部边界为地表分水岭边界。

(3)南部边界：为奥陶系南津关组底部泥岩、砂岩与寒武系娄山关组白云岩分界，暗河出口正好在奥陶系底部泥岩之上，相对隔水。综上，南部边界为弱透水层边界。

(4)西部边界：点兵河与后河的地表分水岭，出露地层为志留系砂岩，雨后志留系砂岩产生的地表径流汇入干沟河，干沟河地表水通过裂隙管道与五爪泉暗河相通。综上，西部边界在志留系上，为地表分水岭边界。

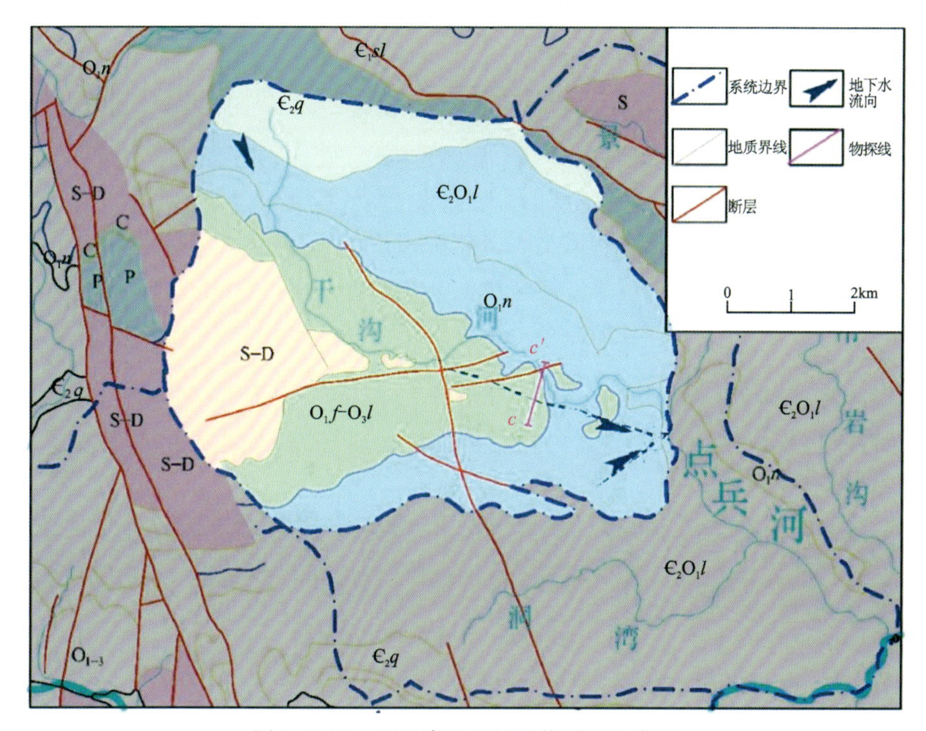


图 4.2.12　五爪泉地下河系统平面示意图

## 2. 地质结构特征

根据五爪观隧道资料可知，五爪泉地下河长 1000 余米，基本属直线状倾斜厅-廊组合型，西南方向有一暗河支管道，长约 187m 为干洞，可入深度约 215m，洞口高程为 560m。

借助地球物理勘探的手段验证地下河管道的位置，分别在白岩向斜核部垂直轴迹的 18.3°布设高密度点法测线（图 4.2.13），物探结果显示在里程 610m 处（深度 35m）及 475m（深度 205m）存在低阻且相互连通，推测这两处低阻反映了岩溶管道的存在。通过示踪试验验证，五爪泉地下河系统存在"Y"形的地下河管道，一条为北西-南东向，另一条为南西-北东向。

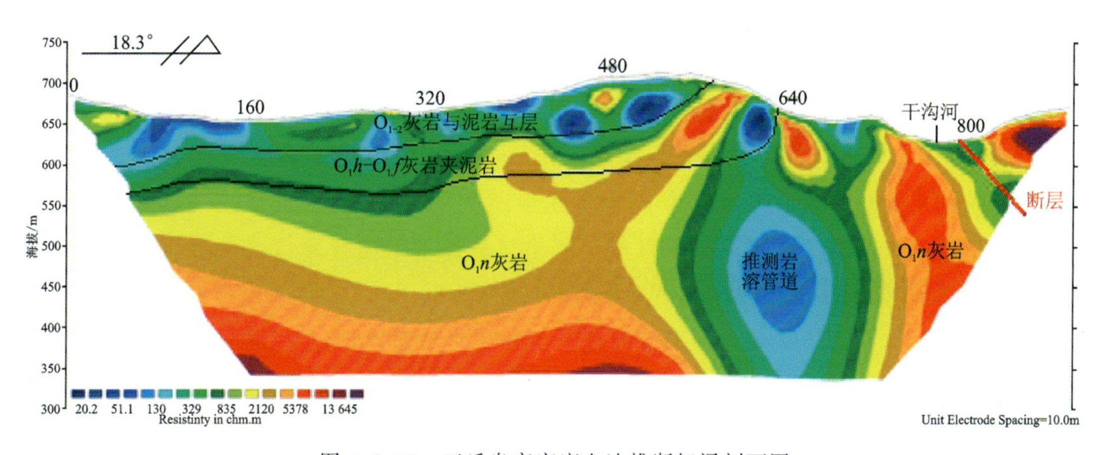


图 4.2.13　五爪泉高密度电法推断解译剖面图

### 3. 地下水补给条件

五爪泉地下河系统补给区位于暗河出口西侧古树淌—景阳坪村一带，属向斜核部，地下河汇水面积为42.9km²。该区域地势平缓，地形起伏小，岩溶发育较为强烈，大气降水在洼地、槽谷汇集。地貌类型以溶蚀侵蚀低山沟谷地貌为主，发育岩溶洼地、落水洞、溶沟溶槽。补给区地层岩性较为复杂，既有碎屑岩又有碳酸盐岩，碳酸盐岩内部也有局部隔水层位，存在间歇性有水的河谷，同时隔水层位厚度在区域上分布具有不均一性(图4.2.14)。

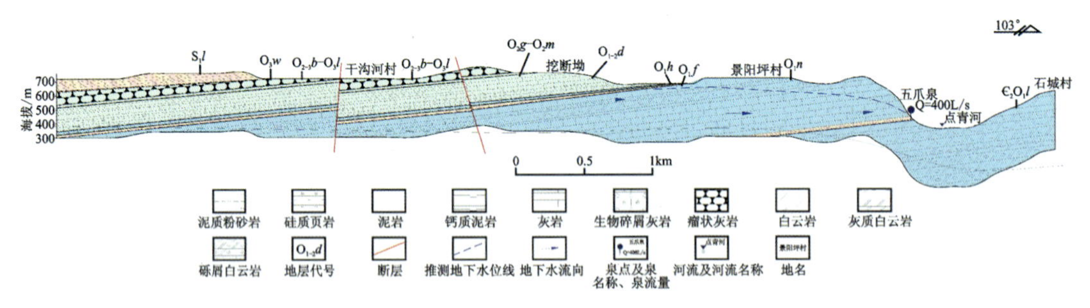


图4.2.14　五爪泉成因剖面示意图

五爪泉地下河系统的地下水补给有两个源头：①大气降水补给。大气降水通过岩溶洼地汇集，以洼地底部落水洞直接灌入式补给地下水为主，以岩溶裂隙渗入式补给为辅。②地表水河道渗透补给。干沟河一部分河段河床为奥陶系，裂隙较为发育，当地表水流经这一河段时，地表水沿构造裂隙、层间裂隙或断裂带渗漏，汇集至岩溶管道后，经由岩溶大泉或地下河出口集中排泄。

### 4. 地下水径流排泄条件

五爪泉地下河系统所处宽缓向斜的纵张裂隙(122°～168°)决定了主洞的发育方向，横张裂隙(60°～84°)决定支洞发育方向，加之地层平缓，南津关组底部钙质泥岩相对阻水，使得五爪泉在地形切割侵蚀程度高的崖壁处出露成泉。

(1)水文响应规律。选取2020年8月五爪泉地下河出口的水温、电导率、流量等数据进行分析(图4.2.15)，可以发现：①五爪泉地下河出口的流量对降水响应迅速，随降水量同步变化，流量与降水量对应关系良好，每一次降水都有对应的洪峰，流量对降水的响应无明显的滞后性，这说明五爪泉地下河系统的管道规模较大，降水在洼地汇集的时间较短。②与酒甑子地下河系统的水温和降水的强对应性不同，五爪泉地下河出口的地下水水温随着降水的出现而发生上下波动。小降水情况下五爪泉地下河出口的地下水电导率也会发生变化而不是保持稳定，在强降水情况下的电导率先迅速下降，随着降水的进行，电导率值与水温的动态一致发生上下波动。这与酒甑子地下河出口的地下水存在明显差异，验证了物探和示踪试验的结果，五爪泉地下河系统的补给来源确实与酒甑子地下河系统不同。

(2)介质结构识别。在无其他输入影响的情况下，对一次降水过程，当流量到达峰值之后，其动态过程即表现为单调的下降趋势，可用简单的指数衰减曲线方程表示：

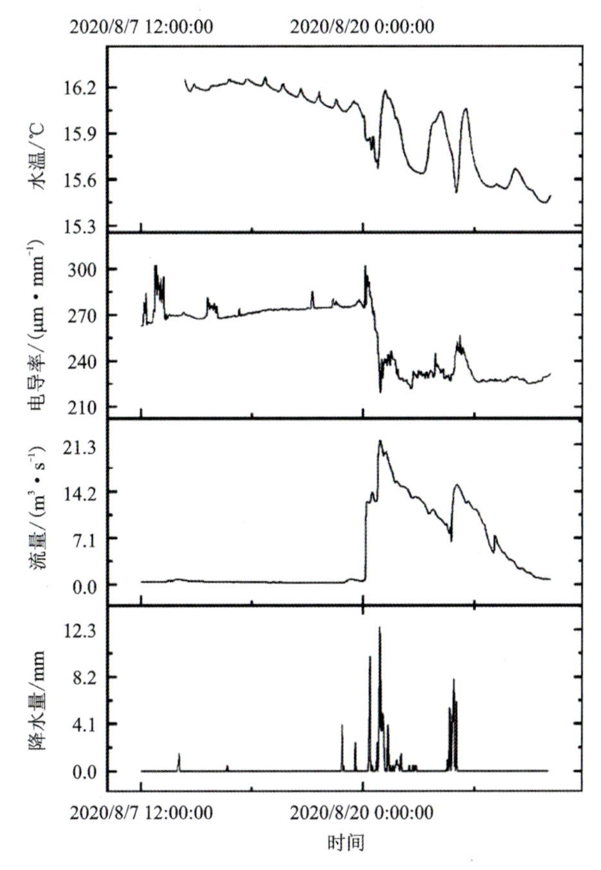


图 4.2.15　五爪泉地下河出口水温-电导率-流量-降水量动态图

$$Q = Q_0 \cdot e^{-\alpha t} \tag{4.1}$$

式中：$Q$ 为峰值后的各时刻的实际流量；$Q_0$ 为峰值流量；$\alpha$ 为流量系数；$t$ 为峰值后的积累时间。

流量系数表示岩溶水系统的给水能力，是系统中各种不同介质（岩溶的、裂隙的和孔隙的）有效空隙率和导水率的一个函数，其数值可以通过作图确定：在对数坐标中，纵坐标代表流量（对数），横坐标代表观测时间，得到流量历时过程线，峰值后直线段的斜率即为衰减方程的流量系数；直线段出现的次数反映了岩溶水介质渗流空间结构的组成特征。

将流量系数的大小与延续时间结合起来，可将不同介质的流出量量化为

$$V_i = \int_{t_{i-1}}^{t_i} (Q_i \cdot e^{-\alpha t} - Q_{i+1} \cdot e^{-\alpha t})\mathrm{d}t \quad (i>0) \tag{4.2}$$

通过不同介质的流出量占总流出量的比例，可以说明它们各自代表的渗流空间在系统中所起的控制程度，从而也可定量分析系统的调蓄功能。

酒甑子和五爪泉地下河出口处都建设有渠道引流至水电站发电，因而本次收集渠口处地下水位监测站数据进行，通过谢才-曼宁公式转化水位流量关系：

$$Q = A \cdot C\sqrt{R \cdot J} \tag{4.3}$$

$$R = \frac{A}{X} \tag{4.4}$$

$$C=\frac{1}{n}\cdot R^{\frac{1}{6}} \tag{4.5}$$

$$A=(b+mh)\cdot h \tag{4.6}$$

$$X=b+2h\sqrt{(1+m^2)} \tag{4.7}$$

式(4.3)~(4.7)中：$A$ 为过水断面面积($m^2$)；$C$ 为谢才系数($\sqrt{m}/s$)；$R$ 为水力半径(m)；$J$ 为水力坡度；$n$ 为渠道的粗糙系数；$b$ 为渠底宽度(m)；$m$ 为边坡系数；$h$ 为水深(m)。

渠道宽度、边坡系数、水力坡度为实地测量值(表 4.2.4)。

**表 4.2.4 参数取值**

| 监测站 | 水力坡度 | 渠底宽度/m | 边坡系数 | 渠道粗糙系数 |
|---|---|---|---|---|
| 酒甑子泉 | 0.001 | 1.8 | 0.160 | 0.023 |
| 五爪泉 | 0.000 5 | 1.1 | 0.188 | 0.020 |

选取五爪泉 2020 年 8 月 20 日地下水监测点单次完整降水后的监测数据，计算流量衰减过程，流量衰减过程如表 5.2.5 所示。

**表 5.2.5 五爪泉流量衰减过程统计表**

| 降水量/mm | 峰值流量/($m^3\cdot s^{-1}$) | 衰减Ⅰ期 | | 衰减Ⅱ期 | | 衰减Ⅲ期 | |
|---|---|---|---|---|---|---|---|
| | | 流量系数 | 持续时长/h | 流量系数 | 持续时长/h | 流量系数 | 时间/h |
| 41.5 | 9.5 | 0.048 7 | 15 | 0.027 6 | 69 | 0.020 5 | >12 |

五爪泉地下河衰减阶段直线段出现 3 次，说明存在 3 个衰减周期，且每个周期流量系数不同，说明五爪泉地下河系统由 3 种不同导水性能的介质渗流空间组成：①岩溶洞穴、暗河管道；②连通性很好的宽大岩溶裂隙；③细小裂隙或者孔隙水。从衰减Ⅰ期到衰减Ⅲ期，随着流量系数的降低，单期衰减历时变长。这是由于释水初期，岩溶管道的直径大，地下水在其中的运移速度快，地下水主要通过岩溶管道快速汇聚至泉口流出，此时流量系数最大而持续时间最短，而后裂隙作为主要的储水空间缓慢释水。

从图 4.2.16 的五爪泉衰减期径流组分对比可以看出，在洪峰流量中，岩溶管道水占比最高，岩溶裂隙与微裂隙水占比不足 4 成，说明岩溶管道是雨后泉水洪峰的主要组成部分。而在流出总水量占比中，微裂隙水占比最高，岩溶裂隙水次之，总裂隙水占比高达 87.19%；溶洞管道水占比最低，仅为 12.81%。由于溶洞-管道仅在衰减Ⅰ期参与释水，岩溶裂隙在衰减Ⅰ期和Ⅱ期参与释水，只有微小裂隙一直参与释水，因此五爪泉地下河系统的水主要来自裂隙释水，裂隙介质是五爪泉地下河系统的主要储水空间。

### (三)酒甄子地下河系统

酒甄子地下河系统平面示意图见图 4.2.17。酒甑子地下河系统出口(图 4.2.18)位于湖北省宜昌市长阳土家族自治县贺家坪镇柏树包村 220°方向 462m 处，出口高程 470m，洞口崩

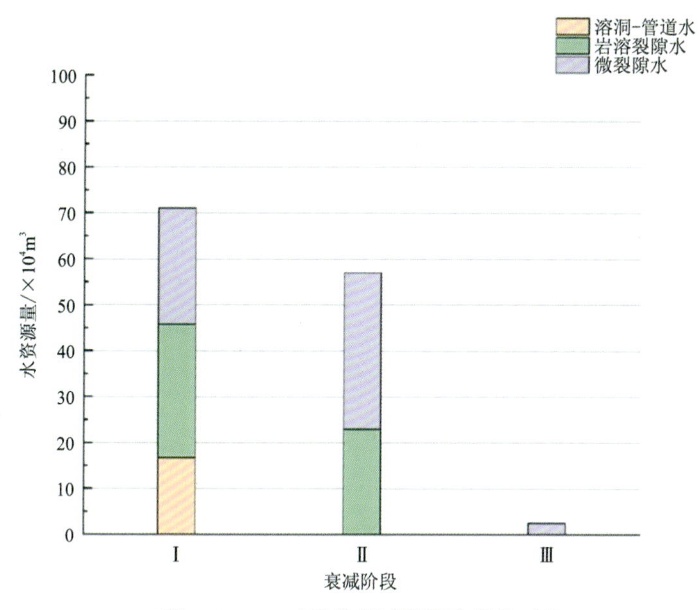


图 4.2.16 五爪泉衰减期径流组分对比

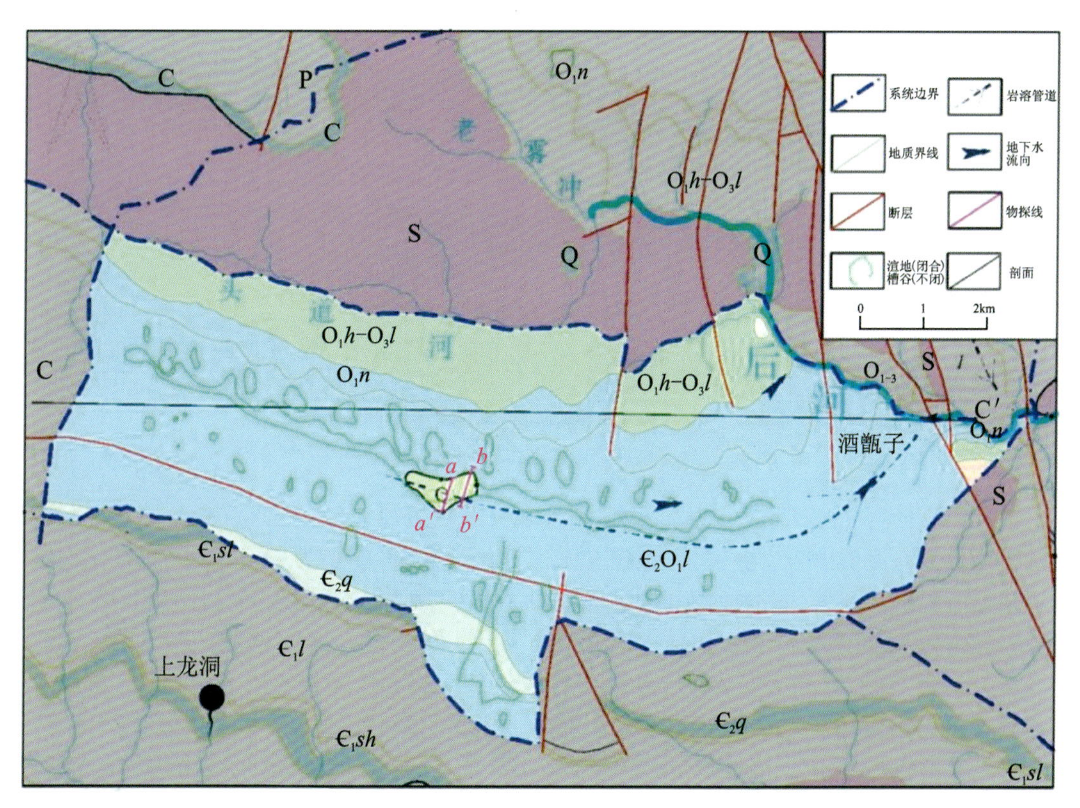


图 4.2.17 酒甑子地下河系统平面示意图

塌，泉水自碎石堆流出，流量 200～6000L/s。泉口处修建拦水坝将绝大部分泉水引入酒甑子水电站发电，少量泉水直接汇入沿溪。酒甑子上方 20m 处有一直径 4m 天窗(图 4.2.19)，据访问暴雨后洞穴水呈水柱喷出。

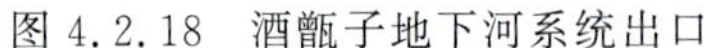

图 4.2.18 酒甑子地下河系统出口

图 4.2.19 酒甑子出口上方的天窗洞穴

**1. 边界条件**

酒甑子地下河系统选择的水流系统边界类型包括隔水边界、排泄边界和地表分水岭边界。根据贯穿补给区-地下河出口的剖面 $C—C'$（图 4.2.20），分析系统的边界。

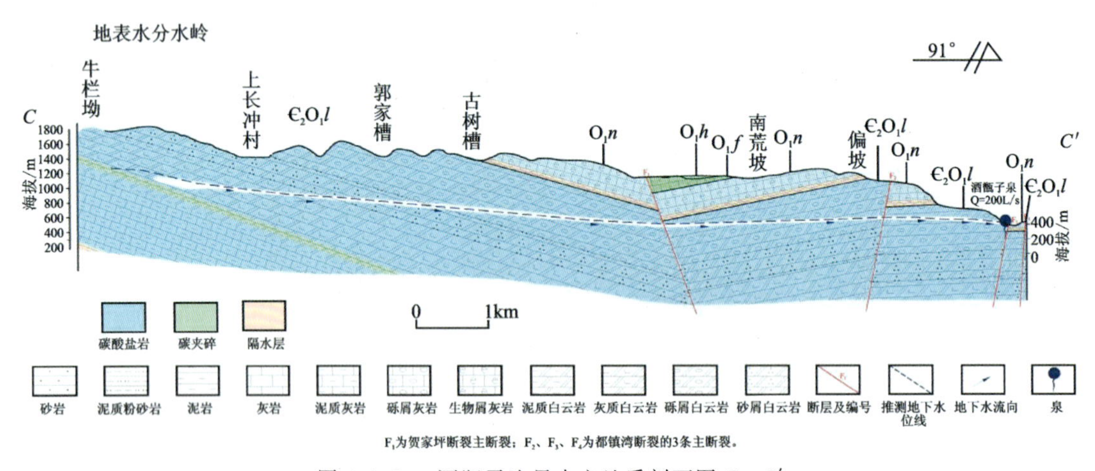


图 4.2.20 酒甑子边界水文地质剖面图 $C—C'$

（1）南部边界：同时存在弱透水层边界和地表分水岭边界，考虑二者的选择。出露寒武系覃家庙组岩性为泥质白云岩夹泥岩，根据含水性评价结果，将其视为弱透水层，上部含水层为寒武系娄山关组白云岩，下部地层为寒武系天河板组泥质白云岩，娄山关组与覃家庙组的地层分界处为弱透水层边界，边界级次上为含水系统的三级边界。地表分水岭为丹水与东流河的地表分水岭，为水文系统的一级边界。边界的选择考虑系统的级次性以及地表-地下水汇水范围，地表分水岭的级次高于弱透水层。综上，南部边界选择地表分水岭边界。

（2）北部边界：考虑弱透水层边界和隔水边界的选择，隔水边界的级次性毋庸置疑是优于弱透水层边界的，此时边界的选择考虑弱透水层隔水性。北部边界出露地层依次为奥陶系南津关组—志留系，南津关组底部存在泥页岩，在厚度高于 10m 且裂隙不发育时视为弱透水层边界。志留系—泥盆系岩性为粉砂质泥页岩、砂岩和泥岩，区域上为相对隔水层，为隔水边界。根据实际调查，奥陶系发育 2 组垂向裂隙，一组为垂向裂隙，走向为东西向，倾角 57°～

70°;另一组也为垂向裂隙,走向为南北向,倾角 49°～76°,裂隙的贯通性较好。贺家坪断裂沟通了奥陶系与寒武系。综上,北部边界为隔水边界。

(3)东部边界:东部边界为后河,地下河总出口高程与后河相同。深切的河谷是酒甑子地下河系统的最低排泄基准面。综上,东部边界为排泄边界。

(4)西部边界:仅存在一个边界,为丹水与东流河的分界地表分水岭边界,因此西部边界为地表分水岭边界。由图 4.2.17 可以看出,地表与地下水分水岭边界重合。

### 2. 地质结构特征

为查明酒甑子地下河系统补给区地下岩溶管道发育情况,借助地球物理勘探和水文地质钻探手段,在补给区设置物探剖面(图 4.2.21),布置水文地质钻孔。物探结果显示,娄山关组在近东西向的槽谷里,存在双层管道。上管道位于地表下约 100m 处,下管道位于地表下约 450m 处。在物探曲线显示的上管道溶腔附近布置 3 个水文地质钻孔,孔深不超过 200m,均未发现地下水。其中,3 号钻孔在 100m 处取到暗河沉积物,证明了地下河的存在。说明暗河发育早期,受地层倾向的影响,地下水先沿南北向的裂隙向北运移,受到志留系砂岩、页岩阻隔后沿南北向裂隙向东流动,最后排泄至丹水。经过地下水多年优势管道运移和溶蚀侵蚀最终形成了以东西向裂隙为主干的地下河。

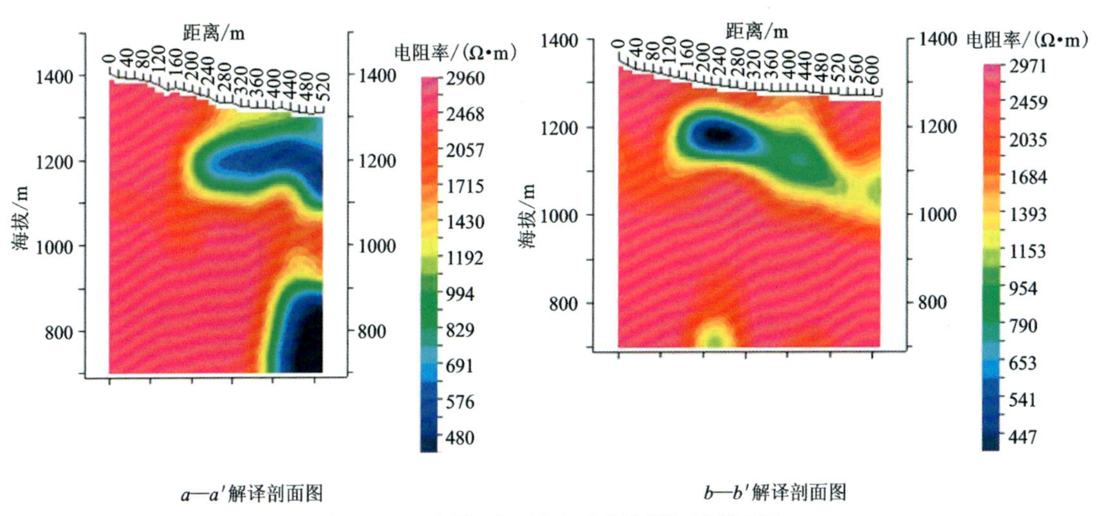


图 4.2.21 酒甑子广域电磁法推断解译剖面图

### 3. 地下水补给条件

补给区位于地下河出口西侧的四十五里冲,岩溶含水层为寒武系娄山关组白云岩与奥陶系灰岩,地下河汇水面积为 61.4km²。区域构造属于长阳复背斜西段,在都镇湾断裂以西。长阳复式背斜在此段呈近东西走向,核部为寒武系天河板组,两翼为寒武系天河板组、石龙洞组—奥陶系临湘组,北翼宽缓右翼陡峻,背斜影响下区域主要发育两组裂隙——东西向和南北向裂隙。北翼的娄山关组大面积出露,较为宽缓。自牛栏坳—大包一带的分水岭以东,北翼娄山关组沿背斜的轴向自西向东发育高程逐级递减的串珠状洼地-落水洞,每个东西向串珠状洼地的北侧都有一个南北向的槽谷与之相连。碳酸盐岩大面积出露,宽缓的背斜北翼为降水入渗补给地下水提供了良好的条件。

大气降水补给是酒甑子地下河系统的主要补给源。主要存在两种补给途径:通过表层岩溶带的裂隙下渗;洼地汇流雨水通过落水洞灌入式补给。大气降水补给最终通过酒甑子地下河总出口排泄。

**4. 地下水径流排泄条件**

酒甑子地下河系统分上下 2 层:第一层为奥陶系分散排泄,排泄高程为 795~941m,对应通过表层岩溶带的裂隙下渗补给,地下水沿地层倾向自南向北流,排泄终点为后河支流——头道河。第二层为娄山关组管道-裂隙集中排泄,排泄高程为 470m,地下水的排泄受地层倾向、岩性、地形地貌及构造等的影响,接受补给后,总的流向是从西向东径流。但这 2 层的地下水并不是完全没有水力联系的,当遇持续性降水时,上下两层地下水会通过贺家坪断裂发生沟通连接。

水动力特征如下。选取 2020 年 8 月酒甑子地下河出口的水温、电导率、流量等数据(图 4.2.22)进行分析,可以发现:酒甑子地下河出口的流量对降水响应迅速,随降水量同步变化,但流量较大时无法监测洪峰。在小降水情况下,流量与降水对应关系良好,每一次降水都有对应的洪峰。但在长时间或降水量较大的情况下,洪峰消失,这是由监测误差造成的,探头在泉口引水渠内,当水量过大时水流漫过引水渠流入后河,导致流量数据丢失峰值。

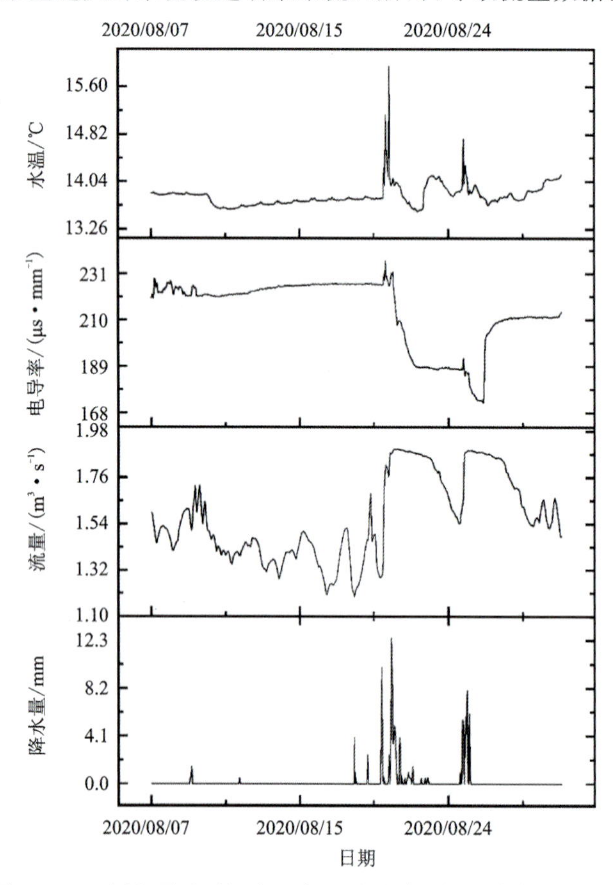


图 4.2.22　酒甑子地下河出口水温-电导率-流量-降水量动态图

酒甑子地下河出口的地下水水温动态变化过程与降水量保持一致，小降水情况下酒甑子地下河出口的地下水电导率保持稳定，强降水情况下电导率迅速下降。这是由于在强降水情况下，降水通过落水洞集中灌入补给地下水，地下水量增加，新补给的地下水稀释了原有的基流，两者的水温存在差异，混合后导致电导率迅速下降而水温上升。地下水电导率、水温和流量对降水的快速响应说明了酒甑子地下水水文响应快，在后续开发利用过程中要注意对补给区的保护。

## 第三节　地下水动态特征

研究区地下岩溶发育强烈，地下水主要分为岩溶管道水、岩溶管道-岩溶裂隙水、岩溶裂隙水。地下水动态受降水影响十分显著，地下水位多呈现陡升陡降的趋势，响应时间在数分钟到数小时不等，体现含水介质之间的联系密切。

第一类，岩溶管道型。有些地区岩溶极其发育，地下水主要以岩溶管道和地下河的形式排泄，反映的是地下河水流动态特征。此类地下水动态的波峰为"高瘦"型，呈现出快速增长和快速下降的特点，洪峰持续时间较短，地下水变动幅度很大。研究区内的地下河如酒甑子(图 4.3.1)、红岩泉等属于此种类型。

第二类，岩溶管道-岩溶裂隙型。还有一些地区岩溶管道和岩溶裂隙都很发育，这些地区局部地下水梯度较平缓，也有集中排泄的管道，反映的是岩溶管道-岩溶裂隙水流动态特征。地下水动态的波峰为"矮胖"型，波峰较平缓，起伏频率较高，有震荡上升或震荡下降的特征，地下水位变化幅度较管道型明显偏小。研究区内五爪泉(图 4.3.2)、ZK02、ZK05 等均为这种类型。

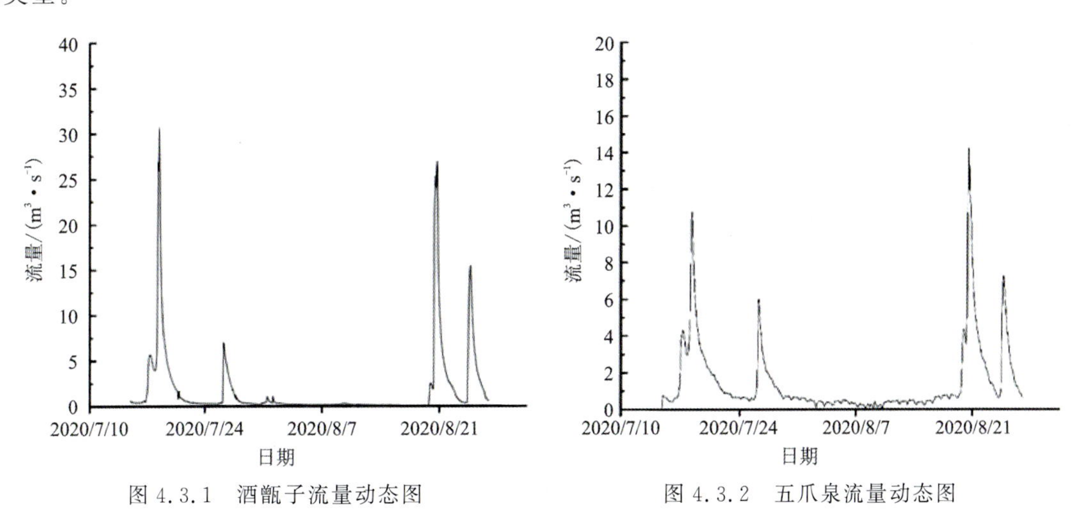


图 4.3.1　酒甑子流量动态图　　　图 4.3.2　五爪泉流量动态图

第三类，岩溶裂隙型。该类水对地下水动态影响不大，此处不再讨论。

### 一、地下水位统测

清江流域统测工作主要是通过前期收集清江流域内已有的成果资料，包括水文、气象、水利设施、钻孔、基础地质、水文地质、土地利用现状等资料进行预研究，在丰水期(7月)及枯水期(11月)进行全流域范围的地下水统测，山区统测点以测量流量和水位为主。2019年清江流域丰水期统测工作完成统测点数353个，完成统测面积1.72万$km^2$。本次丰水期野外统测工作自2019年7月14日开始，自2019年7月31日结束，总共出队18d，分为10组，每组3人，共计30人参与。2020年清江流域丰水期统测工作完成统测点数381个，完成统测面积1.72万$km^2$。本次丰水期野外统测工作自2020年7月26日开始，自2020年8月15日结束，总共出队21d，分为8组，每组3人，共计24人参与。2021年清江流域丰水期统测工作完成统测点数400个，完成统测面积10.58万$km^2$。野外统测工作、室内整理工作与2019年内容基本相同。结合以往水化学工作成果，共采集样品178件，进行水化学全分析测试。

## 二、流量季节性变化特征

研究区地下水位(流量)与大气降水关系紧密，受大气降水补给控制明显，以丹水为例，从高家堰长观数据基流分割出的地下径流量(图4.3.3)可以清晰地看出，流量变化以一个水文年为周期，3—5月为水位上升的平水期，6—9月为高水位的丰水期，10—12月水位开始逐渐下降，由丰水期转为平水期，1—2月为低水位的枯水期。整个研究区大体遵循这种规律，与地表水动态相差无几，更说明地下水主要受大气降水调控。

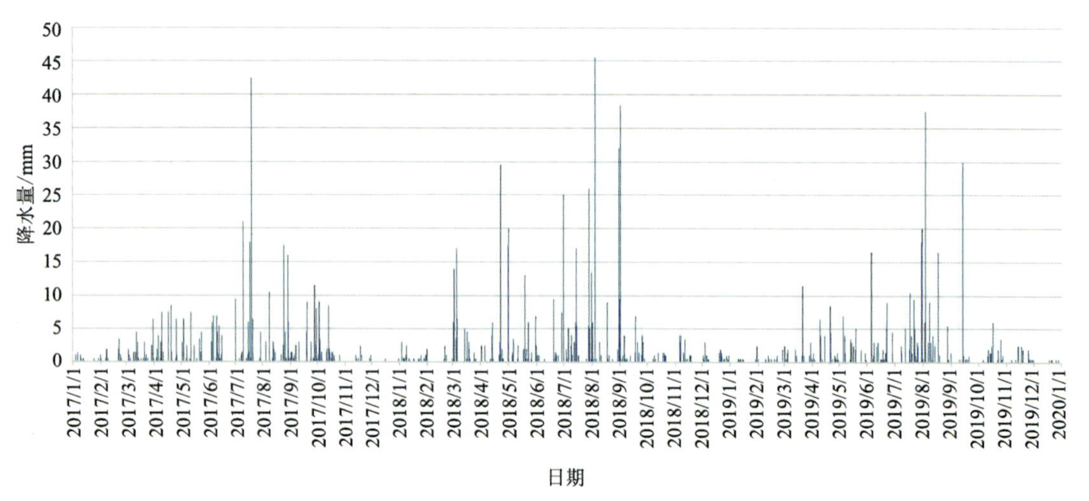


图4.3.3 高家堰雨量站2017—2019年降水柱状图

## 三、地下水动态对降水过程的响应

通过图4.3.4和图4.3.5可知，地下水对降水的响应十分灵敏，水文过程曲线中可观察到明显的地下洪水过程，水文过程曲线表现陡增陡降的特点，高水位持续时间较短，说明岩溶发育程度高，地下岩溶管道较发育。下面分别对两种不同介质类型的地方进行次降水地下水响应分析。

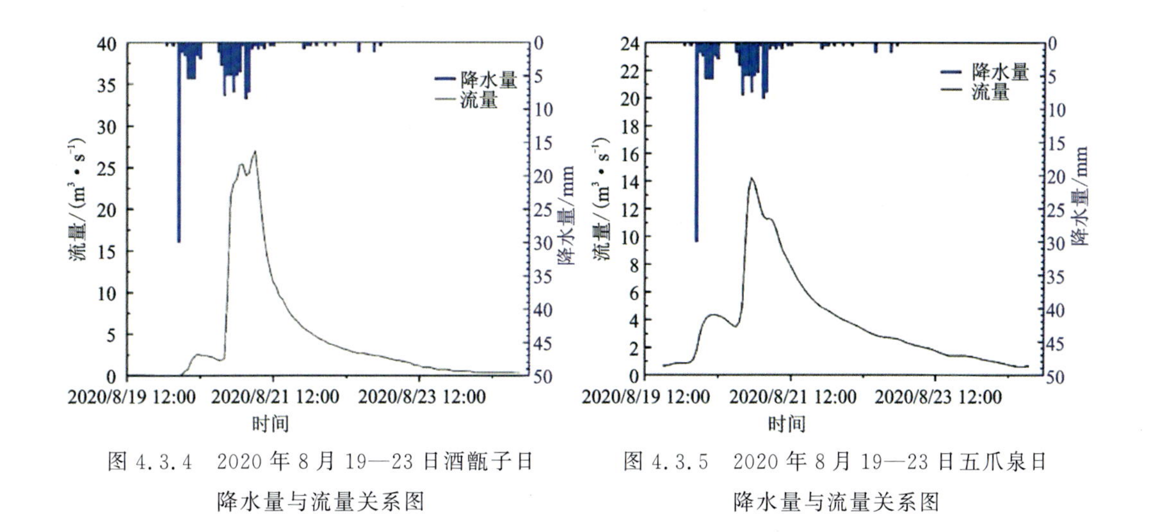


图 4.3.4 2020 年 8 月 19—23 日酒甑子日降水量与流量关系图

图 4.3.5 2020 年 8 月 19—23 日五爪泉日降水量与流量关系图

(1)地下河管道型:2020 年 8 月 20 日 1:00—21 日 12:00 酒甑子累计降水 117mm,水位从 6:00 开始上涨,距开始降水时间滞后 1h,6:00 达到最高水位,据降水开始时间滞后 13h,洪水响应时间 12h,随后水位开始下降,开始进行退水阶段,到 8 月 24 日 12:00 退水基本结束。

(2)管道-裂隙型:2020 年 8 月 20 日 1:00—21 日 9:00 五爪泉累计降水 116mm,水位从 4:00 开始上涨,距开始降水时间滞后 2h,水位在 23:00 达到最高水位,距降水开始时间滞后 18h,洪水响应时间为 19h,随后水位开始衰减,开始进行退水阶段,到 8 月 24 日 15:00 退水基本结束。

从上述结果可以看出,地下河管道型响应时间更短,从水位上涨到最高水位时间较短,体现出迅速补给的特点;而管道-裂隙型起峰用时较长,补给速度较前者偏慢,退水过程曲线更平缓,体现出裂隙释水缓慢的特点。

### 四、地下水流量时空变化

研究区各地下河及岩溶大泉流量年际变化明显,受大气降水调节,雨季流量与枯季流量相差很大。以五爪泉地下河为例,2021 年丰水期最大流量为 $15m^3/s$,而最小流量只有 200L/s,变化幅度大,这也验证了以管道和地下河为主的区域陡升陡降的流量特征。

## 第四节 区域地下水补径排条件

### 一、地下水补给条件

清江流域地下水主要来源于大气降水,不同岩溶地貌条件和岩溶发育程度的降水补给形式和补给强度各不相同。清江流域内仙女山断裂以西为高原岩溶地貌,东部为岩溶斜坡地貌。隔河岩、高家堰、高坝洲一带主要为峰丛洼地地貌,峰丛间发育规模不等的溶蚀洼地和漏斗,降水入渗补给条件相对较好,入渗系数较大,区内降水主要以片流汇入洼地,通过漏斗或落水洞补给地下水。长阳龙潭坪、大堰一带为高原岩溶地貌和岩溶斜坡地貌的过渡地带，为峰丛槽谷，降水以径流形式直接汇入槽谷或洼地底部落水洞内转为地下径流，部分地区还有碎屑岩区的外源水流入洞内，降水入渗条件非常好，大型暗河在该地方发育区域内向斜翼部、背斜核部接受降水入渗补给，其中降水入渗补给条件最好的部位位于清江源头地区，地层平缓，岩性为较纯的灰岩，厚度较大，也是流域内少有的地下水富集区。

## 二、地下水径流条件

清江流域地下水径流方向主要受构造控制，沿着构造轴线方向流动，总体流向由补给区指向排泄区。长阳复背斜以西的野三关、恩施、利川、宣恩一带，在恩施-建始断裂的控制下，地层展布为北北东—北东向，地下水顺层流动。清江北岸，地下水总体从东北向西南方向径流；清江南岸，地下水总体从西南向东北方向径流。在恩施、建始一带，受恩施-建始断陷盆地控制，地下水向盆地流动，区域碳酸盐岩含水岩组分布面积相对较小，难发育大型岩溶管道，地下水主要运移、赋存在纵向发育的溶蚀裂隙中。长阳复背斜以东的长阳、五峰、渔洋关一带，在长阳复背斜及肖家隘背斜的控制下，地层展布呈东西向，地下水顺层流动。在清江两岸，清江的二级支流展布与构造一致，与清江平行，自西向东流，在清江与支流间形成河间地块，地下水往两侧河岸流动，在接近排泄区为以岩溶管道流为主的极强径流区。含水介质以岩溶管道和地下河为主，总体也表现为由补给区指向排泄区，含水介质极不均一，地下径流速度快，地下水循环交替条件极好。

## 三、地下水排泄条件

清江流域最终排泄基准面为清江，区域地下水流系统的排泄基准面为清江的二级、三级支流。区内控制地下水排泄的因素主要有 2 种：岩层被地下水排泄基准的沟溪或河流切割和地质结构。根据地下水成因类型主要存在 3 种排泄方式：侵蚀性、接触性、溢出型。流域内岩溶斜坡地貌区，地形较陡，地表溪沟发育，受地形坡度的突变或地表溪沟的切割，在地形坡度突变的部位，地下水一般都以岩溶泉的形式出露地表，汇入地表溪沟或直接构成地表溪沟的源头。斜坡地带往下再度变得平缓，岩溶地下水则主要以地下径流的形式由岩溶泉和地下河排泄。在清江中游地段野三关、五峰一带，发育有许多完整的向斜构造，核部由三叠系及二叠系组成，其中有许多隔水效果稳定的页岩层，由于向斜成山的地形控制，底板被地形揭露，地下水出露于峭壁上。在恩施-建始断陷盆地附近，岩溶水系统受三叠系大冶组底部页岩隔水底板及周围隔水地层白垩系红层砂岩控制，在断层错动及岩性变化下，地下水运动受阻，溢出地表。

# 第五章　清江流域地下水-地表水转换

## 第一节　清江流域地下水监测

### 一、清江流域监测网络

#### 1. 平台架构

基于物联网、智能感知、大数据等技术手段，通过感知采集设备、无线网络、感知传感器在线监测设备实时感知环境系统的运行状态，并采用可视化方式有机整合企业管理部门与监测环境部门，为便于项目管理与决策。

平台是实现水资源保护管理基础信息整合、业务应用系统集成和管理智能决策的综合信息平台。水资源保护信息基础设施主要包括信息采集系统、网络传输系统和数据中心。水资源保护管理业务应用系统主要包括综合信息管理子系统、实时监控子系统与预警管理子系统。

水资源保护信息基础设施和水资源保护管理业务应用系统由标准化的协议和接口形成一个有机整体。按照系统体系结构，可将水资源保护管理与监控网络信息平台涉及的各类资源整合为统一的3个层次：业务应用层、应用支撑平台层、数据资源层。平台功能框架见图5.1.1。

依据中国地质调查局的清江流域水资源管理要求，推荐使用智能云平台集中进行的部署，将总部、各监测站进行统一管理：①集中部署清江流域水资源监测平台服务器程序，将最新的程序，直接通过互联网进行访问应用，同时在系统中预置相应的设备数据传输协议类型，如TCP/IP、HTTP、MQTT、UDP等接口，可为后续对接各类设备；②总部管理人员通过访问网站进入首页，可以对主数据进行维护和更新，如流域、设备、人员等，可以查阅数据、测点情况，查阅数据分析报表等；③分站人员通过访问网站进入首页，可以在系统中进行日常的分站流域情况管理应用，所有主数据，如流域、设备、人员都由总部进行控制，分站在可控的权限范围内进行修改，所有相关业务数据结果会汇总至总部管理人员。

#### 2. 目的与意义

建设清江流域监测网络体系，为维护健康清江服务。对现有的隶属于不同行业、不同单位的监测站网资源进行整合，促进资源共享；对自有的监测站网进行升级改造，扩充功能；合

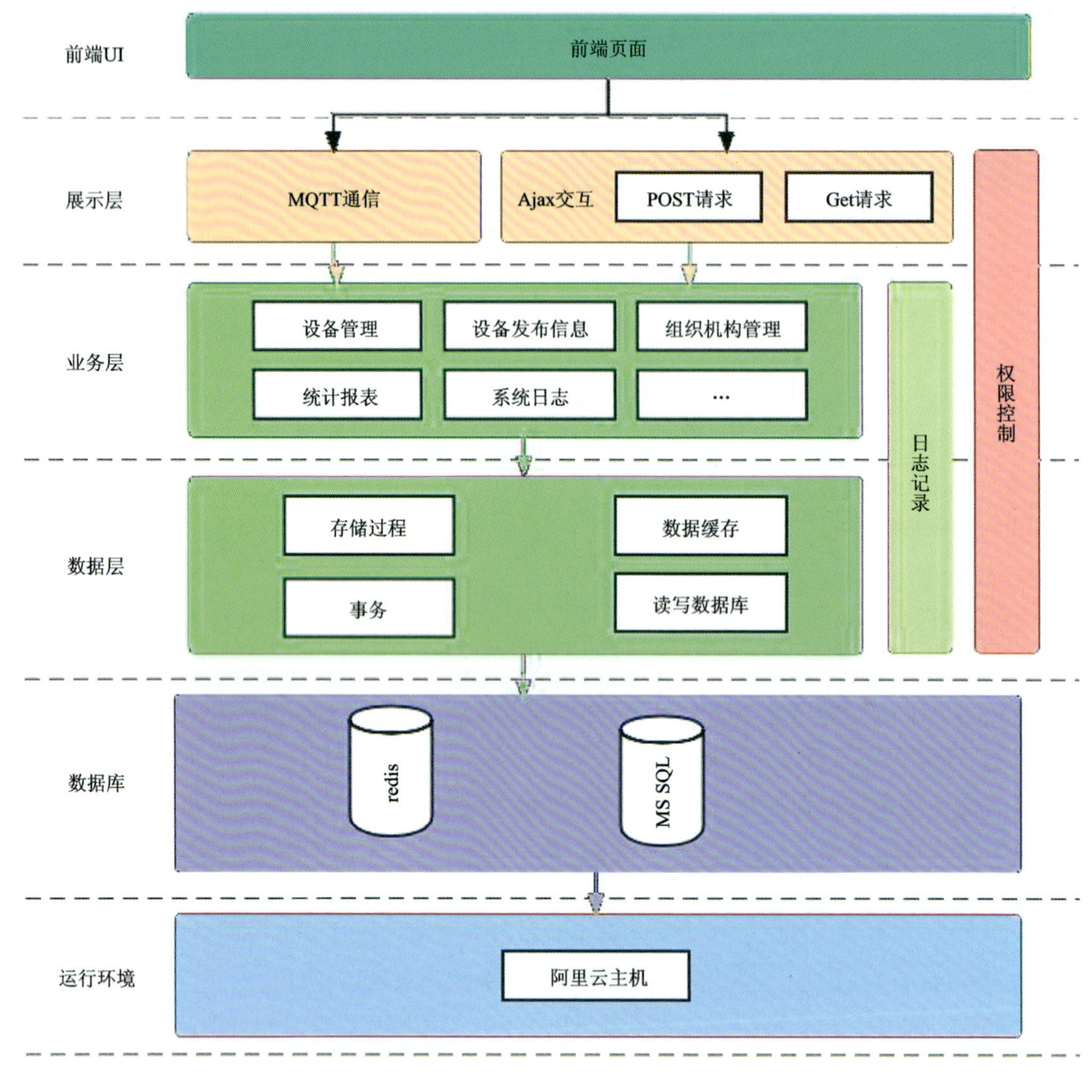


图 5.1.1 平台功能框架

理布局新的监测站网，使监测网络体系遍布整个流域，系统分析当前清江大保护的监测需求，做好清江水监测系统以及信息化系统的顶层设计，将监测、管理等职能一体化。依托流域机构，在已经建立的台站和监测项目的基础上，运用物联网、智能识别、云计算等先进技术，深度整合打通使用站点、人员、仪器等各种监测资源，健全清江流域水文、气象、生态环境、资源、航运、自然灾害等监测网络体系和监测信息共享机制，并通过“清江流域水资源监测数据平台”来进行统一管理。

清江流域水资源监测数据平台系统建成后，将全面提高清江流域水资源监测信息的集中展示和统计分析能力，在分析流域水资源监测数据汇集现状和信息化需求的基础上建立强有力的预警和协同治理平台。

### 3. 主要成果

汇总清江流域水文地质调查工程下所有二级项目的监测站点组成一个监测体系，建立了统一的清江流域水资源监测数据管理平台（以下简称"平台"），完成了清江流域各站点水资源监测数据汇总、存储、展示、分析和应用，以及清江流域各站点维护工作，保障了组网监测工作的持续。

## 二、清江流域大长冲监测基地

### （一）地质与水文

建立了清江流域地表水-地下水一体化多尺度的水文要素长期监测体系，主要包括站点尺度、实验小区尺度（100～1000m$^2$）、小流域尺度（0.1～10km$^2$）、子流域（100～1000km$^2$）及全流域五级嵌套的水文要素监测网络。

经过2020年的野外工作，现已初步建成大长冲野外监测试验场（图5.1.2），试验场内修建地表水监测站3处，气象站1处，表层岩溶泉监测站1处，壤中流监测站1处，土壤水分监测站2处，水文地质钻孔3处（其中2处布设监测站，监测地下河网地下水水位动态）。结合无人机测绘、钻探、物探、示踪试验等手段查清了试验场所在地区的下垫面条件及地下岩溶介质结构。

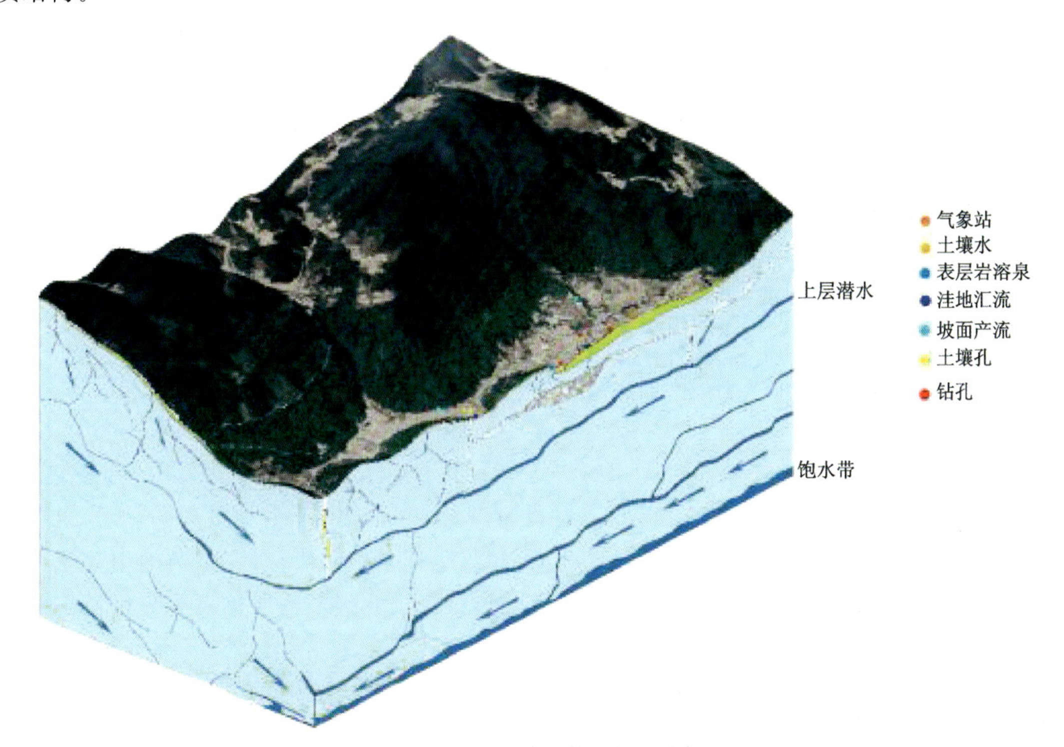


图5.1.2 大长冲野外监测试验场

试验场所在的岩溶洼地是丹水流域内酒甄子暗河的补给洼地之一。系统内岩溶现象极为发育，洼地两侧的表层岩溶发育带与下部完整基岩组合构成浅部的表层岩溶系统，串珠状洼地-暗河出口构成了酒甄子地下河系统。地下河系统的西侧边界为地下分水岭边界，北侧边界为奥陶系南津关组底部的泥岩构成的隔水边界，南部边界为覃家庙组一段泥质白云岩构成的相对隔水边界，东侧边界为都镇湾断裂形成的隔水边界。整个地下水系统的水流由贺家坪镇柏树包村220°方向462m处的酒甄子暗河出口流出。

试验场所在的岩溶洼地是岩溶流域典型的地貌类型(图5.1.3)，作为降水进入岩溶地下水流系统所要经历的第一环，其在入渗方式上具有二元性：一种是通过落水洞、竖井等直接灌入补给到岩溶地下管网中(点状补给)；另一种是通过节理、裂隙网络经由洼地或坡面表层岩溶带以分散补给的方式补给含水层(面状补给)。研究降水由地表转入地下的第一环，对于研究岩溶区水源转换规律，以及定量刻画降水以快速和慢速两种形式补给地下水的量具有重要意义。同时，研究岩溶洼地地区产汇流机制，有助于推动南方岩溶洼地——地下河(岩溶大泉)系统水文模型的研究，揭示岩溶洼地地区水资源转换规律，防范洪涝灾害，并为当地水资源开发利用提供科学依据。

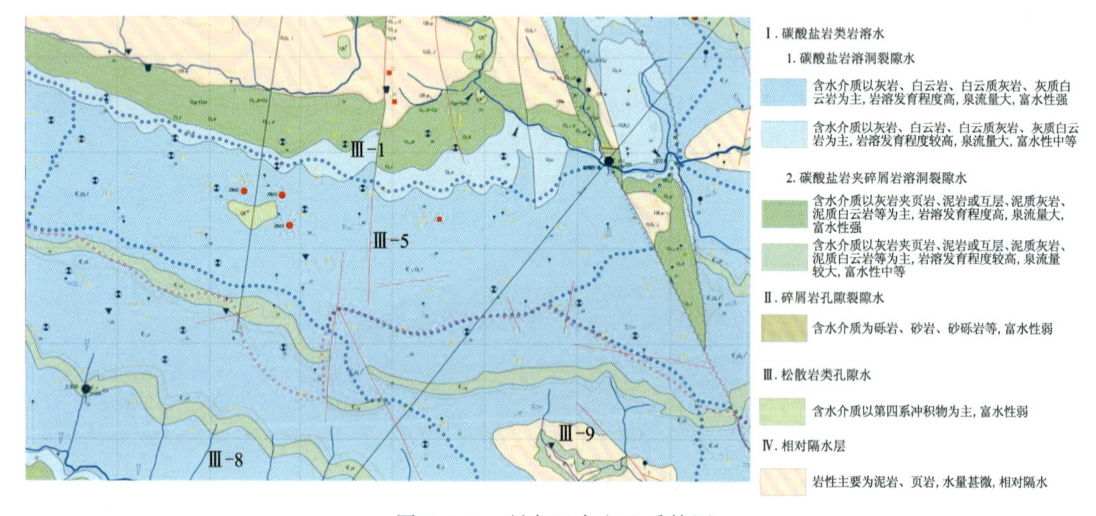


图5.1.3 研究区水文地质简图

## (二)监测网络布局

此外，大长冲地区是长阳有名的高山蔬菜种植基地，由于多年来农业活动的开展，土质发生了较大的改变。通过在该地区建设试验场，结合监测和采样手段，研究农药施用对土壤以及水质的影响，聚焦污染物溶质运移的过程，为岩溶山区农业生产的绿色发展提供科研支撑(图5.1.4)。

在清江流域内选择三级流域(图5.1.5)，监测流域内降水、土壤含水量、水位、流量等水文要素，研究不同子流域内“三水”转化规律。

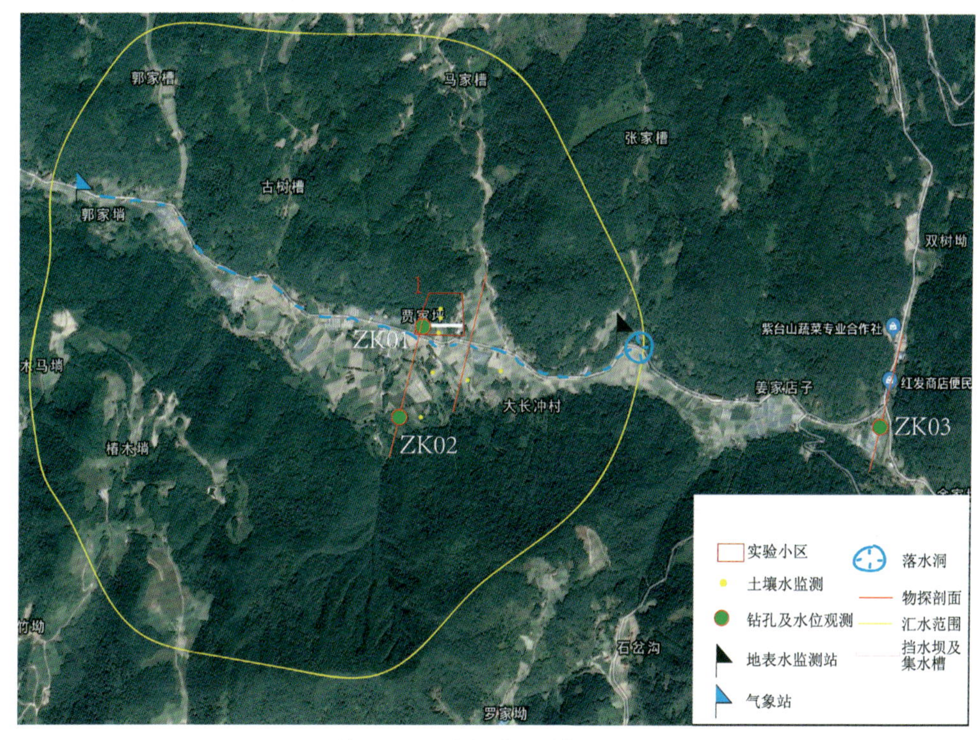


图 5.1.4 大长冲试验场监测图

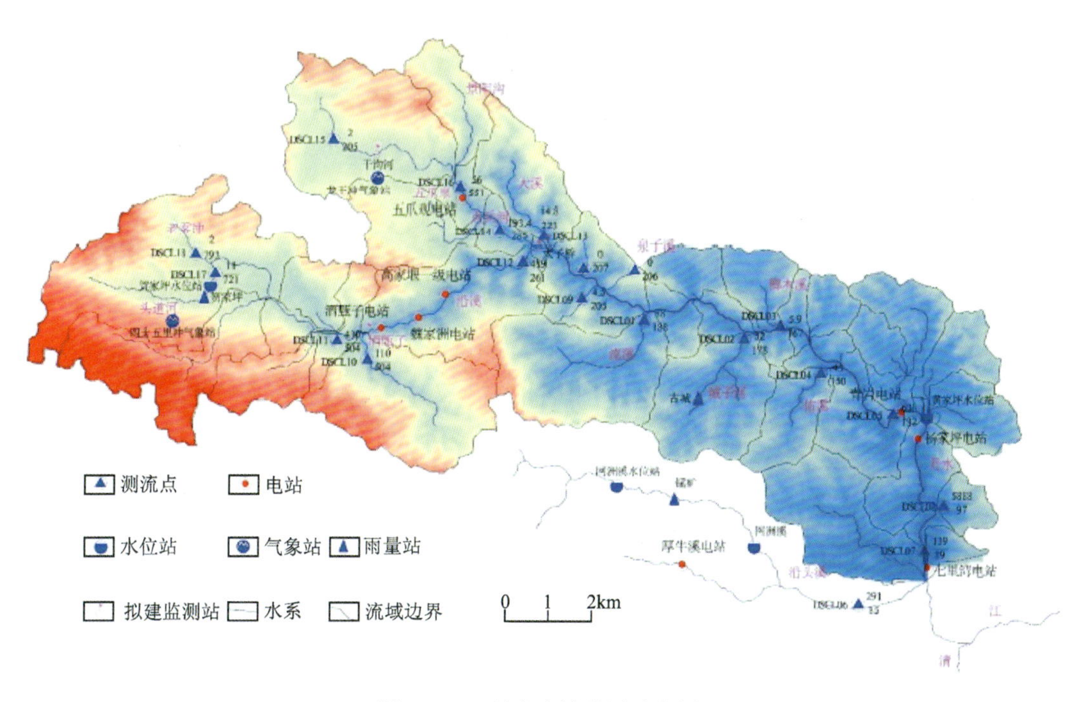


图 5.1.5 丹水流域监测示意图

### （三）巡查与组网

2021年9月，对清江流域监测基地（站点）进行了野外调查与监测组网相关工作（图5.1.6），相关工作取得预期成果，完成野外站点信息收集和维护工作，相关设备运行状态良好（图5.1.7）。

图5.1.6 清江野外巡查及组网工作

图5.1.7 清江监测基地（站点）传感器设备

### （四）研究进展

#### 1. 水文动态响应

1）坡面流动态响应

本站点监测开始时间为2020年7月15日，2020年6月及7月初的强降水未获取监测数据，故本节选取2020年7月15日至8月25日监测期数据开展分析（图5.1.8～图5.1.13）。

在此期间共监测降水过程32次（根据岩溶区坡面产流特点，间隔6h以上的降水作为2次降水，降水历时小于2h且最大雨强小于1mm/h的零星小雨不计入统计），其中共有6场降水有产流响应。

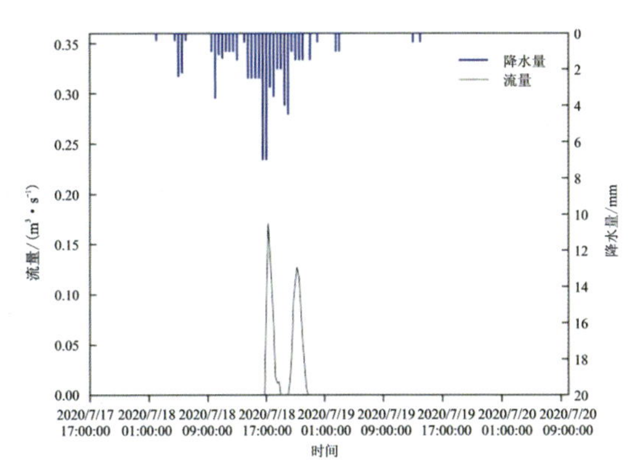


图 5.1.8 2020 年 7 月 17—20 日

降水径流示意图

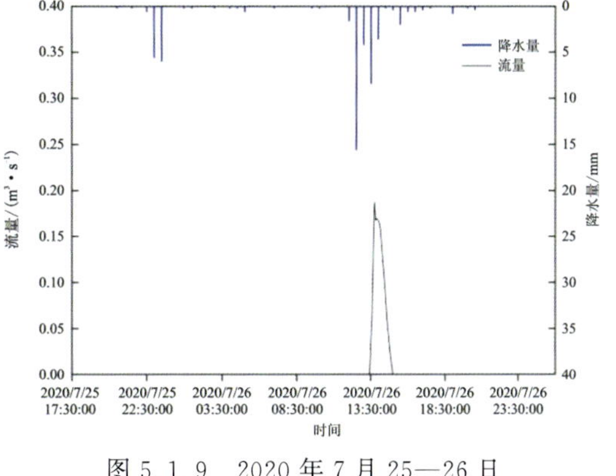


图 5.1.9 2020 年 7 月 25—26 日

降水径流示意图

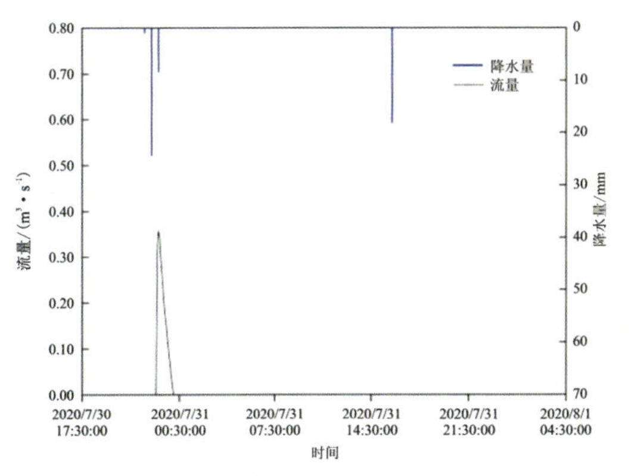


图 5.1.10 2020 年 7 月 30 日—8 月 1 日

降水径流示意图

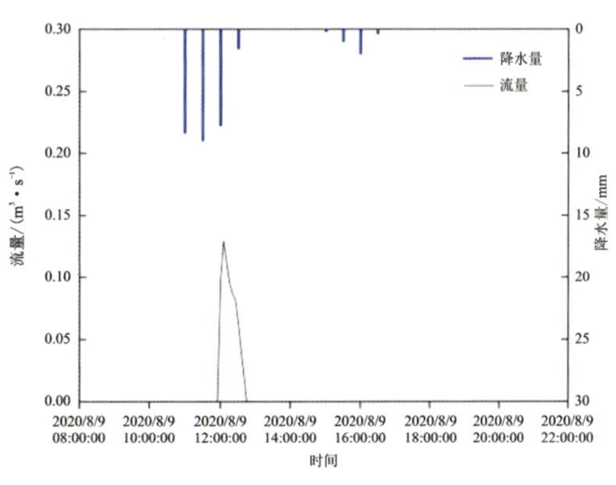


图 5.1.11 2020 年 8 月 9 日

降水径流示意图

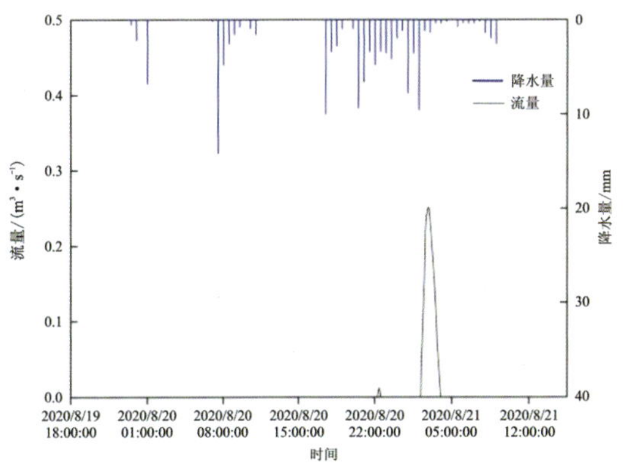


图 5.1.12 2020 年 8 月 19—21 日

降水径流示意图

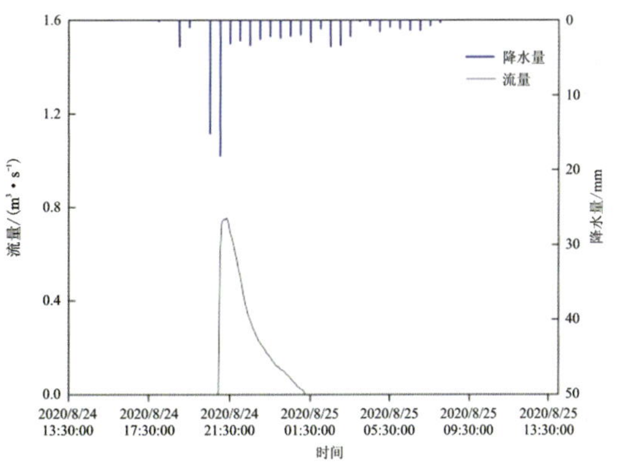


图 5.1.13 2020 年 8 月 24—25 日

降水径流示意图

上述 6 场降水-径流事件的特征如表 5.1.1 和表 5.1.2 所示。

**表 5.1.1　产流事件统计表**

| 降水时间 | 径流历时/h | 产流前 7d 降水量/mm | 产流前 1h 雨强/mm | 最大雨强/mm | 总流量/$m^3$ |
|---|---|---|---|---|---|
| 2020 年 7 月 18 日 | 5.5 | 107.2 | 14 | 14 | 1 172.15 |
| 2020 年 7 月 25 日 | 1.5 | 65.2 | 12.6 | 19.8 | 566.189 |
| 2020 年 7 月 30 日 | 1.25 | 84.2 | 25.4 | 32.8 | 791.949 |
| 2020 年 8 月 9 日 | 0.75 | 28.6 | 16.8 | 17.4 | 220.189 |
| 2020 年 8 月 20 日 | 1.9 | 86 | 13.2 | 19 | 966.716 |
| 2020 年 8 月 24 日 | 4.4 | 175.8 | 33.4 | 33.4 | 4 547.45 |

**表 5.1.2　降水-径流事件特征表**

| 降水时间 | 次降水量/mm | 流量峰值/($m^3\cdot s^{-1}$) | 径流深度/mm | 径流系数 | *CS* | 峰型 | 峰现时间/h |
|---|---|---|---|---|---|---|---|
| 2020 年 7 月 18 日 | 109.9 | 0.171 | 7.440 | 0.068 | 0.767 | 双峰 | 0.5 |
| 2020 年 7 月 25 日 | 54 | 0.187 | 3.594 | 0.067 | 0.148 | 单峰 | 0.33 |
| 2020 年 7 月 30 日 | 33.8 | 0.358 | 5.027 | 0.149 | 0.451 | 单峰 | 0.17 |
| 2020 年 8 月 9 日 | 30.4 | 0.129 | 1.398 | 0.046 | −0.016 | 单峰 | 0.17 |
| 2020 年 8 月 20 日 | 133.8 | 0.251 | 6.136 | 0.046 | −0.078 | 单峰 | 0.67 |
| 2020 年 8 月 24 日 | 81.2 | 0.754 | 28.864 | 0.355 | 0.778 | 单峰 | 0.5 |

对于该监测点所在的坡面小流域，由于汇水条件极佳，降水落入地表的转化方式主要为 2 种：一种是产流后通过坡脚下的渠道直接进入落水洞，以快速流形式灌入补给地下水；另一种是由坡面的岩溶裂隙缓慢下渗，以慢速流的形式补给地下水。通过对监测期的 6 场产生径流响应的降水事件进行统计，该坡面小流域在夏季的降水-径流事件中，以坡面流形式通过渠道进入落水洞快速补给地下水的比例为 4.6%～35.55%，这也反映出岩溶洼地系统的坡面地块中，岩溶裂隙仍是补给地下水的主要途径。

2）表层岩溶泉动态响应

研究区表层岩溶泉监测点位于试验场的北侧坡面，通过多次雨后观测，北侧坡面在降水后未见明显坡面流汇流点，产流模式以表层岩溶泉为主。

选取 2020 年 7 月 4—7 月 9 日连绵不断的降水事件对表层岩溶泉的水文动态响应进行分析。在 7 月 5 日 1:00 前的弱降水过程，泉流量未见明显变化，电导率和水温分别凸显2～3 个波峰，然后雨强陡增为 17.2mm/h，流量增至 1.71L/s，电导率下降至 20.6μs/cm，在随后的降水历时里随雨强变化进行波动。在如图 5.1.14 所示的降水历时曲线中，流量峰值与降水峰值延迟响应不明显，降水末期至降水过后，呈现明显的拖尾曲线，体现了表层岩溶带的调蓄作用。

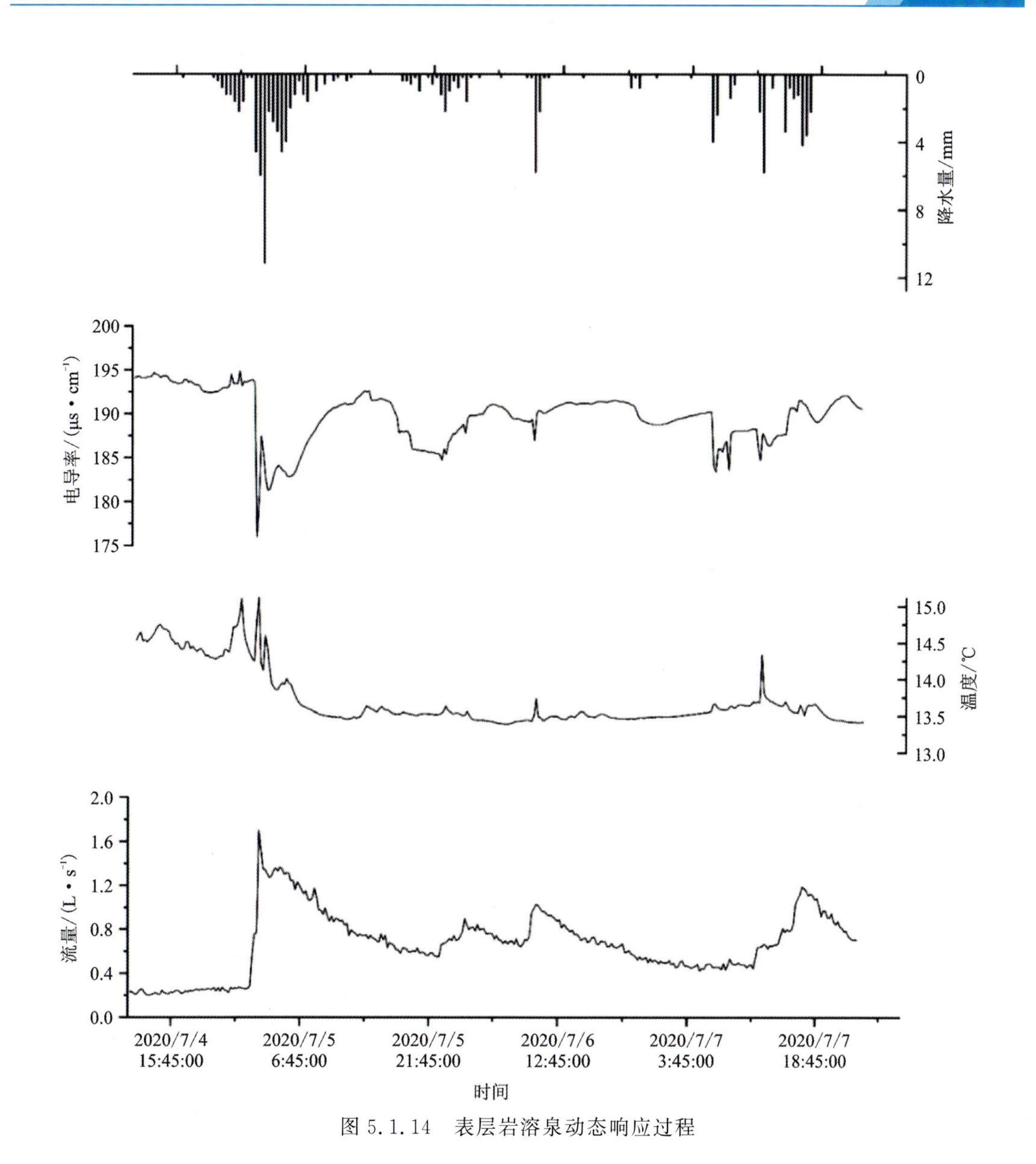


图 5.1.14　表层岩溶泉动态响应过程

从图 5.1.14 中可以观察到，该表层岩溶泉的水文动态对降水过程较为敏感。在强降水条件下，泉水电导率快速下降，反映了电导率的稀释效应；在降水量减小后电导率逐渐回升，说明水动力作用和 $CO_2$ 效应逐渐占主导地位。水温随降水的补给呈现升高现象，体现了夏季外界较高温度的雨水对地下水的补给。

3）土壤含水率动态响应

通过对监测期数据进行统计分析，对不同深度进行定性刻画，以及对土壤下渗方式进行识别。

对 2021 年 1 月 16 日 0:00 至 4 月 14 日 0:00 监测点所监测的土壤体积含水量进行标准差及变异系数计算（图 5.1.15）。

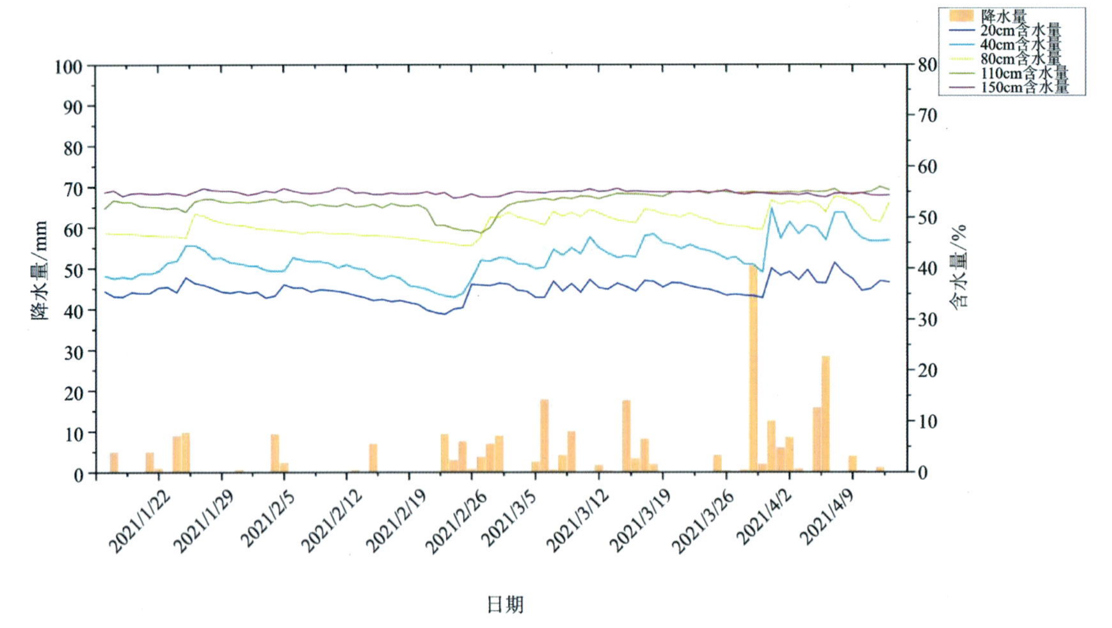


图 5.1.15 降水与含水量动态响应

通过计算，20cm 和 40cm 深度为活跃层，80cm 深度为次活跃层，110cm 和 150cm 深度为相对稳定层。土壤含水率整体表现为 150cm 深度＞110cm 深度＞80cm 深度＞40cm 深度＞20cm 深度。

通过对 2021 年 2 月 23 日—3 月 2 日降水事件中不同深度土壤含水量的变化情况分析可以看出(图 5.1.16)，在降水事件过程中较浅部的土壤含水量首先增大，深部土壤含水量响应的时间滞后，这种入渗过程符合“活塞流”的入渗模式。

4)钻孔动态响应

通过对 2020 年夏季的一场降水事件进行分析，揭示两种不同介质结构的钻孔中水位响应的不同。水位响应曲线表明在降水事件中试验场地下岩溶含水层的水位响应比较明显。

2020 年 8 月 9 日降水，ZK02 地下水动态响应滞后 1h，水位上涨 15min 便达到峰值，随即快速回落，变化迅猛(图 5.1.17)；ZK05 地下水水位在降水 2.5h后开始抬升，历经 11h 达到峰值，水位响应与 ZK02 相比相对迟缓(图 5.1.18)。由水位对降水的响应变化曲线可知，地下水对降水的响应十分灵敏，水文过程曲线中可观察到明显的地下洪水过程，水文过程曲线表现陡增陡降的特点，高水位持续时间较短，说明岩溶发育程度高，地下岩溶管道较发育。

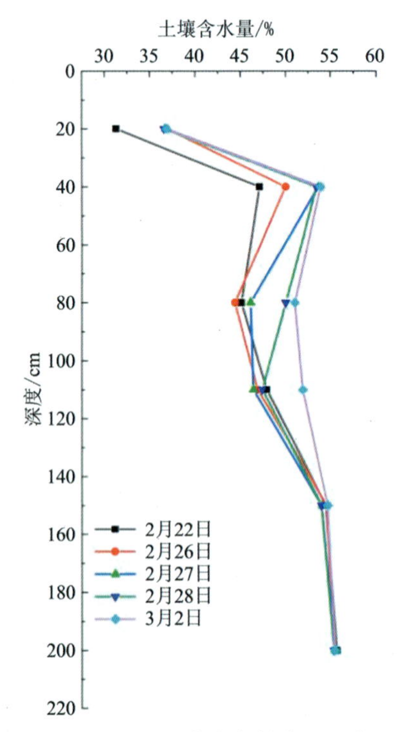


图 5.1.16 降水事件前后土壤含水量变化图

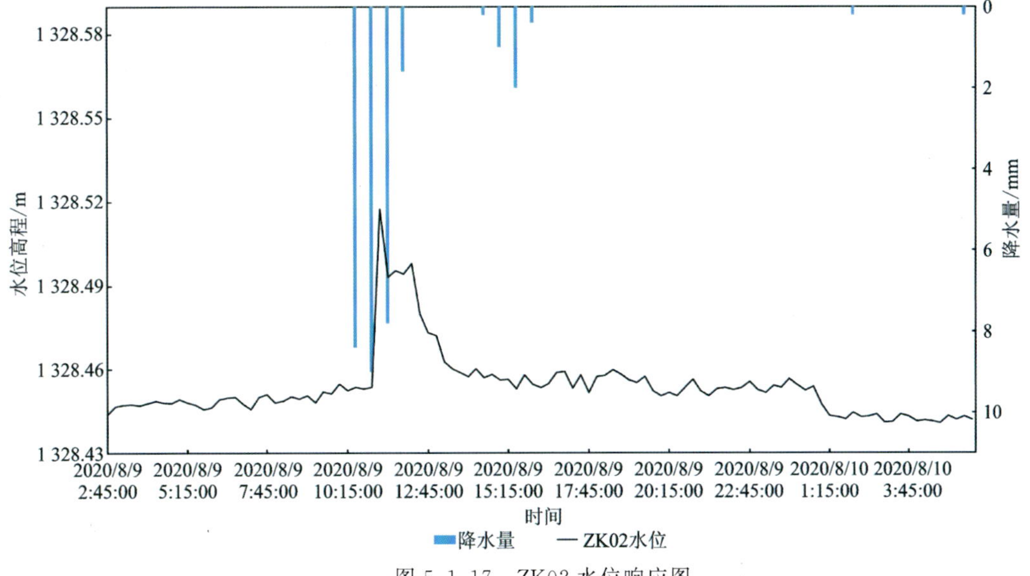


图 5.1.17 ZK02 水位响应图

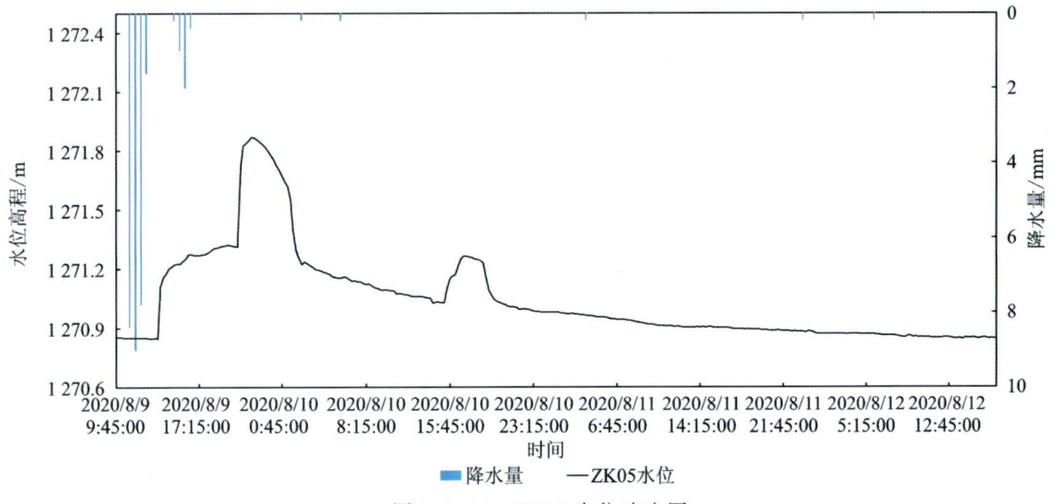


图 5.1.18 ZK05 水位响应图

**2. 模型研究**

利用 SWMM 模型对 2020 年 7 月 25 日和 2020 年 8 月 20 日两场降水事件的产汇流情况进行分析，取得以下认识。

(1)在两场降水中，坡面子汇水区的径流系数范围为 2.8%～16.4%，在地形条件相似的情况下，不透水区面积的占比及径流演算方式对该数值影响较大。洼地子汇水区在降水过程中体现出强大的调蓄能力，从坡面流入洼地的水大部分不能流入渠道，而是直接在洼地中以填洼、截留、蒸发、下渗的方式进行水源转化。

(2)在降水事件中坡面和洼地两种下垫面呈现了不同的水源转化比例。对坡面而言，下渗是其最主要的转化方式，在两场降水事件中，下渗量分别达 83.93%和 91.89%。对洼地而言，下渗与填洼、作物截留是主要的水源转化方式，洼地下渗量在两场降水事件中分别占比 55.43%和 75.37%，填洼和作物截留量占比 33.88%和 15.65%，这个差异主要是由模型中作为相对定值的洼蓄量造成的，降水量越大，洼蓄量占比越小。蒸发量在坡面和洼地的水源转化中均小于 1%，是由于产流过程极短，对于 SWMM 模型而言，非线性水库中水位在入渗作用下降为零时，蒸发过程就默认结束。

(3)对于整个坡面-洼地系统而言，在 2020 年 7 月 25 日降水事件中，蒸发量 375.59m$^3$，填洼量和植被截留量 12 995.07m$^3$，下渗量 66 985.74m$^3$，产流量 3 494.26m$^3$，分别占比0.45%、15.5%、79.89%、4.17%；在 2020 年 8 月 20 日降水事件中，蒸发量 1 228.04m$^3$，填洼量和植被截留量 12 995.07m$^3$，下渗量 174 017.52 m$^3$，产流量 5 727.91m$^3$，分别占比0.6%、6.7%、89.7%、3%。可见，对整个系统而言，通过坡面的岩溶裂隙和洼地中的土壤下渗是岩溶洼地系统最主要的水源转化方式。

## 第二节　清江流域地下水-地表水转换特征

针对本研究专题，项目组从野外调查、野外监测、综合评价 3 个阶段开展工作，对典型流域展开大比例尺的重点调查，刻画和概括几种典型的地表水地下水转化模式，在此基础上开展三级监测体系的建立，通过收集和监测数据开展清江流域水质、水量、水生态一体化评价。

### 一、地表水-地下水一体化调查-监测-评价方法

地表水-地下水一体化调查-监测-评价方法流程如图 5.2.1 所示。

调查方法体系：采用文献资料调研与实地野外调查相结合的思路方法对流域地表水-地下水多要素进行调查。通过文献资料调研，获取流域基本概况，包括流域气候条件、地形地貌条件、DEM、水系结构、地下河/泉点、水文气象监测站点、社会经济条件等基本特征。收集流域已有水文站点的历史流量、水位等水文数据以及气象站点的历史降水、蒸发、气温等气象数据，并对数据进行整理、集成。通过野外调查，查明或验证流域地表水系条件、泉点与地下河位置、水文气象站点位置、水库隧道等工程、地层岩性条件等。

监测方法体系：长期监测与季节性统测手段相结合、站点与遥感监测相结合获取地表水与地下水资源基础数据。广泛采用水文、气象、农林部门已有的监测站数据，包括径流、水质、降水、蒸发、气温、土壤湿度、植被条件等基础资料信息，同时结合调查评价具体需求，针对重点区域补充或加密监测站点。通过季节性统测，选取丰水期与枯水期作为观测窗口，获取流域内重要泉点和地下河出口(或入口)流量特征与水质特征。同时充分利用卫星遥感、航空遥感等手段对流域地表水-地下水要素进行大尺度监测(图 5.2.1)。建立流域微观尺度的监测体系，建立小流域试验场或者试验小区，对区域内的水文、气象、生态、溶质等关键要素进行精密监测。

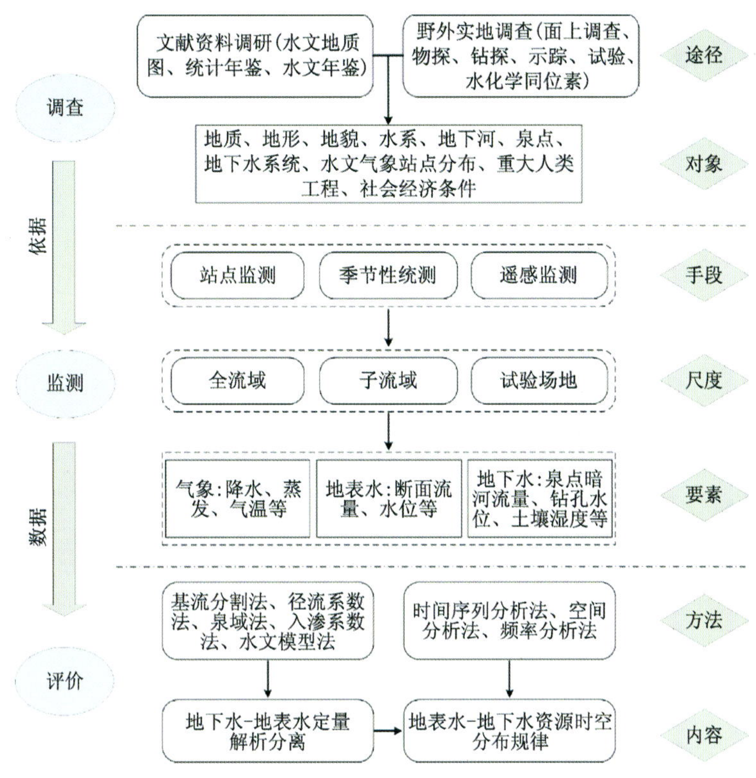

图 5.2.1　清江流域地表水-地下水一体化调查-监测-评价方法流程

评价方法体系:采用多方法对多种水资源要素进行综合评价。基于时间序列分析的方法,分析流域水文气象要素随时间变化、季节分配等规律;采用空间分析的方法,分析流域内水文气象要素的空间变化规律,获取降水量、径流深等要素的空间分布图或等值线图等;通过频率分析计算,分析流域水文气象要素的统计分布规律,分析不同重现期条件下流域的水资源情景;采用多方法,如基流分割法、径流系数法、泉域法、入渗系数法、水文模型法等手段,解析流域地表水-地下水资源量,分析两者构成比例、时空分布规律等。

## (一)地表水-地下水一体化调查

### 1.调查对象和目标

通过对典型岩溶小流域大气降水、地表径流、土壤水、表层岩溶带裂隙水、深层地下水之间转化规律以及植物蒸散调查,刻画岩溶区独特的产汇流过程,构建岩溶流域产汇流模式,建立清江流域地表水-地下水耦合模型及岩溶水资源定量评价方法,对清江流域岩溶水资源进行水量、水质、生态"三位一体"的综合评价。

### 2.调查内容与方法

1)清江流域水循环过程调查

以清江流域主要地下水排泄点为重点调查对象,总结不同类型的补经排模式及其水质水量变化特征。同时注重调查中测定实验小区与小流域内表层岩溶带厚度、裂隙率、土壤与裂隙水力学参数;分析不同降水条件下土壤水与表层岩溶裂隙水的含量及变化特征,分析不同地层岩性、地形坡度、土壤类型、植被类型下土壤与表层岩溶带的水文作用及生态效应,归纳表层岩溶带的产流模式。

根据实验小区与小流域内大气降水与地表径流、土壤水、表层岩溶带裂隙水、深层地下水等径流成分的观测数据,分析各径流成分的水文过程特征及其与降水及流域土壤、植被、地质等下垫面之间的关联,调查地表水与地下水的相互转换关系,归纳各径流成分的形成机制,构建岩溶流域产汇流模式。

2)小流域尺度调查

小流域尺度调查的目的是查清典型小流域的地表水-地下水相互转换关系,调查流域内落水洞、主要地下排泄点类型及成因,地下河网与地表河网的衔接关系。重点采用水文测验的方法量化地表水、地下水各径流组分。

3)实验小区尺度调查

实验小区调查的目的是精细刻画典型剖面的产汇流过程及其影响因素。主要调查内容有典型剖面上的地层岩性、地形坡度、土壤类型、土地利用模式及植被类型等,建立植被-土壤-基岩的立体剖面,重点调查溶沟、溶槽的展布规律,同时对地层构造裂隙进行体裂隙率调查,构建地下水运移的三维裂隙网络。

此外,加强对实验小区土壤的调查,包括土壤类型、土壤颗粒组分、土壤酸化程度、土壤含水率、温度、电导率的变化以及岩-土界面上土壤的连续分布厚度等,查明大气降水与土壤水、裂隙水相互转化过程。通过物探手段查明地下岩溶发育特征,以及岩土界面连续展布规律。

## (二)地表水-地下水一体化监测

### 1.监测目的

对于区域研究除了依靠前期野外工作的人为调查补充相关点位的数据及资料,还需要进一步掌握各个地区在时间、空间尺度上的变化及影响因素,通过搜集该地区已有的相关数据资料,在监测力度不够的地区及圈划重点地区补充建设相关监测站点,有针对性地建设丹水流域地下水-地表水一体化气象水文监测网络,查明地区水资源禀赋条件,研究"三水"转换关系及过程,查清不同尺度流域水资源转化规律,为后续开展相关工作与研究提供数据支撑,服务于地方。

### 2.布设基本原则

监测站布设应考虑以下4个基本因素:监测站类型的选取、监测场地的选择、监测仪器的选择以及数据采集和合理处理。根据年度工作重点区的圈划及试验场的建设,应当考虑以上4个方面的因素,合理且有针对性地建设相关监测站,实现数据采集效果最优化、可利用率最大化及成本最低化。

### 3. 监测站选取及介绍

综合实施方案与实地调查之后的结果，严格考虑上述提到的监测站布设目的与基本原则，在调查区内主要建设地表水监测站、地下水监测站、气象站3种类型的监测站点。

1）地表水监测站

综合利用野外调查、试验手段对典型岩溶水系统的地表下垫面结构和地下结构进行剖析，基于下垫面条件进行流域或系统分区。利用长观动态监测站获取的资料，选取典型流域对其含水介质结构及水资源构成进行分析，计算各典型流域的次降水入渗补给系数和径流系数。

地表水监测站主要使用的仪器有2种：第一种为超声波水位计，主要用于感应地表水水位变化情况，根据多次统测结果推导水位与流速、流量之间的换算公式，通过搜集监测站的水位数据来求取监测目标的地表水流量动态变化情况；第二种为Solinst探头，主要通过采集水流的水位、水温和电导率3种数据曲线直观反映水流的相关变化规律，在主要点位可放置探头进行长期观测获取数据，同时在部分研究区由于尺度或特殊效应，建有专门的洪峰过程地表水监测站，主要观测雨后地表水的动态变化特征。2种监测站建站成果如图5.2.2和图5.2.3所示。

图5.2.2　地表水监测站（超声波水位计）

图5.2.3　地表水监测站（Solinst探头）

2）地下水监测站

综合前期资料搜集及野外调查工作，有针对性地选取整个清江流域地下水集中排泄点，建设长期地下水监测站，通过其他综合实验圈划的各个地下水的系统边界及所代表的含水系统，利用监测站所提供的数据，综合求取各个片区地下水资源量等相关数据及参数。

地下水监测站所使用的仪器同样为Solinst，在各个备选点地下水排泄出口附近选取合适且较隐蔽的位置利用套管固定并上锁，定期选派成员读取数据并检查仪器完整情况。图5.2.4为监测站布设成果。

3）气象站

作为“三水”转化的第一环，气象站主要目的就是获取相关的气象参数用于支撑相关实验与研究，同时补充当地气象数据上的缺失或校正误差。建立气象站主要使用的仪器有2种，分别为JL-03-Y1气象站和雨量记录仪（图5.2.5）。

图 5.2.4　地下水监测站

图 5.2.5　雨量记录仪

JL-03-Y1 气象站采用超声波原理同时测量风向、风速等各类气象参数，同时内有传感器能实时利用移动端在网站上查询相关数据。

雨量记录仪通过传感器和记录仪自动观测储存雨量等相关参数，可用于获取降水量、降水强度、降水时间等原始数据。

## 二、多尺度水文要素监测网络

### （一）清江全流域水文-气象监测网络

系统整理清江流域内已有监测站点雨量、水位、流量、土壤墒情等资料，对于监测站点控制不够的子流域适当增加水位与流量监测站，获取主要支流、干流河流段及库区段的水文资料，为全流域水资源评价提供基础数据。主要通过收集恩施、宜昌水文网的水文气象资料(2017—2019 年)以及部分国家水文站和气象站数据，在此基础上，结合流域特征和调查重点自建部分水文站和气象站，初步构建了清江流域水文-气象监测网络。表 5.2.1 是截至 2019 年 10 月底各个监测站点实际完成情况。

**表 5.2.1　2019 年 10 月底监测站完成情况**

| 工作手段 | 工作量 | | | | |
|---|---|---|---|---|---|
| | 技术条件 | 计量单位 | 总工作量 | 2019 年 | 实际完成 |
| 地下水(水位、流量)监测站建设 | 研究区内 | 处 | 43 | 8 | 16 |
| 地表水(水位、流量)监测站建设 | 研究区内 | 处 | 17 | 5 | 10 |
| 气象站建设 | 研究区内 | 处 | 9 | 3 | 2 |

监测站主要分为 2 个片区：第一个片区包括覆盖整个清江流域主要河道、大型集中水源地及大型溶洞地下河的片区，主要监测手段为建立以 Solinst 为仪器的地表水、地下水监测站；第二个片区围绕 2019 年调查图幅主要水系丹水流域展开的不同尺度的地表水监测站，重

点研究区及试验场所建立的气象站、洪水过程监测站及地下水监测站，主要使用仪器为Solinst、超声波水位计和JL-03-Y1。各个站点的基本信息及分布位置如表5.2.2和图5.2.6所示。

**表5.2.2　监测站基本信息表**

| 编号 | 监测站 | E | N | 类型 | 仪器 | 监测开始时间 |
|---|---|---|---|---|---|---|
| 1 | 任家河 | 109°32′32.47″ | 30°22′50.10″ | 地表水 | Solinst | 2019年10月 |
| 2 | 清江源 | 108°37′00.36″ | 30°13′04.27″ | 地下水 | Solinst | 2019年10月 |
| 3 | 蛤蟆口 | 109°09′13.92″ | 30°16′41.12″ | 地表水 | Solinst | 2019年10月 |
| 4 | 罗针田 | 109°20′40.46″ | 30°18′56.85″ | 地下水 | Solinst | 2019年10月 |
| 5 | 龙洞 | 109°31′16.78″ | 30°18′04.28″ | 地下水 | Solinst | 2019年10月 |
| 6 | 龙鳞宫 | 109°24′53.84″ | 30°15′36.67″ | 地下水 | Solinst | 2019年10月 |
| 7 | 甘溪鱼泉洞出口 | 109°27′03.08″ | 30°05′36.64″ | 地下水 | Solinst | 2019年10月 |
| 8 | 甘溪鱼泉洞入口 | 109°24′10.50″ | 30°01′25.50″ | 地下水 | Solinst | 2019年10月 |
| 9 | 水田坝 | 109°24′10.50″ | 30°01′25.50″ | 地表水 | Solinst | 2019年10月 |
| 10 | 米水河 | 109°40′50.98″ | 30°35′56.22″ | 地下水 | Solinst | 2019年10月 |
| 11 | 狮子关 | 109°32′02.62″ | 29°58′19.43″ | 地下水 | Solinst | 2019年11月 |
| 12 | 五峰龙洞地下河 | 110°39′19.50″ | 30°13′05.46″ | 地下水 | Solinst | 2019年12月 |
| 13 | 水洞子地下河 | 110°41′50.09″ | 30°15′00.11″ | 地下水 | Solinst | 2019年12月 |
| 14 | 犀牛洞地下河 | 111°16′37.60″ | 30°07′59.37″ | 地下水 | Solinst | 2019年12月 |
| 15 | 冷水泉 | 110°34′41.75″ | 30°37′33.54″ | 地下水 | Solinst | 2019年12月 |
| 16 | 大支坪镇水源地 | 110°08′58.31″ | 30°40′39.22″ | 地下水 | Solinst | 2019年12月 |
| 17 | 五爪泉 | 110°56′43.43″ | 30°39′02.85″ | 地下水 | Solinst | 2019年9月 |
| 18 | 酒甄子 | 110°53′12.71″ | 30°35′19.56″ | 地下水 | Solinst | 2019年9月 |
| 19 | 太史桥 | 110°58′58.54″ | 30°37′11.52″ | 地表水 | 超声波水位计 | 2019年11月 |
| 20 | 沿溪 | 110°59′02.72″ | 30°37′31.82″ | 地表水 | 超声波水位计 | 2019年11月 |
| 21 | 流溪 | 111°02′29.09″ | 30°35′54.85″ | 地表水 | 超声波水位计 | 2019年11月 |
| 22 | 老雾冲上游段 | 110°49′08.30″ | 30°37′31.44″ | 洪水过程 | Solinst | 洪水期 |
| 23 | 老雾冲汇流段 | 110°49′13.98″ | 30°37′26.77″ | 洪水过程 | Solinst | 洪水期 |
| 24 | 白沙驿 | 110°53′34.56″ | 30°39′58.19″ | 洪水过程 | Solinst | 洪水期 |
| 25 | 干沟河 | 110°54′50.13″ | 30°39′53.91″ | 洪水过程 | Solinst | 洪水期 |
| 26 | ZK01 | 110°49′14.37″ | 30°37′26.34″ | 地下水 | Solinst | 2019年12月 |
| 27 | ZK02 | 110°48′13.42″ | 30°35′01.66″ | 地下水 | Solinst | 2020年6月 |
| 28 | ZK05 | 110°48′28.10″ | 30°34′59.62″ | 地下水 | Solinst | 2020年6月 |

续表 5.2.2

| 编号 | 监测站 | E | N | 类型 | 仪器 | 监测开始时间 |
|---|---|---|---|---|---|---|
| 29 | 人工渠 | 110°48′47.76″ | 30°34′58.01″ | 洪水过程 | Solinst | 洪水期 |
| 30 | 暗沟 | 110°48′47.80″ | 30°34′57.92″ | 洪水过程 | Solinst | 洪水期 |
| 31 | 北坡泉 | 110°48′30.85″ | 30°34′59.92″ | 地下水 | Solinst | 2020 年 7 月 |
| 31 | 南坡面 1 | 110°48′14.46″ | 30°34′44.54″ | 洪水过程 | Solinst | 洪水期 |
| 33 | 南坡面 2 | 110°48′52.47″ | 30°34′51.00″ | 洪水过程 | Solinst | 洪水期 |
| 34 | 土壤水 1 | 110°49′09.80″ | 30°34′45.72″ | 土壤水分 | Em80 | 2020 年 7 月 |
| 35 | 土壤水 2 | 110°49′08.23″ | 30°34′46.94″ | 土壤水分 | Em80 | 2020 年 7 月 |
| 36 | 龙王冲村委会 | 110°55′52.47″ | 30°38′46.39″ | 气象站 | JL-03-Y1 | 2019 年 9 月 |
| 37 | 贾家坪 | 110°48′26.75″ | 30°34′51.26″ | 气象站 | JL-03-Y1 | 2019 年 10 月 |

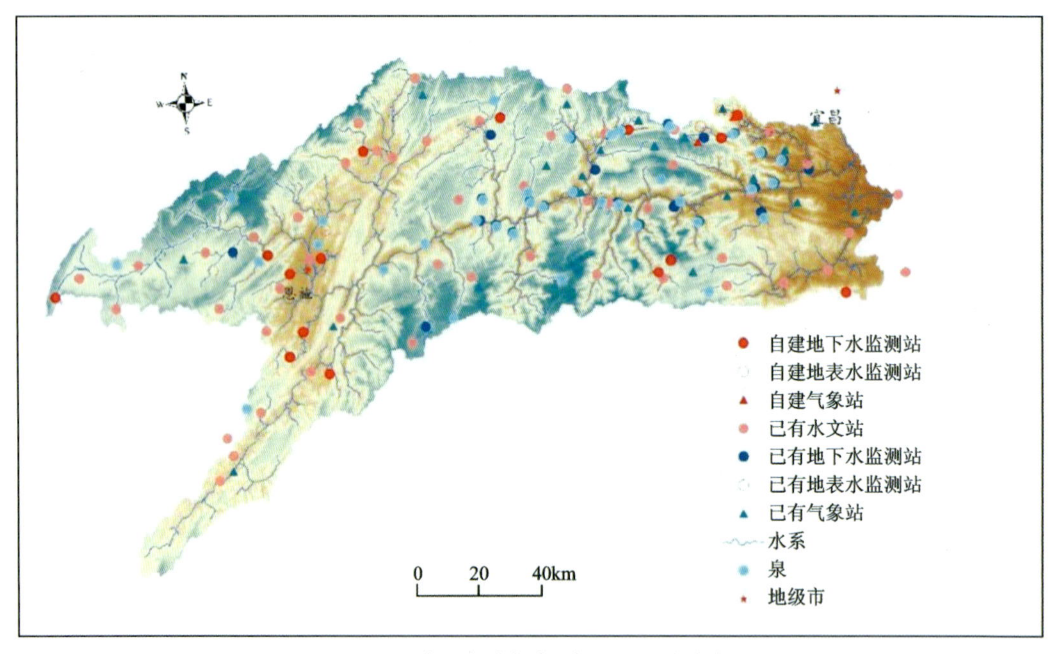


图 5.2.6　清江流域气象-水文监测站分布图

## (二)清江子流域(丹水)水文-气象监测网络建设

2019 年项目通过图幅调查，重点详细调查了丹水流域的水文地质调查和“三水”转换规律，并在此基础上构建了丹水流域的水文要素监测网络。

丹水流域为清江下游段北岸第一大支流，流域面积 520km$^2$，岩溶区约占 66%，流域上游(高家堰断面以上)为大面积的岩溶区，中下游有白垩系碎屑岩地下水的补给。重点查明了酒甄子暗河系统、五爪泉暗河系统、红岩泉暗河系统三大岩溶水系统，以高家堰国控断面以上为重点研究区域，对三大岩溶水系统的地表水-地下水相互转换的节点进行建站监测。三个系统的补给区分别位于高程1200m、900m、800m，分别建有气象站进行监测。

根据地形地貌、气象条件、含水介质特征以及地下水补给、径流、排泄特征等将丹水流域划分为5种下垫面类型(图5.2.7)。

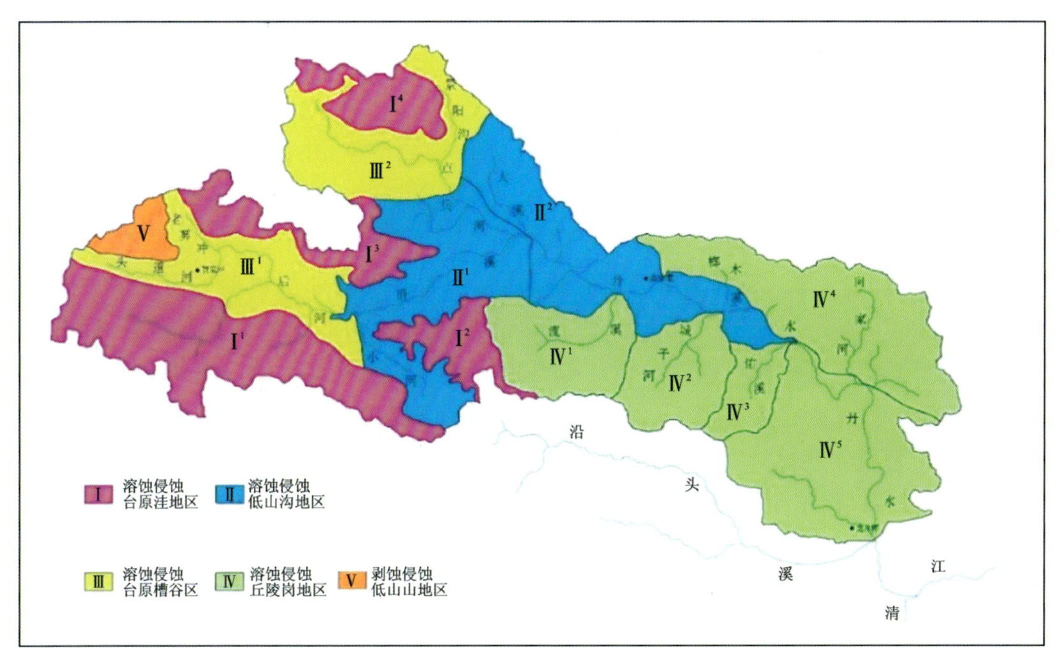


图5.2.7　丹水流域下垫面类型分区图

(1)Ⅰ区：溶蚀侵蚀台原洼地区，主要位于大长冲—紫台山—下长冲一带、马家埫—杨树坪一带、天堰观—赵家湾—庙湾一带、七里坪—吴家大包一带。该区出露地层主要为中上寒武统天河板组、覃家庙组、娄山关组以及奥陶系碳酸盐岩，以白云岩及灰岩为主。地貌形态主要为岩溶洼地、岩溶槽谷、落水洞、岩溶洞穴、岩溶地下河、溶沟溶槽、石牙等。区内地势较为平缓，溶丘与洼地相对高差在200m以内。地下水类型主要为碳酸盐岩溶洞裂隙水，补给方式以大气降水通过落水洞灌入式补给为主，沿岩溶管道及裂隙径流，在台原边缘以大泉或地下河的形式集中排泄。

(2)Ⅱ区：溶蚀侵蚀低山沟谷区，主要位于大溪亮—沿溪村—石城村—铜宝山一带。该区主要出露地层为寒武系至奥陶系碳酸盐岩，含部分碎屑岩地层。地形地貌主要为溶蚀侵蚀中山沟谷-峡谷地貌，地形切割强烈，表层岩溶发育较为广泛，岩溶形态以溶沟、溶槽及小型岩溶裂隙为主。地下水类型主要为碳酸盐岩溶洞裂隙水，补径排特点为渗入式补给岩溶裂隙分散排泄。

(3)Ⅲ区：溶蚀侵蚀台原槽谷区，主要分布于老雾冲—金家槽—鱼泉溪一带、蔡家湾—龙王冲一带，出露地层主要为奥陶系碳酸盐岩，含碎屑岩成分。区内地势较为平坦，地貌类型以槽谷为主，地表岩溶形态以溶沟、石芽、落水洞为主，发育较为强烈。地下水类型主要为碳酸盐岩溶洞裂隙水，地下水补给方式以降水入渗补给为主。局部会产生地表径流，通过槽谷开口处流向海拔更低处。

(4)Ⅳ区:溶蚀侵蚀丘陵岗地区,主要集中于沿溪与点兵河汇流之后的丹水干流两侧至清江口一带。该区出露地层以白垩系石门组钙质砾岩、寒武系娄山关组、覃家庙组及震旦系碳酸盐岩为主。区内地势较为平坦,地形起伏较低,切割较弱,表层岩溶发育较为强烈,降水经过表层岩溶带调蓄后,形成地表产流,汇入主河道中。

(5)Ⅴ区:剥蚀侵蚀低山山地区,主要位于翘角石—边家湾一带。该区出露岩层主要为志留系非碳酸盐岩。该区地形切割较为强烈,地表风化较为严重。地下水类型主要为碎屑岩裂隙水,属于风化裂隙及层面裂隙入渗式补给,地下水沿裂隙运移,并在切割强烈处以小泉或沟底线状分散排泄。

上游岩溶水循环规律最为复杂,包括溶蚀侵蚀台原洼地区、溶蚀侵蚀低山沟谷区、溶蚀侵蚀台原槽谷区、溶蚀侵蚀丘陵岗地区 4 种类型;而中下游多以剥蚀侵蚀低山山地区为主。丹水流域的监测利用高家堰和津阳口 2 个国控断面分别控制上游和全流域水资源量,针对不同下垫面类型和不同岩溶水循环模式分别选取典型流域建站研究其水循环规律,对地表水、地下水分别监测。重点研究和监测点兵河流域系统、沿溪流域系统、老雾冲流域系统、流溪流域系统。

点兵河流域系统:主要为溶蚀侵蚀低山沟谷区、溶蚀侵蚀台原槽谷区,包括五爪泉这一分散-灌入式集中补给与季节性河流灌入式补给多种方式补给地下水的岩溶暗河系统,在补给区建有雨量站监测降水量补给情况,在干沟河伏流入口上下各建一流量监测站,监测河流灌入补给量。在五爪泉泉口修建流量监测站,观测主要排泄的岩溶地下水的动态变化,在流域出口建有水文观测站,来控制流域总的水资源量。

沿溪流域系统:主要为溶蚀侵蚀低山沟谷区、溶蚀侵蚀台原槽谷区,包括酒甄子泉域,为典型的落水洞灌入式补给地下水的岩溶系统类型。在酒甄子泉域上方修建了综合的产汇流监测基地,在酒甄子泉口修建地下水监测站,控制地下水动态变化,在沿溪出口建一水文站控制该流域总的水资源量。

老雾冲流域系统和流溪流域系统:出口均建有水文站,分别监测溶蚀侵蚀台原槽谷区、溶蚀侵蚀丘陵岗地区两种类型下垫面流域的产汇流过程。

### (三)清江末级流域水文-气象监测网络

在丹水流域内,根据水循环规律的不同,选择了老雾冲流域(碎屑岩区)、五爪泉泉域(地表灌入补给岩溶地下水)、酒甄子泉域(降水分散-集中补给岩溶地下水)3 个末级流域为典型流域开展水文-气象监测。

#### 1. 老雾冲流域监测体系

1)基础概况

老雾冲流域位于贺家坪幅西北角,是丹水流域的三级支流及其中一支源头,也是清江流域的四级支流。老雾冲流域面积约 38km$^2$,内含 2 支次级支流,南支为老雾冲河,北支为垭沟。

老雾冲流域主要流经地层为奥陶系—二叠系，构造主要为贺家坪背斜，其中二叠系主要在老雾冲河源头出露小部分阳新组，老雾冲河干流段多为志留系，至交汇处附近出露小部分奥陶系，该支流整体发育在背斜轴部。垭沟位于背斜北翼，西侧为志留系，东侧为奥陶系。

2）监测目的

构建年度重点研究区丹水流域，需从不同尺度出发考虑，收集相关数据资料更有利于支撑完善合理的水文模型。老雾冲河作为丹水流域源头之一，有着较为丰富的现象及实际研究意义。

老雾冲流域流量较不稳定，洪水期流量最大可达 2～3$m^3/s$，枯水期河道内几乎干涸，尤其以垭沟为主，平水期流量较小，也存在干涸情况，主要原因在于该流域奥陶系及二叠系出露面积较小，地表水补给主要来源多为志留系碎屑岩类孔隙裂隙水，径流循环较快，雨季地下水排泄路径较短，地表水补给以坡面产流及小型泉点、裂隙水为主。在平水期老雾冲河近汇流段出现有河道渗漏现象，地表水在近汇流段转化为地下水，在钻孔附近以泉的形式集中排泄，并在此建有贺家坪镇集中水源地，供给人数约 600 人。

在老雾冲汇流之后的干流段布设有探采结合的钻孔 ZK01，布设原因即探究集中水源地及相关断层构造的影响，并考虑贺家坪镇缺水现象，将 ZK01 打造为探采结合的井孔。钻孔开孔于奥陶系上部、终孔于下部南津关组，同时长期放置有探头作为对该处地区地下水的动态监测，能较全面地探测老雾冲流域奥陶系相关水文地质参数及地下水动态变化特征。结合该流域小尺度研究监测对居民生活的应用，有必要在此建设相关试验场。

3）监测体系

老雾冲流域主要建设有两处地表水监测站及一处地下水监测站，其中地表水监测站分布在老雾冲河及钻孔下游老雾冲干流段，地下水监测站主要布设于 ZK01 钻孔内部。

老雾冲河监测站主要布设在渗漏段上部，该点出露地层主要为奥陶系五峰组。该支流常年有水，是老雾冲流域主要补给源及水源地补给来源。该点布设目的主要是控制上游段志留系地层补给量及洪水过程的监测，并结合水源地水量探究渗漏过程及地表水-地下水转化，同时监测上游地表水水质情况，防止茶叶种植对地表水的破坏，保障居民饮水安全。图 5.2.8 为老雾冲流域相关监测站部署情况。

老雾冲干流段监测站布设在水源地下游，监测内容主要为老雾冲河及垭沟汇流后总流量，同时结合老雾冲河监测站能计算垭沟小流域流量，用以概化丹水小流域尺度的水文模型，服务地方水资源评价与应用。

ZK01 地下水监测站主要为终孔后对地下水动态变化与电导率情况进行监测，同时辅以多种手段推断地下水来源与去向，结合南岸项目做进一步的研究分析。

### 2. 五爪泉泉域监测体系

1）基本概况

该流域为岩溶峰丛槽谷地貌类型，上游段为蔡家沟，中游段名为石城河，下游段为干沟河，汇水面积为 26.13$km^2$，海拔 650～1200m，上游段落差较大，推测为花桥龙潭河补给区，中下游段河床纵坡降较小，是五爪泉泉域的补给区。涉及志留系—上寒武统，下垫面条件复杂，

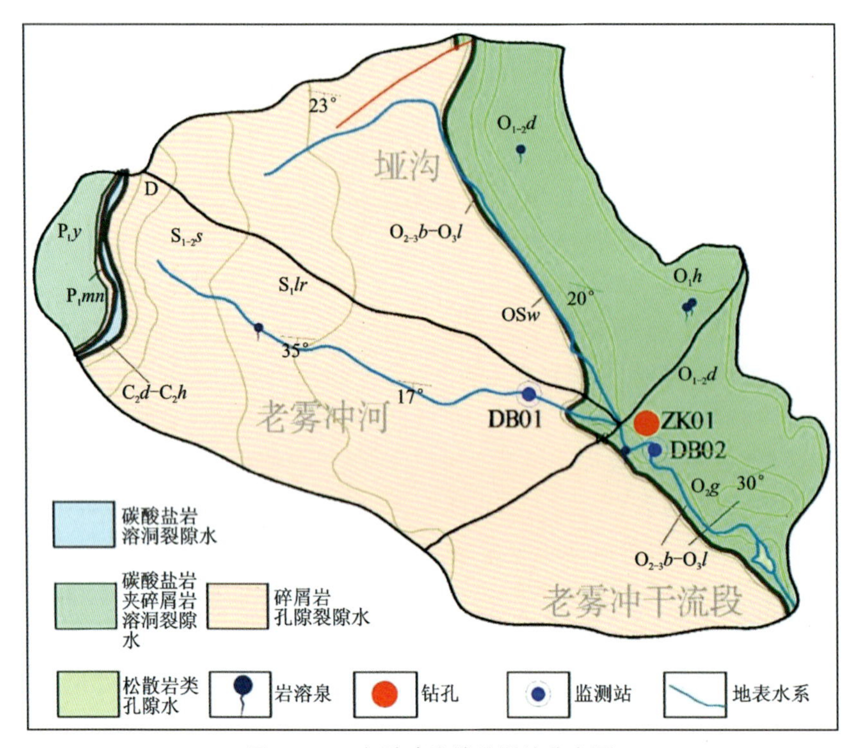


图 5.2.8　老雾冲流域监测站分布图

地表水-地下水转化频繁，拟定为研究地表水与地下水转化关系的重点试验场。在该流域修建地表水监测站 2 处，气象站 1 处，水文地质钻孔 1 处(监测地下河网地下水水位动态)、地下水监测站 1 处(图 5.2.9)。

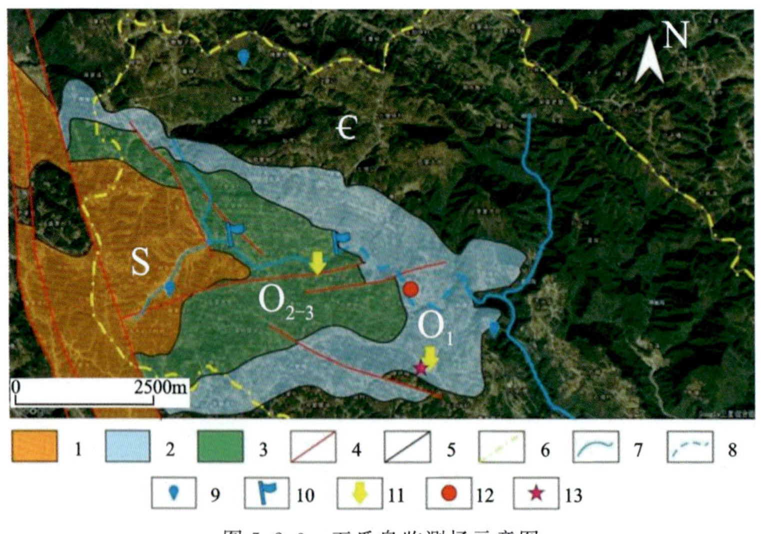


图 5.2.9　五爪泉监测场示意图

1.碎屑岩含水岩组；2.碳酸盐岩含水岩组；3.碳酸盐岩夹碎屑岩含水岩组；4.断层；5.地质界线；6.流域边界；7.河流；8.季节性河流；9.泉点；10.地表水监测点；11.示踪试验投放点；12.拟定钻孔位置；13.气象站

2)监测目的及意义

五爪泉岩溶地下水系统补给面积较大，地下水组分的类型较为复杂，有志留系的碎屑岩裂隙水、中上奥陶统的碳酸盐岩夹碎屑岩溶洞裂隙水、下奥陶统的碳酸盐岩溶洞裂隙水。由于下垫面条件的差异，对应不同含水岩组，水循环模式不同。①奥陶系南津关组含水岩组，降水通过坡面汇流，集中灌入槽谷、洼地中的落水洞补给地下水，最终通过五爪泉排泄，是岩溶山区常见的地表水—地下水—地表水直接的转化关系；②中上奥陶统含水岩组，降水经坡面汇流，通过裂隙、落水洞补给地下水，受该含水岩组中多段岩性为钙质泥岩、页岩等碎屑岩岩层控制，地下水于石城河河床排泄，经过一段地表径流后沿河道渗漏补给地下水，最终通过五爪泉排泄，为一种较复杂的地表水—地下水—地表水—地下水—地表水的转化关系；③志留系含水岩组，降水沿坡面汇流，经过一段地表径流后沿河道渗漏补给地下水，是一种简单的外源地表水—地下水—地表水的转化模式(图5.2.10)。

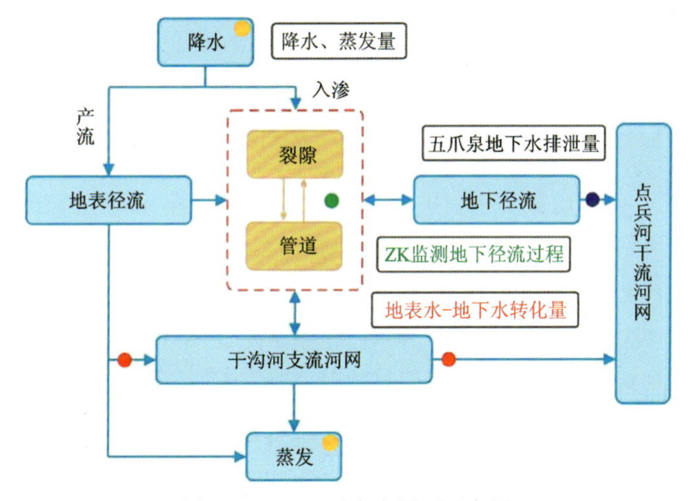


图5.2.10　五爪泉水循环示意图

五爪泉泉域地表水-地下水转化关系复杂，类型较为丰富齐全，对地表水-地下水一体化调查技术方法体系的构建有着重要的科研意义。此外，五爪泉地下水作为五爪观电站的主要能源，该区的水资源调查研究工作对于水资源的合理开发利用也有着现实的指导意义。

3)监测要素

(1)气象监测。结合已有的白沙驿雨量站，于龙王冲村委会新建雨量记录仪一个。通过传感器和记录仪自动观测并储存雨量等相关参数，获取降水量、降水强度、降水时间等原始数据，最终可以准确获取系统输入资料。

(2)地表径流监测。五爪泉泉域主要涉及的地表水系有中游段的石城河及下游段的干沟河。中游段的石城河下垫面主要为志留系的碎屑岩及中上奥陶统的碳酸盐岩夹碎屑岩，地表常年有水。2019年10月27日测流，河段流量变化为106～178L/s，为地下水的排泄段；下游段的干沟河下垫面主要为奥陶系南津关组的灰岩，河流常年干枯，强降水后产流，为渗漏段，本次测流流量为129L/s，漏失量为49L/s。选取河道2个关键断面(图5.2.11)，利用三参数探头，获取其水位、电导率、水温的参数，监测其地表水—地下水的资源转化量，为地表水组成成分的划分提供数据支撑。

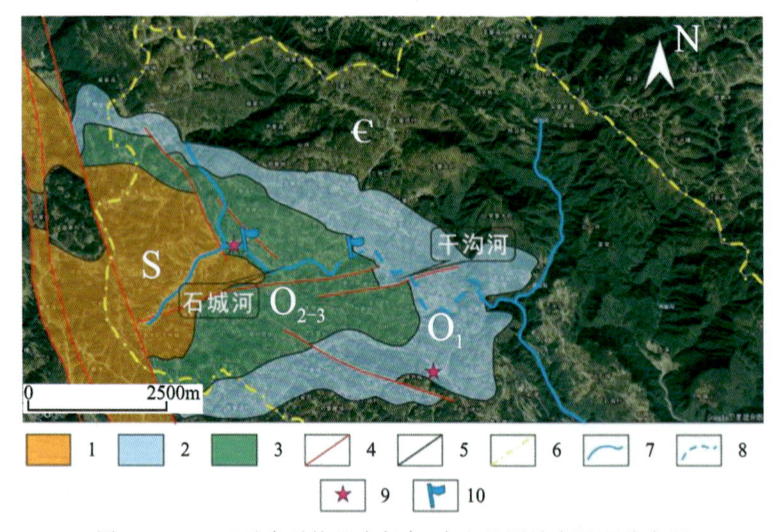


图 5.2.11　五爪泉系统地表气象-水文监测站点平面分布图

1.碎屑岩含水岩组;2.碳酸盐岩含水岩组;3.碳酸盐岩夹碎屑岩含水岩组;4.断层;
5.地质界线;6.流域边界;7.河流;8.季节性河流;9.气象站;10.地表水监测点

(3)管道流监测。经过收集五爪观隧道的勘察资料,得知该区地下河密布(图 5.2.12,其中清江 8 线物探结果见图 5.2.13),暗河总长大于 5.2km。暗河流量 0.32～2.35$m^3$/s,暴雨时达 60$m^3$/s(据五爪观电站资料),动态变化较大。结合实际调查工作中的物探及示踪试验结果,查明该区岩溶发育特点,地表 100m 以下为岩溶较发育的表层岩溶带,200～300m 为五爪泉系统地下河的发育层位。①查明不同层次地下水之间的关系;②监测地下水径流情况,对完善岩溶山区"黑箱"集总式水文模型及溶质运移研究有着重要意义。因此,拟定布设钻孔一个,利用三参数探头获取重要研究数据。

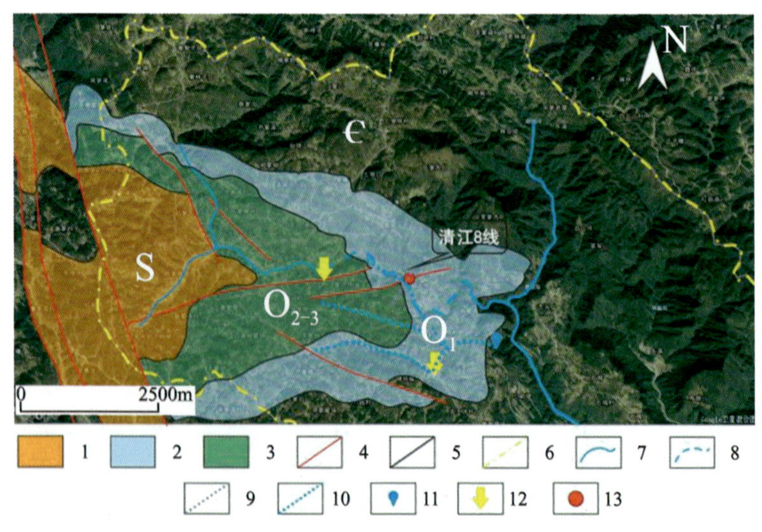


图 5.2.12　五爪泉地下河平面分布图

1.碎屑岩含水岩组;2.碳酸盐岩含水岩组;3.碳酸盐岩夹碎屑岩含水岩组;4.断层;
5.地质界线;6.流域边界;7.河流;8.季节性河流;9.物探线;10.地下河;11.泉点;
12.示踪试验投放点;13.推荐钻孔位置

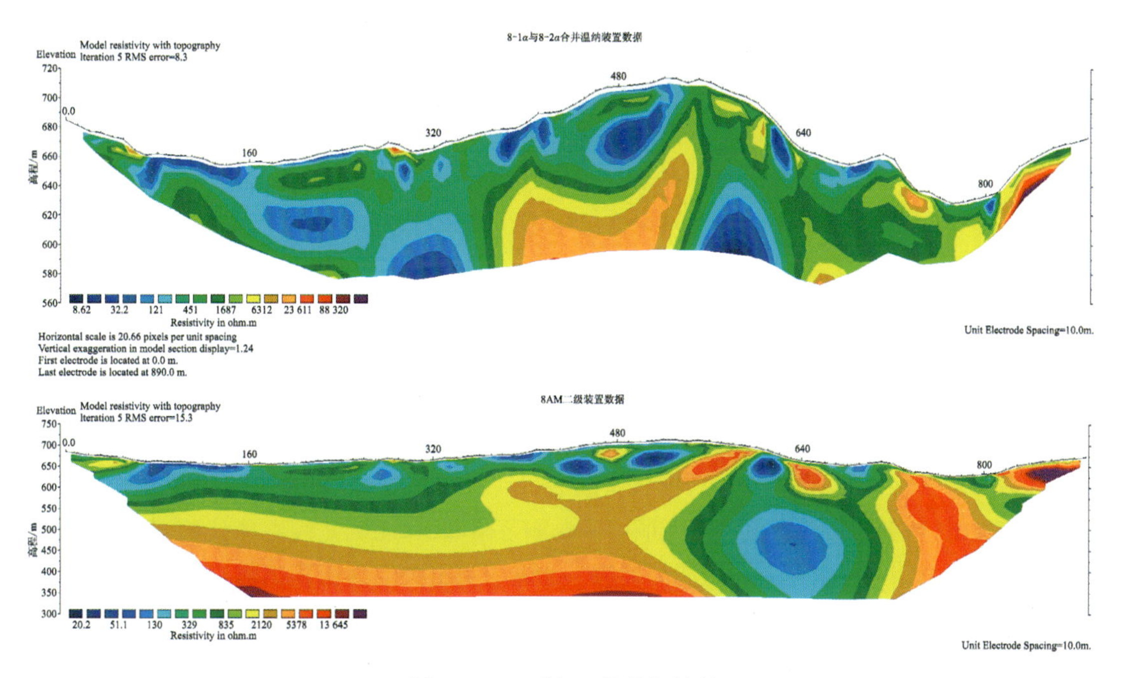


图 5.2.13　清江 8 线物探结果

(4)地下水监测。五爪泉暗河系统发育于奥陶系南津关组生物碎屑灰岩中,构造上处于宽缓向斜核部,沿北西向展布。该地带岩层产状平衡,北东翼为 170°～210°∠6°～8°,南西翼为 10°～50°∠15°～25°(图 5.2.14)。经收集资料可知五爪观暗河长 1000 余米,基本属直线状倾斜厅-廊组合型。西南方向有一暗河支管道,长约 187m 为干洞,可入深度约 215m,洞口高程为 560m。五爪泉为暗河出口,标高 489m,泉口呈裂隙状,有多处出水口,调查期间平水期流量约 400L/s,雨后流量约 900L/s。该泉水作为五爪观电站发电源,有现成规整的渠道系

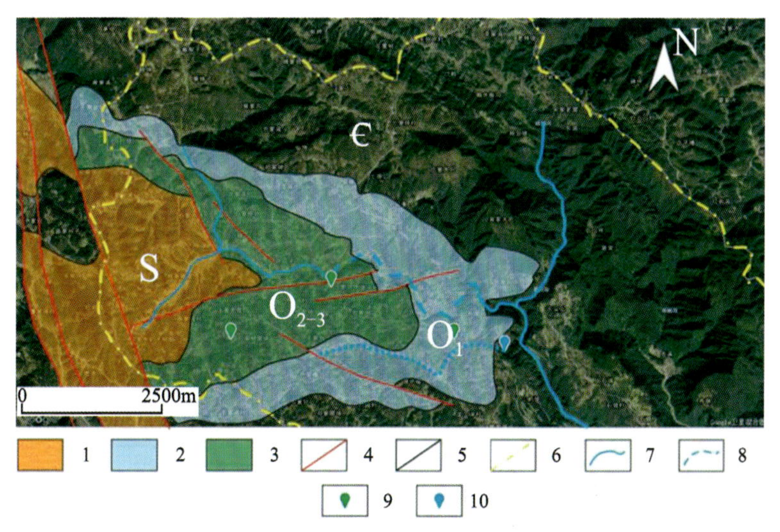


图 5.2.14　典型监测泉点平面分布图

1.碎屑岩含水岩组;2.碳酸盐岩含水岩组;3.碳酸盐岩夹碎屑岩含水岩组;4.断层;5.地质界线;6.流域边界;7.河流;8.季节性河流;9.表层岩溶泉点;10.岩溶大泉

统，于该点设置了 Solinst 探头监测其流量动态变化特点，为水均衡计算提供了有效准确的水量数据。

（5）水质监测。选取“乔白洞”等典型的表层岩溶泉点作为局部水流系统的排泄点，选择五爪泉作为区域水流系统的排泄点，按季度采取其水化学、氢氧同位素、锶同位素、有机物等样品，用以研究水流系统特征及其溶质运移规律，更重要的是为构建水质、水量、水生态“三位一体”调查技术方法体系奠定工作基础。

#### 3. 酒甄子泉域监测体系

1）基本概况

酒甑子地下河系统发育于寒武系岩溶含水系统，出露地层为寒武系娄山关组中厚层白云岩。区域构造属于长阳复背斜西段，都镇湾断裂以西。长阳复背斜呈近东西走向，核部为寒武系天河板组，两翼为天河板组—石龙洞组—奥陶系临湘组，北翼宽缓右翼陡峻，背斜影响下主要发育 2 组裂隙——东西向和南北向裂隙。北翼的娄山关组大面积出露，宽缓北翼地层接受降水补给充足，暗河补给区岩溶发育程度较好，自牛栏坳—大包一带的分水岭以东，北翼娄山关组沿背斜的轴向自西向东发育高程逐级递减的串珠状洼地-落水洞。都镇湾断裂呈北北西向舒缓波状延伸，断面近于直立，切割寒武系—志留系，上、下盘地层不连续，在大溪亮寒武系娄山关组与志留系龙马溪组呈断层接触，断层局部隔水。

地下河补给来源为降水，主要存在 2 种补给途径：①通过表层岩溶带的裂隙下渗；②洼地汇流雨水通过落水洞灌入式补给。该泉域作为典型的落水洞灌入式补给的地下河，监测和评价该暗河系统可为类似地区提供借鉴。

2）监测体系

酒甄子泉域的监测可分为补给区、径流区、排泄区 3 个监测部分。其中将补给区部分区域作为典型实验流域，开展地表、地下两部分监测，监测并研究补给区的产汇流机制。径流区的监测除钻孔监测地下水水位动态变化以外，在泉口上方天窗揭露的地下河里放置地下水三参探头，监测径流区岩溶管道-洞穴的地下水水位变化，识别满管流和非满管流两种地下水流态的过程，从而更精确地刻画管道-裂隙地下水转化过程。排泄区的监测主要利用修建的矩形导水渠放置地下水三参探头，监测地下河流量、温度、电导率动态变化特征（图 5.2.15）。

## 三、丹水子流域地表水-地下水一体化评价

本章以清江的典型子流域——丹水流域为例介绍地表水-地下水一体化评价方法，分为4 个尺度对丹水流域内的典型地下水流系统（五爪泉地下河系统）、典型子流域（点兵河子流域）、丹水中上游段（高家堰国控断面以上流域）、丹水全流域（以津洋口国控断面为总出口）进行剖析。

### （一）丹水流域地理位置与水系结构

丹水属于清江下游段支流，发源于长阳土家族自治县跌马坡村附近，于长阳土家族自治县潘家堂村附近汇入清江。长阳土家族自治县位于湖北西南地区，行政区划属于宜昌市。丹水流域分布在长阳土家族自治县境内，流域面积约为 490km$^2$。丹水流域的地理范围东经

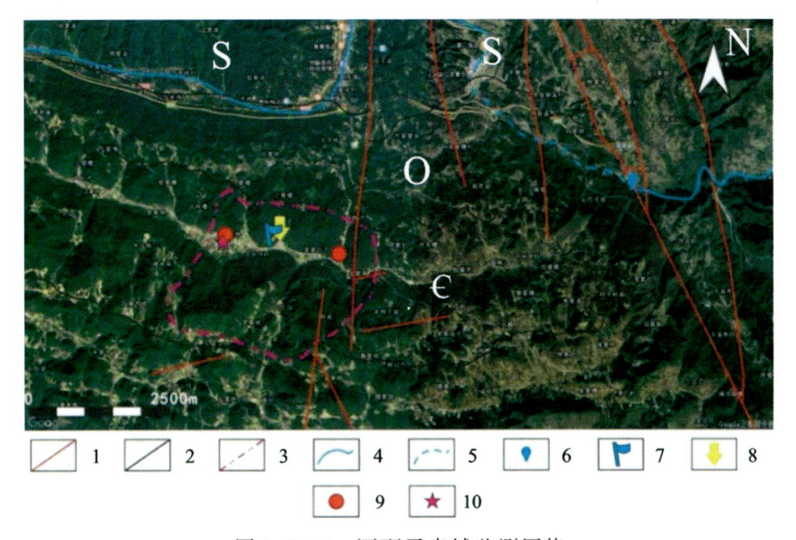


图 5.2.15　酒甄子泉域监测网络

1.断层；2.地质界线；3.流域边界；4.河流；5.季节性河流；6.泉点；7.地表水监测点；

8.示踪试验投放点；9.推荐钻孔位置；10.气象站

110°44′14.41″—111°13′36.01″，北纬 30°29′27.87″—30°42′41.97″；海拔范围在 74～1777m，海拔最高处位于流域西南部的贺家坪镇紫台山村，最低处为流域东南部汇入清江处的龙舟坪镇津洋口村。

丹水流域内水系呈树枝状分布，共有 10 条支流(图 5.2.16)，沿两岸分布较均匀。在流域中段高家堰镇以上，6 条一级支流汇入丹水主河道，分别为沿溪、点兵河、大溪、鸦鹊溪、泉子溪、流溪。其中，沿溪由 2 条二级支流(后河、小溪)构成，而后河由 2 条三级支流(头道河、老雾冲河)并流汇入而成；点兵河支流可分 3 级，由石城河(三级支流)汇入干沟河(二级支流)，最后再汇入点兵河(一级支流)。从高家堰镇以下的丹水下游段，共有 4 条支流直接汇入丹水，分别为城子河、椰木溪、佑溪、向家河。最终，丹水在龙舟坪镇津洋口村汇入清江。

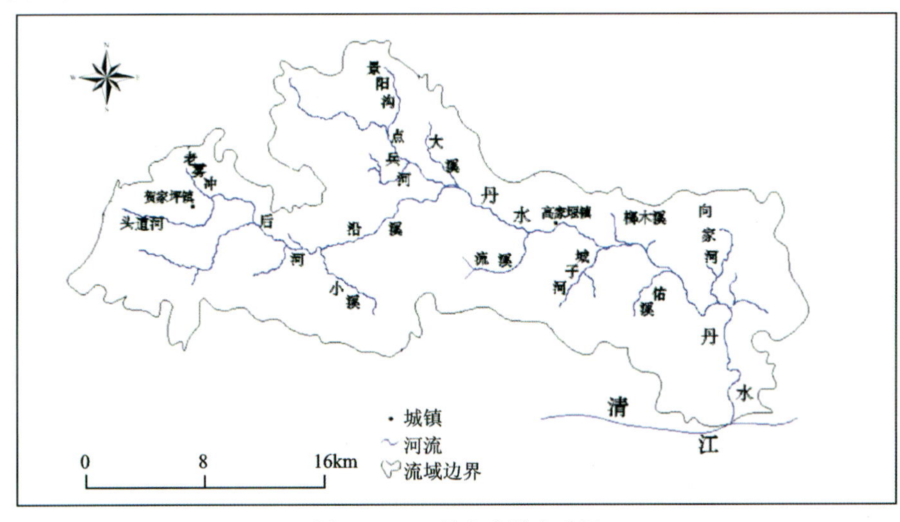


图 5.2.16　丹水流域水系图

## (二)丹水流域气象水文条件

丹水流域的气候类型为亚热带大陆性季风气候,温和多雨,四季分明。气候与地理位置和高程有较好的相关性,呈现出一定的垂直分带规律。长阳土家族自治县城海拔 135m,年平均气温 15℃,1 月平均气温 4℃,7 月平均气温 27℃。

流域内降水丰沛,对流域中部高家堰气象站 2002—2015 年降水数据统计分析(图 5.2.17),流域内降水主要集中在 5—9 月,期间降水量达全年降水量的 70%。最高月平均降水量可达 270mm,出现在 8 月;最低月平均降水量 18mm,出现在 12 月,年均降水量达 1410mm。

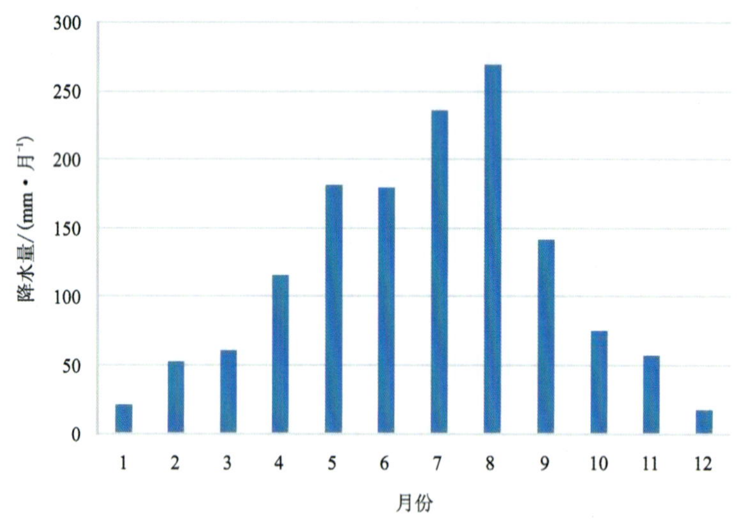


图 5.2.17　高家堰气象站多年平均降水量分布图

以高家堰气象站 2017—2019 年的数据为基础对丹水流域进行多尺度的地表水-地下水一体化评价。高家堰气象站记录的数据显示,丰水期为 5—9 月,枯水期为 12—2 月,流域降水在时间上呈现不均一性(图 5.2.18)。

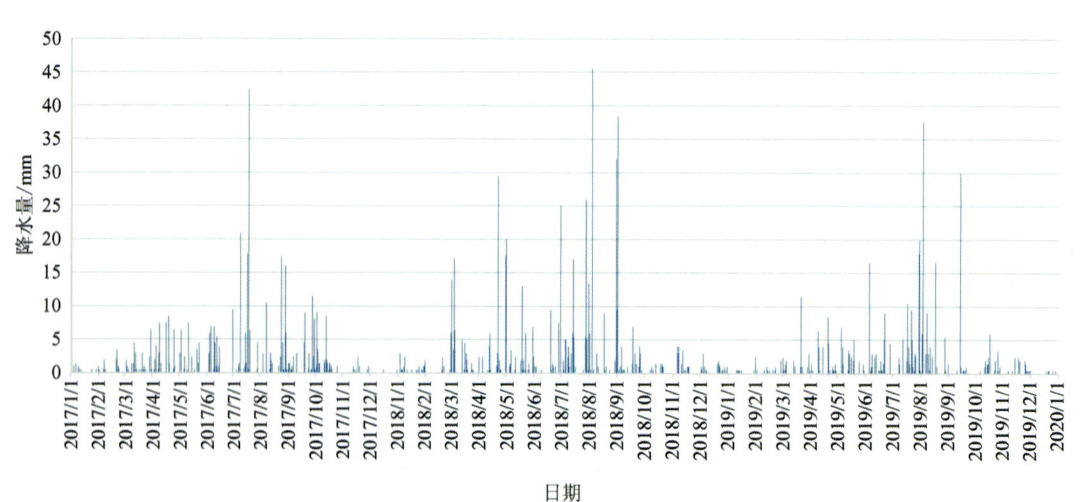


图 5.2.18　高家堰雨量站 2017—2019 年降水量柱状图

对丹水流域内部及周边20个雨量站的多年平均降水量进行空间插值(图5.2.19),丹水流域的降水在空间上分布不均,多年平均降水量最大的地区都为溶蚀侵蚀台原洼地区,最小的地区主要分布在贺家坪镇附近的溶蚀侵蚀低山槽谷区,以及古城附近的溶蚀侵蚀丘陵岗地区。该流域多年平均降水量的范围为448.411~1 599.67mm。

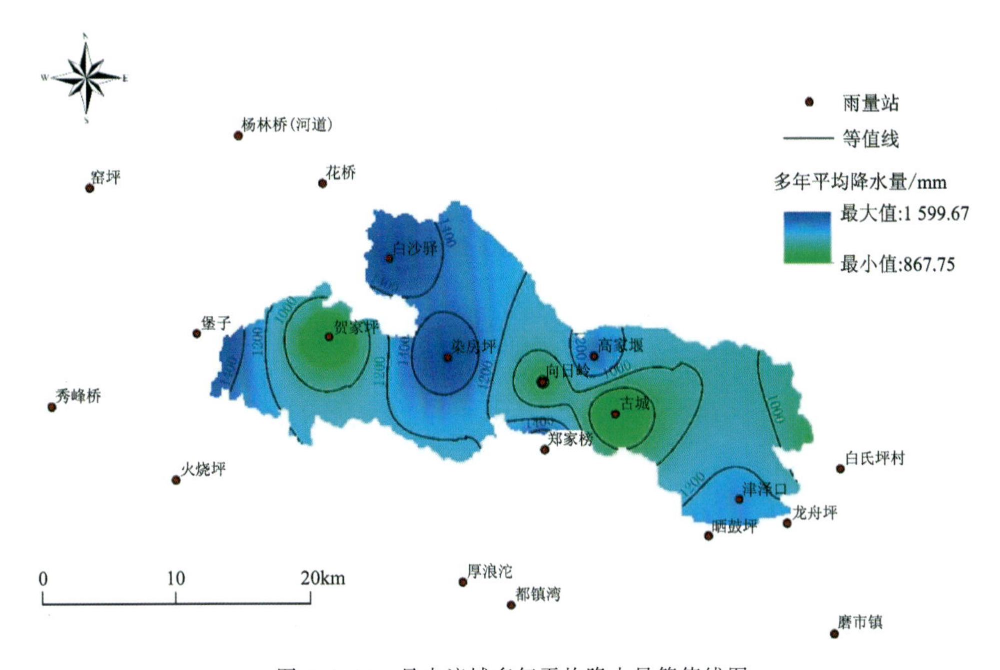


图5.2.19　丹水流域多年平均降水量等值线图

## (三)丹水流域五爪泉地下河系统

选取五爪泉地下河系统作为泉域尺度地下水资源评价的示例,通过对五爪泉监测点水位数据的流量恢复,选择2020年8月20日次降水事件,将地下水的洪峰退水过程划分不同的衰减阶段,作为后续地下水资源量计算的基础。

$$Q_t = \begin{cases} 14.248 \cdot e^{-0.0487t} & t \in (0,21] \\ 5.249 \cdot e^{-0.0276t} & t \in (21,84] \\ 0.802 \cdot e^{-0.0205t} & t \in (84,\infty] \end{cases} \tag{5.1}$$

式中:$t$为时间(h);$Q_t$为$t$时刻流量($m^3/s$)。

将分段指数衰减方程[式(5.1)]转化为分段线性衰减方程,衰减系数即为衰减方程斜率的绝对值(图5.2.20),衰减曲线呈现较高的拟合程度。

3个退水衰减期是不同级次含水介质释水过程叠加的反映。第Ⅰ衰减期,溶洞、管道、次级的管道-宽裂隙、微裂隙同时释水;第Ⅱ衰减期内次级的管道-宽裂隙、微裂隙释水;第Ⅲ衰减期为微裂隙释水。由于介质储水空间逐渐减小,退水所需时间逐渐增加,同时衰减系数的变化也表征着释水主体由管道的快速释水,变为裂隙的缓慢释水直至完全疏干。

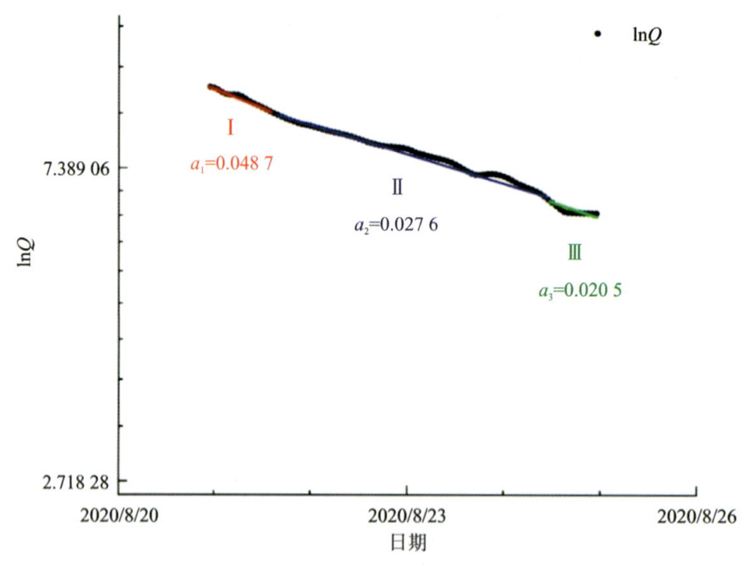


图 5.2.20 2020 年 8 月 21 日—25 日五爪泉地下河系统流量衰减曲线

在整个衰退过程中，各级含水介质的释水量即各级含水介质所储存的水资源量，用函数积分的方法可以定量计算出洪峰状态下各级次含水介质所储存的岩溶水水资源量。

溶洞-管道水资源量：

$$V_1 = 3600 \times \int_0^{21} (14.248 \times e^{-0.0487t} - 5.249 \times e^{-0.0276t}) dt \tag{5.2}$$

岩溶裂隙水资源量：

$$V_2 = 3600 \times \int_0^{84} (5.249 \times e^{-0.0276t} - 0.802 \times e^{-0.0205t}) dt \tag{5.3}$$

微裂隙水资源量：

$$V_3 = 3600 \times \int_0^{\infty} 0.802 \times e^{-0.0205t} dt \tag{5.4}$$

此次洪峰状态下地下水资源总量：

$$V_{总} = \sum_{i=1}^{3} V_i \quad i = 1,2,3 \tag{5.5}$$

此外，每个衰减期的水资源构成还可以通过定量计算来细分，见表 5.2.3。

对于 2020 年 8 月 20 日这次降水事件，五爪泉流量衰减过程可以划分为 3 个衰减期。每个衰减期的持续时间越来越长，衰减系数越来越小。第Ⅰ衰减期从降水后产生的最大地下洪峰开始，衰减系数为 0.048 7，在 $10^{-2}$ 数量级，持续时间为 21h，该衰减期释水以溶洞-管道释水为主；第Ⅱ衰减期从 21h 开始，持续时间为 63h，衰减系数为 0.027 6，在 $10^{-2}$ 数量级，该衰减期释水以岩溶裂隙水资源释水为主；第Ⅲ衰减期从 84h 开始，持续时间理论上是∞，衰减系数为 0.020 5，在 $10^{-2}$ 数量级，该衰减期内以微裂隙介质释水为主。

洪峰时刻的径流组分中溶洞-管道水所占的比例最大，高达 63.16%。本次降水事件对应的地下水资源总量达 $130.55 \times 10^4 m^3$。径流组分首先以微裂隙水为主，占 47.40%；其次为岩溶裂隙水，占 39.79%；最后为溶洞-管道水，占 12.81%。

表 5.2.3　2020 年 8 月 20 日五爪泉地下河系统水资源构成

| 类型 | 洪峰时刻 | | Ⅰ(0,21h] | | Ⅱ(21h,84h] | | Ⅲ(84h,∞] | | 合计 | |
|---|---|---|---|---|---|---|---|---|---|---|
| | 流量 | 占比 | 资源量 | 占比 | 资源量 | 占比 | 资源量 | 占比 | 资源量 | 占比 |
| | $Q/$ ($m^3 \cdot s^{-1}$) | $P/\%$ | $V/$ $\times 10^4 m^3$ | $P/\%$ | $V/$ $\times 10^4 m^3$ | $P/\%$ | $V/$ $\times 10^4 m^3$ | $P/\%$ | $V/$ $\times 10^4 m^3$ | $P/\%$ |
| 溶洞-管道水 | 9.00 | 63.16 | 16.72 | 23.54 | | | | | 16.72 | 12.81 |
| 岩溶裂隙水 | 4.45 | 31.21 | 29.02 | 40.86 | 22.92 | 40.21 | | | 51.95 | 39.79 |
| 微裂隙水 | 0.80 | 5.63 | 25.29 | 35.60 | 34.08 | 59.79 | 2.52 | 100.00 | 61.89 | 47.40 |
| 合计 | 14.25 | 100.00 | 71.03 | 54.41 | 57.00 | 43.66 | 2.52 | 1.93 | 130.55 | 100.00 |

对比各衰减期水资源量比例，第Ⅰ衰减期提供的水资源量占比 54.41%，第Ⅱ衰减期提供的水资源量占比为 43.66%，2 个衰减期共提供 98.07%的水资源量。此外，各衰减期内地下水资源的构成又有所不同：第Ⅰ衰减期以岩溶裂隙水和微裂隙水的共同释水为主；第Ⅱ衰减期和第Ⅲ衰减期都是以微裂隙水的释水为主(图 5.2.21)。

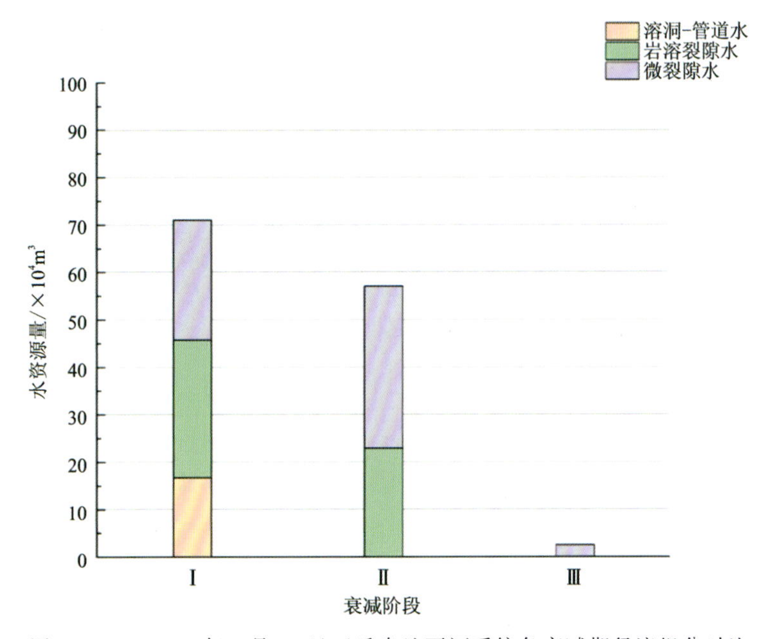


图 5.2.21　2020 年 8 月 20 日五爪泉地下河系统各衰减期径流组分对比

结合以上数据分析可知，本次降水-径流过程中岩溶裂隙水资源为洪峰衰减过程前期水资源的主要构成部分。岩溶含水介质主要为次级管道-宽裂隙，其储存地下水资源量占系统地下水资源总量的 39.79%，在含水系统中主要为蓄水、导水作用；岩溶裂隙水和微裂隙水在含水系统中共同提供蓄水、调节作用，也是洪峰衰减过程中后期的主要释水介质，其储存地下水资源量占系统地下水资源总量的 87.19%；溶洞-管道岩溶含水介质在含水系统中有一定的蓄水作用，但主要为导水作用，其储存地下水资源量只占系统地下水资源总量的 12.81%。

（四）丹水流域点兵河子流域

对典型子流域的水资源评价以包含了五爪泉地下河系统的点兵河流域为例。点兵河流域内主要为溶蚀侵蚀低山沟谷地貌和溶蚀侵蚀台原槽谷地貌，流域内地表水-地下水存在相互转化，暴雨过程中地表水由地表进入地下后由五爪泉暗河出口流出，随后进入点兵河转化为地表水。

通过基流分割的方法可划分出地下径流与地表径流，如图 5.2.22 所示，地下径流曲线与时间轴包络面积即为该次降水事件下的地下水资源总量，而总流量与地下径流曲线之间的包络面积则为该次降水事件下的地表水资源总量。

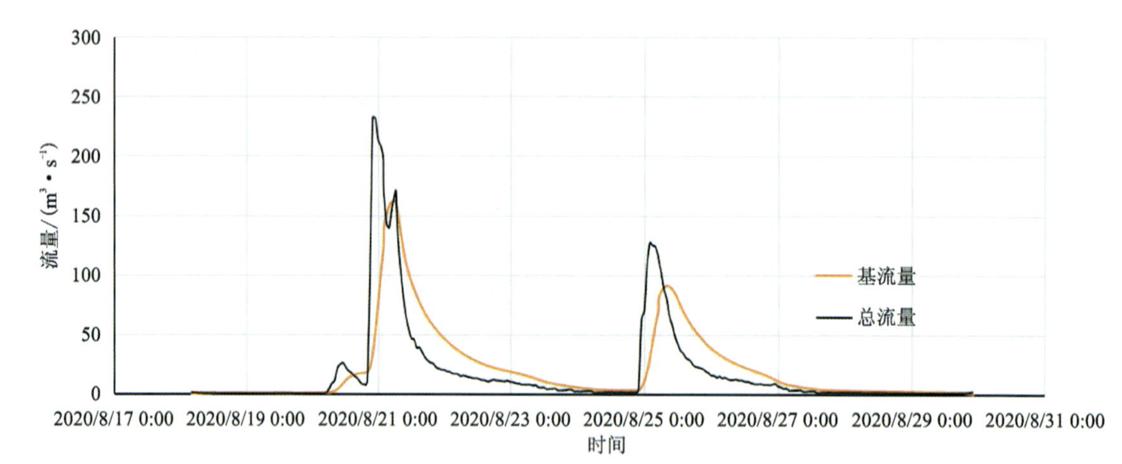


图 5.2.22　点兵河子流域流量序列

同样选取 2020 年 8 月 20 日这次典型降水事件，计算得出地表水资源总量为 $94.13\times10^4\ m^3$，地下水资源总量计算方法同上节一致。本次降水事件中，点兵河子流域流量衰减曲线见图 5.2.23，各衰减期径流组分对比见图 5.2.24。

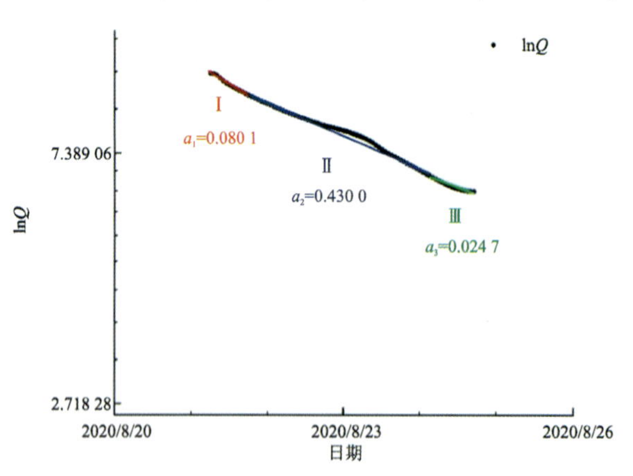


图 5.2.23　2020 年 8 月 20 日点兵河子流域一周流量衰减曲线

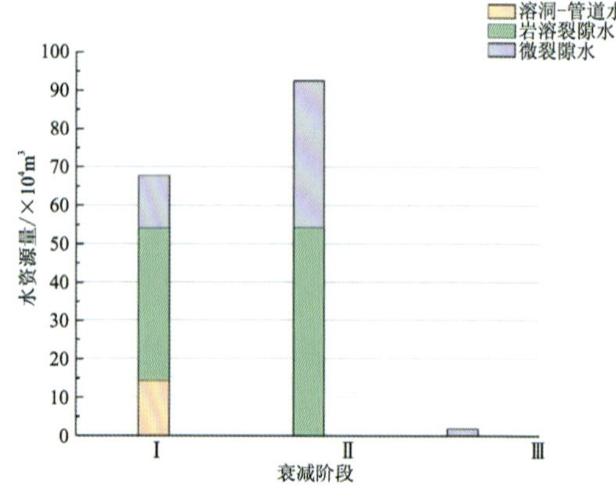


图 5.2.24　点兵河子流域各衰减期径流组分对比

本次降水事件中，点兵河子流域地下水资源总量为 162.11×10⁴m³，地表水资源总量为 94.13×10⁴m³，水资源总量为 256.24×10⁴m³，地表水与地下水资源总量之比为 0.58，地表水资源总量占比 36.74%，地下水资源总量占比 63.26%。

## （五）丹水流域中上游

### 1. 降水-径流关系

高家堰水文站是丹水中上游流域的控制断面，位于长阳土家族自治县高家堰镇。根据前期对流域下垫面条件的分析，丹水中上游流域内地形地貌类型主要为Ⅰ区溶蚀侵蚀台原洼地区、Ⅱ区溶蚀侵蚀低山沟谷区、Ⅲ区溶蚀侵蚀台原槽谷区（图 5.2.7），主要地层为寒武系、奥陶系碳酸盐岩及少量碎屑岩，出露酒甄子和五爪泉两大地下河。

对高家堰雨量站及水文站 2017—2019 年的降水、水位数据进行统计分析，通过基流分割方法划分地表径流和地下径流。

将累计次降水量与洪峰的最大峰值流量作相关性分析，以此判断岩溶水系统对降水事件的响应程度。

对数据的选取和处理在此作出说明：在长时间序列的降水事件中很少有前后都没有降水的单次降水事件，经常会出现连续、间歇的降水造成洪峰上下起伏。洪峰形态可能是“山”字形、不对称“凹”字形，或呈现其他形态各异的峰型。为减小多次小雨量降水对分析的影响，用最大洪峰流量和次降水总量作相关性分析会使结果更具有说服力。

将 12 组最大洪峰流量与次降水总量数据用线性回归方程分析其相关程度，由图 5.2.25 所示 $R^2$ 达到 0.861 3，说明两者的相关程度较高，呈正相关关系，同时也说明了高家堰以上的丹水中上游岩溶水系统对降水事件的响应程度较高，为后续水资源量及次降水入渗补给系数的计算增加了可信度。

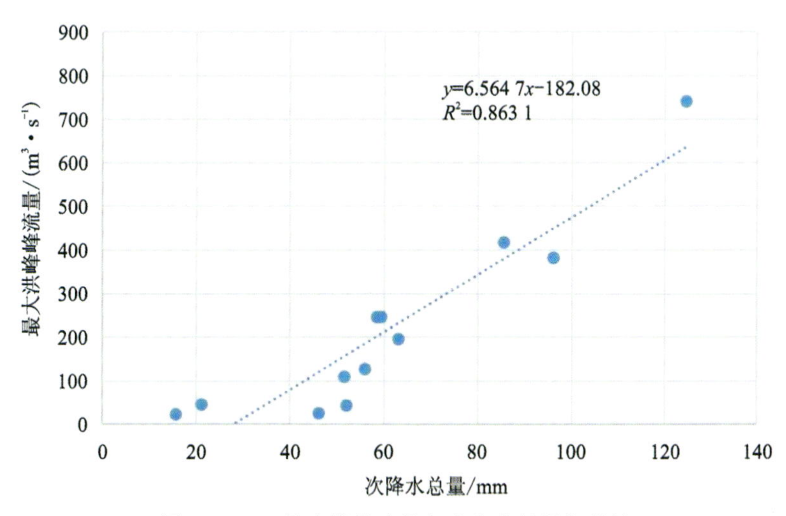


图 5.2.25 最大洪峰流量与次降水总量相关性

利用不同的基流分割方法对高家堰长时间流量序列进行基流分割(图 5.2.26),得到地下径流量,最终结合偶测值选择数字滤波法。

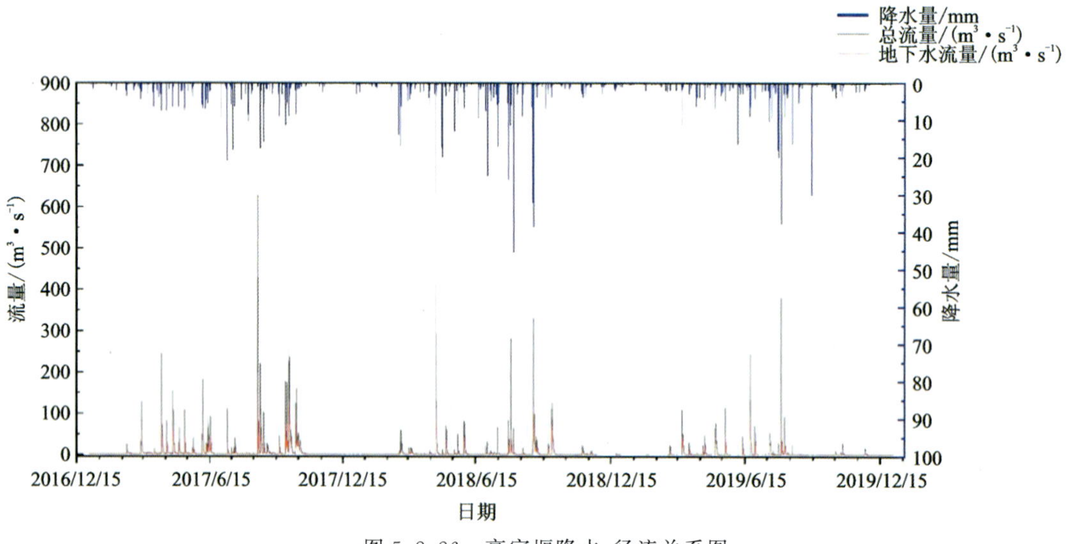


图 5.2.26　高家堰降水-径流关系图

**2. 次降水入渗补给系数与次降水总量关系**

以 14mm/d 的日降水强度为划分依据,将全年划分为若干次降水事件,利用降水入渗补给系数法计算每次降水过程的入渗补给系数,建立次降水过程的雨量-入渗补给系数的回归关系(图 5.2.27),水资源量统计结果见表 5.2.4。

通过多种拟合方程,最终选定了拟合效果最好的二阶多项式函数,$R^2$ 达到 0.584 5。该方程使其他同类型缺资料地区的地下水资源量得以计算,只需提供降水资料,便可对应方程求得对应入渗系数,最终计算出地下水资源量。

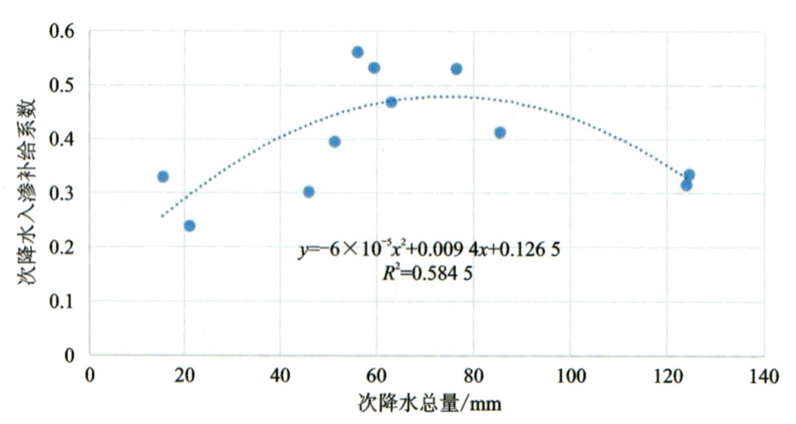


图 5.2.27　次降水入渗补给系数与次降水总量关系图

表 5.2.4　次降水入渗补给系数与水资源量统计表

| 降水时间 | 次降水总量/mm | 地表水资源总量/万 $m^3$ | 地下水资源总量/万 $m^3$ | 系统面积/$km^2$ | 次降水入渗补给系数 |
|---|---|---|---|---|---|
| 2020/6/17—2020/6/18 | 124.5 | 1 461.65 | 1 317.39 | 314.767 8 | 0.336 165 925 |
| 2020/8/20—2020/8/21 | 124 | 1 306.69 | 1 231.46 | | 0.315 506 926 |
| 2018/4/22—2018/4/23 | 85.5 | 721.26 | 818.11 | | 0.412 554 315 |
| 2020/7/16—2020/7/19 | 76.5 | 670.04 | 1 277.61 | | 0.530 576 165 |
| 2020/8/24—2020/8/25 | 63 | 601.72 | 927.86 | | 0.467 897 547 |
| 2017/4/9—2017/4/10 | 59.5 | 522.38 | 999.19 | | 0.533 506 962 |
| 2017/3/12—2017/3/13 | 56 | 500.44 | 990.61 | | 0.561 982 61 |
| 2019/3/21—2019/3/22 | 51.5 | 456.53 | 646.87 | | 0.395 206 97 |
| 2017/2/20—2017/2/23 | 46 | 289.18 | 437.97 | | 0.302 480 56 |
| 2019/6/11—2019/6/12 | 21 | 77.58 | 158.03 | | 0.239 065 668 |
| 2019/3/4—2019/3/5 | 15.5 | 79.93 | 160.88 | | 0.329 747 679 |

通过地表水资源与地下水资源之间的比例关系(图 5.2.28),可以看到次降水总量少时,降水多渗入地下,地表径流亦因降水量少而产流少,造成地表水资源占比小。随着次降水总量不断变大,虽然地下水资源量也在增加,但受下垫面下渗能力的约束,地表产流也越多,降水量达到一定值时地表水资源量会超出地下水资源量。

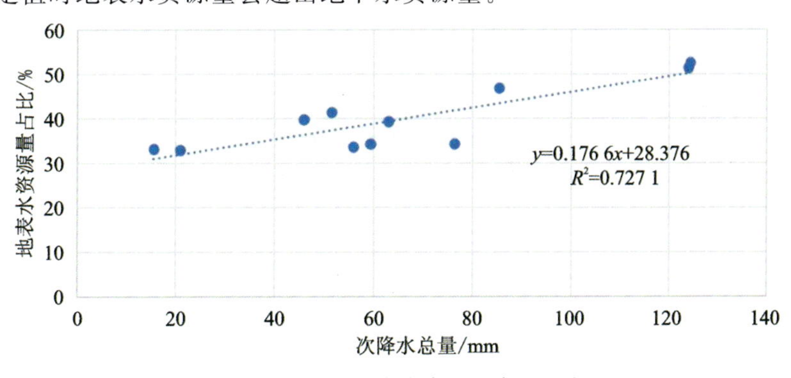


图 5.2.28　地表水资源量占比图

### 3. 径流深与次降水总量关系

如图 5.2.29 所示,径流深与次降水总量的相关程度很高,具有明显的线性关系,地表水和地下水的 $R^2$ 分别达到 0.971 6、0.740 5,与真实情况相符,侧面印证了对于丹水中上游流域次降水入渗补给系数的计算结果较为准确。

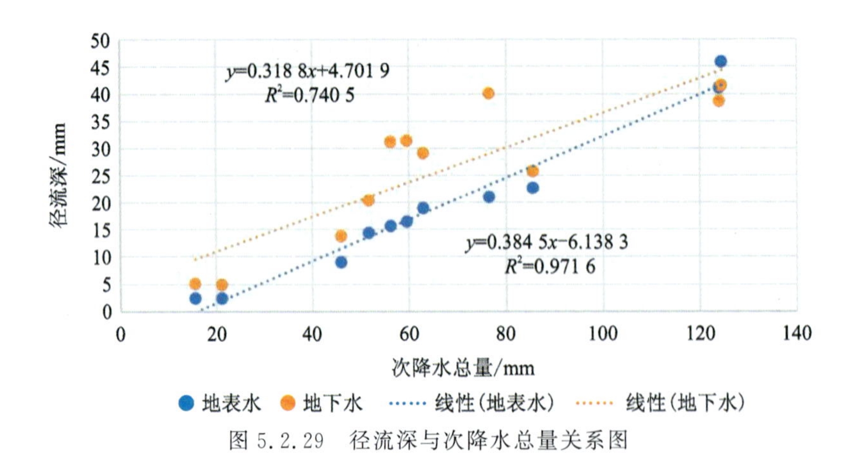


图 5.2.29　径流深与次降水总量关系图

（六）丹水流域入渗补给系数

丹水流域总出口为津洋口国控断面，位于长阳土家族自治县龙舟坪镇，对该监测断面数据进行分析作为清江流域典型子流域地表水-地下水一体化评价示例。

**1. 丹水流域总出口断面流量序列**

对经过恢复和矫正的 2020 年 6 月 24 日—8 月 28 日流量数据进行处理，选择基流分割法中的数字滤波法分割出基流量，如图 5.2.30 所示。

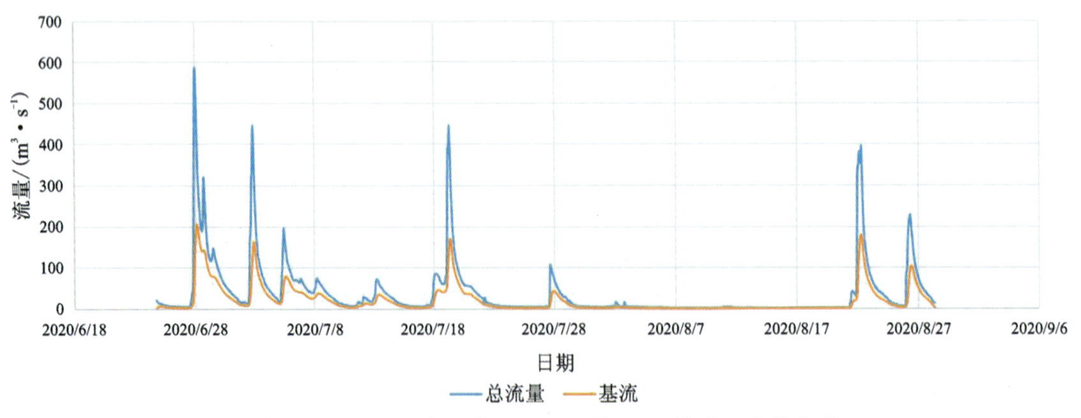


图 5.2.30　2020 年 6 月 24 日—8 月 28 日津洋口流量序列

**2. 次降水入渗补给系数与次降水总量关系**

选取 7 次降水过程，处理过程同上节，结果见表 5.2.5 及图 5.2.31、图 5.2.32。

采用拟合效果最好的二阶多项式函数拟合方程，$R^2$ 达到 0.911 7。流域总出口求得的次降水入渗补给系数较流域中上游断面得到的值略小，经分析：流域中上游总体为寒武系—奥陶系，岩溶发育程度高，地下水补径排条件良好，补给区多为落水洞直接灌入式补给或河道入渗补给，径流区溶洞、管道、裂隙发育规模大，排泄点常为岩溶大泉或暗河出口；流域下游南部为震旦系，岩溶发育程度低于寒武系—奥陶系，下游北部为白垩系基岩裂隙含水系统。因此，高家堰断面以上的中上游流域次降水入渗补给系数大，流经下游震旦系、白垩系后，次降水入渗补给系数变小。

表 5.2.5　次降水入渗补给系数与水资源量统计表

| 降水时间 | 次降水总量/mm | 地表水资源总量/万 $m^3$ | 地下水资源总量/万 $m^3$ | 系统面积/$km^2$ | 次降水入渗补给系数 |
|---|---|---|---|---|---|
| 2020/6/27—2020/7/2 | 155.5 | 2 455.02 | 2 652.94 | 489.654 | 0.348 424 128 |
| 2020/7/17—2020/7/27 | 90.5 | 1 682.29 | 1 978.13 | | 0.446 392 753 |
| 2020/7/5—2020/7/11 | 78 | 1 276.64 | 1 552.30 | | 0.406 436 299 |
| 2020/8/21—2020/8/25 | 75 | 1 377.33 | 1 591.22 | | 0.433 289 658 |
| 2020/7/2—2020/7/5 | 70 | 1 170.09 | 1 298.71 | | 0.378 899 504 |
| 2020/7/11—2020/7/16 | 40.5 | 554.33 | 667.70 | | 0.336 697 692 |
| 2020/7/27—2020/8/1 | 32 | 375.18 | 465.55 | | 0.297 116 934 |

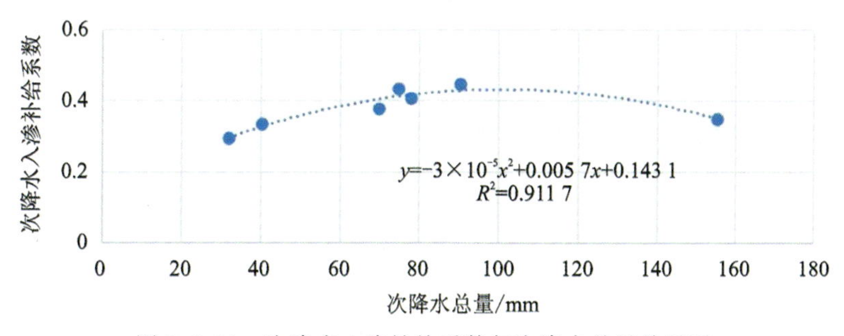


图 5.2.31　次降水入渗补给系数与次降水总量关系图

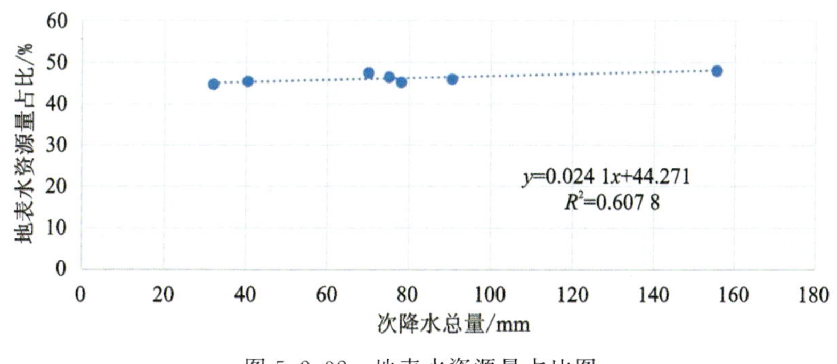


图 5.2.32　地表水资源量占比图

如图 5.2.32 所示，全流域的地表水资源占比趋势线与中上游流域的趋势一致。次降水总量小时，地表水资源量占比近 45%，比相同次降水总量下中上游的占比高；次降水总量大时，地表水资源量占比接近 50%，而相同次降水总量条件下中上游的占比超过 50%。

### 3. 径流深与次降水总量关系

如图 5.2.33 所示，径流深与次降水总量的相关程度高，具有明显的线性关系，地表水和地下水的径流深-降水量曲线的相关系数分别达到 0.965、0.937 3，与真实情况相符，印证了丹水全流域次降水入渗补给系数计算结果的准确性。

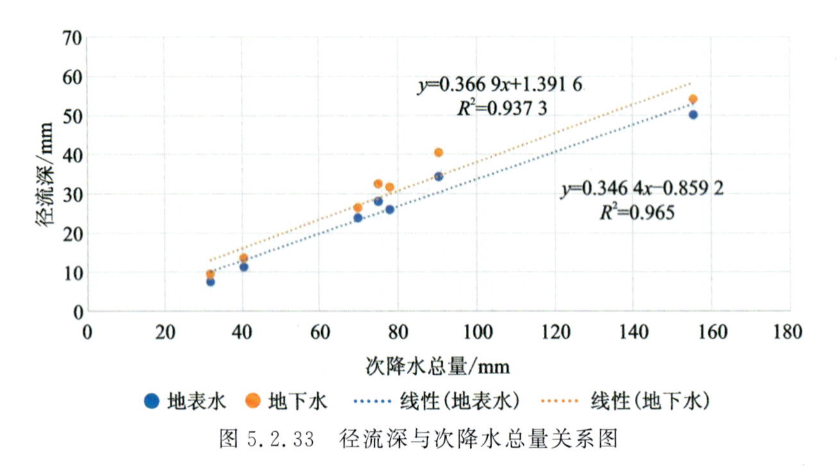


图 5.2.33　径流深与次降水总量关系图

# 第六章　清江流域地下水资源量评价

## 第一节　水文地质概念模型

在总结清江流域地下水含水系统和水流系统的基础上，总结了岩溶山区和基岩山区的水文地质概念模型。

### 一、岩溶山区水文地质概念模型

依据地下水的赋存及排泄方式，可以将碳酸盐岩岩溶水分为3类排泄方式，分别为地下河型、岩溶大泉型、岩溶裂隙分散排泄型。其中，驰名中外的腾龙洞-黑洞岩溶水系统就是典型的地下河型；清江源、酒甄子泉为典型的岩溶大泉型。根据含水系统裂隙及管道发育情况可将岩溶区内各含水系统分为3类，分别为地下河型、岩溶大泉型和岩溶裂隙分散排泄型。

（一）地下河型

岩溶地下河是具有河流主要特征的岩溶地下水通道，是地下径流集中的通道，常具有紊流运动特征，并有自己的汇水范围。其动态变化明显受当地大气降水的影响。地下河的规模和地下河系的完善程度决定于岩溶作用的方式和强度。

地下河的补给来源主要为大气降水，部分地下河系统还具有外源水。大气降水在南方岩溶区的补给存在2种方式：一是通过地表岩溶洼地、落水洞等集中灌入式补给；二是通过溶蚀裂隙分散渗入式补给。地下河的径流主要在岩溶管道中以紊流运动，同时岩溶管道由以主管道为主体的分散型支管组成，裂隙管道级次性明显。地下河的排泄主要以管道出流的形式进行排泄，管道出口口径大小不一，比如高桥暗河洞口断面高15m，宽20余米，雨后流量可达$6m^3/s$。图6.1.1为地下河系统水文地质概念模型示意图。

（二）岩溶大泉型

该类型主要为面状渗入式补给，地下水补给特点为降水呈面状入渗补给地下水，含水介质类型以岩溶管道为主，岩溶管道-裂隙空间比例较小，岩溶管道-裂隙具有重要的导水及储水意义。地下水水源包含岩溶管道-裂隙中经过一定水-岩作用的内源水，地下岩溶发育程度一般，径流速度一般，流量不大。该类型地下水系统主要发育在灰岩岩性较纯、层厚较大的地区，主要含水岩组有三叠系大冶组，二叠系栖霞组、茅口组，寒武系娄山关组，奥陶系南津关组。图 6.1.2 为岩溶大泉型概念模型示意图。

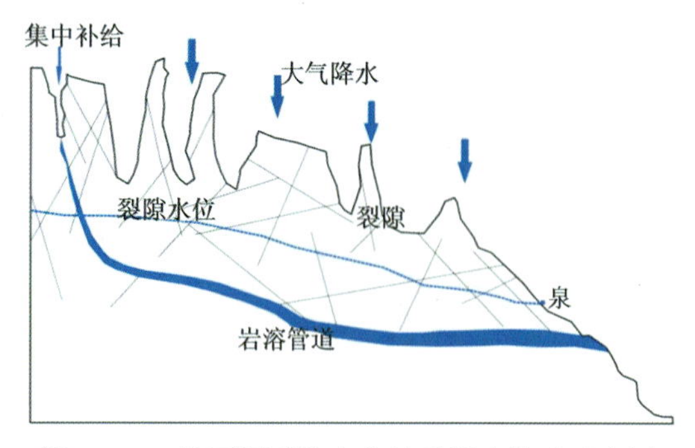

图 6.1.1　地下河系统水文地质概念模型示意图

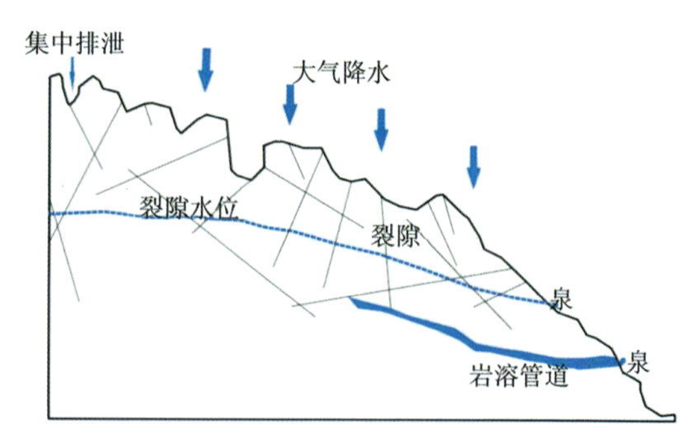


图 6.1.2　岩溶大泉型概念模型示意图

（三）岩溶裂隙分散排泄型

该类型大多沿河流分布，多以直接排泄进入河流或者以小型泉点排泄。该岩溶裂隙水系统露头多，单点出水量小，根据资料查阅，该类泉点的平均密度为 1.4 个/$km^2$，最大密度达 2.5 个/ $km^2$。地下水主要赋存于岩溶裂隙中，赋水裂隙包括风化裂隙和表层带构造裂隙，裂隙密集但规模较小，仍保持初始裂隙特征，其流量多数在 5L/s 左右或更小，其补给面积一般小于 1$km^2$，具有就近渗入补给、排泄的特点，其流量随季节变化大，最大、最小流量相差几百或上千倍。图 6.1.3 为岩溶裂隙分散排泄型概念模型示意图。

## 二、基岩山区概念模型

基岩裂隙出露面积较小，同时其透水性及富水性均较差，地下水多以小型泉来分散排泄。基岩裂隙含水层径流模数大致在 3～4 L/(s · $km^2$)之间，补给来源为大气降水，地下水的径流及储存以风化裂隙为主，地下水流速缓慢，主要以小型季节性泉点来排泄。图 6.1.4 为基岩裂隙分散排泄型概念模型示意图。

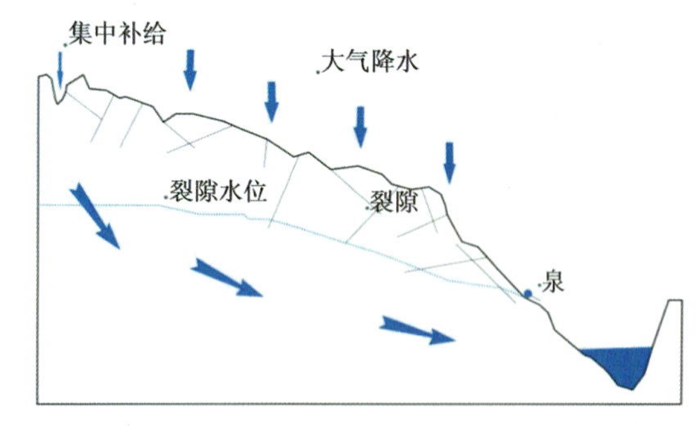


图 6.1.3　岩溶裂隙分散排泄型概念模型示意图

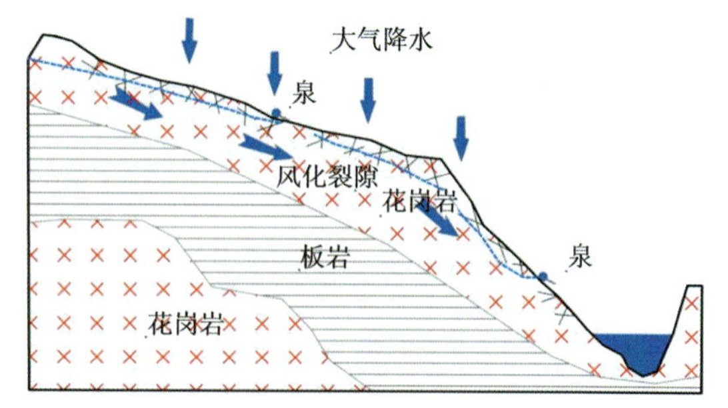


图 6.1.4　基岩裂隙分散排泄型概念模型示意图

山丘区产汇流过程：降水扣除损失（蒸发、截留、填洼、补充流域土壤缺水量）后，产生净雨（径流），径流沿坡面从地面和地下汇入河网，然后再沿河网汇集到流域出口断面，产生 3 种径流形式，即地面径流、壤中流和地下径流（图 6.1.5）。

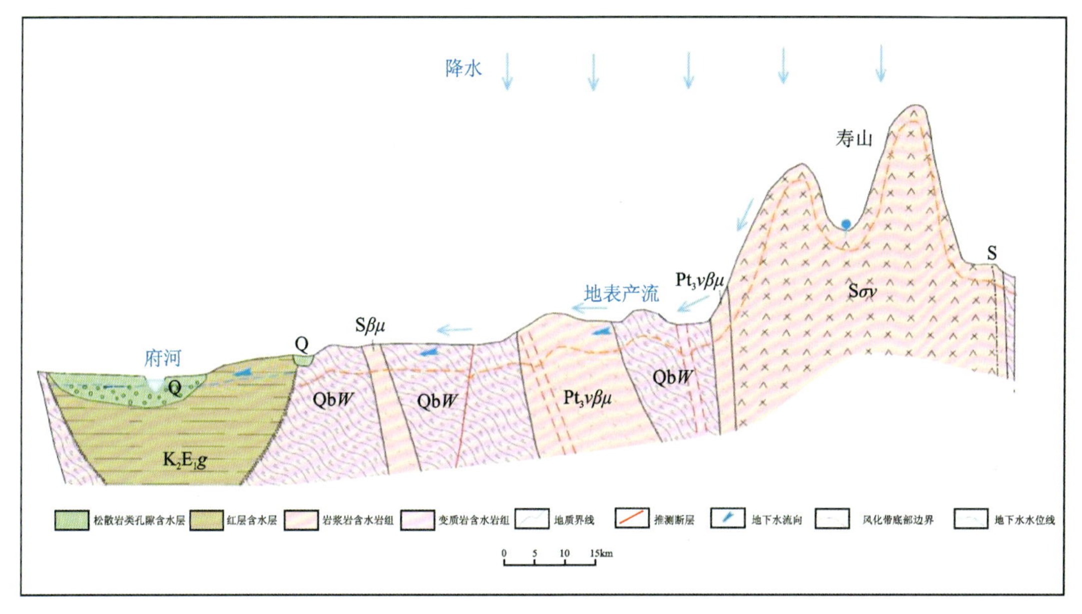


图 6.1.5 基岩山区地下水循环概念模式图

地下汇流特征：产流后一部分净雨会继续向深处入渗，到达地下潜水面或深层地下水后，沿水力梯度最大的方向流入河网的过程为地下汇流；地下径流运动缓慢，变化亦慢，补给河流的地下径流平稳而持续时间长，构成流量的基流；一般来说，地下水流动慢，可长期补给河流，无降水时河网得到的补给绝大部分来自基流。

评价时将山丘基岩区水文地质特征概化：①降水是水资源的主要来源，产汇流过程决定了水资源的形成与分布；②一般认为流域的多年平均产流量即为水资源下渗量；③山丘区地下水与河流一般为单向的补给关系，地下水一般常年补给河流；④一般以弱透水层和区域性稳定的地下水分水岭作为含水系统边界。

## 第二节 地下水资源评价分区

清江流域为长江流域评价分区中的一个四级分区（清江区，GF-3-1-4），根据含水岩组特征和补径排条件，将其划分为 3 个五级分区，分别为清江利川三叠系岩溶含水系统区（GF-3-1-4-1）、清江野三关三叠系岩溶含水系统区（GF-3-1-4-2）以及清江长阳-五峰寒武系岩溶含水系统区（GF-3-1-4-3）。

在五级分区的基础上，清江流域又划分为 142 个六级分区（表 6.2.1），六级分区同时也作为地下水资源的基本计算单元，其划分原则如下。

（1）尽量保持水文系统和含水系统或地下水流系统的完整性和统一性，同时考虑不同区域的工作程度、资料精度和评价方法的适宜性，兼顾已有水文站点的分布，山区主要依据相对独立的含水系统或地下水流系统的边界来确定。

表 6.2.1 清江流域六级评价分区表

| 分区编号 | 分区名称 | 分区编号 | 分区名称 |
|---|---|---|---|
| GF-3-1-4-1-1 | 恩施石门坝村志留系碎屑岩裂隙含水系统 | GF-3-1-4-2-1 | 咸丰高乐山镇寒武系—奥陶系岩溶含水系统 |
| GF-3-1-4-1-2 | 利川清江源岩溶水系统 | GF-3-1-4-2-2 | 宣恩骡马暗河寒武系—奥陶系岩溶含水系统 |
| GF-3-1-4-1-3 | 利川清江上游三叠系嘉陵江组岩溶含水系统 | GF-3-1-4-2-3 | 宣恩高罗镇寒武系—奥陶系岩溶含水系统 |
| GF-3-1-4-1-4 | 利川团堡上龙潭三叠系岩溶含水系统 | GF-3-1-4-2-4 | 宣恩高罗镇志留系碎屑岩裂隙含水系统 |
| GF-3-1-4-1-5 | 清江源二叠系岩溶含水系统 | GF-3-1-4-2-5 | 宣恩长潭河乡二叠系—三叠系岩溶含水系统 |
| GF-3-1-4-1-6 | 利川团堡巴东组碎屑岩裂隙含水系统 | GF-3-1-4-2-6 | 宣恩甘溪鱼泉洞二叠系—三叠系岩溶含水系统 |
| GF-3-1-4-1-7 | 利川二叠系岩溶含水系统 | GF-3-1-4-2-7 | 长潭镇二叠系栖霞组岩溶含水系统 |
| GF-3-1-4-1-8 | 利川小溪地下暗河岩溶三叠系嘉陵江组岩溶含水系统 | GF-3-1-4-2-8 | 清江伍家河马尾沟三叠系大冶组岩溶含水系统 |
| GF-3-1-4-1-9 | 恩施市寒武系—奥陶系岩溶含水系统 | GF-3-1-4-2-9 | 宣恩长潭乡二叠系—三叠系岩溶含水系统 |
| GF-3-1-4-1-10 | 利川团堡老龙洞三叠系岩溶含水系统 | GF-3-1-4-2-10 | 黄河地下暗河二叠系岩溶含水系统 |
| GF-3-1-4-1-11 | 恩施白垩系红层裂隙含水系统 | GF-3-1-4-2-11 | 长滩乡二叠系岩溶含水系统 |
| GF-3-1-4-1-12 | 恩施太阳河乡寒武系—奥陶系岩溶含水系统 | GF-3-1-4-2-12 | 宣恩万寨乡二叠系—三叠系岩溶含水系统 |
| GF-3-1-4-1-13 | 恩施白杨镇白垩系红层裂隙含水系统 | GF-3-1-4-2-13 | 恩施石门坝村志留系碎屑岩裂隙含水系统 |
| GF-3-1-4-1-14 | 利川三叠系嘉陵江组岩溶含水系统 | GF-3-1-4-2-14 | 宣恩县城二叠系巴东组碎屑岩裂隙含水系统 |
| GF-3-1-4-1-15 | 恩施寒武系岩溶含水系统 | GF-3-1-4-2-15 | 建始县官店镇志留系碎屑岩裂隙岩溶含水层 |
| GF-3-1-4-1-16 | 建始县米水河寒武系—奥陶系岩溶含水系统 | GF-3-1-4-2-16 | 五峰黑炭河上游二叠系—三叠系岩溶含水系统 |
| GF-3-1-4-1-17 | 建始太池河寒武系—奥陶系岩溶含水系统 | GF-3-1-4-2-17 | 鹤峰官店镇志留系碎屑岩裂隙含水系统 |
| GF-3-1-4-1-18 | 利川清江上游志留系碎屑岩裂隙含水系统 | GF-3-1-4-2-18 | 五峰四方洞二叠系—三叠系岩溶含水系统 |

**续表 6.2.1**

| 分区编号 | 分区名称 | 分区编号 | 分区名称 |
|---|---|---|---|
| GF-3-1-4-2-19 | 宣恩忠建河三叠系岩溶含水系统 | GF-3-1-4-2-37 | 黄柏山三叠系嘉陵江组岩溶含水系统 |
| GF-3-1-4-2-20 | 鹤峰马尾沟志留系碎屑岩裂隙含水系统 | GF-3-1-4-2-38 | 五峰黑河志留系碎屑岩裂隙岩溶含水系统 |
| GF-3-1-4-2-21 | 傅家堰水源地三叠系大冶组岩溶含水系统 | GF-3-1-4-2-39 | 下鹤峰口二叠系茅口组岩溶含水系统 |
| GF-3-1-4-2-22 | 恩施三岔口镇三叠系嘉陵江组岩溶含水系统 | GF-3-1-4-2-40 | 建始-巴东巴溪河二叠系—三叠系岩溶含水系统 |
| GF-3-1-4-2-23 | 五峰长乐坪镇二叠系—三叠系岩溶含水系统 | GF-3-1-4-2-41 | 恩施三叠系大冶组岩溶含水系统 |
| GF-3-1-4-2-24 | 马尾沟二叠系—三叠系岩溶含水系统 | GF-3-1-4-2-42 | 泗洋河-资丘三叠系大冶组—嘉陵江组岩溶含水系统 |
| GF-3-1-4-2-25 | 建始官店镇石炭泥盆系裂隙含水系统 | GF-3-1-4-2-43 | 鬼蛇地三叠系嘉陵江组岩溶含水系统 |
| GF-3-1-4-2-26 | 恩施龙凤镇志留系碎屑岩裂隙含水系统 | GF-3-1-4-2-44 | 小石门汇三叠系大冶组岩溶含水系统 |
| GF-3-1-4-2-27 | 新塘二叠系栖霞组—三叠系大冶组岩溶含水系统 | GF-3-1-4-2-45 | 响水湾地下暗河二叠系岩溶含水系统 |
| GF-3-1-4-2-28 | 伍家河组二叠系岩溶含水系统 | GF-3-1-4-2-46 | 田家坝三叠系岩溶含水系统 |
| GF-3-1-4-2-29 | 五峰响水河二叠系—三叠系岩溶含水系统 | GF-3-1-4-2-47 | 天宝山背斜岩溶大泉二叠系岩溶含水系统 |
| GF-3-1-4-2-30 | 长阳朱栗山二叠系—三叠系岩溶含水系统 | GF-3-1-4-2-48 | 野三关南部泉三叠系嘉陵江组岩溶含水系统 |
| GF-3-1-4-2-31 | 恩施洗脚溪二叠系—三叠系岩溶含水系统 | GF-3-1-4-2-49 | 野三关水流坪二叠系—三叠系岩溶含水系统 |
| GF-3-1-4-2-32 | 恩施市龙洞二叠系—三叠系岩溶含水系统 | GF-3-1-4-2-50 | 白岩洞三叠系大冶组岩溶含水系统 |
| GF-3-1-4-2-33 | 龙王河三叠系大冶组岩溶含水系统 | GF-3-1-4-2-51 | 野三关鱼泉洞地下暗河二叠系—三叠系岩溶含水系统区 |
| GF-3-1-4-2-34 | 天池河下游二叠系吴家坪组岩溶含水系统 | GF-3-1-4-2-52 | 长阳椰坪镇二叠系—三叠系岩溶含水系统 |
| GF-3-1-4-2-35 | 恩施任家河三叠系嘉陵江组岩溶含水系统 | GF-3-1-4-2-53 | 野三河三叠系大冶组—嘉陵江组岩溶含水系统 |
| GF-3-1-4-2-36 | 恩施市崔坝镇二叠系—三叠系岩溶含水系统 | GF-3-1-4-2-54 | 巴东野三关水流坪地下暗河二叠系—三叠系岩溶含水系统 |

**续表 6.2.1**

| 分区编号 | 分区名称 | 分区编号 | 分区名称 |
|---|---|---|---|
| GF-3-1-4-2-55 | 建始红岩寺镇二叠系巴东组碎屑岩裂隙含水系统 | GF-3-1-4-3-9 | 宜都古潮音洞寒武系—奥陶系岩溶含水系统 |
| GF-3-1-4-2-56 | 巴东野三河上游志留系碎屑岩裂隙含水系统 | GF-3-1-4-3-10 | 宜昌聂家河镇洞湾寒武系—奥陶系岩溶含水系统 |
| GF-3-1-4-2-57 | 建始县红岩寺镇二叠系—三叠系岩溶含水系统 | GF-3-1-4-3-11 | 五峰渔阳关三现水寒武系—奥陶系岩溶含水系统 |
| GF-3-1-4-2-58 | 长阳椰坪镇志留系碎屑岩裂隙含水系统 | GF-3-1-4-3-12 | 五峰渔洋关双岭溪寒武系—奥陶系岩溶含水系统 |
| GF-3-1-4-2-59 | 巴东县野三关瓦里湾二叠系—三叠系岩溶含水系统 | GF-3-1-4-3-13 | 长阳清江南岸二叠系—三叠系岩溶含水系统 |
| GF-3-1-4-2-60 | 长阳椰坪镇招徕河上游二叠系—三叠系岩溶含水系统 | GF-3-1-4-3-14 | 渔洋河寒武系娄山关组岩溶含水系统 |
| GF-3-1-4-2-61 | 巴东县绿葱坡镇志留系碎屑岩裂隙含水系统 | GF-3-1-4-3-15 | 长阳清江南岸志留系碎屑岩裂隙含水系统 |
| GF-3-1-4-2-62 | 建市县红岩寺镇志留系碎屑岩裂隙含水系统 | GF-3-1-4-3-16 | 长阳都镇湾镇寒武系—奥陶系岩溶含水系统 |
| GF-3-1-4-2-63 | 建始马水河三叠系嘉陵江组岩溶含水系统 | GF-3-1-4-3-17 | 宜都清江白垩系红层裂隙含水系统 |
| GF-3-1-4-2-64 | 野三河三叠系大冶组—嘉陵江组岩溶含水系统 | GF-3-1-4-3-18 | 丹水下游奥陶系岩溶含水系统 |
| GF-3-1-4-3-1 | 五峰黄龙洞二叠系—三叠系岩溶含水系统 | GF-3-1-4-3-19 | 丹水下游震旦系岩溶含水系统 |
| GF-3-1-4-3-2 | 五峰长乐坪镇志留系碎屑岩裂隙含水系统 | GF-3-1-4-3-20 | 丹水下游寒武系石牌组碎屑岩裂隙含水系统 |
| GF-3-1-4-3-3 | 五峰仁和坪镇志留系碎屑岩裂隙含水系统 | GF-3-1-4-3-21 | 长阳高家堰镇南华系碎屑岩裂隙含水系统 |
| GF-3-1-4-3-4 | 五峰天门峡寒武系—奥陶系岩溶含水系统 | GF-3-1-4-2-15 | 建始县官店镇志留系碎屑岩裂隙岩溶含水层 |
| GF-3-1-4-3-5 | 五峰大湾寒武系—奥陶系岩溶含水系统 | GF-3-1-4-3-22 | 长阳高家堰佑溪南华系碎屑岩裂隙含水系统 |
| GF-3-1-4-3-6 | 五峰天门峡龙洞寒武系—奥陶系岩溶含水系统 | GF-3-1-4-3-23 | 长阳丹水下游奥陶系岩溶含水系统 |
| GF-3-1-4-3-7 | 柴埠溪泉寒武系娄山关组岩溶含水系统 | GF-3-1-4-3-24 | 丹水下游奥陶系岩溶含水系统 |
| GF-3-1-4-3-8 | 五峰渔洋关千鱼洞寒武系—奥陶系岩溶含水系统 | GF-3-1-4-3-25 | 丹水下游志留系碎屑岩裂隙含水系统 |

**续表 6.2.1**

| 分区编号 | 分区名称 | 分区编号 | 分区名称 |
| --- | --- | --- | --- |
| GF-3-1-4-3-26 | 长阳高家堰佑溪震旦系岩溶含水系统 | GF-3-1-4-3-44 | 长阳高家堰寒武系岩溶含水系统 |
| GF-3-1-4-3-27 | 长阳高家堰佑溪寒武系石牌组碎屑岩裂隙含水系统 | GF-3-1-4-3-45 | 长阳高家堰榔木溪寒武系岩溶含水系统 |
| GF-3-1-4-3-28 | 长阳高家堰城子河南华系碎屑岩裂隙含水系统 | GF-3-1-4-3-46 | 长阳贺家坪酒甑子地下暗河寒武系岩溶含水系统 |
| GF-3-1-4-3-29 | 长阳贺家坪大长冲寒武系天河板组岩溶含水系统 | GF-3-1-4-3-47 | 长阳贺家坪沿溪下寒武统岩溶含水系统 |
| GF-3-1-4-3-30 | 宜昌高家堰城子河震旦岩溶含水系统 | GF-3-1-4-3-48 | 长阳贺家坪台子上寒武统娄山关组岩溶含水系统 |
| GF-3-1-4-3-31 | 长阳城子河寒武系石牌组碎屑岩裂隙含水系统 | GF-3-1-4-3-49 | 长阳贺家坪洞湾寒武系岩溶含水系统 |
| GF-3-1-4-3-32 | 长阳贺家坪小河寒武系娄山关组岩溶水系统 | GF-3-1-4-3-50 | 长阳高家堰白垩系红层含水系统 |
| GF-3-1-4-3-33 | 长阳高家堰佑溪寒武系岩溶含水系统 | GF-3-1-4-3-51 | 长阳贺家坪木桥溪寒武系岩溶含水系统 |
| GF-3-1-4-3-34 | 长阳高家堰流溪南华系碎屑岩裂隙含水系统 | GF-3-1-4-3-52 | 榔坪招徕河寒武系岩溶含水系统 |
| GF-3-1-4-3-35 | 长阳贺家坪小河奥陶系岩溶含水系统 | GF-3-1-4-3-53 | 长阳贺家坪二叠系岩溶含水系统 |
| GF-3-1-4-3-36 | 长阳贺家坪小河寒武系岩溶水系统 | GF-3-1-4-3-54 | 长阳贺家坪点兵河下寒武统岩溶含水系统 |
| GF-3-1-4-3-37 | 长阳高家堰奥陶系岩溶含水系统 | GF-3-1-4-3-55 | 长阳贺家坪奥陶系岩溶含水系统 |
| GF-3-1-4-3-38 | 长阳高家堰流溪震旦系岩溶含水系统 | GF-3-1-4-3-56 | 长阳贺家坪志留系碎屑岩裂隙含水系统 |
| GF-3-1-4-3-39 | 长阳高家堰流溪寒武系石牌组碎屑岩裂隙含水系统 | GF-3-1-4-3-57 | 长阳贺家坪老雾冲奥陶系岩溶含水系统 |
| GF-3-1-4-3-40 | 长阳高家堰城子河寒武系岩溶含水系统 | GF-3-1-4-3-58 | 贺家坪紫台山寒武系岩溶含水系统 |
| GF-3-1-4-3-41 | 长阳城子河奥陶系岩溶含水系统 | GF-3-1-4-3-59 | 长阳贺家坪红岩泉地下暗河寒武系岩溶含水系统 |
| GF-3-1-4-3-42 | 长阳高家堰流溪寒武系岩溶含水系统 | GF-3-1-4-3-60 | 宜昌市艾家镇白垩系红层裂隙含水系统 |
| GF-3-1-4-3-43 | 长阳贺家坪志留系碎屑岩裂隙含水系统 | | |

(2)岩溶含水系统往往具有集中排泄(岩溶地下河、岩溶大泉)特征,一般利用岩溶水系统的排泄点流量监测或统测来计算地下水径流模数,则可以将次级的地下水流系统作为计算单元,其工作的重点将是岩溶水系统边界的确定。

(3)在一般基岩山区或具有分散排泄特征的岩溶山区,其地下水流系统模式表现为分散排泄型地下水流系统,一般可根据地表水监测数据进行地下水的基流分割,计算地下水径流模数。根据地表水监测站或测流断面的位置圈划出分散排泄型地下水流系统的范围作为计算单元,相当于以次级水文系统(流域)的监测或统测数据作为计算依据。

## 第三节 计算方法

### 一、岩溶区地下水资源量计算方法

清江流域为典型的岩溶区,岩溶区地下水资源量计算常采用次降水入渗补给系数法、泉域法和基流分割法。在计算过程中往往存在参数获取困难、精度较低等问题。针对这些问题,以完善岩溶流域地下水资源评价方法为目的,选取鄂西清江流域岩溶区作为重点研究区域,开展多方法参数获取和地下水资源量评价,探索适合的岩溶山区地下水补给资源量评价和参数获取方法(图 6.3.1)。

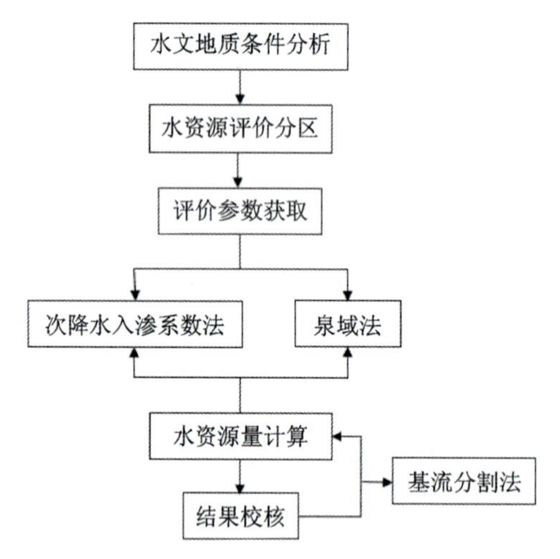


图 6.3.1 岩溶区地下水资源评价技术路线图

在分区评价前,分析流域内的水文地质条件、地形地貌、地质构造、气象等条件,总结出不同流域的地下水补径排特征、降水量时空分布特征和流量动态变化的异同,使划分的分区基本上能反映水土资源条件的地区性差异,以便于水量计算。按照不同岩溶地下水系统类型及水文地质概况对五级分区进一步划分,获取不同水文地质条件的流域或地下水系统的水文动态长观资料,分析其岩溶水系统结构模式、补径排特点和降水分布特征,充分利用动态观测资料,利用衰减系数法获取次降水入渗补给系数。

泉域法集合评价区地下水统测结果及收集的资料，圈画各岩溶大泉及地下河泉域面积，求取地下水年平均径流模数，计算地下水排泄量，地下水排泄量亦为地下水资源量。

利用多种方法计算地下水资源量，对不同方法计算结果进行比较和论证。计算成果与客观情况的吻合程度及对地下水资源形成条件分析的正确性均与原始资料的准确程度密切相关，而并非仅与计算方法本身的复杂程度有关。对利用不同计算方法所取得的计算成果应当进行结果校核，并论述其可靠性。

（一）次降水入渗补给系数法

岩溶地下水系统为多重含水介质，因其结构特点，地下水退水曲线呈分段指数函数形式，且每一衰减段衰减系数及持续时间符合一定的规律。降水入渗补给系数法是根据不同次降水过程规律求取不同降水的降水入渗补给系数，然后根据评价期内有效降水量得到年地下水补给资源量。主要原理（图6.3.2）及计算公式如下。

本次降水事件前的水文过程恢复：

$$Q_1' = Q_{T_2} \mathrm{e}^{-\beta t} \tag{6.1}$$

式中：$Q_1'$为上次次降水过程的衰减流量；$Q_{T_2}$为上次次降水衰减过程在本次流量衰减过程中的初始流量；$\beta$为衰减系数。

本次降水事件产生的补给增量体积为

$$V_{\text{event2}} = \int_{T_2}^{+\infty} (Q_2 + Q_2' - Q_1')\,\mathrm{d}t \tag{6.2}$$

式中：$V_{\text{event2}}$为本次次降水过程产生的地下水资源量；$T_2$为本次次降水过程开始的时间。

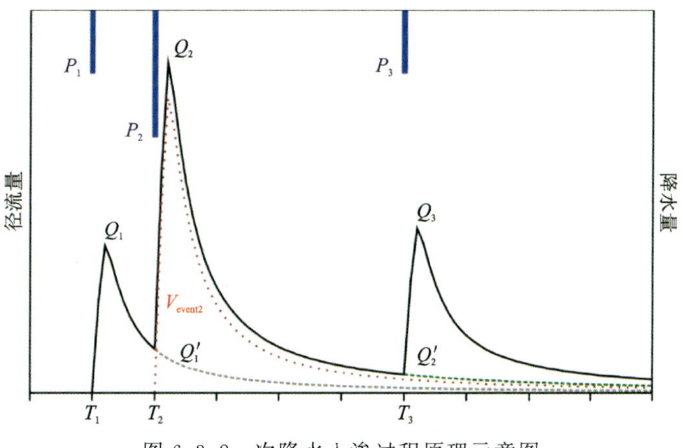


图6.3.2 次降水入渗过程原理示意图

利用降水入渗补给系数求取水资源量公式为

$$Q = \lambda \times H \times F \times 1000 \tag{6.3}$$

式中：$Q$为天然降水入渗补给量（$m^3$）；$\lambda$为次降水入渗补给系数；$H$为评价时段内有效次降水量（mm）；$F$为五级区面积（$km^2$）。

降水入渗量受降水、地貌类型、地形坡度、岩溶发育强度、地表植被类型等因素控制。分析评价时段内降水与典型区地下水流量关系，以此计算不同降水条件下各典型区降水入渗补给系数，得出各典型区不同降水条件与入渗系数关系曲线，将降水-入渗系数关系曲线推广至分区类型相对应的五级区，再结合降水量计算评价期内地下水资源量。

### （二）泉域法

充分利用评价区地下水统测成果，圈画典型大泉、暗河的泉域范围，求取地下水径流模数，由径流模数推求水资源量公式为

$$Q_{径} = 0.000\ 315\ 36 \cdot M \cdot F \tag{6.4}$$

式中：$Q_{径}$ 为地下水天然径流量（$10^8\ m^3/a$）；$M$ 为地下水径流模数[$L/(s \cdot km^2)$]；$F$ 为五级区面积（$km^2$）。

年平均径流模数公式为

$$M_{平均} = \frac{Q_{丰} + Q_{枯}}{2A} \tag{6.5}$$

式中：$M_{平均}$ 为地下水年平均径流模数[$L/(s \cdot km^2)$]；$Q_{丰}$、$Q_{枯}$ 为2019—2021各年丰水期和枯水期统测的平均地下水资源量（$m^3$；其中2021年枯水期数据缺失，采用2019年和2020年的平均枯水期流量）。

该方法通过计算各泉域及其所在含水岩组的径流模数，从而计算地下水资源量。根据野外工作要求，统测时应尽量避免雨雪等天气，结果受降水影响较小，因此统测测量流量为地下水径流组分中慢速流部分，计算结果应与地下水基流量相近。获取地下水平均径流模数及地下水资源量后结合降水可推算各五级区降水入渗补给系数，在鄂西等缺乏资料的岩溶地区进行地下水评价时，可按照相似地层、补给、地貌等条件进行移植入渗系数。

该方法未使用高精度地下水监测手段，但两期统测结果代表了丰水期和枯水期地下水慢速流及基流量，数据可信程度高，同时本方法较具备鄂西岩溶地区无资料岩溶地区移植参数条件，可推广程度更高。与传统径流模数法相比较，缺资料地区参数移植方面不仅考虑地层、地貌等基础条件，从水文地质条件出发计算水资源量，使得结果精度更高，更符合当前地下水评价单元分区原则。综上所述，径流模数法为地下水资源量评价的重点方法，清江流域作为工作程度较高的重点区，该方法所求参数可为湖北省岩溶地下水资源量评价提供参考移植依据。

### （三）基流分割法

基流即“基本径流”，它是河道中能常年存在的那部分径流。枯季河流所能维持的最小水流，由于枯水季节流域降水补给已终止或甚少，因此基流主要是由地下水补给。对于岩溶和基岩裂隙山区，由于高程起伏大，地形切割强烈，地下水的补给可认为仅由大气降水提供。同时，由于岩溶山区和基岩裂隙山区地下水主要以泉的形式排泄或向地表河流排泄，因此通过对泉流量的统测和对地表河流基流量的分割，可近似认为地表水基流量即为地下水补给资源量。

通过对关键断面多年观测资料基流分割，结合观测期降水资料，可求得地下水多年平均降水入渗补给系数。再利用评价期降水量即可求得评价期地下水资源量。地下水资源量计算公式为

$$W = \alpha PF \times 1000 \tag{6.6}$$

式中：$W$ 为地下水资源量（$m^3$）；$\alpha$ 为多年平均降水入渗补给系数，无量纲；$F$ 为均衡区面积（$km^2$）；$P$ 为均衡期降水量（mm）。

式中多年平均降水入渗补给系数利用水文站流量数据分割基流后，结合水文站控制面积求得。降水入渗补给系数计算公式为

$$\alpha = Q/(PF \times 1000) \tag{6.7}$$

式中：$Q$ 为汇水区地下水排泄量（$m^3$）；$P$ 为汇水区降水量（mm）；$F$ 为汇水区面积（$km^2$）。

计算单元的天然河川基流量公式为

$$R_{g计算单元} = F_{计算单元} \times R_{g水文站}/F_{水文站} \tag{6.8}$$

式中：$R_{g计算单元}$、$R_{g水文站}$ 为计算单元、水文站的逐年天然年河川基流量（万 $m^3$）；$F_{计算单元}$、$F_{水文站}$ 为计算单元、水文站控制的流域面积（$km^2$）。

以清江流域为例，利用恩施、利川、建始、宣恩、水布垭、渔洋关、聂家河、高家堰、高坝洲 9 个水文站 2002—2015 年日流量资料分别计算各水文站控制断面以上流域的多年平均径流量。通过 BFI 法从水文站实测径流过程中分割出基流量，恩施水文站基流分割结果显示径流存在比较明显的季节性变化，相较于地表径流，地下径流的波动幅度相对较小，枯水期基流构成总径流主要成分。

由于高坝洲站与聂家河站基本控制了清江绝大部分流域面积，因此采用高坝洲与聂家河两站的水资源总量作为清江流域的水资源总量。利用 BFI 法可计算流域内多年平均地下水资源量，通过多年平均降水量与评价时段内降水量获得各分区平均降水入渗补给系数、径流模数与评价时段内地下水资源总量。

### 二、基岩裂隙区与红层孔隙裂隙区水资源量计算方法

岩浆岩基岩裂隙区和变质岩基岩裂隙区地下水资源量的求取采用基流分割法，利用河川径流量的长观资料分割地下水径流量，结合降水资料反推多年平均降水入渗补给系数，再利用评价期内降水量计算地下水资源量。

## 第四节　参数计算

本次岩溶区地下水资源量计算的总体思路为分别利用次降水入渗补给系数法、泉域法计算水资源量，然后利用基流分割法进行校正调参，最终确定各六级计算分区的年平均降水入渗补给系数及径流模数，详见表 6.4.1 及图 6.4.1。

下面介绍 3 种方法的具体参数更新情况。

表 6.4.1 清江流域各分区径流模数、降水入渗补给系数一览表

| 编号 | α | 径流模数 | 编号 | α | 径流模数 | 编号 | α | 径流模数 |
|---|---|---|---|---|---|---|---|---|
| GF-3-1-4-1-1 | 0.07 | 3.03 | GF-3-1-4-2-15 | 0.07 | 2.84 | GF-3-1-4-2-46 | 0.47 | 19.97 |
| GF-3-1-4-1-2 | 0.47 | 18.06 | GF-3-1-4-2-16 | 0.17 | 6.76 | GF-3-1-4-2-47 | 0.42 | 18.00 |
| GF-3-1-4-1-3 | 0.21 | 8.18 | GF-3-1-4-2-17 | 0.07 | 2.84 | GF-3-1-4-2-48 | 0.47 | 16.57 |
| GF-3-1-4-1-4 | 0.47 | 18.06 | GF-3-1-4-2-18 | 0.47 | 18.71 | GF-3-1-4-2-49 | 0.47 | 16.57 |
| GF-3-1-4-1-5 | 0.17 | 6.52 | GF-3-1-4-2-19 | 0.21 | 8.95 | GF-3-1-4-2-50 | 0.47 | 16.57 |
| GF-3-1-4-1-6 | 0.07 | 2.69 | GF-3-1-4-2-20 | 0.07 | 2.95 | GF-3-1-4-2-51 | 0.42 | 14.94 |
| GF-3-1-4-1-7 | 0.17 | 7.33 | GF-3-1-4-2-21 | 0.21 | 8.47 | GF-3-1-4-2-52 | 0.21 | 7.30 |
| GF-3-1-4-1-8 | 0.47 | 18.06 | GF-3-1-4-2-22 | 0.21 | 9.19 | GF-3-1-4-2-53 | 0.47 | 16.57 |
| GF-3-1-4-1-9 | 0.21 | 8.94 | GF-3-1-4-2-23 | 0.21 | 8.47 | GF-3-1-4-2-54 | 0.21 | 8.61 |
| GF-3-1-4-1-10 | 0.21 | 8.18 | GF-3-1-4-2-24 | 0.21 | 8.61 | GF-3-1-4-2-55 | 0.07 | 2.98 |
| GF-3-1-4-1-11 | 0.07 | 3.03 | GF-3-1-4-2-25 | 0.07 | 2.84 | GF-3-1-4-2-56 | 0.07 | 2.98 |
| GF-3-1-4-1-12 | 0.30 | 13.05 | GF-3-1-4-2-26 | 0.07 | 3.03 | GF-3-1-4-2-57 | 0.47 | 19.97 |
| GF-3-1-4-1-13 | 0.07 | 3.03 | GF-3-1-4-2-27 | 0.21 | 9.19 | GF-3-1-4-2-58 | 0.07 | 2.84 |
| GF-3-1-4-1-14 | 0.21 | 8.18 | GF-3-1-4-2-28 | 0.21 | 8.61 | GF-3-1-4-2-59 | 0.47 | 16.57 |
| GF-3-1-4-1-15 | 0.21 | 8.79 | GF-3-1-4-2-29 | 0.47 | 18.71 | GF-3-1-4-2-60 | 0.21 | 7.50 |
| GF-3-1-4-1-16 | 0.30 | 12.84 | GF-3-1-4-2-30 | 0.47 | 18.71 | GF-3-1-4-2-61 | 0.07 | 2.47 |
| GF-3-1-4-1-17 | 0.21 | 8.79 | GF-3-1-4-2-31 | 0.47 | 20.31 | GF-3-1-4-2-62 | 0.07 | 2.98 |
| GF-3-1-4-1-18 | 0.07 | 3.03 | GF-3-1-4-2-32 | 0.47 | 20.31 | GF-3-1-4-2-63 | 0.21 | 9.04 |
| GF-3-1-4-2-2 | 0.30 | 12.77 | GF-3-1-4-2-33 | 0.21 | 8.61 | GF-3-1-4-2-64 | 0.21 | 7.50 |
| GF-3-1-4-2-3 | 0.21 | 8.75 | GF-3-1-4-2-34 | 0.21 | 8.47 | GF-3-1-4-3-1 | 0.42 | 16.87 |
| GF-3-1-4-2-4 | 0.07 | 2.96 | GF-3-1-4-2-35 | 0.21 | 9.19 | GF-3-1-4-3-2 | 0.07 | 2.79 |
| GF-3-1-4-2-5 | 0.47 | 19.87 | GF-3-1-4-2-36 | 0.47 | 20.31 | GF-3-1-4-3-3 | 0.07 | 2.79 |
| GF-3-1-4-2-6 | 0.47 | 19.77 | GF-3-1-4-2-37 | 0.21 | 8.47 | GF-3-1-4-3-4 | 0.21 | 8.24 |
| GF-3-1-4-2-7 | 0.17 | 7.14 | GF-3-1-4-2-38 | 0.07 | 2.79 | GF-3-1-4-3-5 | 0.30 | 12.03 |
| GF-3-1-4-2-8 | 0.21 | 8.61 | GF-3-1-4-2-39 | 0.42 | 18.00 | GF-3-1-4-3-6 | 0.30 | 12.03 |
| GF-3-1-4-2-9 | 0.21 | 8.95 | GF-3-1-4-2-40 | 0.21 | 8.61 | GF-3-1-4-3-7 | 0.30 | 12.03 |
| GF-3-1-4-2-10 | 0.42 | 17.15 | GF-3-1-4-2-41 | 0.21 | 9.19 | GF-3-1-4-3-8 | 0.30 | 12.03 |
| GF-3-1-4-2-11 | 0.17 | 7.14 | GF-3-1-4-2-42 | 0.21 | 8.61 | GF-3-1-4-3-9 | 0.30 | 12.03 |
| GF-3-1-4-2-12 | 0.17 | 7.14 | GF-3-1-4-2-43 | 0.42 | 18.00 | GF-3-1-4-3-10 | 0.30 | 12.18 |
| GF-3-1-4-2-13 | 0.07 | 2.95 | GF-3-1-4-2-44 | 0.42 | 18.00 | GF-3-1-4-3-11 | 0.30 | 12.03 |
| GF-3-1-4-2-14 | 0.07 | 2.95 | GF-3-1-4-2-45 | 0.21 | 9.04 | GF-3-1-4-3-12 | 0.21 | 8.34 |

续表 6.4.1

| 编号 | α | 径流模数 | 编号 | α | 径流模数 | 编号 | α | 径流模数 |
|---|---|---|---|---|---|---|---|---|
| GF-3-1-4-3-13 | 0.17 | 6.84 | GF-3-1-4-3-29 | 0.21 | 8.34 | GF-3-1-4-3-45 | 0.21 | 8.34 |
| GF-3-1-4-3-14 | 0.21 | 8.24 | GF-3-1-4-3-30 | 0.10 | 4.22 | GF-3-1-4-3-46 | 0.30 | 12.18 |
| GF-3-1-4-3-15 | 0.07 | 2.82 | GF-3-1-4-3-31 | 0.07 | 2.82 | GF-3-1-4-3-47 | 0.21 | 8.34 |
| GF-3-1-4-3-16 | 0.21 | 8.24 | GF-3-1-4-3-32 | 0.21 | 8.34 | GF-3-1-4-3-48 | 0.21 | 8.34 |
| GF-3-1-4-3-17 | 0.07 | 2.82 | GF-3-1-4-3-33 | 0.21 | 8.34 | GF-3-1-4-3-49 | 0.21 | 8.34 |
| GF-3-1-4-3-18 | 0.21 | 8.34 | GF-3-1-4-3-34 | 0.07 | 2.82 | GF-3-1-4-3-50 | 0.07 | 2.82 |
| GF-3-1-4-3-19 | 0.10 | 4.22 | GF-3-1-4-3-35 | 0.21 | 8.34 | GF-3-1-4-3-51 | 0.21 | 8.34 |
| GF-3-1-4-3-20 | 0.07 | 2.82 | GF-3-1-4-3-36 | 0.21 | 8.34 | GF-3-1-4-3-52 | 0.21 | 8.34 |
| GF-3-1-4-3-21 | 0.07 | 2.82 | GF-3-1-4-3-37 | 0.21 | 8.34 | GF-3-1-4-3-53 | 0.21 | 8.34 |
| GF-3-1-4-3-22 | 0.07 | 2.82 | GF-3-1-4-3-38 | 0.10 | 4.22 | GF-3-1-4-3-54 | 0.21 | 8.34 |
| GF-3-1-4-3-23 | 0.21 | 8.34 | GF-3-1-4-3-39 | 0.07 | 2.82 | GF-3-1-4-3-55 | 0.21 | 8.34 |
| GF-3-1-4-3-24 | 0.21 | 8.34 | GF-3-1-4-3-40 | 0.21 | 8.34 | GF-3-1-4-3-56 | 0.21 | 8.34 |
| GF-3-1-4-3-25 | 0.07 | 2.82 | GF-3-1-4-3-41 | 0.21 | 8.34 | GF-3-1-4-3-57 | 0.21 | 8.34 |
| GF-3-1-4-3-26 | 0.10 | 4.22 | GF-3-1-4-3-42 | 0.21 | 8.34 | GF-3-1-4-3-58 | 0.21 | 8.34 |
| GF-3-1-4-3-27 | 0.10 | 4.22 | GF-3-1-4-3-43 | 0.21 | 8.34 | GF-3-1-4-3-59 | 0.30 | 12.18 |
| GF-3-1-4-3-28 | 0.07 | 2.82 | GF-3-1-4-3-44 | 0.21 | 8.34 | GF-3-1-4-3-60 | 0.07 | 2.82 |

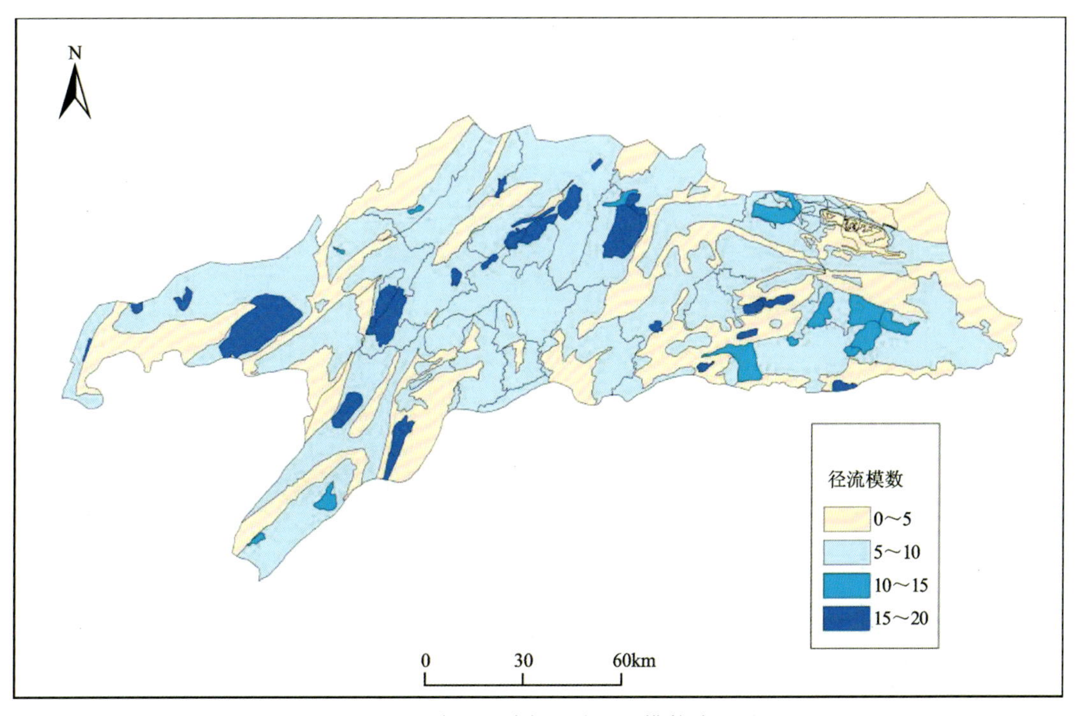


图 6.4.1　清江流域年平均径流模数分区图

## 一、次降水入渗补给系数法

清江流域为重点调查流域，通过论证，选取典型岩溶地下水系统布设地下水监测站，从中挑选出4个六级区：水田坝裂隙水流系统、龙鳞宫暗河岩溶水流系统、高家堰岩溶水流系统（降水量-流量曲线见图6.4.2～图6.4.4）、任家河岩溶水流系统，计算结果作为评价区内寒武系—奥陶系—二叠系—三叠系及碎屑岩地区次降水入渗补给系数。

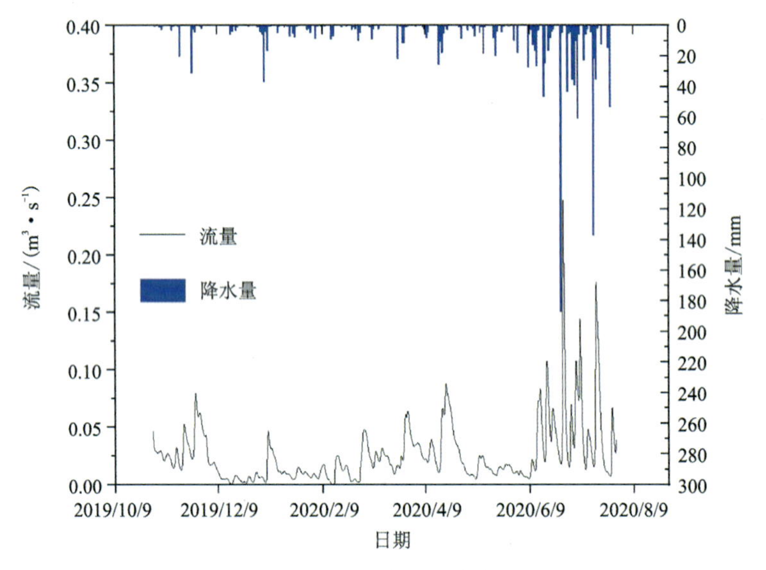


图6.4.2 水田坝裂隙含水系统降水量-流量曲线

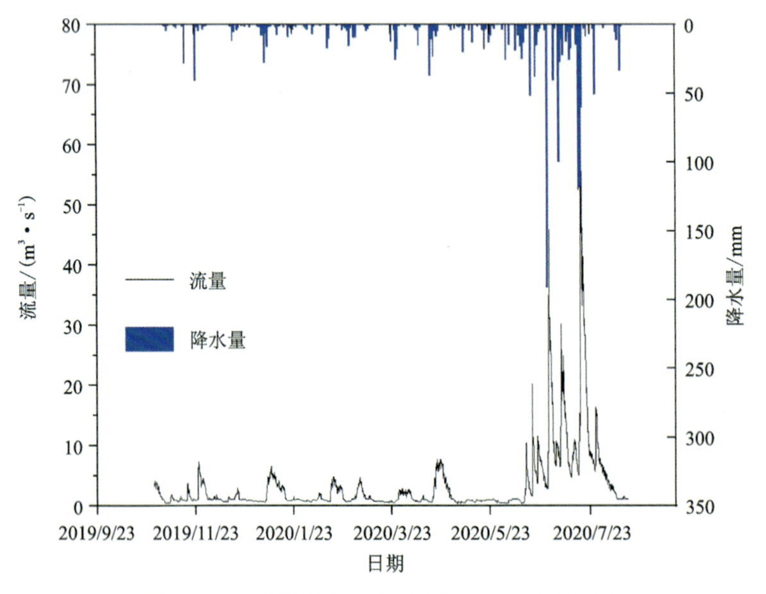


图6.4.3 龙鳞宫岩溶水系统降水量-流量曲线

以图6.4.5所示的岩溶地下水衰减曲线为例，横坐标为流量衰减持续时间$t$，纵坐标为每一时刻流量，以对数形式表示。该曲线表明，流量衰减过程存在4个衰减期，每一衰减期

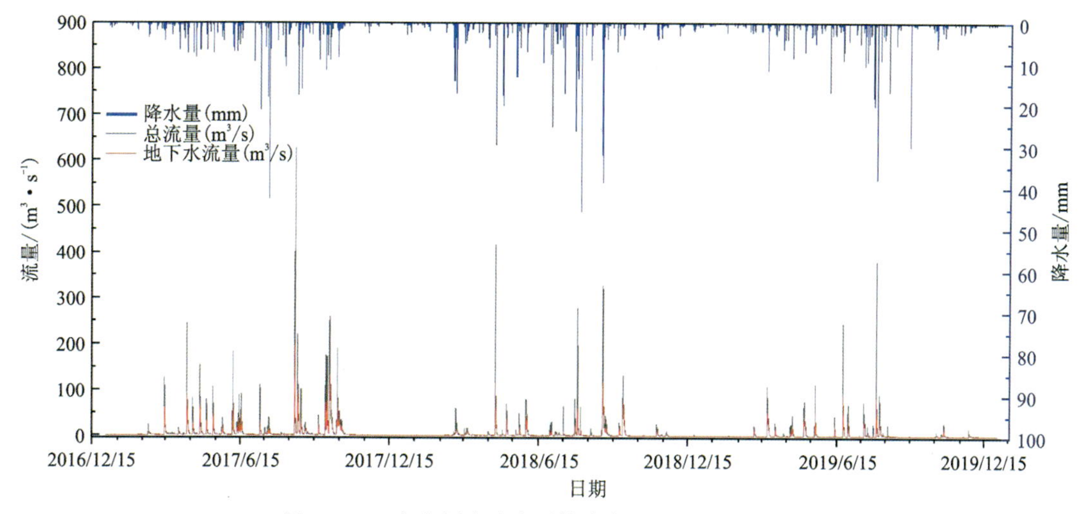


图 6.4.4 高家堰岩溶水系统降水量-流量响应曲线

$lgQ$-$t$ 曲线的斜率即为该衰减期流量衰减系数，该过程每一衰减期衰减系数分别为 $\alpha_1$、$\alpha_2$、$\alpha_3$、$\alpha_4$，曲线斜率递减表明衰减系数随衰减期逐一递减。该流量衰减变化过程即反映了岩溶区多种含水介质地下水释水过程。

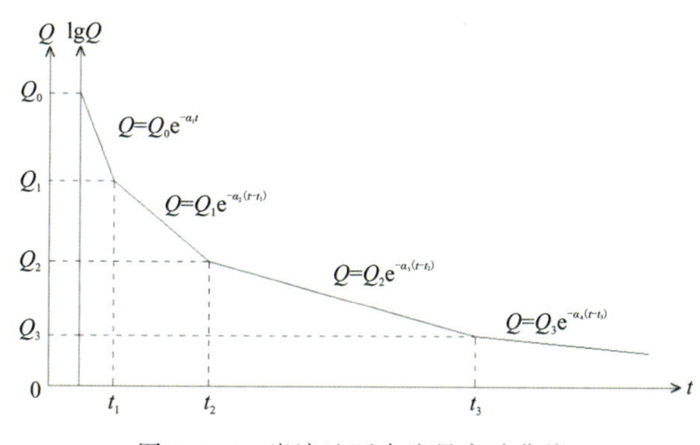


图 6.4.5 岩溶地下水流量衰减曲线

据前人研究，岩溶含水系统多重含水介质释水符合分段指数衰减规律，可采用下式指数函数即衰减方程描述流量的衰减过程：

$$Q_t = \begin{cases} Q_0 \cdot e^{-\alpha_1 t}; & (0, t_1] \\ Q_1 \cdot e^{-\alpha_2 (t-t_1)}; & (t_1, t_2] \\ Q_2 \cdot e^{-\alpha_3 (t-t_2)}; & (t_2, t_3] \\ \cdots \end{cases} \tag{6.9}$$

其中

$$\alpha_i = \frac{\lg Q_{i-1} - \lg Q_i}{0.4343(t_i - t_{i-1})} \tag{6.10}$$

式(5.9)和式(5.10)中：$Q_t$ 为衰减开始后 $t$ 时刻流量；$Q_i$ 为第($i+1$)衰减期初始时刻流量；$\alpha_i$ 为第($i$)衰减期流量衰减系数；$t_i$ 为第($i$)衰减期结束时间。

根据以上方法，对 2019 年 9 月 23 日—2020 年 7 月 23 日龙鳞宫地下河系统 11 个降水-流量响应关系进行分析，龙鳞宫地下河系统流量洪峰退水曲线可分为 3 个阶段：第一阶段为管道释水，第二阶段为宽大裂隙释水，第三阶段为微小裂隙释水。经过 3 个释水阶段后，流量可恢复至基流流量。受实际降水情况限制，并非所有衰减过程都存在完整衰减期，丰水期仅存在第Ⅰ、Ⅱ衰减期。因此，在 11 场降水中挑选出 2020 年 3 月 2 日—2020 年 3 月 21 日流量响应过程，分析该地区 3 个不同的释水阶段持续时间与衰减系数。

表 6.4.2　龙鳞宫地下水系统 3 个阶段时间和衰减系数

| 所处退水阶段 | 衰减系数 $\alpha$ | 各阶段持续时间/h |
|---|---|---|
| 第一阶段 | −0.012 47 | 17 |
| 第二阶段 | −0.005 05 | 74 |
| 第三阶段 | −0.000 76 | 314 |

由计算可得，龙鳞宫地下河系统从第一阶段到第三阶段每一阶段衰减系数递减，持续时间递增。第一阶段衰减系数为−0.012 47，持续时间为 17h；第二阶段衰减期衰减系数为−0.00 505，持续时间为 74h；第三阶段衰减期衰减系数为−0.000 76，持续时间约 314h。根据衰减系数与三阶段持续时间，降水量-入渗系数关系回归曲线如图 6.4.6 所示。

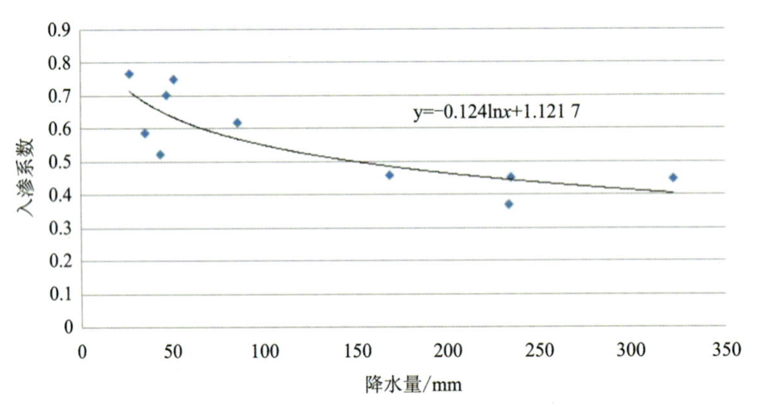


图 6.4.6　龙鳞宫降水量-入渗系数关系图

以上为典型区龙鳞宫入渗系数回归曲线参数求取的完整方法，依据该方法可进一步推求水田坝裂隙水流系统、任家河岩溶水流系统、高家堰岩溶水流系统的降水量-入渗系数关系回归方程，方程如表 6.4.3 所示。

表 6.4.3　各典型区回归方程表

| 典型区 | 类型 | 回归方程 |
|---|---|---|
| 龙鳞宫 | 寒武系—奥陶系地表水＋落水洞灌入式补给 | $\lambda=-0.124\ln P+1.121\ 7$ |
| 任家河 | 二叠系—三叠系岩溶洼地集中灌入式补给 | $\lambda=-0.000\ 3P^2+0.033P-0.109\ 7$ |
| 水田坝 | 基岩裂隙含水系统 | $\lambda=9.145\ 3P^{-1.188}$ |
| 高家堰 | 寒武系—奥陶系岩溶洼地集中灌入式补给 | $\lambda=-6\times10^5P^2+0.009\ 4P+0.126\ 5$ |

根据不同岩性对应不同降雨的次降雨入渗系数，求取年平均降雨入渗系数。根据各分区面积及降雨量计算地下水资源量，并反推出各分区径流模数。

## 二、泉域法

泉域法中岩溶大泉、地下河流量为统测工作实际野外测量所得，选择受雨雪天气影响较小的时期测流。对岩溶泉及地下河所处的系统范围进行调查和圈画，根据 2019—2021 年内的丰、枯水期实测流量的平均值与圈画的地下水系统面积，可计算出其所在含水层的年平均丰、枯水期径流模数，丰、枯水期径流模数均值为全年地下水系统所在含水层径流模数。

在利用径流模数反推降水入渗补给系数时，参考前文对清江流域水文地质概念模型的概化，挑选各概念模型下的典型岩溶泉、暗河，对 2019—2021 年统测数据进行整理分析。将流域内泉域按地下水类型、泉域所处的地层及泉的排泄方式进行分区，共分为 9 种类型：震旦系分散排泄型、寒武系—奥陶系集中排泄型、寒武系—奥陶系分散排泄型、二叠系分散排泄型、二叠系集中排泄型、三叠系分散排泄型、三叠系集中排泄型、基岩裂隙水（不区分地层，基岩裂隙区主要是志留系碎屑岩区，地下水资源量较小，在赋值降水入渗补给系数时归为一类）、红层水（区内红层水主要赋存在侏罗系、白垩系内，水量不大）。泉域分区类型详见图6.4.7，典型泉域参数来源见表 6.4.4。

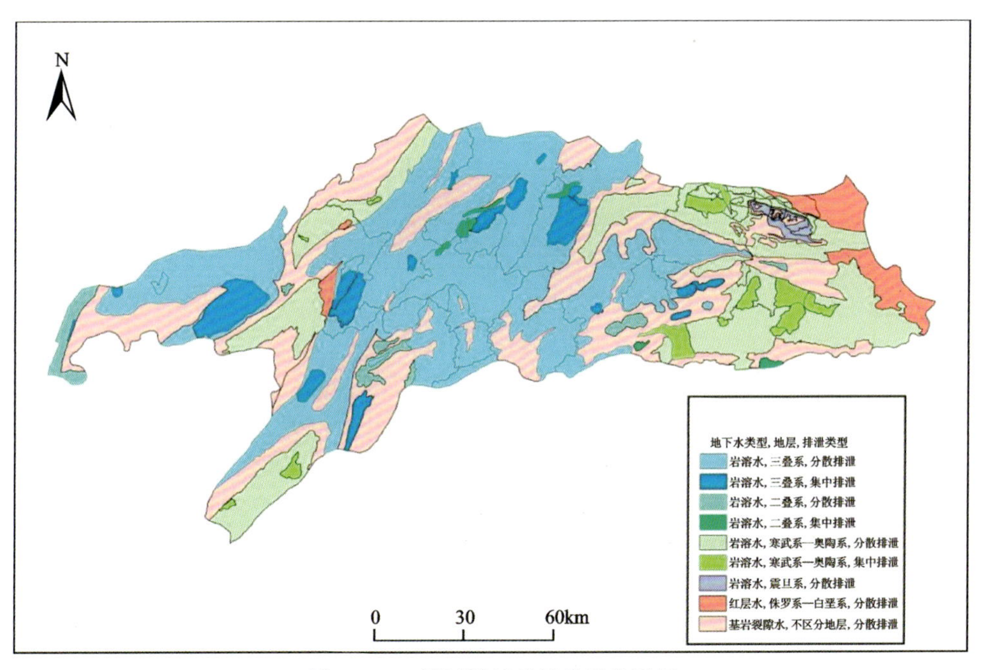


图 6.4.7　清江流域泉域类型分区图

泉域法计算各分区降水入渗补给系数，存在部分分散排泄区泉流量的调查缺失，对于这些区域，降水入渗补给系数赋值时参考前文次降水入渗补给系数法计算所得的值。在换算各六级区降水入渗补给系数时，需各六级区降水量，清江流域内共收集了恩施、宣恩（二）等19 处雨量站多年的日降水量信息，结合泰森多边形法则可计算出每个六级区年降水量并求取降水入渗补给系数（图 6.4.8），为地下水资源量计算提供数据依据。

表 6.4.4 泉类型及基本信息系

| 典型含水系统名称 | 泉域面积/$km^2$ | 丰水期平均流量/($m^3 \cdot s^{-1}$) | 枯水期平均流量/($m^3 \cdot s^{-1}$) | 含水系统类型 | 排泄类型 |
|---|---|---|---|---|---|
| 冷水泉 | 32.42 | 570 | 220 | 寒武系—奥陶系岩溶含水系统 | 集中排泄 |
| 米水河暗河 | 10.93 | 168 | 17 | 寒武系—奥陶系岩溶含水系统 | |
| 洞湾暗河 | 68 | 2230 | 102.5 | 寒武系—奥陶系岩溶含水系统 | |
| 犀牛洞 | 10.75 | 278 | 75.52 | 二叠系岩溶含水系统 | 集中排泄 |
| 黄龙洞 | 18 | 312 | 144 | 二叠系岩溶含水系统 | |
| 响水洞 | 19.01 | 700 | 111.5 | 二叠系岩溶含水系统 | |
| 朱栗山暗河 | 3.929 | 50 | 27.5 | 二叠系岩溶含水系统 | |
| 四方洞 | 5.55 | 150 | 128.5 | 二叠系岩溶含水系统 | |
| 龙洞出口 | 35.96 | 840 | 200 | 三叠系岩溶含水系统 | 集中排泄 |
| 小溪暗河 | 229.93 | 10 000 | 500 | 三叠系岩溶含水系统 | |
| 清江源 | 13.53 | 490 | 180 | 三叠系岩溶含水系统 | |
| 大支坪泉 | 43.46 | 920 | 300 | 三叠系岩溶含水系统 | |
| 稻子坪泉 | 1.529 | 50 | 3 | 三叠系岩溶含水系统 | |
| 水流坪 | 135.6 | 3000 | 300 | 三叠系岩溶含水系统 | |
| 白岩洞 | 12.4 | 370 | 51 | 三叠系岩溶含水系统 | |
| 街坪泉 | 9.783 | 150 | 10 | 三叠系岩溶含水系统 | 分散排泄 |

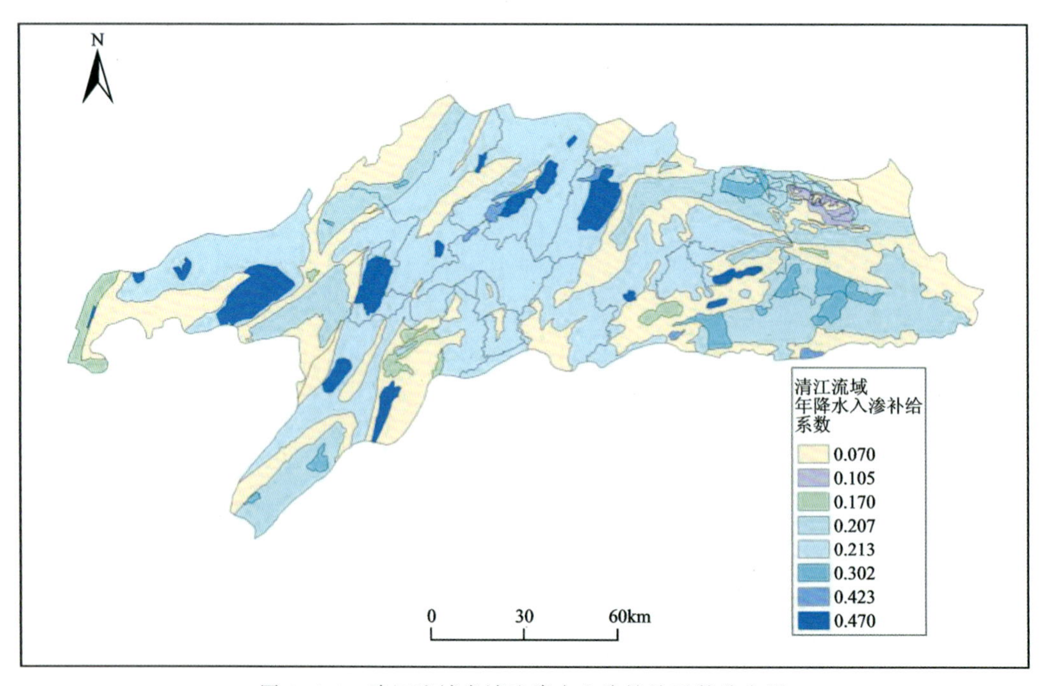


图 6.4.8 清江流域泉域法降水入渗补给系数分布图

## 三、基流分割法

山丘区地下水资源量校核采用基流分割法，选择水文站控制的小流域进行多年径流数据基流分割(图 6.4.9)。在枯水期，河水几乎全部由地下水补给；而在洪水期，河流大部分由降水及地下水补给。因此，结合具体水文地质条件对地表径流的长期观测资料进行分析，可从水文过程曲线图上将补给河水的地下径流分割出来。分割所得基流量来源于赋存在裂隙、溶隙等含水介质中的地下水，该基流量也可视为天然地下水排泄量，亦是校核水资源量。

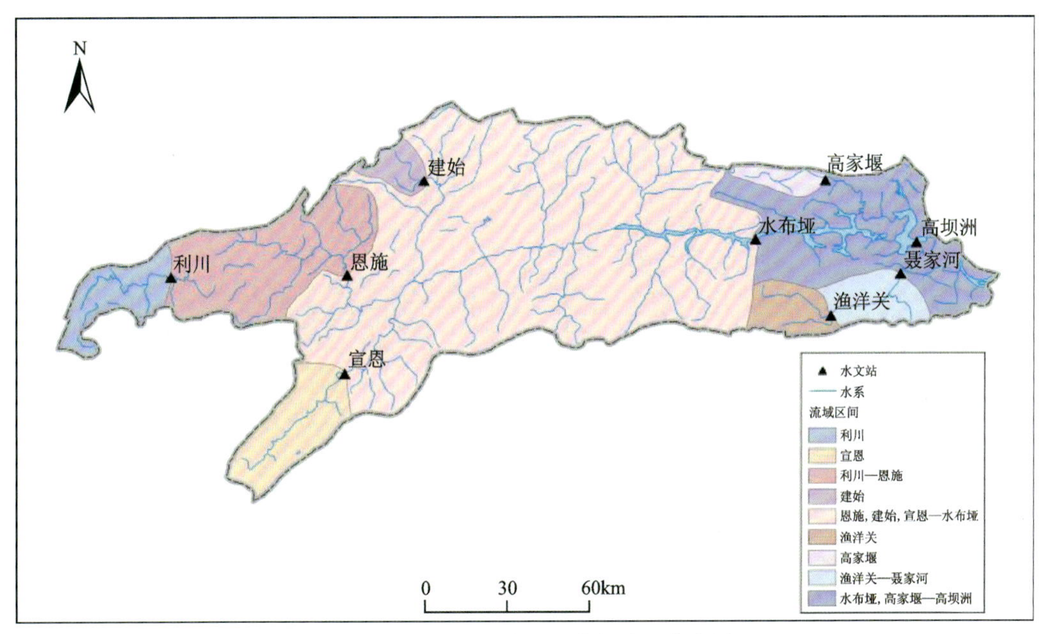


图 6.4.9　清江流域基流分割分区分布图

以清江流域为例，利用恩施、利川等 9 个水文站 2008—2018 年多年日径流数据，求取年平均基流量，基流量视为天然地下水排泄量，结合前文泉域法可反推相应流域除集中排泄大泉以外地区的年均降水入渗补给系数 $\alpha$。

水文站日径流量、平均降水量、评价时段内各流域分区年降水量为前期资料收集整理所得，平均基流量利用 BFI 法分割求得。

以利川、恩施水文站为例，采用 BFI 法对其径流量进行分割，从而得到河川多年平均基流量(图 6.4.10、图 6.4.11)。依据该方法可进一步对其余各站流量数据进行分割，其基本原理是将每年(日历年或水文年)按 $N$ 天为一时段进行划分，确定每一时段内的最小流量，如果某时段最小流量的一定比例值小于左右相邻时段内的最小流量值，则确定其为拐点，将各拐点直线连接，得出基流过程线。过程线下方的面积确定为该年基流量，基流量与河流总径流量的比率定义为基流指数。该程序以计算机代替手工，最适宜处理大量数据，进行长系列河川基流量的自动估算，所得到的建立在多年数据基础上的年基流指数是可信的，对基流趋势分析非常有用，同时可输出拐点、河川日基流量及日流量成果，有利于基流量年内分配的进一步分析。分割结果详见表 6.4.5。

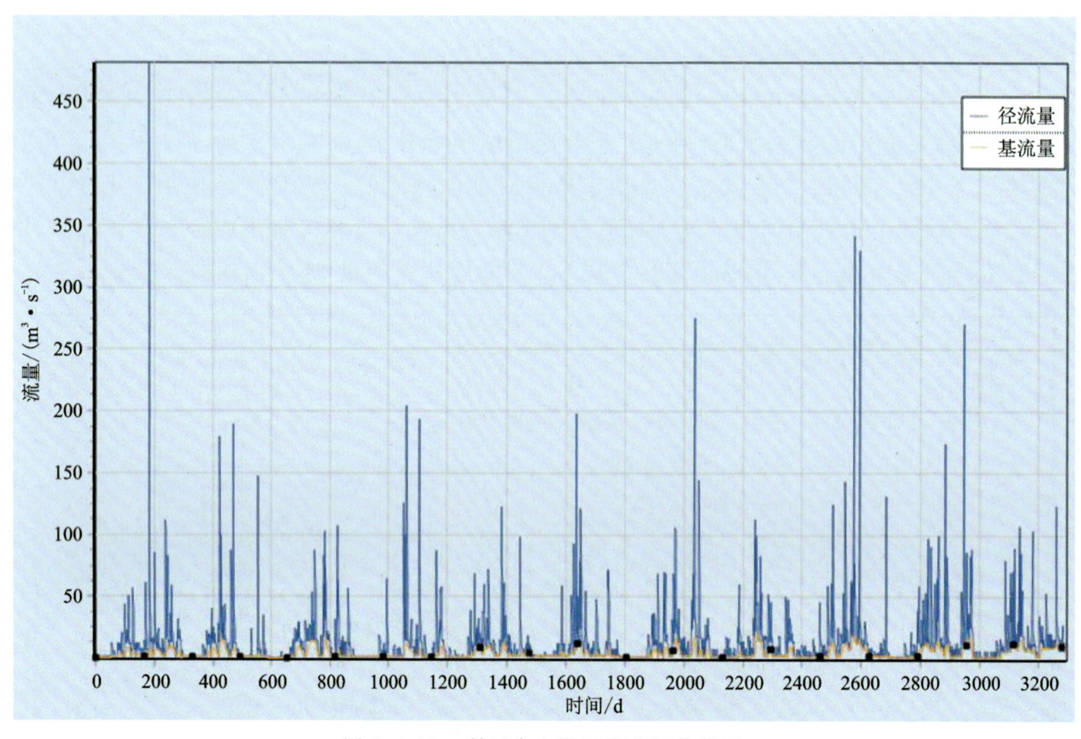


图 6.4.10 利川水文站基流分割曲线图

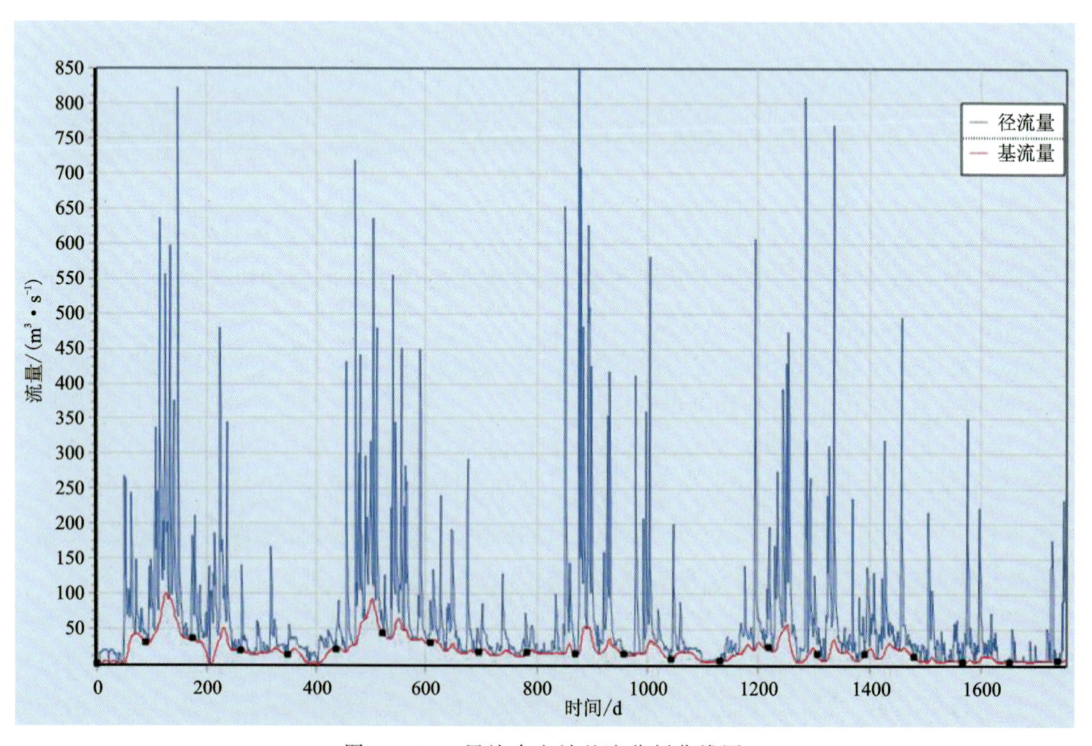


图 6.4.11 恩施水文站基流分割曲线图

表 6.4.5　清江流域地下水资源量参数表(基流分割法)

| 流域区间 | 集水面积/$km^2$ | 基径比 | 年平均基流量/(亿 $m^3 \cdot a^{-1}$) | 基流模数/[$L \cdot (s \cdot km^2)^{-1}$] | 基流深/mm | 降水入渗系数 | 多年平均降水量/mm |
|---|---|---|---|---|---|---|---|
| 建始 | 470 | 0.308 | 0.92 | 9.7 | 304.7 | 0.179 | 1341 |
| 高家堰 | 227 | 0.23 | 0.54 | 5.2 | 165.2 | 0.113 | 1 272.5 |
| 渔洋关 | 610 | 0.30 | 1.01 | 6.8 | 214.5 | 0.130 | 1256 |
| 利川 | 641 | 0.32 | 1.24 | 6.7 | 212.8 | 0.163 | 1 217.8 |
| 宣恩 | 981 | 0.291 | 1.9 | 3.5 | 110.8 | 0.081 | 1 327.2 |
| 渔洋河-聂家河区间 | 515 | 0.22 | 0.82 | 4 | 125.4 | 0.08 | 1256 |
| 利川-恩施区间 | 2321 | 0.316 | 5.33 | 7.1 | 224.6 | 0.166 | 1 286.6 |
| 恩施-宣恩-建始-水布垭区间 | 8954 | 0.35 | 17.67 | 8.6 | 270.5 | 0.197 | 1 363.6 |
| 水布垭-高家堰-高坝洲区间 | 2558 | 0.35 | 11.64 | 8.3 | 261.3 | 0.195 | 1297 |
| 全流域(高坝洲+聂家河) | 17 277 | 0.34 | 41.07 | 7.7 | 243.6 | 0.177 | 1279 |

以清江岩溶流域为例,清江流域基流量与泉域法所得水资源量相差较小,分别为 40.87 亿 $m^3$、40.15 亿 $m^3$,径流组分以慢速流为主;清江流域基流量与次降水入渗法所求水资源量相差较大,原因在于后者径流组分为慢速流及快速流。为进一步证明,山丘区水资源量选择利川水文站以上断面进行水资源量校核。

以利川水文站控制流域范围为例进行地下水资源量校核,经计算,利川水文站断面以上地下水资源量分别为 1.24 亿 $m^3$(基流分割法)和 1.16 亿 $m^3$(泉域法),二者相差 0.08 亿 $m^3$,故在校核区泉域法所得结果合理(表 6.4.6)。

表 6.4.6　利川水文站以上断面校核信息表

| 参数 | 基流分割法 | 泉域法 |
|---|---|---|
| 计算资源量 | 1.24 亿 $m^3$ | 1.16 亿 $m^3$ |
| 计算误差 | 0.08 亿 $m^3$ | |
| 计算误差占比 | 6.4% | |

## 第五节　降水量分布

已收集到清江流域内或周边6个国家基准气象站1951—2017年间的长系列逐日降水量资料，此外由水利部水文局刊印的水文年鉴中收集到清江流域内2002—2015年间共计67个雨量站的逐日降水量资料。基于长系列降水量分析清江流域，通过泰森多边形法，对收集的气象站点1951—2017年间的降水资料进行插值，求得整个清江流域面平均雨量。经计算，清江流域多年平均降水量为1370mm，其中降水量最大年份出现在1983年，降水量为1931mm，最小降水量出现在2006年，降水量仅为1004mm，极差比约1.92。从空间分布看，清江流域降水量呈现东西多中部少的空间分布特征(图6.5.1)。其中，降水量最大的区域出现在清江流域西北区域建始县米水河流域，多年平均降水量超过1500mm；位于清江流域西南区域的渔洋河下游降水量超过1400mm，是清江流域另一个降水量丰沛的区域；降水量最小区域位于清江干流水布垭水库两侧，多年平均降水量仅为1110mm左右。清江流域降水存在明显的丰枯交替的规律，20世纪80年代、90年代处于降水量比较多的时期，而2000年之后处于较为干旱的时期，尤其是2001—2010期间，平均降水量仅为1270mm左右，较多年平均偏少100mm。整体来说，清江流域降水量年际波动较大，有明显丰枯交替的变化规律，趋势性变化不明显(表6.5.1)。

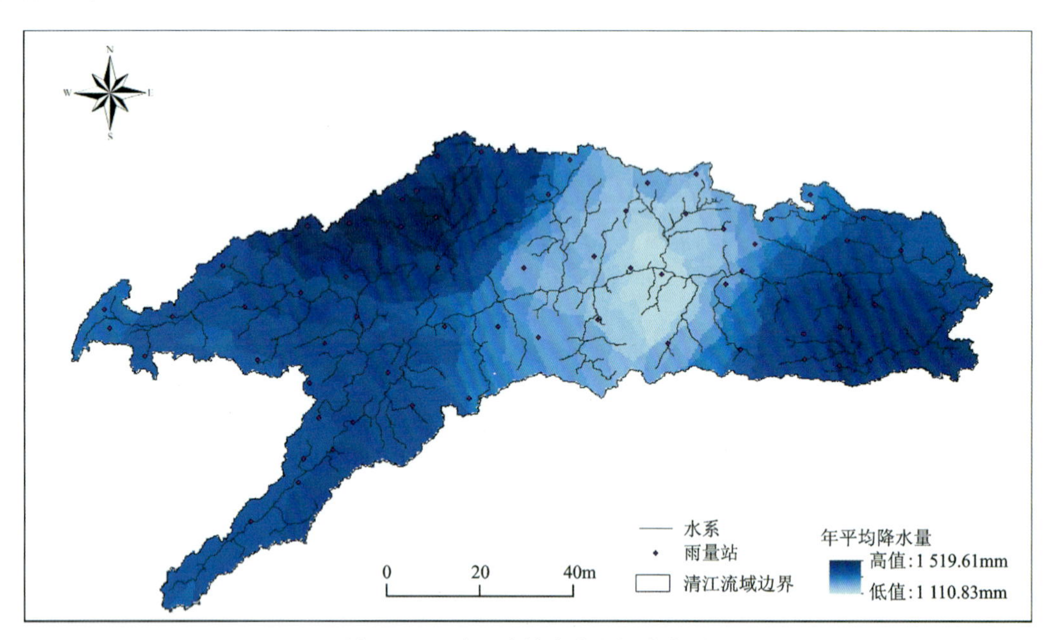


图6.5.1　清江流域降水空间分布图

采用皮尔逊Ⅲ型(PⅢ)分布对实测降水资料进行频率分析，分布参数通过极大似然法估计，结果如图6.5.2所示，发现PⅢ分布能够很好地拟合实测年降水量数据。根据频率分析的结果，清江流域1%、5%、10%、50%、90%、95%、99%概率对应的年降水量分别为1988mm、1776mm、1673mm、1357mm、1157mm、1058mm、966mm(图6.5.3)。

**表 6.5.1　清江流域 20 世纪不同年代平均年降水量**

| 时期 | 50 年代 | 60 年代 | 70 年代 | 80 年代 | 90 年代 | 00 年代 | 10 年代 |
|---|---|---|---|---|---|---|---|
| 降水量/mm | 1 315.8 | 1 417.7 | 1 408.3 | 1 417.1 | 1 422.9 | 1 269.5 | 1 322.9 |

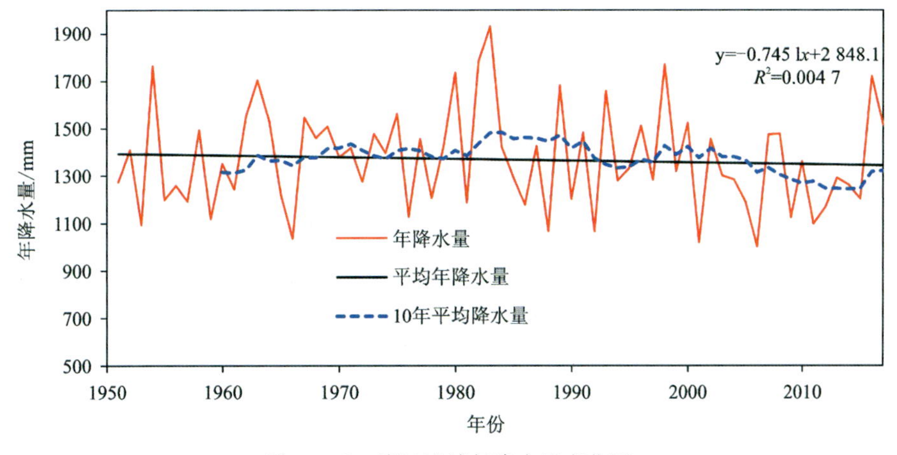


图 6.5.2　清江流域年降水量变化图

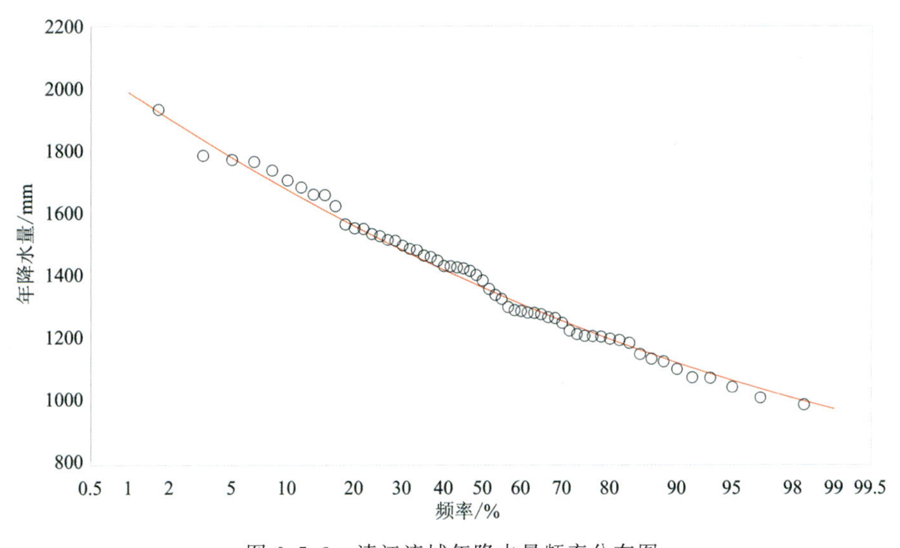


图 6.5.3　清江流域年降水量频率分布图

通过对清江流域 67 年的实测月降水资料的季节性进行分析，结果如表 6.5.2 与图 6.5.4 所示，发现受亚热带季风气候的影响，清江流域降水量具有较强的季节性变化，降水量最为集中的 3 个月份为 5 月、6 月、7 月，占全年总降水量的比例超过 40%，其中 7 月的雨量最大，达到 218mm，占全年降水量的比例超过 15%。冬季的 3 个月份(12 月、1 月、2 月)为降水量最小的月份，特别是 1 月，多年平均降水量仅为 32mm，占全年总降水量的 2.23%。不同月份降水量的年际波动较大，根据实测降水资料，7 月最小降水量不足 50mm，而最高年份的降水量超过 500mm，极差比达到 10，降水量的巨大波动使得清江流域易发生旱涝灾害。

表 6.5.2 清江流域多年降水量季节分配表

| 月份 | 1 | 2 | 3 | 4 | 5 | 6 | 7 | 8 | 9 | 10 | 11 | 12 |
|---|---|---|---|---|---|---|---|---|---|---|---|---|
| 降水量/mm | 32.0 | 45.4 | 73.5 | 130.2 | 197.4 | 197.6 | 218.4 | 162.1 | 151.5 | 121.5 | 70.3 | 33.7 |
| 占比/% | 2.23 | 3.17 | 5.13 | 9.08 | 13.77 | 13.78 | 15.23 | 11.31 | 10.57 | 8.48 | 4.90 | 2.35 |

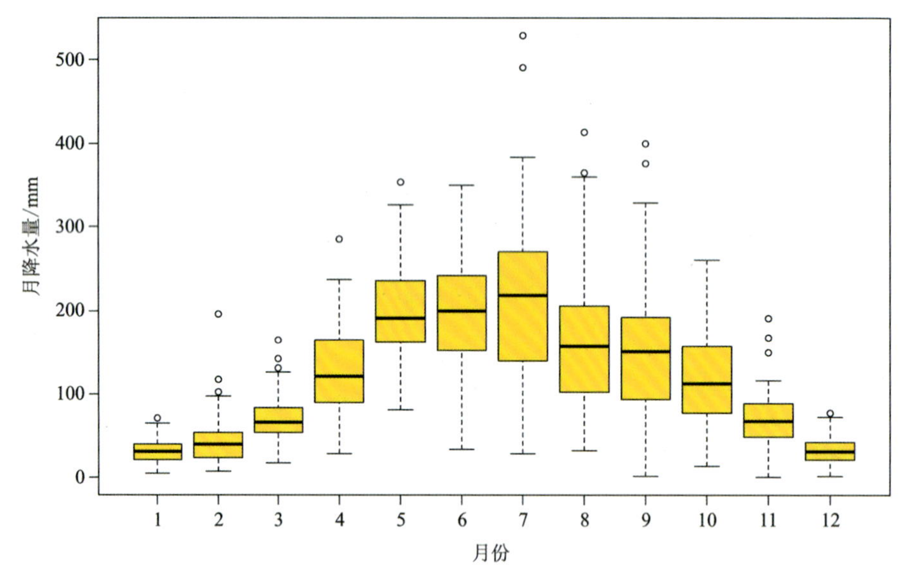


图 6.5.4 清江流域多年降水量季节分布图

## 第六节 地下水资源汇总

根据以上的评价方法,清江流域 2000—2020 年多年平均地下水资源量评价结果如表 6.6.1 所示。清江流域的地下水资源总量为 41.21 亿 $m^3/a$。按照五级评价分区,清江利川三叠系岩溶含水系统区(GF-3-1-4-1)地下水资源量为 7.91 亿 $m^3/a$,清江野三关三叠系岩溶含水系统区(GF-3-1-4-2)地下水资源量为 24.7 亿 $m^3/a$,清江长阳-五峰寒武系岩溶含水系统区(GF-3-1-4-3)地下水资源量为 8.6 亿 $m^3/a$。从地下水类型分析,碳酸盐岩类岩溶水的资源量占总资源量的 88.45%,为 36.45 亿 $m^3/a$,基岩裂隙水和红层孔隙裂隙水的资源量分别为 4.18 亿 $m^3/a$、0.58 亿 $m^3/a$。

按照同样的方法,清江流域 2021 年度地下水资源量为 38.05 亿 $m^3/a$,2020 年度(2019 年 7 月—2020 年 6 月)地下水资源量为 33.73 亿 $m^3/a$。

**表 6.6.1 清江流域六级分区地下水资源量表**

| 编号 | 面积/km² | 2021 年度资源量/（万 m³ · a⁻¹） | 周期性资源量/（万 m³ · a⁻¹） | 编号 | 面积/km² | 2021 年度资源量/（万 m³ · a⁻¹） | 周期性资源量/（万 m³ · a⁻¹） |
|---|---|---|---|---|---|---|---|
| GF-3-1-4-1-1 | 139.75 | 1 396.33 | 1 325.22 | GF-3-1-4-2-1 | 8.68 | 354.77 | 356.48 |
| GF-3-1-4-1-2 | 5.37 | 286.46 | 309.92 | GF-3-1-4-2-2 | 29.94 | 1 072.94 | 1 229.77 |
| GF-3-1-4-1-3 | 50.95 | 1 229.44 | 1 370.22 | GF-3-1-4-2-3 | 389.46 | 12 096.77 | 10 956.19 |
| GF-3-1-4-1-4 | 9.90 | 528.16 | 568.95 | GF-3-1-4-2-4 | 253.83 | 2 595.41 | 2 410.92 |
| GF-3-1-4-1-5 | 145.93 | 2 726.33 | 3 071.36 | GF-3-1-4-2-5 | 62.77 | 3 038.57 | 4 013.56 |
| GF-3-1-4-1-6 | 486.62 | 5 030.77 | 4 227.19 | GF-3-1-4-2-6 | 51.79 | 2 507.09 | 3 311.90 |
| GF-3-1-4-1-7 | 8.67 | 166.17 | 199.38 | GF-3-1-4-2-7 | 14.79 | 292.01 | 338.98 |
| GF-3-1-4-1-8 | 255.80 | 13 745.76 | 15 659.32 | GF-3-1-4-2-8 | 59.89 | 1 588.59 | 1 682.25 |
| GF-3-1-4-1-9 | 355.10 | 11 086.37 | 9 970.49 | GF-3-1-4-2-9 | 10.03 | 219.50 | 291.16 |
| GF-3-1-4-1-10 | 19.85 | 1 059.04 | 1 147.34 | GF-3-1-4-2-10 | 8.50 | 476.34 | 462.85 |
| GF-3-1-4-1-11 | 59.20 | 627.58 | 573.74 | GF-3-1-4-2-11 | 71.28 | 1 237.04 | 1 648.70 |
| GF-3-1-4-1-12 | 2.74 | 108.85 | 111.90 | GF-3-1-4-2-12 | 17.39 | 329.72 | 403.09 |
| GF-3-1-4-1-13 | 8.07 | 89.15 | 77.33 | GF-3-1-4-2-13 | 96.40 | 914.43 | 916.91 |
| GF-3-1-4-1-14 | 833.23 | 20 268.25 | 22 607.24 | GF-3-1-4-2-14 | 81.52 | 776.54 | 779.38 |
| GF-3-1-4-1-15 | 189.90 | 6 030.24 | 5 322.89 | GF-3-1-4-2-15 | 24.00 | 272.68 | 220.68 |
| GF-3-1-4-1-16 | 6.05 | 250.25 | 250.72 | GF-3-1-4-2-16 | 51.44 | 1 039.95 | 1 118.63 |
| GF-3-1-4-1-17 | 231.44 | 7 548.85 | 6 417.06 | GF-3-1-4-2-17 | 182.29 | 2 071.50 | 1 654.68 |
| GF-3-1-4-1-18 | 624.15 | 6 761.79 | 5 921.81 | GF-3-1-4-2-18 | 12.84 | 738.66 | 774.71 |

**续表 6.6.1**

| 编号 | 面积/km² | 2021 年度资源量/（万 m³ · a⁻¹） | 周期性资源量/（万 m³ · a⁻¹） | 编号 | 面积/km² | 2021 年度资源量/（万 m³ · a⁻¹） | 周期性资源量/（万 m³ · a⁻¹） |
|---|---|---|---|---|---|---|---|
| GF-3-1-4-2-19 | 643.10 | 14 721.18 | 18 643.18 | GF-3-1-4-2-37 | 74.54 | 1 938.20 | 2 010.78 |
| GF-3-1-4-2-20 | 483.59 | 4 676.93 | 4 599.80 | GF-3-1-4-2-38 | 635.31 | 7 003.98 | 5 706.32 |
| GF-3-1-4-2-21 | 9.75 | 258.72 | 265.25 | GF-3-1-4-2-39 | 9.42 | 187.99 | 534.37 |
| GF-3-1-4-2-22 | 89.32 | 2 210.49 | 2 621.07 | GF-3-1-4-2-40 | 548.24 | 10 995.56 | 15 392.33 |
| GF-3-1-4-2-23 | 7.51 | 195.37 | 205.33 | GF-3-1-4-2-41 | 236.31 | 5 948.32 | 6 916.16 |
| GF-3-1-4-2-24 | 274.98 | 7 228.62 | 7 831.32 | GF-3-1-4-2-42 | 696.77 | 16 452.22 | 18 799.38 |
| GF-3-1-4-2-25 | 4.23 | 46.87 | 39.13 | GF-3-1-4-2-43 | 1.14 | 65.18 | 70.41 |
| GF-3-1-4-2-26 | 9.09 | 96.41 | 87.29 | GF-3-1-4-2-44 | 24.01 | 1 367.96 | 1 484.28 |
| GF-3-1-4-2-27 | 143.32 | 3 597.96 | 4 132.09 | GF-3-1-4-2-45 | 121.34 | 3 127.05 | 3 365.81 |
| GF-3-1-4-2-28 | 203.48 | 5 368.26 | 5 683.27 | GF-3-1-4-2-46 | 43.11 | 2 456.80 | 2 625.00 |
| GF-3-1-4-2-29 | 19.14 | 1 101.09 | 1 147.70 | GF-3-1-4-2-47 | 14.44 | 822.62 | 866.46 |
| GF-3-1-4-2-30 | 22.80 | 1 311.55 | 1 369.00 | GF-3-1-4-2-48 | 135.50 | 5 218.02 | 7 990.03 |
| GF-3-1-4-2-31 | 91.46 | 5 004.69 | 5 944.91 | GF-3-1-4-2-49 | 8.79 | 329.74 | 512.44 |
| GF-3-1-4-2-32 | 41.91 | 2 293.16 | 2 725.28 | GF-3-1-4-2-50 | 12.41 | 465.30 | 721.38 |
| GF-3-1-4-2-33 | 459.99 | 12 200.78 | 12 615.28 | GF-3-1-4-2-51 | 17.03 | 622.17 | 894.59 |
| GF-3-1-4-2-34 | 167.70 | 3 378.17 | 3 624.62 | GF-3-1-4-2-52 | 11.50 | 286.00 | 289.39 |
| GF-3-1-4-2-35 | 23.97 | 593.66 | 703.96 | GF-3-1-4-2-53 | 43.43 | 2 315.39 | 2 581.17 |
| GF-3-1-4-2-36 | 12.44 | 708.92 | 796.86 | GF-3-1-4-2-54 | 271.19 | 6 101.98 | 7 317.27 |

**续表 6.6.1**

| 编号 | 面积/$km^2$ | 2021 年度资源量/（万 $m^3$ · $a^{-1}$） | 周期性资源量/（万 $m^3$ · $a^{-1}$） | 编号 | 面积/$km^2$ | 2021 年度资源量/（万 $m^3$ · $a^{-1}$） | 周期性资源量/（万 $m^3$ · $a^{-1}$） |
|---|---|---|---|---|---|---|---|
| GF-3-1-4-2-55 | 193.10 | 2 131.89 | 1 804.52 | GF-3-1-4-3-9 | 39.65 | 1 296.27 | 1 566.16 |
| GF-3-1-4-2-56 | 19.42 | 212.57 | 173.67 | GF-3-1-4-3-10 | 72.28 | 2 432.11 | 2 852.88 |
| GF-3-1-4-2-57 | 9.64 | 549.40 | 591.88 | GF-3-1-4-3-11 | 43.65 | 1 760.05 | 1 710.86 |
| GF-3-1-4-2-58 | 564.94 | 5 272.88 | 5 018.68 | GF-3-1-4-3-12 | 133.30 | 4 021.35 | 3 579.10 |
| GF-3-1-4-2-59 | 5.65 | 211.85 | 326.84 | GF-3-1-4-3-13 | 12.08 | 167.11 | 266.00 |
| GF-3-1-4-2-60 | 277.00 | 4 726.23 | 7 159.69 | GF-3-1-4-3-14 | 1 058.81 | 28 918.26 | 28 349.30 |
| GF-3-1-4-2-61 | 106.64 | 774.95 | 902.46 | GF-3-1-4-3-15 | 237.05 | 1 808.88 | 2 160.25 |
| GF-3-1-4-2-62 | 32.28 | 356.37 | 291.94 | GF-3-1-4-3-16 | 74.78 | 1 999.89 | 1 977.31 |
| GF-3-1-4-2-63 | 774.65 | 19 864.74 | 22 209.96 | GF-3-1-4-3-17 | 311.11 | 2 233.35 | 2 742.65 |
| GF-3-1-4-2-64 | 913.62 | 20 784.22 | 24 820.51 | GF-3-1-4-3-18 | 256.67 | 5 754.34 | 6 808.51 |
| GF-3-1-4-3-1 | 17.41 | 975.66 | 968.80 | GF-3-1-4-3-19 | 37.35 | 427.26 | 501.15 |
| GF-3-1-4-3-2 | 57.93 | 645.77 | 526.92 | GF-3-1-4-3-20 | 103.38 | 791.41 | 920.73 |
| GF-3-1-4-3-3 | 157.21 | 1 622.69 | 1 438.84 | GF-3-1-4-3-21 | 0.45 | 3.45 | 3.98 |
| GF-3-1-4-3-4 | 32.68 | 1 076.23 | 873.76 | GF-3-1-4-3-22 | 13.13 | 100.53 | 116.87 |
| GF-3-1-4-3-5 | 11.32 | 472.94 | 448.29 | GF-3-1-4-3-23 | 10.34 | 233.83 | 272.46 |
| GF-3-1-4-3-6 | 87.15 | 3 640.31 | 3 396.83 | GF-3-1-4-3-24 | 0.81 | 18.41 | 21.28 |
| GF-3-1-4-3-7 | 6.84 | 285.57 | 267.14 | GF-3-1-4-3-25 | 0.82 | 6.25 | 7.14 |
| GF-3-1-4-3-8 | 54.31 | 2 268.36 | 2 148.72 | GF-3-1-4-3-26 | 25.15 | 287.69 | 335.17 |

**续表 6.6.1**

| 编号 | 面积/km² | 2021 年度资源量/（万 m³ · a⁻¹） | 周期性资源量/（万 m³ · a⁻¹） | 编号 | 面积/km² | 2021 年度资源量/（万 m³ · a⁻¹） | 周期性资源量/（万 m³ · a⁻¹） |
|---|---|---|---|---|---|---|---|
| GF-3-1-4-3-27 | 17.76 | 135.98 | 159.14 | GF-3-1-4-3-44 | 1.82 | 41.08 | 46.70 |
| GF-3-1-4-3-28 | 5.64 | 43.21 | 49.74 | GF-3-1-4-3-45 | 4.96 | 112.07 | 128.08 |
| GF-3-1-4-3-29 | 3.51 | 98.25 | 89.65 | GF-3-1-4-3-46 | 58.58 | 2 096.67 | 2 185.66 |
| GF-3-1-4-3-30 | 12.26 | 140.19 | 161.69 | GF-3-1-4-3-47 | 4.98 | 145.60 | 126.61 |
| GF-3-1-4-3-31 | 2.15 | 16.46 | 18.85 | GF-3-1-4-3-48 | 4.94 | 144.02 | 126.40 |
| GF-3-1-4-3-32 | 9.77 | 285.43 | 251.08 | GF-3-1-4-3-49 | 19.57 | 571.79 | 500.93 |
| GF-3-1-4-3-33 | 6.41 | 145.07 | 166.85 | GF-3-1-4-3-50 | 58.36 | 454.30 | 516.01 |
| GF-3-1-4-3-34 | 2.17 | 17.02 | 18.98 | GF-3-1-4-3-51 | 11.51 | 329.65 | 293.27 |
| GF-3-1-4-3-35 | 2.30 | 67.14 | 59.06 | GF-3-1-4-3-52 | 266.21 | 6 432.56 | 6 823.66 |
| GF-3-1-4-3-36 | 23.06 | 609.12 | 595.01 | GF-3-1-4-3-53 | 0.88 | 24.25 | 22.25 |
| GF-3-1-4-3-37 | 4.96 | 112.27 | 129.13 | GF-3-1-4-3-54 | 17.21 | 502.92 | 437.31 |
| GF-3-1-4-3-38 | 15.55 | 185.46 | 202.77 | GF-3-1-4-3-55 | 1.61 | 47.03 | 40.87 |
| GF-3-1-4-3-39 | 9.00 | 75.02 | 78.55 | GF-3-1-4-3-56 | 25.08 | 235.63 | 215.83 |
| GF-3-1-4-3-40 | 9.24 | 208.87 | 239.11 | GF-3-1-4-3-57 | 10.74 | 297.96 | 272.62 |
| GF-3-1-4-3-41 | 2.29 | 51.86 | 59.36 | GF-3-1-4-3-58 | 186.76 | 4 908.87 | 4 815.64 |
| GF-3-1-4-3-42 | 11.92 | 293.02 | 307.22 | GF-3-1-4-3-59 | 18.23 | 662.97 | 675.81 |
| GF-3-1-4-3-43 | 6.20 | 61.36 | 53.75 | GF-3-1-4-3-60 | 216.58 | 1 538.99 | 1 874.45 |

# 第七章　清江流域地下水化学特征与水质状况

## 第一节　基本特征

2021 年对清江流域震旦系—三叠系岩溶含水岩组出露的岩溶大泉及地下河进行采集，共采集地下水样品 208 个。地下水温度($T$)、pH 和电导率(EC)采用多参数水质分析测定仪现场测定。样品采集后用 0.45μm 醋酸纤维滤膜过滤，过滤后在用于阳离子分析的样品中加入浓硝酸酸化至 pH 小于 2，用于阴离子分析的样品不添加保护剂，然后存储于聚乙烯瓶密封避光冷藏保存。地下水 $HCO_3^-$ 含量用浓度为 0.02mol/L 的稀盐酸溶液滴定，指示剂为甲基橙。用 ICP-OES(ICAP 6300)测定其中阳离子含量，用离子色谱仪(ICS-1100)测定阴离子含量，测试精度均为±0.001mg/L。样品测定过程中定期加入标准、平行和空白样品以保证数据质量。

清江流域地下水夏季水温大多为 10.6～21℃，此外流域内盐池温泉温度可达 42℃。其感官上多呈无色、无味、无臭、透明状，部分地下水点雨后出现浑浊。地下水 pH 偏弱碱性，除个别地下水点受污染影响呈酸性外，pH 变化范围在 6.71～8.98 之间，平均值为 7.89，反映了清江流域受碳酸盐岩溶解的影响，其中最小值位于宜昌市长阳土家族自治县都镇湾镇嵩水坪，最大值位于恩施州恩施市沐抚乡。地下水电导率变化范围较大，为 68.7～686μs/cm，最大值出现在宜昌市长阳土家族自治县渔峡口镇盐池温泉，为 7010μs/cm，平均值为 333.5μs/cm。

地下水总溶解性固体($TDS=K^+ + Na^+ + Ca^{2+} + Mg^{2+} + HCO_3^- + Cl^- + SO_4^{2-} + NO_3^-$)的含量多为 67.24～761.32mg/L，平均值为 318.9mg/L，略高于我国长江 TDS 平均值 220mg/L，其中最低值点位于恩施州建始县盛竹；TDS 最高点位于盐池温泉。流域内地下水主要阳离子含量依次为 $Ca^{2+}>Mg^{2+}>Na^+>K^+$，其中 $Ca^{2+}$、$Mg^{2+}$ 为主要的阳离子，平均质量浓度分别为 62.87mg/L、9.35mg/L，$Na^+$、$K^+$ 含量较少，平均质量浓度分别为 7.96mg/L、1.25mg/L。地下水主要阴离子含量依次为 $HCO_3^->SO_4^{2-}>NO_3^->Cl^-$，其中 $HCO_3^-$ 为主要的阳离子，平均质量浓度分别为 204.12mg/L，$SO_4^{2-}$、$NO_3^-$、$Cl^-$ 含量较少，平均质量浓度分别为 21.99mg/L、13.69mg/L、11.15mg/L。

地下水总阳离子当量($TZ^+=[K^+]+[Na^+]+[Ca^{2+}]+[Mg^{2+}]$)变化范围为 0.49～8.75meq/L(1meq/L=1mg/L×原子价×化学结构式量)，平均值为 3.96meq/L，略高于长江 $TZ^+$ 平均值 2.8meq/L；总阴离子当量($TZ^-=[HCO_3^-]+[SO_4^{2-}]+[NO_3^-]+[Cl^-]$)变化范围为 0.9～10.27meq/L，平均值为 3.97meq/L。大多数地下水样品的无机离子电荷平衡系数

(NICB=(TZ$^+$−TZ$^-$)/TZ$^+$×100%)介于−10%～+10%之间,说明无机电荷平衡较好,阴阳离子测试结果可信。

主要离子 Piper 图可以直观反映水体主要离子组成特征,可辨别其控制因素。对阳离子而言,蒸发岩(主要包括石膏、硬石膏和盐岩等)风化产物常落在 $Na^+$ + $K^+$ 一端;灰岩风化产物中以 $Ca^{2+}$ 为主,靠近 $Ca^{2+}$ 一端;白云岩风化产物应落在 $Ca^{2+}$-$Mg^{2+}$ 线中间[$C(Ca^{2+}):C(Mg^{2+})=1:1$];硅酸盐岩类风化产物应落在 $Ca^{2+}$-$Mg^{2+}$ 线偏向 $Na^+$ + $K^+$ 一端。对阴离子而言,碳酸盐岩风化产物落在 $HCO_3^-$ 一端,蒸发岩风化产物落在 $SO_4^{2-}$ + $Cl^-$ 比例较高的一端。清江流域地下水阳离子靠近 $Ca^{2+}$ 和 $Mg^{2+}$ 比例较高的方向,显示了碳酸盐岩(白云岩+灰岩)风化作用的特点;阴离子以 $HCO_3^-$ 为主,主要离子组成表明流域内地下水水化学类型以 $HCO_3$-Ca 型为主,盐池温泉呈 $SO_4$-Ca 型(图 7.1.1)。

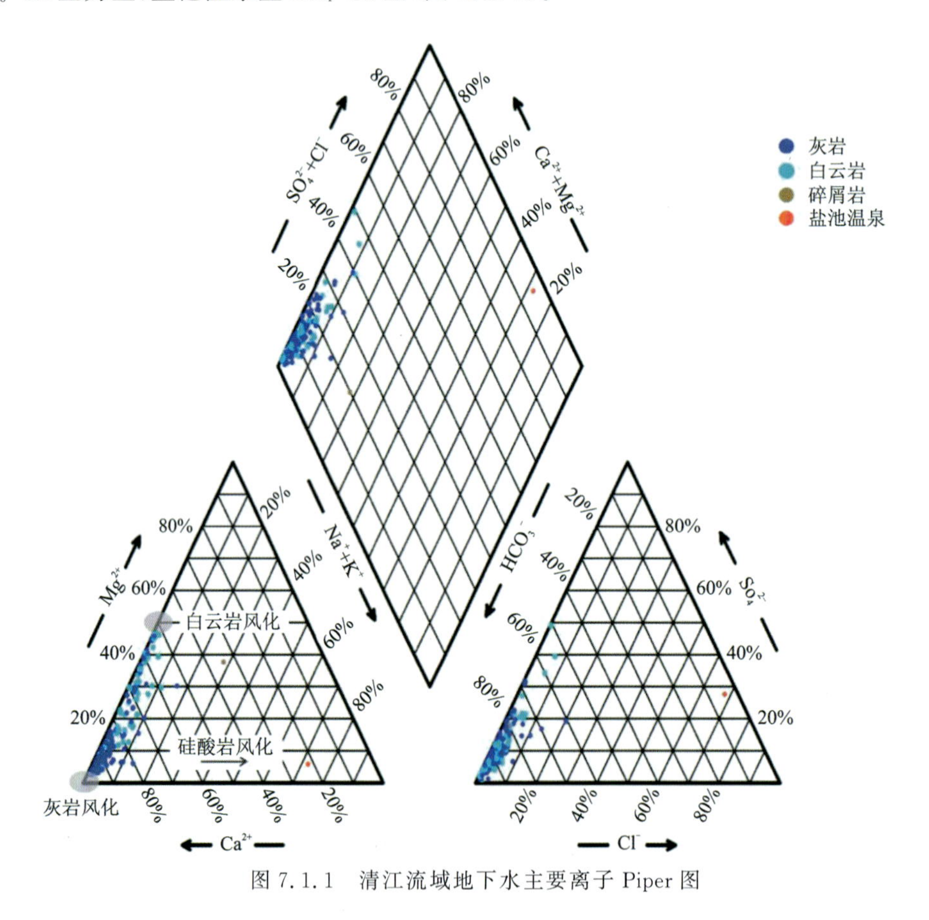


图 7.1.1 清江流域地下水主要离子 Piper 图

## 第二节 岩溶水化学特征与物源

### 一、岩溶水中主要离子相关性

为揭示清江流域地下水化学成因,利用 SPSS 软件对 2021 年丰水期(7—8 月)地下水中主要阴阳离子和 TDS 进行 Pearson 相关分析，结果如表 7.2.1 所示。$Mg^{2+}$ 与 $Ca^{2+}$ 和 $HCO_3^-$ 的相关性最好，说明二者有同源关系，指示了 $Mg^{2+}$ 主要来源于白云岩溶解；$Na^+$ 与 $Cl^-$ 相关性较好，Pearson 相关系数为 1，说明两者有同源关系，指示了地下水中的 $Na^+$ 和 $Cl^-$ 主要来源于岩盐溶解。$Ca^{2+}$ 与 $Na^+$、$K^+$ 相关性较好，说明 3 种阳离子有相同的物质来源；$SO_4^{2-}$ 与 $Cl^-$ 相关性最好，说明两种阴离子有相同的物质来源；$NO_3^-$ 与 $K^+$、$Na^+$、$SO_4^{2-}$、$Cl^-$ 相关性差，说明人类污染并不是影响地下水中 $K^+$、$Na^+$、$SO_4^{2-}$、$Cl^-$、$NO_3^-$ 主要物质来源。流域内地质条件分析表明，流域主要分布以灰岩、白云岩为主的碳酸盐岩，其中伴生石膏、钾盐、硫化物、盐岩等矿物。根据相关性分析，可以推断以上离子来源为清江流域的蒸发岩。

表 7.2.1 岩溶水中主要离子相关系数矩阵

| 指标 | TDS | $Ca^{2+}$ | $Mg^{2+}$ | $Na^+$ | $K^+$ | $HCO_3^-$ | $SO_4^{2-}$ | $Cl^-$ | $NO_3^-$ |
|---|---|---|---|---|---|---|---|---|---|
| TDS | 1 | | | | | | | | |
| $Ca^{2+}$ | 0.877 | 1 | | | | | | | |
| $Mg^{2+}$ | 0.510 | 0.424 | 1 | | | | | | |
| $Na^+$ | 0.936 | 0.717 | 0.277 | 1 | | | | | |
| $K^+$ | 0.884 | 0.719 | 0.25 | 0.923 | 1 | | | | |
| $HCO_3^-$ | 0.316 | 0.514 | 0.709 | −0.027 | −0.008 | 1 | | | |
| $SO_4^{2-}$ | 0.939 | 0.748 | 0.343 | 0.965 | 0.913 | 0.028 | 1 | | |
| $Cl^-$ | 0.937 | 0.72 | 0.277 | 1 | 0.925 | −0.023 | 0.964 | 1 | |
| $NO_3^-$ | 0.095 | 0.289 | 0.088 | −0.048 | 0.112 | 0.282 | −0.02 | −0.04 | 1 |

清江中上游广布三叠系，在嘉陵江期，受华南海侵影响，海水来源充裕，湖北及其邻区气候炎热干燥，海水蒸发而浓缩，依次析出方解石、白云石、石膏、硬石膏、石盐等蒸发岩类矿物，固结成岩，根据其沉积环境称蒸发岩。当海水蒸发浓缩时，其中的离子将结合成一系列的矿物。

## 二、含水岩组地下水化学特征

岩溶地下水为清江流域最主要的地下水类型，根据地层岩性将清江流域地层划分为六大岩溶含水岩组（表 7.2.2）：震旦系岩溶含水岩组、下寒武统岩溶含水岩组、上寒武统岩溶含水岩组、奥陶系岩溶含水岩组、二叠系—三叠系大冶组岩溶含水岩组、三叠系嘉陵江组—巴东组岩溶含水岩组。其中，震旦系岩溶含水岩组、上寒武统岩溶含水岩组以白云岩为主；下寒武统岩溶含水岩组、奥陶系岩溶含水岩组、二叠系—三叠系大冶组岩溶含水岩组以灰岩为主；三叠系嘉陵江组—巴东组岩溶含水岩组下部为灰岩，中上部为白云岩与灰岩互层、白云质灰岩。

不同地层岩性或相同地层不同出露条件差异导致水化学成分有一定差异，通过数据筛选，去除受污染影响较大的泉点及特殊点（盐池温泉）后，对各岩溶含水岩组的水化学成分进行统计分析。

表 7.2.2　各岩溶含水岩组中地下水化学成分统计

| 指标 | 岩溶含水岩组 | | | | | | | | | | | |
|---|---|---|---|---|---|---|---|---|---|---|---|---|
| | 震旦系 | | 下寒武统 | | 上寒武统 | | 奥陶系 | | 二叠系—三叠系大冶组 | | 三叠系嘉陵江组—巴东组 | |
| | $N=5$ | | $N=9$ | | $N=30$ | | $N=21$ | | $N=75$ | | $N=39$ | |
| | 均值/($mg \cdot L^{-1}$) | 变异系数 | 均值/($mg \cdot L^{-1}$) | 变异系数 | 均值/($mg \cdot L^{-1}$) | 变异系数 | 均值/($mg \cdot L^{-1}$) | 变异系数 | 均值/($mg \cdot L^{-1}$) | 变异系数 | 均值/($mg \cdot L^{-1}$) | 变异系数 |
| TDS | 428.27 | 0.17 | 302.90 | 0.31 | 404.03 | 0.34 | 286.08 | 0.29 | 277.04 | 0.19 | 317.40 | 0.23 |
| $Ca^{2+}$ | 66.34 | 0.10 | 51.38 | 0.29 | 64.83 | 0.32 | 54.41 | 0.33 | 61.40 | 0.17 | 63.94 | 0.23 |
| $Mg^{2+}$ | 25.44 | 0.34 | 13.59 | 0.55 | 23.75 | 0.48 | 8.67 | 0.64 | 3.14 | 0.55 | 5.70 | 0.62 |
| $Na^{+}$ | 1.69 | 0.55 | 1.14 | 0.63 | 2.02 | 1.26 | 2.19 | 0.55 | 1.69 | 0.60 | 2.55 | 0.77 |
| $K^{+}$ | 0.66 | 0.38 | 0.68 | 0.47 | 0.96 | 0.98 | 0.98 | 0.38 | 0.85 | 0.77 | 1.28 | 0.67 |
| $HCO_3^-$ | 289.37 | 0.19 | 203.82 | 0.34 | 273.18 | 0.37 | 185.88 | 0.32 | 176.26 | 0.20 | 201.67 | 0.25 |
| $SO_4^{2-}$ | 21.83 | 0.52 | 15.46 | 0.48 | 18.00 | 1.06 | 12.10 | 0.47 | 14.73 | 0.79 | 19.75 | 0.71 |
| $Cl^-$ | 2.55 | 0.46 | 1.40 | 0.63 | 2.97 | 0.91 | 2.44 | 0.46 | 2.49 | 0.76 | 4.12 | 0.61 |
| $Sr^{2+}$ | 0.19 | 0.89 | 0.64 | 2.49 | 0.23 | 1.37 | 0.18 | 0.66 | 0.63 | 0.56 | 0.74 | 0.97 |

(1)岩溶水化学类型主要为 $HCO_3$-Ca 型，以灰岩为主的下寒武统岩溶含水岩组、奥陶系岩溶含水岩组、二叠系—三叠系岩溶含水岩组中地下水 $Mg^{2+}$ 含量相对较低；震旦系岩溶含水岩组及上寒武统岩溶含水岩组中的 $Ca^{2+}$、$Mg^{2+}$ 含量明显高于其他含水岩组，$Ca^{2+}/Mg^{2+}$ 较低，这与其白云岩岩性特征相符。

(2)震旦系岩溶含水岩组中 $SO_4^{2-}$ 含量较高，震旦系主要含水层灯影组白云岩沉积环境干旱炎热，海洋蒸发作用强烈，地层内伴生石膏($CaSO_4 \cdot 2H_2O$)等蒸发性矿物。

(3)上寒武统为蒸发相白云岩，受沉积环境影响，可能形成石膏、盐岩(NaCl)等矿物，岩溶水中的 $Na^+$、$SO_4^{2-}$、$Cl^-$ 含量较高，变异系数较大，说明离子含量变化较大，石膏、盐岩等矿物在地层内分布不均。

(4)二叠系岩溶含水岩组中 $SO_4^{2-}$ 含量为 19.491mg/L，空间变异性较大。该层分布有煤系地层，而煤系地层中常有黄铁矿($FeS_2$)，这类含硫矿物溶解氧化后可导致 $SO_4^{2-}$ 的变化。

(5)三叠系嘉陵江组—巴东组岩溶含水岩组中 $Na^+$、$K^+$、$SO_4^{2-}$、$Cl^-$ 较高，推测 $Na^+$、$K^+$、$SO_4^{2-}$、$Cl^-$ 等离子来源于蒸发岩中石膏、盐岩、钾盐等矿物。

(6)$Sr^{2+}$ 主要赋存于下寒武统、二叠系—三叠系中。下寒武统岩溶含水岩组中 $Sr^{2+}$ 变异系数较大，说明其空间分布差异大；二叠系—三叠系大冶组岩溶含水岩组中 $Sr^{2+}$ 变异系数较小，说明该层整体富 Sr 性较好。

## 三、岩溶地下水主要物质来源

地下水中的离子通常由岩石和矿物的风化、大气降水以及人类活动等过程带入。图 7.2.1

通过反映 TDS 与 $Na^{+}/(Na^{+}+Ca^{2+})$、$Cl^{-}/(HCO_3^{-}+Cl^{-})$的关系，将控制水化学的因素分为大气降水、蒸发-结晶和岩石风化三类。主要受大气降水补给的地下水，水体通常具有较高的 $Na^{+}/(Na^{+}+Ca^{2+})$或 $Cl^{-}/(HCO_3^{-}+Cl^{-})$值(接近于 1)和较低的 TDS 值，代表此类地下水的点通常分布在 Gibbs 图中的右下角，其离子组成含量决定于大气中"蒸馏水"对海洋来源物质的稀释作用；TDS 值中等而 $Na^{+}/(Na^{+}+Ca^{2+})$或 $Cl^{-}/(HCO_3^{-}+Cl^{-})$值在 0.5 左右或者小于 0.5，此类地下水的点分布在图中的中部左侧，其离子主要来源于岩石的化学风化；TDS 值很高，$Na^{+}/(Na^{+}+Ca^{2+})$或 $Cl^{-}/(HCO_3^{-}+Cl^{-})$值也很高的地下水，分布在图中的右上角，反映了该河流分布在蒸发作用很强的干旱区域。

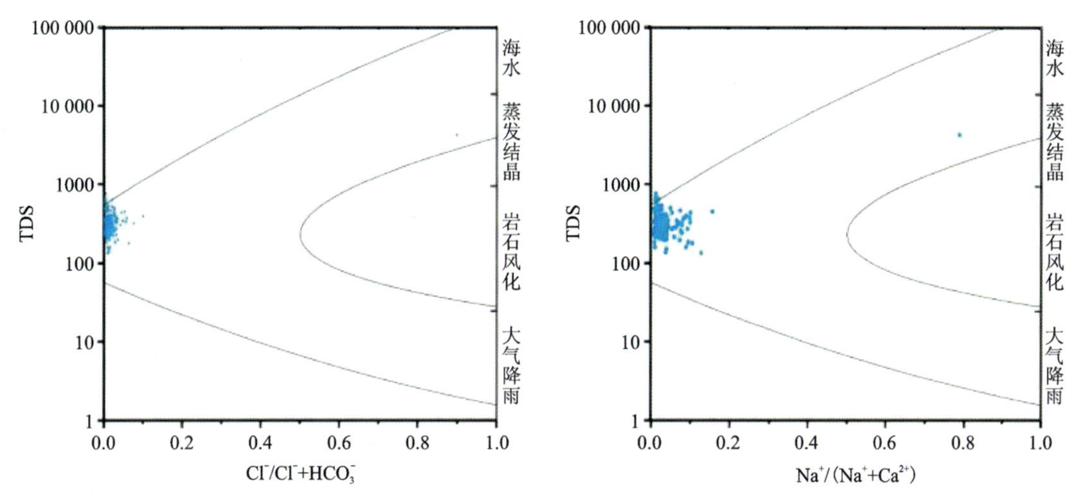


图 7.2.1　清江流域岩溶地下水 Gibbs 图

清江流域岩溶地下水 TDS 范围在 133.22～758.38mg/L 之间，$Na^{+}/(Na^{+}+Ca^{2+})$值介于 0.157～0.005 之间，其化学组成较为集中并大部分落在岩石风化控制区域，表明地下水化学组成主要受岩石风化作用控制，与水体阴阳离子组成也表现出一致性，岩溶地下水化学组分主要受白云石[$CaMg(CO_3)_2$]、方解石($CaCO_3$)和石膏($CaSO_4 \cdot 2H_2O$)等矿物影响。盐池温泉受断层影响，深层地下水导通至泉口，其中的 $Na^{+}$、$Mg^{2+}$、$K^{+}$、$Cl^{-}$、$SO_4^{2-}$ 出现含量偏高的现象，导致 Gibbs 图中这些离子分布异常。

主成分分析利用降维的思想，将大量具有一定相关关系的变量重新组合成几个互不相关的综合指标，替代原来的多个变量，降低观测空间的维数，以获取最主要的信息，从而使进一步的研究变得相对容易。通过 SPSS 对清江岩溶地下水进行主成分分析，以获得水化学组分影响因素。在分析前通过 KMO 和 Bartlett 球形度检验，检验结果显示，KMO 统计量为 0.69，说明变量间存在信息重叠。提取特征根大于 1 的 3 个主成分(PC1，PC2 和 PC3)，我们将3 种主成分的因子荷载进行累加以凸显每个主成分因子所能达到的最大贡献。3 个主成分的方差贡献率分别为 51.847%、20.812%、11.354%，PC1、PC2 和 PC3 的累计贡献率为 84.013%，包含了主要离子指标的大部分信息，基于此，作进一步水化学分析。

第一主成分 PC1 的特征值为 3.114，$Ca^{2+}$、$Mg^{2+}$、$Na^{+}$、$K^{+}$、$HCO_3^{-}$、$SO_4^{2-}$、$Cl^{-}$ 其荷载分别为 0.692、0.454、0.688、0.687、0.582、0.593、0.761，这些指标与区域的岩性密切相关，反映

的是水-岩作用对水化学的影响。不同矿物的溶解首先决定了不同水化学组成类型，在水-岩相互作用过程中，岩石中的易溶矿物组分首先溶解，并以离子的形式进入水中，与水中的其他成分发生各种物理化学反应，天然水的化学成分因此发生改变。一般情况下，岩溶地区的地下水中，阳离子常以 $Ca^{2+}$ 、$Mg^{2+}$ 为主，阴离子以 $HCO_3^-$ 为主。$Ca^{2+}$ 、$Mg^{2+}$ 来源于水-岩相互作用，以方解石、白云石等为主的碳酸盐岩矿物的溶解，其次是含镁和钙铝硅酸岩矿物的风化溶解；$SO_4^{2-}$ 主要来源于以石膏等为主的硫酸盐矿物的溶解，其次为硫化物的氧化、溶滤作用；$Na^+$ 、$K^+$ 、$Cl^-$ 主要来源于水体对氯化物盐类或含钠、钾的硅酸岩矿物（长石、云母）的溶滤作用。$Ca^{2+}$ 、$Mg^{2+}$ 、$Na^+$ 、$K^+$ 、$HCO_3^-$ 、$SO_4{}^{2-}$ 、$Cl^-$ 这 7 种水化学指标与区域的岩石矿物密切相关，因此 PC1 反映的是水-岩相互作用。

第二主成分 PC2 的特征值为 2.088，贡献率 23.197%。与 PC2 相关的是 $Ca^{2+}$ 、$Mg^{2+}$ 、$HCO_3^-$ ，荷载分别为 0.420、0.682、0.736，这 3 种指标与区域的白云岩密切相关。研究区内白云岩分布面积广，白云岩主要矿物白云石[$CaMg(CO_3)_2$]溶解为地下水提供大量 $Ca^{2+}$ 、$Mg^{2+}$ 、$HCO_3^-$ 。PC2 反映了白云岩对清江流域岩溶地下水组分的影响显著。

第三主成分 PC3 的特征值为 1.005，贡献率 11.168%。与 PC3 呈正相关的是 $Ca^{2+}$ 、$Cl^-$ 、$NO_3^-$ ，荷载分别为 0.105、0.001、0.917；呈负相关的为 $Mg^{2+}$ 、$Na^+$ 、$K^+$ 、$HCO_3^-$ 、$SO_4^{2-}$ 、pH，荷载分别为−0.271、−0.128、−0.026、−0.017、−0.200、−0.146。水化学指标的荷载差异不明显，初步推测 PC3 和大气降水输入有关，反映的是大气降水输入对地下水的影响。大气降水中各种离子表现出不同相对含量和比例，大气降水经过植被、土壤等，最后进入地下水的过程中，这些过程除了对降水量进行再分配之外，其水化学组分也会因淋溶、混合、淋滤以及吸附等作用而发生变化。

## 第三节　地下水质量评价方法

评价标准依据《中华人民共和国地下水质量标准》(GB/T 14848—2017)执行，水质资料以地下水现状调查及水质监测资料为基础，充分结合调查资料及研究现状，归纳整理、综合分析，将具有区域代表性的部分水质资料按要求完成了长江流域内湖北、河南、陕西水样的综合水质分析，并按潜水和承压水两大类分别进行了地下水水质单项组分评价和综合评价。地下水质量分类指标和质量级别标准见表 7.3.1。其中湖北省内清江流域地下水统测采集的水化学数据评价参数为：色、嗅和味、钠、钡、铬、锰、铁、钴、镍、铜、锌、硼、镉、铝、钼、氟化物、氯化物、亚硝酸盐、硝酸盐、硫酸盐 20 项指标；除清江流域外，研究区其他范围内水质评价参数为：色、嗅和味、浑浊度、肉眼可见物、pH、总硬度、溶解性总固体、硫酸盐、氯化物、铁、锰、铜、锌、铝、挥发性酚类、耗氧量、氨氮、钠、亚硝酸盐、硝酸盐、氰化物、氟化物、碘化物、汞、砷、硒、镉、铬、铅共 29 项指标。

表 7.3.1　地下水质量分类指标

| 指标 | Ⅰ类 | Ⅱ类 | Ⅲ类 | Ⅳ类 | Ⅴ类 |
| --- | --- | --- | --- | --- | --- |
| 色(铂钴色度单位) | ≤5 | ≤5 | ≤15 | ≤25 | >25 |
| 嗅和味 | 无 | 无 | 无 | 无 | 有 |
| 浑浊度/NTU | ≤3 | ≤3 | ≤3 | ≤10 | >10 |
| 肉眼可见物 | 无 | 无 | 无 | 无 | 有 |
| PH | 6.5≤pH≤8.5 | | | 5.5≤pH≤6.5<br>8.5≤pH≤9.0 | pH<5.5 或<br>pH>9.0 |
| 总硬度(以 $CaCO_3$ 计)/(mg·$L^{-1}$) | ≤150 | ≤300 | ≤450 | ≤650 | >650 |
| 溶解性总固体/(mg·$L^{-1}$) | ≤300 | ≤500 | ≤1000 | ≤2000 | >2000 |
| 硫酸盐/(mg·$L^{-1}$) | ≤50 | ≤150 | ≤250 | ≤350 | >350 |
| 氯化物/(mg·$L^{-1}$) | ≤50 | ≤150 | ≤250 | ≤350 | >350 |
| 铁/(mg·$L^{-1}$) | ≤0.1 | ≤0.2 | ≤0.3 | ≤2.0 | >2.0 |
| 锰/(mg·$L^{-1}$) | ≤0.05 | ≤0.05 | ≤0.10 | ≤1.50 | >1.50 |
| 铜/(mg·$L^{-1}$) | ≤0.01 | ≤0.05 | ≤1.00 | ≤1.50 | >1.50 |
| 锌/(mg·$L^{-1}$) | ≤0.05 | ≤0.5 | ≤1.00 | ≤5.00 | >5.00 |
| 铝/(mg·$L^{-1}$) | ≤0.01 | ≤0.05 | ≤0.20 | ≤0.50 | >0.50 |
| 挥发性酚类(以苯酚计)/(mg·$L^{-1}$) | ≤0.001 | ≤0.001 | ≤0.002 | ≤0.01 | >0.01 |
| 耗氧量(以 $O_2$ 计)/(mg·$L^{-1}$) | ≤1.0 | ≤2.0 | ≤3.0 | ≤10.0 | >10.0 |
| 氨氮(以 N 计)/(mg·$L^{-1}$) | ≤0.02 | ≤0.10 | ≤0.50 | ≤1.50 | >1.50 |
| 钠/(mg·$L^{-1}$) | ≤100 | ≤150 | ≤200 | ≤400 | >400 |
| 亚硝酸盐(以 N 计)/(mg·$L^{-1}$) | ≤0.01 | ≤0.10 | ≤1.00 | ≤4.80 | >4.80 |
| 硝酸盐(以 N 计)/(mg·$L^{-1}$) | ≤2.0 | ≤5.0 | ≤20.0 | ≤30.0 | >30.0 |
| 氰化物/(mg·$L^{-1}$) | ≤0.001 | ≤0.01 | ≤0.05 | ≤0.1 | >0.1 |
| 氟化物/(mg·$L^{-1}$) | ≤1.0 | ≤1.0 | ≤1.0 | ≤2.0 | >2.0 |

续表 7.3.1

| 指标 | Ⅰ类 | Ⅱ类 | Ⅲ类 | Ⅳ类 | Ⅴ类 |
|---|---|---|---|---|---|
| 碘化物/(mg·L$^{-1}$) | ≤0.04 | ≤0.04 | ≤0.08 | ≤0.50 | >0.50 |
| 汞/(mg·L$^{-1}$) | ≤0.000 1 | ≤0.000 1 | ≤0.001 | ≤0.002 | >0.002 |
| 砷/(mg·L$^{-1}$) | ≤0.001 | ≤0.001 | ≤0.01 | ≤0.05 | >0.05 |
| 硒/(mg·L$^{-1}$) | ≤0.01 | ≤0.01 | ≤0.01 | ≤0.1 | >0.1 |
| 镉/(mg·L$^{-1}$) | ≤0.000 1 | ≤0.001 | ≤0.005 | ≤0.01 | >0.01 |
| 铬/(mg·L$^{-1}$) | ≤0.005 | ≤0.01 | ≤0.05 | ≤0.10 | >0.10 |
| 铅/(mg·L$^{-1}$) | ≤0.005 | ≤0.005 | ≤0.01 | ≤0.10 | >0.10 |

先对各水样的单项指标进行评价分类得到各单项组分的 $F$ 值，然后对水样进行综合评价，采用“F 值评价法”，其公式为

$$\left.\begin{aligned} F &= \sqrt{\frac{\bar{F}^2 + F_{max}^2}{2}} \\ \bar{F} &= \frac{1}{n} \cdot \sum_{i=1}^{n} F_i \end{aligned}\right\} \tag{7.1}$$

式中：$\bar{F}$ 为参评因子单项分值 $F_i$ 的平均值；$F_{max}$ 为参评因子单项分值中的最大值。单项组分各类别对应分值及地下水质量划分标准分别见表 7.3.2 和表 7.3.3。

表 7.3.2　单项组分各类别对应分值表

| 类别 | Ⅰ | Ⅱ | Ⅲ | Ⅳ | Ⅴ |
|---|---|---|---|---|---|
| $F_i$ | 0 | 1 | 2 | 6 | 10 |

表 7.3.3　地下水质量划分标准

| 类别 | 优良 | 良好 | 较好 | 较差 | 极差 |
|---|---|---|---|---|---|
| $F$ | <0.80 | 0.80～2.50 | 2.50～4.25 | 4.25～7.20 | >7.20 |

## 第四节　清江流域地下水质状况

清江流域是岩溶发育区，岩溶水是流域内最主要的地下水类型。地下水及地表水呈弱碱性，其水化学类型主要为 $HCO_3$-Ca 型。流域内总体水质较好，在 264 个水样中仅有 17 个水样综合指标超过 4.25，属Ⅳ类水；仅 3 个水样综合指标超过 7.20，属Ⅴ类水；其余均未超过Ⅲ类水标准（图 7.4.1）。整体水质良好，适合作为生活饮用水源和各种农业用水。

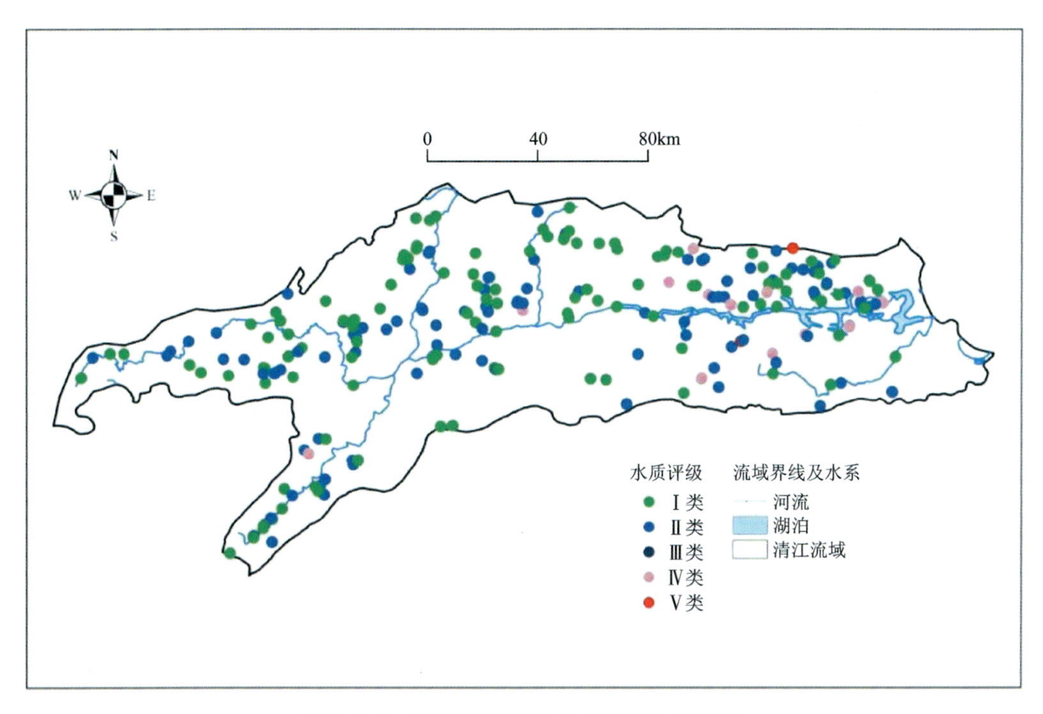


图 7.4.1　清江流域地下水水质评价结果图

清江流域现已呈现出水质富营养化趋势。清江干流高坝洲—隔河岩—水布垭—大龙潭水库的梯级开发以及支流小水电的大规模开发，使得清江水由动（活）变静（死），清江流域的污染进一步加剧。清江高坝洲水库建成，前期因污染较轻，水质较好，后期大坝拦截导致的水体滞留时间增长，生态退化导致的环境承载力降低。水体营养盐已经达到水华暴发的阈值，而缓慢的水流则源于大坝建设导致的水文条件改变。高坝洲大坝建设形成了显著的水体分层，在这种稳定分层条件下，藻类能够稳定分布在真光层内接受充足的阳光，吸收营养盐进行光合作用，进而大量繁殖形成水华。由于适合高品质鲲鱼养殖，高坝洲水库鲲鱼养殖面积已超过 200 亩（1 亩≈666.67$m^2$）。养鱼饵料将滞留在水体中，鲲鱼饵料是富含氮、磷的动物饲料，对水体将产生大量的污染，尤其是氮营养盐污染极其严重。清江流域水污染的污染源比较复杂，主要来自农业、工业、居民生活等几个方面，如渔业、种植业、农产品加工业等农业面源污染，乡镇与农村生活废水污染等。污染类型有面源、点源、流动源和固体废弃物等。

# 第八章　清江流域水资源承载能力与水均衡

## 第一节　流域水资源承载能力评价方法

为总体评价清江流域水资源承载能力，需要考虑对单项指标进行集成评价。具体步骤如下。

### 一、极差法标准化数据

不同指标之间单位和量纲上的差异可能会对评价结果产生影响，因此要对各指标进行标准化处理。正向指标的处理方法：

$$y_{ij}=\frac{x_{ij}-\min\{x_{ij}\}}{\max\{x_{ij}\}-\min\{x_{ij}\}}\quad(i=1,2,\cdots,m;j=1,2,\cdots,n)\tag{8.1}$$

负向指标的处理方法：

$$y_{ij}=\frac{\max\{x_{ij}\}-x_{ij}}{\max\{x_{ij}\}-\min\{x_{ij}\}}\quad(i=1,2,\cdots,m;j=1,2,\cdots,n)\tag{8.2}$$

式中：$x_{ij}$为指标数据原始值；$y_{ij}$为第$i$子系统的第$j$个指标；$\min\{x_{ij}\}$和$\max\{x_{ij}\}$分别为第$j$个指标的最小值和最大值。

### 二、变异系数法权重计算

计算各指标的标准差：

$$\sigma_j=\sqrt{\frac{n\sum x^2-\left(\sum x\right)^2}{n^2}}\tag{8.3}$$

计算变异系数：

$$V_i=\frac{\sigma_i}{\bar{x}_i}\quad(\mathrm{i}=1,2,\cdots,n)\tag{8.4}$$

计算权重：

$$W_i=\frac{V_i}{\sum_{i=1}^{n}V_i}\tag{8.5}$$

### 三、加权 TOPSIS 法综合评分

计算规范矩阵：

$$Z_{ij} = \frac{y_{ij}}{\sum_{i=1}^{n} y_{ij}^2} \tag{8.6}$$

计算加权规范矩阵：

$$U_{ij} = w_i^* Z_{ij} \tag{8.7}$$

计算各方案与理想解距离作为评价值：

$$C_i^* = \frac{\sqrt{\sum_{j=1}^{n} (U_{ij} - U_j^0)^2}}{\sqrt{\sum_{j=1}^{n} (U_{ij} - U_j^0)^2} + \sqrt{\sum_{j=1}^{n} (U_{ij} - U_j^*)^2}} \tag{8.8}$$

式中：理想解 $U_j^* = \max(U_1, U_2, \cdots, U_j)$；负理想解 $U_j^0 = \min(U_1, U_2, \cdots, U_j)$。

## 第二节　清江流域水资源承载能力

### 一、水资源承载力原值评价

根据原值定义，本节水资源承载力原值评价仅包括水资源禀赋条件，即水资源量、灌溉可用水量、城镇可用水量、工业可用水量和生态可用水量，不考虑水环境和水生态指标。

从表 8.2.1 和图 8.2.1～图 8.2.3 可以看出，恩施市、利川市和宜都市的水资源禀赋条件较好，远超其他 7 个县(市)，主要是因为恩施市和利川市的水资源对农业发展和城镇建设有较强的承载能力，宜都市的水资源对工业发展有较强的承载能力；建始县、巴东县的水资源禀赋条件次之，主要是因为这两个县的水资源对工业发展有较好的承载能力；咸丰县、鹤峰县和长阳土家族自治县比五峰土家族自治县的水资源禀赋条件稍好，五峰土家族自治县的水资源禀赋条件最差，主要是因为对工业发展的承载能力较差。

**表 8.2.1　清江流域水资源禀赋评价表**

| 县(市) | 2013 年 | 2014 年 | 2015 年 | 2016 年 | 2017 年 | 2018 年 |
|---|---|---|---|---|---|---|
| 恩施市 | 0.67 | 0.48 | 0.67 | 0.67 | 0.67 | 0.62 |
| 利川市 | 0.37 | 0.69 | 0.43 | 0.28 | 0.47 | 0.35 |
| 建始县 | 0.25 | 0.23 | 0.29 | 0.19 | 0.28 | 0.25 |
| 巴东县 | 0.36 | 0.24 | 0.28 | 0.19 | 0.34 | 0.28 |
| 宣恩县 | 0.12 | 0.23 | 0.15 | 0.06 | 0.16 | 0.06 |
| 咸丰县 | 0.14 | 0.24 | 0.14 | 0.33 | 0.19 | 0.09 |
| 鹤峰县 | 0.14 | 0.10 | 0.13 | 0.07 | 0.19 | 0.10 |
| 宜都市 | 0.69 | 0.31 | 0.62 | 0.74 | 0.61 | 0.87 |
| 长阳土家族自治县 | 0.11 | 0.27 | 0.17 | 0.14 | 0.30 | 0.20 |
| 五峰土家族自治县 | 0.11 | 0.09 | 0.09 | 0.05 | 0.17 | 0.05 |

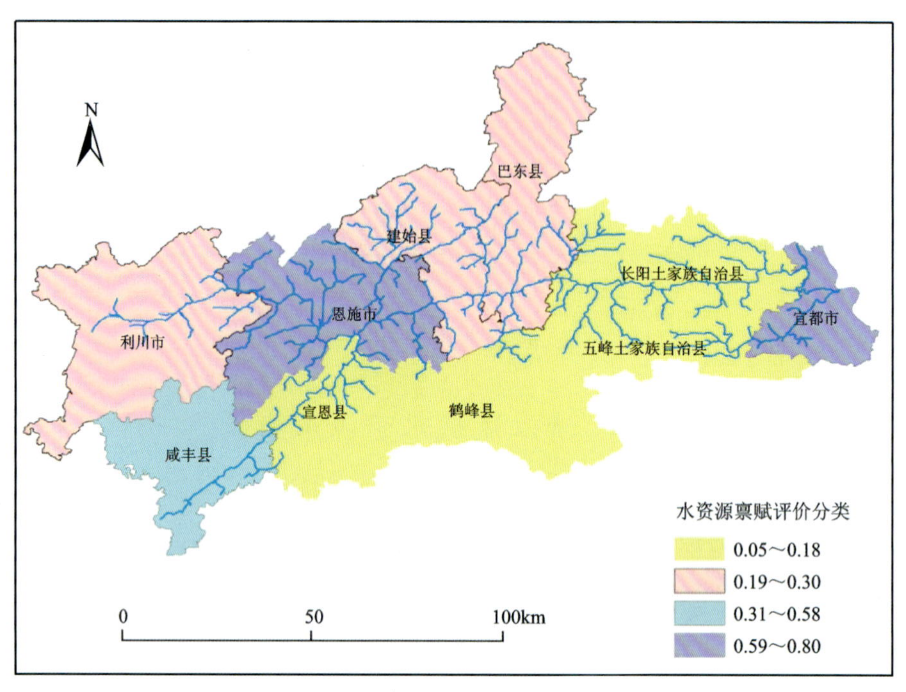


图 8.2.1　2016 年清江流域水资源禀赋评价分类图

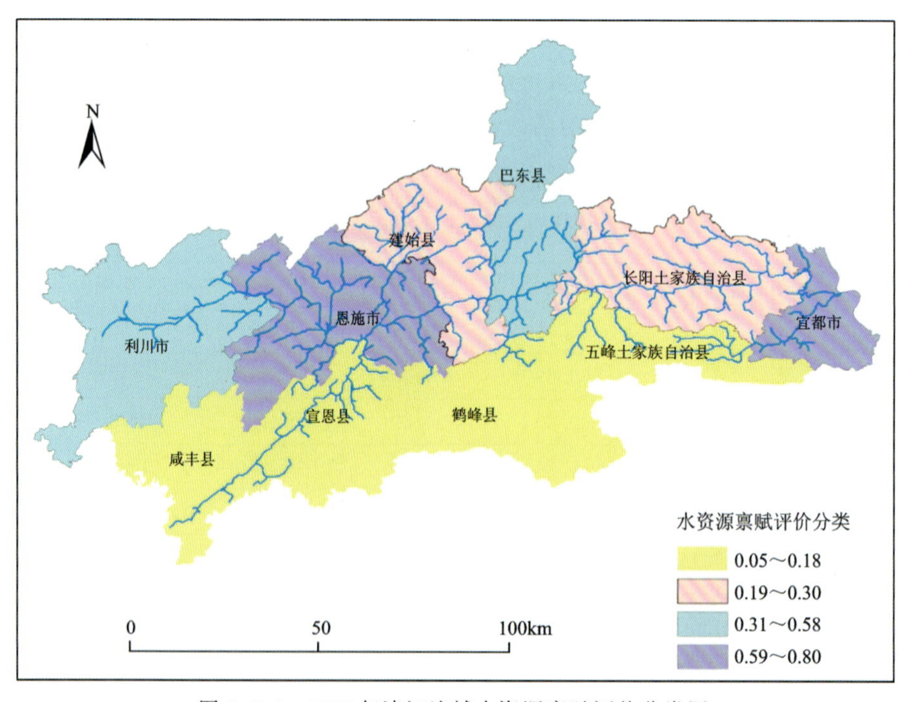


图 8.2.2　2017 年清江流域水资源禀赋评价分类图

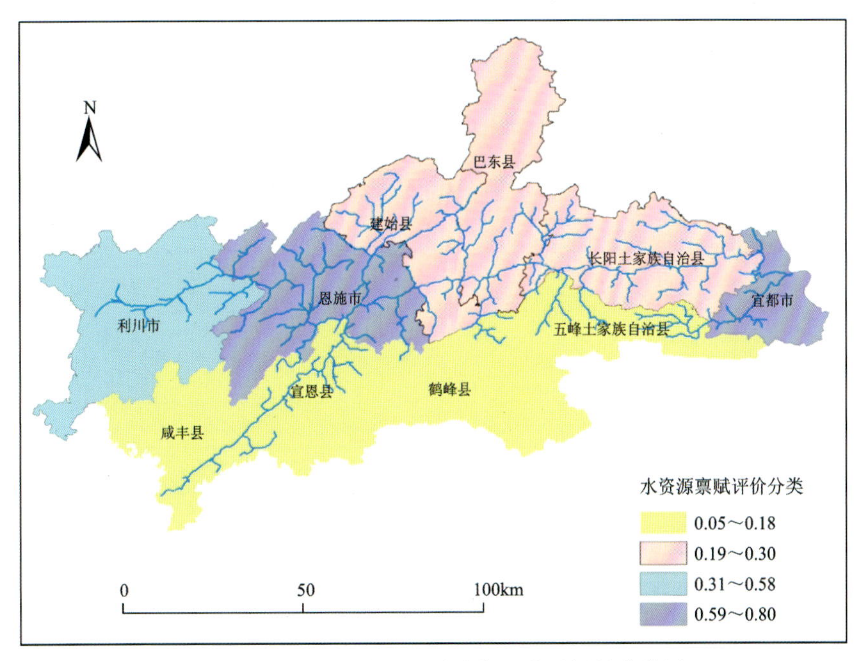


图 8.2.3　2018 年清江流域水资源禀赋评价分类图

## 二、水资源承载力余量集成评价

### 1. 综合指数分析

从综合指数来看，恩施土家族苗族自治州的承载能力相对于宜昌市要强，主要是因为恩施市和利川市的水资源量相对承载能力较强。从时间维度来看，恩施市的综合指数是“上升—下降—上升—下降—上升”的变化趋势，总体变化是上升的，且在 2013 年和 2016 年达到 10 个县(市)的最大承载指数，说明恩施市的相对承载能力是较强的；利川市的综合指数是“上升—下降—上升—下降”的变化趋势，但总体变化是上升的，且在 2014 年、2015 年、2017 年和 2018 年均达到 10 个县(市)的最大承载指数，说明利川市的相对承载能力是较强的；建始县、巴东县和宣恩县的综合指数均是“下降—上升”的变化趋势，咸丰县、鹤峰县的综合指数是“上升—下降—上升”的变化趋势，但总体变化是下降的，这主要与水环境和水生态指数下降明显相关，说明这 5 个县(市)的相对综合承载能力下降。宜昌市的宜都市、长阳土家族自治县和五峰土家族自治县的综合指数是“上升—下降—上升”的变化趋势，总体呈上升趋势的，说明宜昌市的3 个县(市)的相对综合承载能力是上升的(表 8.2.2，图 8.2.4～图 8.2.6)。

**表 8.2.2　清江流域水资源承载力余量集成评价表**

| 县(市) | 集成评价 | 2013 年 | 2014 年 | 2015 年 | 2016 年 | 2017 年 | 2018 年 |
|---|---|---|---|---|---|---|---|
| 恩施市 | 水资源量 | 0.56 | 0.50 | 0.55 | 0.61 | 0.65 | 0.74 |
| | 水环境 | 0.58 | 0.28 | 0.24 | 0.29 | 0.31 | 0.31 |
| | 水生态 | 0.38 | 0.88 | 0.32 | 0.91 | 0.47 | 0.66 |
| | 综合指数 | 1.52 | 1.66 | 1.12 | 1.81 | 1.43 | 1.71 |

续表 8.2.2

| 县(市) | 集成评价 | 2013 年 | 2014 年 | 2015 年 | 2016 年 | 2017 年 | 2018 年 |
|---|---|---|---|---|---|---|---|
| 利川市 | 水资源量 | 0.80 | 0.83 | 0.81 | 0.66 | 0.70 | 0.86 |
| | 水环境 | 0.18 | 0.53 | 0.47 | 0.34 | 0.36 | 0.37 |
| | 水生态 | 0.32 | 0.83 | 0.91 | 0.30 | 0.88 | 0.66 |
| | 综合指数 | 1.31 | 2.19 | 2.19 | 1.30 | 1.94 | 1.88 |
| 建始县 | 水资源量 | 0.40 | 0.36 | 0.45 | 0.37 | 0.37 | 0.40 |
| | 水环境 | 0.36 | 0.16 | 0.18 | 0.14 | 0.14 | 0.26 |
| | 水生态 | 0.70 | 0.92 | 0.81 | 0.38 | 0.77 | 0.71 |
| | 综合指数 | 1.47 | 1.44 | 1.44 | 0.90 | 1.29 | 1.37 |
| 巴东县 | 水资源量 | 0.40 | 0.35 | 0.42 | 0.35 | 0.33 | 0.41 |
| | 水环境 | 0.42 | 0.33 | 0.27 | 0.11 | 0.14 | 0.12 |
| | 水生态 | 0.61 | 0.60 | 0.42 | 0.32 | 0.57 | 0.65 |
| | 综合指数 | 1.43 | 1.27 | 1.11 | 0.77 | 1.04 | 1.18 |
| 宣恩县 | 水资源量 | 0.39 | 0.38 | 0.47 | 0.33 | 0.34 | 0.43 |
| | 水环境 | 0.10 | 0.14 | 0.13 | 0.11 | 0.07 | 0.08 |
| | 水生态 | 0.80 | 0.80 | 0.44 | 0.33 | 0.30 | 0.69 |
| | 综合指数 | 1.29 | 1.31 | 1.04 | 0.76 | 0.71 | 1.19 |
| 咸丰县 | 水资源量 | 0.37 | 0.39 | 0.43 | 0.37 | 0.34 | 0.44 |
| | 水环境 | 0.22 | 0.11 | 0.35 | 0.08 | 0.07 | 0.11 |
| | 水生态 | 0.51 | 0.63 | 0.54 | 0.33 | 0.29 | 0.41 |
| | 综合指数 | 1.11 | 1.13 | 1.32 | 0.78 | 0.69 | 0.97 |
| 鹤峰县 | 水资源量 | 0.23 | 0.21 | 0.31 | 0.25 | 0.23 | 0.28 |
| | 水环境 | 0.10 | 0.19 | 0.11 | 0.16 | 0.13 | 0.18 |
| | 水生态 | 0.67 | 0.74 | 0.42 | 0.27 | 0.36 | 0.67 |
| | 综合指数 | 1.01 | 1.13 | 0.85 | 0.68 | 0.72 | 1.12 |
| 宜都市 | 水资源量 | 0.09 | 0.06 | 0.11 | 0.06 | 0.11 | 0.001 |
| | 水环境 | 0.01 | 0.52 | 0.57 | 0.68 | 0.65 | 0.59 |
| | 水生态 | 0.38 | 0.29 | 0.23 | 0.15 | 0.30 | 0.50 |
| | 综合指数 | 0.48 | 0.87 | 0.92 | 0.89 | 1.06 | 1.09 |
| 长阳土家族自治县 | 水资源量 | 0.34 | 0.39 | 0.44 | 0.47 | 0.42 | 0.55 |
| | 水环境 | 0.34 | 0.67 | 0.47 | 0.63 | 0.67 | 0.66 |
| | 水生态 | 0.75 | 0.38 | 0.26 | 0.20 | 0.22 | 0.35 |
| | 综合指数 | 1.42 | 1.43 | 1.17 | 1.30 | 1.31 | 1.56 |

续表 8.2.2

| 县(市) | 集成评价 | 2013 年 | 2014 年 | 2015 年 | 2016 年 | 2017 年 | 2018 年 |
|---|---|---|---|---|---|---|---|
| 五峰土家族自治县 | 水资源量 | 0.23 | 0.24 | 0.32 | 0.29 | 0.31 | 0.36 |
| | 水环境 | 0.13 | 0.18 | 0.20 | 0.24 | 0.27 | 0.23 |
| | 水生态 | 0.47 | 0.48 | 0.24 | 0.16 | 0.21 | 0.29 |
| | 综合指数 | 0.83 | 0.90 | 0.75 | 0.69 | 0.79 | 0.88 |

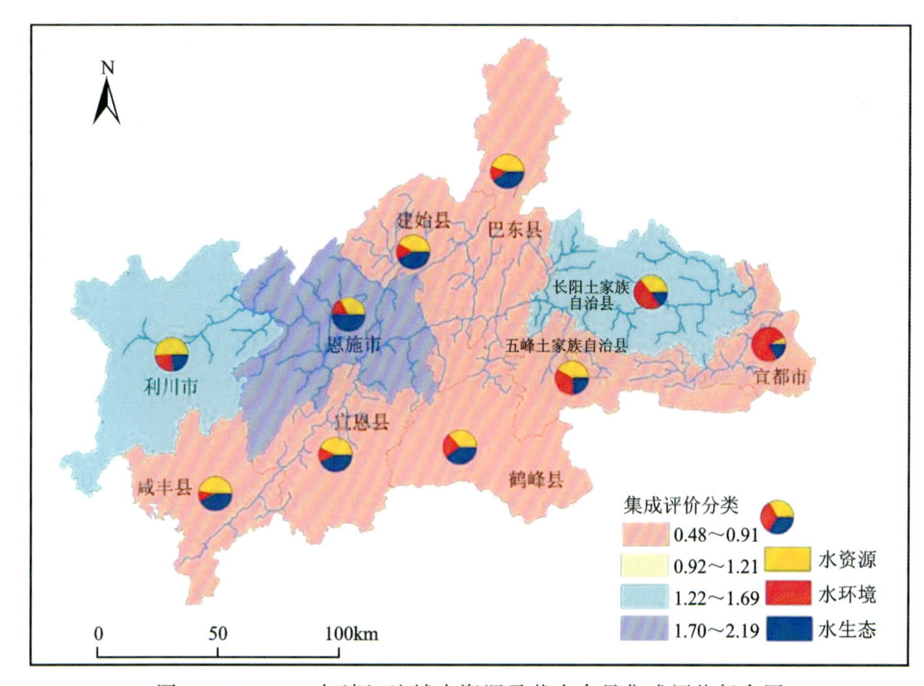


图 8.2.4　2016 年清江流域水资源承载力余量集成评价复合图

**2. 各维度指数分析**

从水资源维度承载能力来看，恩施市和利川市的承载能力最强，且远高于其他县(市)，而宜都市和鹤峰县承载能力最弱。虽然利川市水资源开发利用效率并不高，但其尚可使用的水资源量高，因此其水资源对农业灌溉规模、耕地规模、城镇建设和工业发展用地规模等均有很强的承载能力。宜都市水资源维度承载能力最低主要是由农业用水效率不高以及对农业发展承载能力弱造成的，而鹤峰县的主要原因则来自工业发展。

从水环境维度承载能力来看，宜昌市的宜都市和长阳土家族自治县的承载能力相对较强，呈现"M"形的变化趋势，其中宜都市在 2015 年和 2016 年的相对承载能力达到最大，长阳土家族自治县在 2014 年、2017 年和 2018 年的相对承载能力达到最大，主要是因为宜都市水环境对生活表现为更强的承载能力，长阳土家族自治县对工业表现为更强的承载能力。恩施市在 2013 年的相对承载能力最大，主要是因为恩施市对工业污染有较强的承载能力。其中，

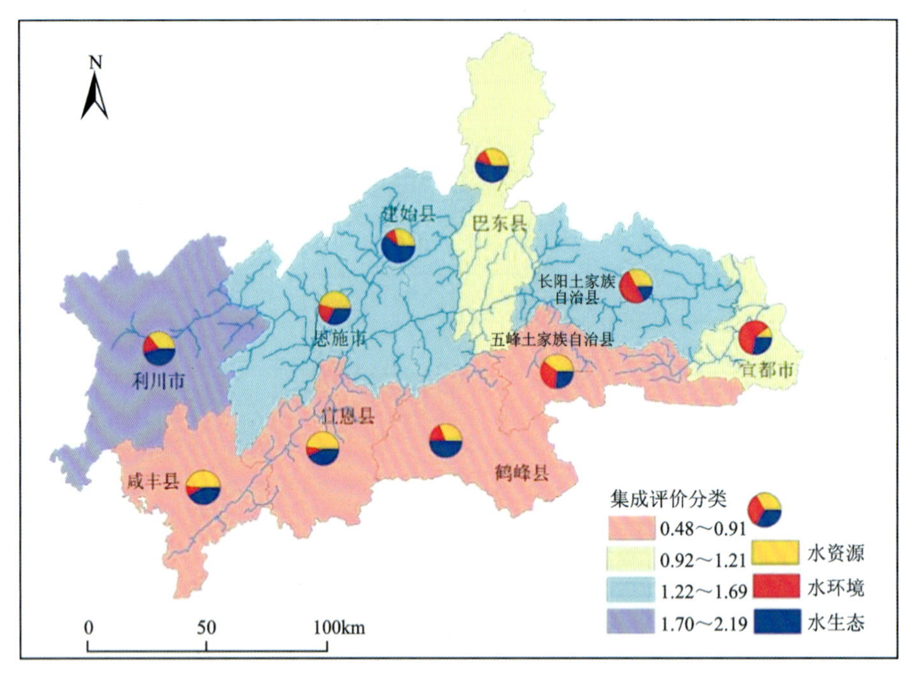


图 8.2.5　2017 年清江流域水资源承载力余量集成评价复合图

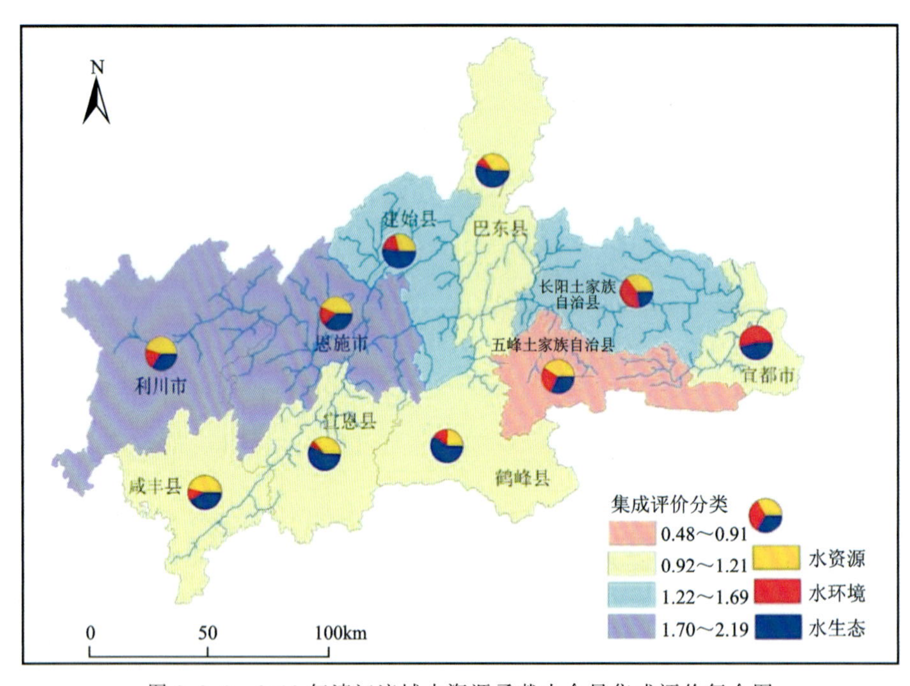


图 8.2.6　2018 年清江流域水资源承载力余量集成评价复合图

宣恩县的承载能力相对较弱，主要是因为宣恩县对生活废水的承载能力较弱；利川市的水环境指数呈“上升—下降—上升”的变化趋势，2014 年后，相对承载能力仅次于宜都市和长阳土家族自治县，主要是因为利川市对农业发展有较高的承载力，分别表现为氮肥和化肥的承载；恩施土家族苗族自治州的建始县、巴东县和咸丰县的水环境指数总体呈现下降趋势，说明这 3

个县对水环境的承载能力逐渐变弱，而鹤峰县的水环境指数总体呈现上升趋势，这主要与鹤峰县对工业和农业发展的承载能力逐渐增强相关。

从水生态维度承载能力来看，恩施土家族苗族自治州的 7 个县(市)承载能力强于宜昌市的 3 个县(市)。其中恩施土家族苗族自治州的恩施市、利川市、建始县和宣恩县分别在 2016 年、2015 年和 2017 年、2014 年和 2018 年、2013 年分别达到最大承载能力；巴东县和鹤峰县的水生态指数总体呈现上升趋势，说明这两个县对水生态的承载能力逐渐增强，而咸丰县的水生态指数总体呈现下降趋势，主要是因为咸丰县对造林面积的承载能力减弱。宜昌市的整体承载能力虽然较弱，但宜都市的水生态指数总体呈现上升趋势，主要是因为宜都市对造林面积和生态红线面积的承载能力增强。

## 三、水资源承载力潜力集成评价

### 1. 综合指数分析

从综合指数来看，宜昌市的宜都市、长阳土家族自治县和五峰土家族自治县的综合指数高于恩施州的 7 个县(市)，说明宜昌市的承载能力高于恩施州。从时间维度来看，宜昌市的 3 个县(市)变化趋势基本一致，呈现“N”字形态势，恩施市的 7 个县(市)变化趋势基本一致，呈现倒“N”字形。恩施市是“上升—下降—上升—下降—上升”(表 8.2.3，图 8.2.7～图 7.2.9)，其中 2016 年达到最大值 1.55；利川市是“上升—下降—上升—下降”，2018 年 1.52 是最大值，2013 年 1.14 是最小值；建始县是“下降—上升—下降”，2015 年 0.95 是最大值，整体呈下降趋势；巴东县是“下降—上升”的趋势，2018 年的 0.92 达到最大值；宣恩县与巴东县趋势一致，但上升幅度大于巴东县，也是 2018 年达到最大值；鹤峰县与巴东县、宣恩县的趋势一致，但上升幅度小于巴东县和宣恩县，其中在 2016 年呈现出 6 年来10 个县(市)的最小值 0.43；宜都市的综合指数总体较高，呈现“上升—下降—上升”的趋势，其中 2014 年呈现出 6 年来 10 个县(市)的最大值 1.75；长阳土家族自治县 2013 年达到最大值 1.91；五峰土家族自治县的变化趋势是 2014 年达到最大值 1.26。

**表 8.2.3　清江流域水资源承载力潜力集成评价**

| 县(市) | 集成评价 | 2013 年 | 2014 年 | 2015 年 | 2016 年 | 2017 年 | 2018 年 |
| --- | --- | --- | --- | --- | --- | --- | --- |
| 恩施市 | 水资源量 | 0.72 | 0.71 | 0.73 | 0.72 | 0.70 | 0.74 |
| | 水环境 | 0.28 | 0.24 | 0.31 | 0.35 | 0.38 | 0.46 |
| | 水生态 | 0.07 | 0.20 | 0.14 | 0.49 | 0.26 | 0.28 |
| | 综合指数 | 1.07 | 1.15 | 1.19 | 1.55 | 1.34 | 1.47 |
| 利川市 | 水资源量 | 0.86 | 0.86 | 0.84 | 0.75 | 0.65 | 0.80 |
| | 水环境 | 0.27 | 0.25 | 0.29 | 0.32 | 0.37 | 0.48 |
| | 水生态 | 0.01 | 0.18 | 0.32 | 0.17 | 0.39 | 0.23 |
| | 综合指数 | 1.14 | 1.29 | 1.45 | 1.24 | 1.41 | 1.52 |

续表 8.2.3

| 县(市) | 集成评价 | 2013 年 | 2014 年 | 2015 年 | 2016 年 | 2017 年 | 2018 年 |
|---|---|---|---|---|---|---|---|
| 建始县 | 水资源量 | 0.41 | 0.42 | 0.43 | 0.41 | 0.34 | 0.38 |
| | 水环境 | 0.16 | 0.13 | 0.22 | 0.17 | 0.18 | 0.22 |
| | 水生态 | 0.35 | 0.23 | 0.31 | 0.24 | 0.38 | 0.32 |
| | 综合指数 | 0.92 | 0.77 | 0.95 | 0.82 | 0.89 | 0.92 |
| 巴东县 | 水资源量 | 0.39 | 0.39 | 0.39 | 0.37 | 0.34 | 0.39 |
| | 水环境 | 0.21 | 0.20 | 0.27 | 0.22 | 0.25 | 0.28 |
| | 水生态 | 0.21 | 0.15 | 0.17 | 0.19 | 0.28 | 0.26 |
| | 综合指数 | 0.81 | 0.74 | 0.83 | 0.79 | 0.87 | 0.92 |
| 宣恩县 | 水资源量 | 0.23 | 0.24 | 0.25 | 0.27 | 0.27 | 0.25 |
| | 水环境 | 0.20 | 0.21 | 0.24 | 0.16 | 0.16 | 0.20 |
| | 水生态 | 0.31 | 0.19 | 0.19 | 0.20 | 0.19 | 0.29 |
| | 综合指数 | 0.74 | 0.64 | 0.68 | 0.63 | 0.62 | 0.74 |
| 咸丰县 | 水资源量 | 0.26 | 0.27 | 0.27 | 0.26 | 0.26 | 0.26 |
| | 水环境 | 0.17 | 0.17 | 0.24 | 0.18 | 0.19 | 0.24 |
| | 水生态 | 0.19 | 0.16 | 0.23 | 0.21 | 0.19 | 0.19 |
| | 综合指数 | 0.62 | 0.61 | 0.74 | 0.64 | 0.64 | 0.69 |
| 鹤峰县 | 水资源量 | 0.06 | 0.05 | 0.07 | 0.09 | 0.13 | 0.13 |
| | 水环境 | 0.21 | 0.22 | 0.36 | 0.18 | 0.17 | 0.16 |
| | 水生态 | 0.26 | 0.18 | 0.18 | 0.16 | 0.22 | 0.28 |
| | 综合指数 | 0.53 | 0.45 | 0.61 | 0.43 | 0.53 | 0.57 |
| 宜都市 | 水资源量 | 0.15 | 0.15 | 0.15 | 0.16 | 0.26 | 0.29 |
| | 水环境 | 0.71 | 0.80 | 0.65 | 0.68 | 0.65 | 0.47 |
| | 水生态 | 0.65 | 0.80 | 0.73 | 0.52 | 0.68 | 0.73 |
| | 综合指数 | 1.51 | 1.75 | 1.53 | 1.36 | 1.59 | 1.48 |
| 长阳土家族自治县 | 水资源量 | 0.40 | 0.40 | 0.39 | 0.41 | 0.34 | 0.41 |
| | 水环境 | 0.69 | 0.57 | 0.55 | 0.77 | 0.75 | 0.69 |
| | 水生态 | 0.81 | 0.80 | 0.69 | 0.55 | 0.62 | 0.66 |
| | 综合指数 | 1.91 | 1.76 | 1.63 | 1.73 | 1.70 | 1.76 |
| 五峰土家族自治县 | 水资源量 | 0.09 | 0.10 | 0.10 | 0.13 | 0.14 | 0.16 |
| | 水环境 | 0.31 | 0.26 | 0.34 | 0.22 | 0.25 | 0.24 |
| | 水生态 | 0.73 | 0.89 | 0.74 | 0.56 | 0.65 | 0.68 |
| | 综合指数 | 1.12 | 1.26 | 1.19 | 0.91 | 1.04 | 1.08 |

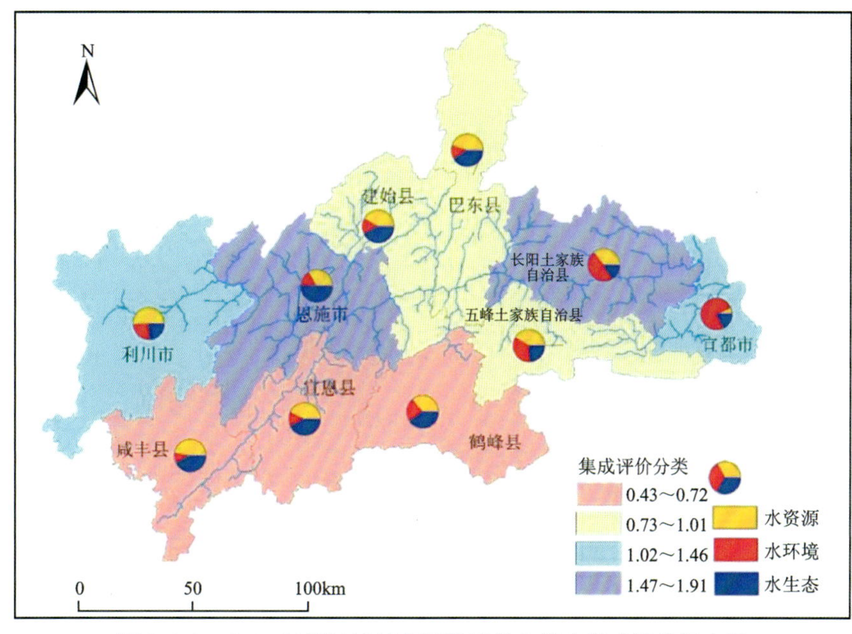


图 8.2.7　2016 年清江流域水资源承载力潜力集成评价复合图

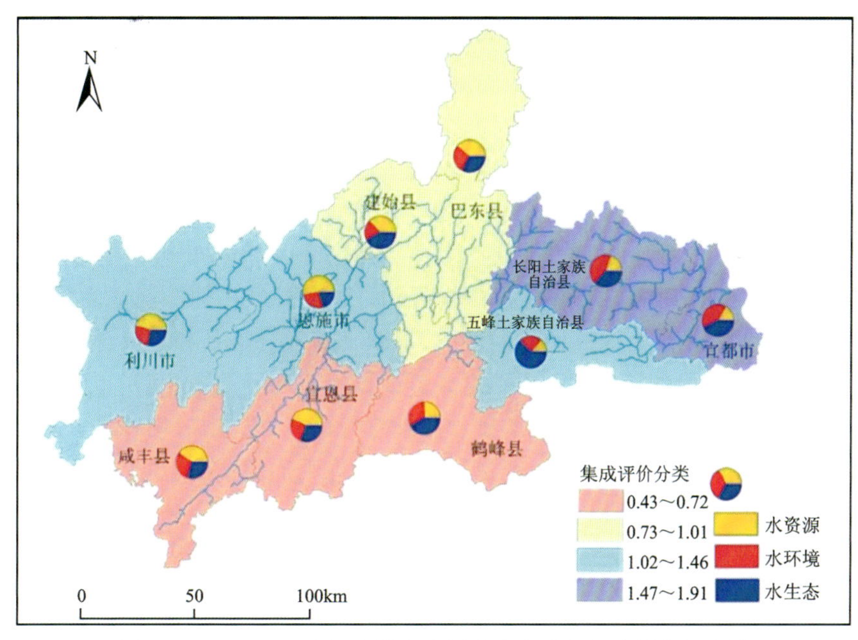


图 8.2.8　2017 年清江流域水资源承载力潜力集成评价复合图

### 2. 维度指数分析

从水资源维度承载能力来看，恩施市和利川市的承载能力最强，且远高于其他县(市)，而五峰土家族自治县和鹤峰县承载能力最弱。虽然利川市水资源开发利用效率并不高，但其尚可使用的水资源量高，因此其水资源对农业灌溉规模和城镇建设用地规模等均有很强的承载能力。五峰土家族自治县水资源维度承载能力最低主要是由于农业用水效率的不高以及对

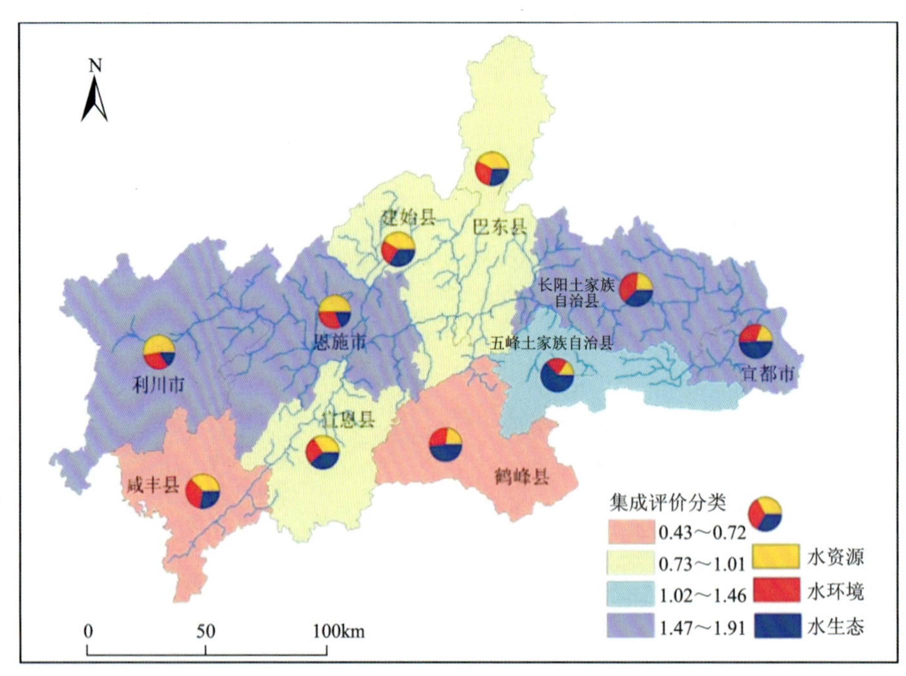


图 8.2.9　2018 年清江流域水资源承载力潜力集成评价复合图

农业发展承载能力弱，而鹤峰县的主要原因则来自工业发展。

从水环境维度承载能力来看，宜昌市的宜都市和长阳土家族自治县的承载能力呈现先上升后下降再上升的"N"字形态势，其中 2015 年，宜昌市的宜都市承载能力最高，长阳土家族自治县次之，2016 年宜昌市的五峰土家族自治县的承载能力最高，恩施土家族苗族自治州的 7 个县(市)均呈现先下降后上升再下降的倒"N"字形，其中恩施市和利川市的承载能力在 2015 年后慢慢趋于稳定，且承载能力最低。宜昌市的 3 个县(市)的承载能力较高，主要是因为宜都市水环境对生活表现为更高的承载能力，长阳土家族自治县和五峰土家族自治县对工业和农业表现为更高的承载能力。恩施土家族苗族自治州的恩施市、利川市和咸丰县水环境对工业发展处于超载状态，主要表现为工业总氮排放的超载；巴东县、鹤峰县和宣恩县水环境对农业发展处于超载状态，分别表现为复合肥、磷肥和氮肥的超载；利川市和建始县水环境对生活处于超载状态。

从水生态维度承载能力来看，宜昌市的宜都市、长阳土家族自治县和五峰土家族自治县承载能力最高，且远超恩施土家族苗族自治州的 7 个县(市)。作为农产品主体功能区的宜都市若将其纳入清江流域生态功能重点保护范畴，其将处于严重失调状态，这也体现了资源承载力的评价必须结合主体功能定位的特点。

# 第三节　清江流域水平衡

## 一、清江流域水平衡参数计算

清江流域水资源量参数计算采用 3 种不同方法，所需参数有次降水入渗补给系数、年降水入渗补给系数、径流模数。参数确定介绍如下。

### 1. 次降水入渗补给系数

次降水入渗补给系数的计算详见第六章第四节，根据不同岩性对应不同降水的次降水入渗补给系数，求取年平均降水入渗补给系数。各分区降水入渗补给系数分布见图 8.3.1，赋值情况见表 8.3.1。

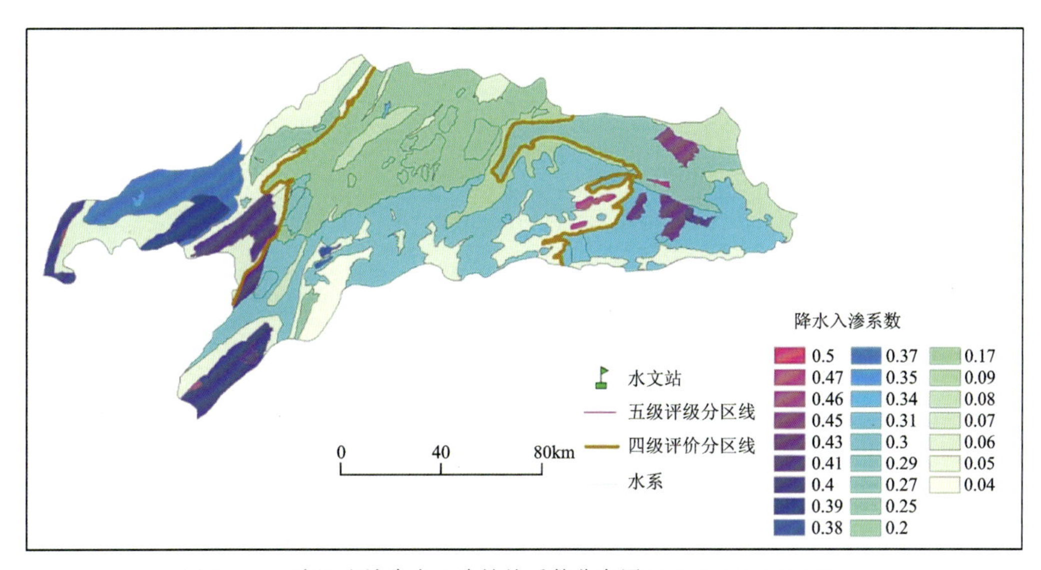


图 8.3.1　清江流域降水入渗补给系数分布图(次降水入渗补给系数法)

**表 8.3.1　清江流域各分区年降水入渗补给系数赋值一览表**

| 编号 | 年降水入渗补给系数 | 编号 | 年降水入渗补给系数 | 编号 | 年降水入渗补给系数 |
|---|---|---|---|---|---|
| GF-5-5-2-29 | 0.429 | GF-5-5-3-8 | 0.407 | GF-5-5-2-15 | 0.189 |
| GF-5-5-2-28 | 0.383 | GF-5-5-2-37 | 0.292 | GF-5-5-2-14 | 0.191 |
| GF-5-5-2-27 | 0.376 | GF-5-5-2-42 | 0.292 | GF-5-5-1-10 | 0.046 |
| GF-5-5-2-26 | 0.042 | GF-5-5-2-35 | 0.054 | GF-5-5-2-12 | 0.191 |
| GF-5-5-2-31 | 0.233 | GF-5-5-3-7 | 0.386 | GF-5-5-1-11 | 0.067 |
| GF-5-5-2-24 | 0.285 | GF-5-5-2-18 | 0.057 | GF-5-5-2-22 | 0.286 |
| GF-5-5-3-16 | 0.292 | GF-5-5-1-3 | 0.343 | GF-5-5-1-5 | 0.343 |
| GF-5-5-2-46 | 0.355 | GF-5-5-1-1 | 0.371 | GF-5-5-2-10 | 0.191 |
| GF-5-5-3-14 | 0.051 | GF-5-5-1-2 | 0.052 | GF-5-5-2-11 | 0.191 |
| GF-5-5-2-33 | 0.036 | GF-5-5-1-9 | 0.271 | GF-5-5-3-2 | 0.423 |
| GF-5-5-2-39 | 0.292 | GF-5-5-2-43 | 0.439 | GF-5-5-1-12 | 0.257 |
| GF-5-5-2-32 | 0.355 | GF-5-5-1-7 | 0.364 | GF-5-5-2-13 | 0.191 |
| GF-5-5-3-15 | 0.051 | GF-5-5-1-15 | 0.387 | GF-5-5-3-3 | 0.249 |

续表 8.3.1

| 编号 | 年降水入渗补给系数 | 编号 | 年降水入渗补给系数 | 编号 | 年降水入渗补给系数 |
|---|---|---|---|---|---|
| GF-5-5-3-13 | 0.292 | GF-5-5-2-44 | 0.439 | GF-5-5-2-5 | 0.191 |
| GF-5-5-2-23 | 0.387 | GF-5-5-3-6 | 0.407 | GF-5-5-2-7 | 0.074 |
| GF-5-5-2-25 | 0.067 | GF-5-5-3-10 | 0.407 | GF-5-5-3-1 | 0.079 |
| GF-5-5-1-17 | 0.053 | GF-5-5-1-4 | 0.329 | GF-5-5-2-9 | 0.191 |
| GF-5-5-2-47 | 0.292 | GF-5-5-2-19 | 0.270 | GF-5-5-2-8 | 0.055 |
| GF-5-5-3-9 | 0.292 | GF-5-5-2-20 | 0.271 | GF-5-5-2-6 | 0.325 |
| GF-5-5-1-18 | 0.466 | GF-5-5-1-16 | 0.053 | GF-5-5-2-45 | 0.082 |
| GF-5-5-3-12 | 0.292 | GF-5-5-3-4 | 0.439 | GF-5-5-2-3 | 0.191 |
| GF-5-5-2-34 | 0.054 | GF-5-5-2-21 | 0.271 | GF-5-5-2-4 | 0.055 |
| GF-5-5-2-40 | 0.292 | GF-5-5-2-17 | 0.160 | GF-5-5-2-2 | 0.069 |
| GF-5-5-1-6 | 0.364 | GF-5-5-3-11 | 0.292 | GF-5-5-1-14 | 0.047 |
| GF-5-5-2-36 | 0.051 | GF-5-5-2-38 | 0.051 | GF-5-5-2-1 | 0.191 |
| GF-5-5-2-41 | 0.439 | GF-5-5-2-16 | 0.191 | GF-5-5-1-13 | 0.236 |
| GF-5-5-2-30 | 0.046 | GF-5-5-3-5 | 0.078 | GF-5-5-1-8 | 0.047 |

### 2. 年降水入渗补给系数

泉域法中岩溶大泉、地下河流量为统测工作实际野外测量所得，选择受雨雪天气影响较小的时期测流。对岩溶泉及地下河所处的系统范围进行调查和圈画，根据丰、枯两期实测流量与圈画的地下水系统面积，可计算出其所在含水层的丰、枯两期径流模数，两期均值为全年地下水系统所在含水层径流模数。

在换算各五级区降水入渗补给系数时，需各五级区降水量，清江流域内共收集了恩施、宣恩等19处雨量站日降水量信息，结合泰森多边形法则可计算出每个五级区年降水量并求取降水入渗补给系数，为地下水资源量计算提供数据依据。清江流域各分区径流模数、降水入渗补给系数见表 8.3.2。

表 8.3.2 清江流域各分区径流模数、降水入渗补给系数一览表

| 编号 | 径流模数/[L/(s·km$^2$)$^{-1}$] | 入渗补给系数 | 编号 | 径流模数/[L/(s·km$^2$)$^{-1}$] | 入渗补给系数 | 编号 | 径流模数/[L/(s·km$^2$)$^{-1}$] | 入渗补给系数 |
|---|---|---|---|---|---|---|---|---|
| GF-5-5-1-1 | 2.7 | 0.07 | GF-5-5-2-9 | 14.65 | 0.34 | GF-5-5-2-35 | 10.85 | 0.29 |
| GF-5-5-1-2 | 6.4 | 0.13 | GF-5-5-2-10 | 2.64 | 0.07 | GF-5-5-2-36 | 11.1 | 0.30 |

续表 8.3.2

| 编号 | 径流模数/[L/(s·km²)⁻¹] | 入渗补给系数 | 编号 | 径流模数/[L/(s·km²)⁻¹] | 入渗补给系数 | 编号 | 径流模数/[L/(s·km²)⁻¹] | 入渗补给系数 |
|---|---|---|---|---|---|---|---|---|
| GF-5-5-1-3 | 14.35 | 0.38 | GF-5-5-2-11 | 2.64 | 0.07 | GF-5-5-2-37 | 2.78 | 0.07 |
| GF-5-5-1-4 | 15.85 | 0.31 | GF-5-5-2-12 | 2.6 | 0.07 | GF-5-5-2-38 | 9.2 | 0.25 |
| GF-5-5-1-5 | 6.4 | 0.13 | GF-5-5-2-13 | 17.45 | 0.43 | GF-5-5-2-39 | 2.78 | 0.07 |
| GF-5-5-1-6 | 2.67 | 0.07 | GF-5-5-2-14 | 2.82 | 0.07 | GF-5-5-2-40 | 6.5 | 0.16 |
| GF-5-5-1-7 | 5.75 | 0.15 | GF-5-5-2-15 | 23.25 | 0.58 | GF-5-5-2-41 | 2.62 | 0.07 |
| GF-5-5-1-8 | 8.4 | 0.23 | GF-5-5-2-16 | 3 | 0.07 | GF-5-5-2-42 | 5 | 0.13 |
| GF-5-5-1-9 | 10.4 | 0.27 | GF-5-5-2-17 | 5.7 | 0.14 | GF-5-5-2-43 | 2.62 | 0.07 |
| GF-5-5-1-10 | 15.85 | 0.42 | GF-5-5-2-18 | 23.7 | 0.68 | GF-5-5-2-44 | 2.78 | 0.07 |
| GF-5-5-1-11 | 3.91 | 0.07 | GF-5-5-2-19 | 2.6 | 0.07 | GF-5-5-2-45 | 6.5 | 0.16 |
| GF-5-5-1-12 | 10.8 | 0.19 | GF-5-5-2-20 | 5.45 | 0.15 | GF-5-5-3-1 | 12.95 | 0.32 |
| GF-5-5-1-13 | 10.8 | 0.19 | GF-5-5-2-21 | 5.35 | 0.13 | GF-5-5-3-2 | 2.82 | 0.07 |
| GF-5-5-1-14 | 10.61 | 0.29 | GF-5-5-2-22 | 8.7 | 0.19 | GF-5-5-3-3 | 2.43 | 0.07 |
| GF-5-5-1-15 | 8.9 | 0.21 | GF-5-5-2-23 | 10.4 | 0.28 | GF-5-5-3-4 | 13.9 | 0.34 |
| GF-5-5-1-16 | 10.3 | 0.18 | GF-5-5-2-24 | 10.4 | 0.28 | GF-5-5-3-5 | 13.9 | 0.40 |
| GF-5-5-1-17 | 3.91 | 0.07 | GF-5-5-2-25 | 10.4 | 0.28 | GF-5-5-3-6 | 13.9 | 0.34 |
| GF-5-5-2-1 | 7.05 | 0.20 | GF-5-5-2-26 | 6.5 | 0.17 | GF-5-5-3-7 | 13.9 | 0.40 |
| GF-5-5-2-2 | 7.05 | 0.16 | GF-5-5-2-27 | 2.82 | 0.07 | GF-5-5-3-8 | 13.9 | 0.40 |
| GF-5-5-2-3 | 7.05 | 0.16 | GF-5-5-2-28 | 4 | 0.10 | GF-5-5-3-9 | 10.75 | 0.31 |
| GF-5-5-2-4 | 1.78 | 0.07 | GF-5-5-2-29 | 4 | 0.10 | GF-5-5-3-10 | 8.7 | 0.25 |
| GF-5-5-2-46 | 27.65 | 0.65 | GF-5-5-2-30 | 4 | 0.11 | GF-5-5-3-11 | 10.15 | 0.29 |
| GF-5-5-2-5 | 24.4 | 0.65 | GF-5-5-2-31 | 6.5 | 0.16 | GF-5-5-3-12 | 11.425 | 0.33 |
| GF-5-5-2-6 | 14.65 | 0.34 | GF-5-5-2-32 | 4.25 | 0.10 | GF-5-5-3-13 | 2.43 | 0.07 |
| GF-5-5-2-7 | 3 | 0.07 | GF-5-5-2-33 | 5.45 | 0.14 | GF-5-5-3-14 | 10.5 | 0.22 |
| GF-5-5-2-8 | 5.7 | 0.14 | GF-5-5-2-34 | 4.25 | 0.11 | GF-5-5-3-15 | 4.9 | 0.10 |

**3. 径流模数**

以清江流域为例，利用恩施、利川等 9 个水文站 2002—2015 年多年日径流数据，求取年平均基流量，基流量视为天然地下水排泄量，根据排泄量法推求山区年均降水入渗补给系数 $\alpha$。

水文站日径流量、平均降水量、评价时段内各流域分区年降水量为前期资料搜集整理所得,平均基流量利用 BFI 方法分割求得。清江流域地下水资源量参数见表 8.3.3。

**表 8.3.3 清江流域地下水资源量参数**

| 流域区间 | 集水面积/$km^2$ | 基径比/% | 年均基流量/($m^3 \cdot s^{-1}$) | 基流模数/[$L \cdot (s.km^2)^{-1}$] | 基流深/mm | 降水入渗补给系数 | 年降水量/mm |
|---|---|---|---|---|---|---|---|
| 建始 | 157 | 23.1 | 1.5 | 9.7 | 304.7 | 0.179 | 1 357.4 |
| 高家堰 | 334 | 22.9 | 1.7 | 5.2 | 165.2 | 0.113 | 1477 |
| 渔洋关 | 465 | 29.7 | 3.2 | 6.8 | 214.5 | 0.130 | 1522 |
| 利川 | 513 | 27.6 | 3.5 | 6.7 | 212.8 | 0.163 | 1203 |
| 宣恩 | 740 | 14.2 | 2.6 | 3.5 | 110.8 | 0.081 | 1 191.5 |
| 渔洋河-聂家河区间 | 657 | 21.6 | 2.6 | 4 | 125.4 | 0.08 | 1457 |
| 利川-恩施区间 | 2415 | 28.7 | 17.2 | 7.1 | 224.6 | 0.166 | 1 286.6 |
| 恩施、宣恩、建始-水布垭区间 | 7035 | 36.4 | 60.3 | 8.6 | 270.5 | 0.197 | 1042 |
| 水布垭、高家堰-高坝洲区间 | 4456 | 35.9 | 36.9 | 8.3 | 261.3 | 0.195 | 1297 |
| 全流域(高坝洲+聂家河) | 16 772 | 33.9 | 129.6 | 7.7 | 243.6 | 0.177 | |

注:计算方法为基流分割法。

## 二、清江流域水均衡分析

山丘区地下水资源量校核采用基流分割法,选择水文站控制的小流域进行多年径流数据基流分割,在枯水时期,河水几乎全部由地下水补给;而在洪水时期,河流大部分由降水及地下水补给。因此,结合具体水文地质条件对地表径流的长期观测资料进行分析,可从水文过程曲线图上将补给河水的地下径流分割出来。分割所得基流量来源于赋存在裂隙、溶隙等含水介质中的地下水,该基流量也可视为天然地下水排泄量,亦是校核水资源量。

以清江岩溶流域为例,清江流域基流量与泉域法所得水资源量相差较小,分别为 35.23 亿 $m^3$ 与 33.81 亿 $m^3$,其径流组分以慢速流为主;而与次降水入渗法所求水资源量相差较大,其原因在于,后者径流组分为慢速流和快速流。为进一步证明,山丘区水资源量选择利川水文站以上断面进行水资源量校核。

### (一)利川水文站

经计算,利川水文站断面以上地下水资源量分别为 1.01 亿 $m^3$(基流分割法)和 0.88 亿 $m^3$(泉域法),二者相差 0.12 亿 $m^3$,计算误差百分比为−14.7%,故在校核区泉域分析法所得结果合理。

（二）渔洋关水文站

经计算，渔洋关水文站断面以上地下水资源量分别为 1.67 亿 $m^3$（基流分割法）和 1.69 亿 $m^3$（泉域法），二者相差 0.02 亿 $m^3$，计算误差百分比为 1.14%，故在校核区泉域分析法所得结果合理。

泉域法与基流分割法在校核区计算结果差值均在合理范围内，故泉域法作为山丘区岩溶地下水计算所得结果可靠，泉域法所得地下水资源量对山丘区具有更重要的开发利用指导意义。

（三）丹水流域

丹水流域水资源量可利用高家堰水文站基流分割法，也可利用泉域法。经计算，高家堰水文站断面以上地下水资源量分别为 1.9 亿 $m^3$（基流分割法）和 1.74 亿 $m^3$（泉域法），二者相差 0.16 亿 $m^3$，计算误差百分比为－9.2%，故在校核区泉域分析法所得结果合理。

# 第二篇

# 长江流域地下水位统测与地下水资源评价

# 第九章　长江流域湖北、河南、陕西地下水评价

## 第一节　地下水资源评价

### 一、地下水评价分区原则

本次地下水资源计算分区采用了六级分区，以六级评价单元作为地下水资源量计算单元。基于水循环理论和地球系统科学理论，在地下水资源一级、二级、三级分区中兼顾原国土资源部和水利部分区方案的优势，体现地下水和地表水循环的一体化；依据地下水流系统理论划分地下水资源四级、五级分区，将水文系统、含水系统和地下水流系统有机结合，突破以往单独从地表水和地下水角度进行划分的局限性，充分考虑地表水与地下水的转化关系，提高对地下水资源赋存与分布规律的认识；根据实际评价系统操作要求，在五级分区基础上将部分小型山间盆地及平原周边山区分出来形成六级分区。

地下水资源二级和三级分区保持与国土部门地下水资源评价成果的连贯性及一致性，尽可能与省内二级流域构成完整水资源系统，兼顾区域地貌单元的差异。二级分区依据长江干流及大型流域边界进行划分，以长江干流为主线控制住重点区的入口和出口；三级分区主要以原国土资源部全国第二轮地下水资源评价的地下水资源区为基础划分，划分出长江各大支流流域，同时，在此基础上对重要地貌单元界线进行校核（如四川盆地平原区、洞庭湖平原、南阳盆地、长江三角洲平原等），反映完整的地下水补给、径流、排泄过程及形成演化与分布特征，突出以地下水汇流盆地为单元的平原汇流区和山丘补给区。

四级分区的边界在三级分区边界的基础上，在各个流域及大型盆地汇流区内部根据次级小流域边界进行进一步划分。

五级分区的划分依据主要是根据含水岩组特征和补径排条件划分若干个含水系统，使用不同地下水类型的含水系统进行地下水资源评价单元划分，包括孔隙含水系统、裂隙含水系统、岩溶含水系统。五级分区可反映地下水资源类型和地区的差异，突出地下水资源赋存与分布规律，方便分析总结地下水资源的成因和演化规律。

六级分区为本次评价的基本单元，是在五级分区的基础上考虑到本次评价所使用的在线评价系统，将各五级分区内的小面积盆地及山区分开，如汉中上游的汉中盆地、西乡盆地、安康盆地、商丹盆地、南襄盆地汇流区东部及南部的山区等。

在孔隙含水系统中划分子系统时，一般根据降水入渗补给系数法等来计算地下水资源

量，如含水层结构、各土层埋藏厚度、深度以及含水性、土壤入渗补给能力、下垫面条件、水资源利用与土地利用、农业灌溉等因素。

岩溶含水系统往往具有集中排泄（岩溶地下河、岩溶大泉）特征，一般利用岩溶水系统的排泄点流量监测或统测来计算地下水径流模数，则可以将次级的地下水流系统作为计算单元，其工作的重点将是岩溶水系统边界的确定。

在一般基岩山区或具有分散排泄特征的岩溶山区，其地下水流系统模式表现为分散排泄型地下水流系统，一般可根据地表水监测数据进行地下水的基流分割，从而计算地下水径流模数，则可根据地表水监测站或测流断面的位置圈划出分散排泄型地下水流系统的范围作为计算单元，相当于以次级水文系统（流域）的监测或统测数据作为计算依据。

## 二、长江流域地下水资源评价总则

长江流域地下水资源评价基本遵循全国地下水资源评价技术要求的相关规定。广泛收集已有基础资料，结合最新监测和统测数据，在此基础上把已有成果系列延长到现状水平年，通过分析计算、汇总、协调、合理性检验等手段，厘清地下水资源数量、地下水质量、地下水资源开发利用、地下水环境等要素现状实际情况，分析各评价项目的内在关系，并通过系列数据摸清变化态势，从整体上把握近几十年来地下水资源情势的演变。

采用的 1∶25 万比例尺数字底图，由“水文地质与水资源调查”计划统一提供。优先使用“地质云”平台上的地下水资源评价系统进行线上评价。评价使用的原始数据、参数分区、计算表格等基础资料应完整保存，建档立志，以备查验。空间坐标系统应采用 CGCS2000 国家大地坐标系。高程基准采用 1985 年国家高程基准定义的黄海平均海水面。地下水资源评价相关的空间数据及成果图件原则上采用 ArcGIS 文件格式。评价重点地区是指兼顾经济社会发展与生态环境保护进程中水资源供需矛盾突出的地区，如国家重大战略区、重要经济发展区与大型平原盆地、高原湖泊集中分布区、生态脆弱区等。

### 1. 主要工作内容

划分地下水资源分区，确定地下水资源评价单元及其子区；建立地下水资源评价单元的水文地质概念模型，开展各评价参数分区，确定评价参数；开展地下水资源数量评价；系统掌握地下水资源数量及其空间分布，分析地下水资源动态特征；开展地下水资源质量评价；分析地下水化学特征，评价地下水质量现状，分析地下水质量变化趋势；调查生态环境问题的评价与发展趋势预测，编制地下水资源与生态环境图集；建立基于“地质云”平台的长江流域地下水资源评价数据库和信息系统。

### 2. 工作基本原则

（1）系统性。以地球系统科学和流域水循环理论为指导，山水林田湖草生命共同体健康协调为目标，提出生态优先理念下的地下水资源评价成果和可持续开发利用成果。

（2）继承性。充分借鉴自然资源、水利部门地下水资源评价以往成果和经验，利用自然资源、水利区域地下水监测与生态环境部门“两源”监测数据和成果，保障地下水资源调查评价成果的连续性和权威性。

(3)创新性。充分利用卫星遥感技术、大数据、云平台技术、地表水-地下水耦合模拟及评价技术与深化重点地区水均衡演化，来优化创新地下水资源评价的理念、技术、方法与成果表达。

(4)服务性。以支撑服务地下水资源确权登记、国土空间规划和生态修复、地下水资源科学利用与保护为导向。

(5)规范性。评价中概念、原理、定义和论证等内容的叙述应清楚、确切，前后一致。

## 三、地下水统测技术总则

通过开展地下水位、河流湖泊坑塘水位、泉(地下河)流量等要素监测，掌握区域地下水水位(头)埋深、流场状况及地表水与补排关系；划定漏斗分布范围，计算漏斗面积，确定漏斗最大水位埋深或中心水位埋深，描述漏斗形态；通过不同期次流场对比分析，结合地下水长期监测数据，分析地下水流场变化特征和地表水与地下水补排关系及变化，计算地下水储变量，服务地下水超采治理、地下水资源评价与确权登记、国土空间规划与生态保护修复。

### 1. 主要工作内容

研究确定地下水统测区范围，并根据重要性不同划为重点区、次重点区和一般区，研究部署地下水统测点密度；开展地下水统测点(机民井、泉或地下河、地表水等)调查，确定符合要求的统测点；开展地下水统测点高程测量，做好高程测点标识和保护；在 20～30d 内组织完成地下水统测；编制相关统测图件及成果报告。

### 2. 工作基本原则

按照区域地下水含水层分布和地下水系统的补给、径流、排泄特征，部署地下水统测网点。

根据人口与经济活动密集程度、地下水开采程度、与地下水相关的生态地质环境脆弱程度、地下水流场区域变化程度等因素，综合划定地下水统测重点区、次重点区和一般区，按照不同测点密度合理部署统测。

在国家、省(市)及相关地下水长期动态监测站点的基础上，点线面结合，综合考虑部署区域地下水统测点网。

## 四、地下水资源评价单元划分

地下水评价一级至六级单元分区由工程与各个地下水评价承担单位研讨，统一分区后提交给地质环境监测院，形成全国、全流域“一盘棋”。如图 9.1.1 所示，长江流域有 5 个二级分区、13 个三级分区、54 个四级分区、132 个五级分区、142 个六级分区。

长江流域内湖北、河南、陕西三省本次划分共涉及 3 个二级地下水资源区、9 个三级地下水资源区、20 个四级地下水资源区、41 个五级地下水资源区、47 个六级地下水资源区(图 9.1.2)。

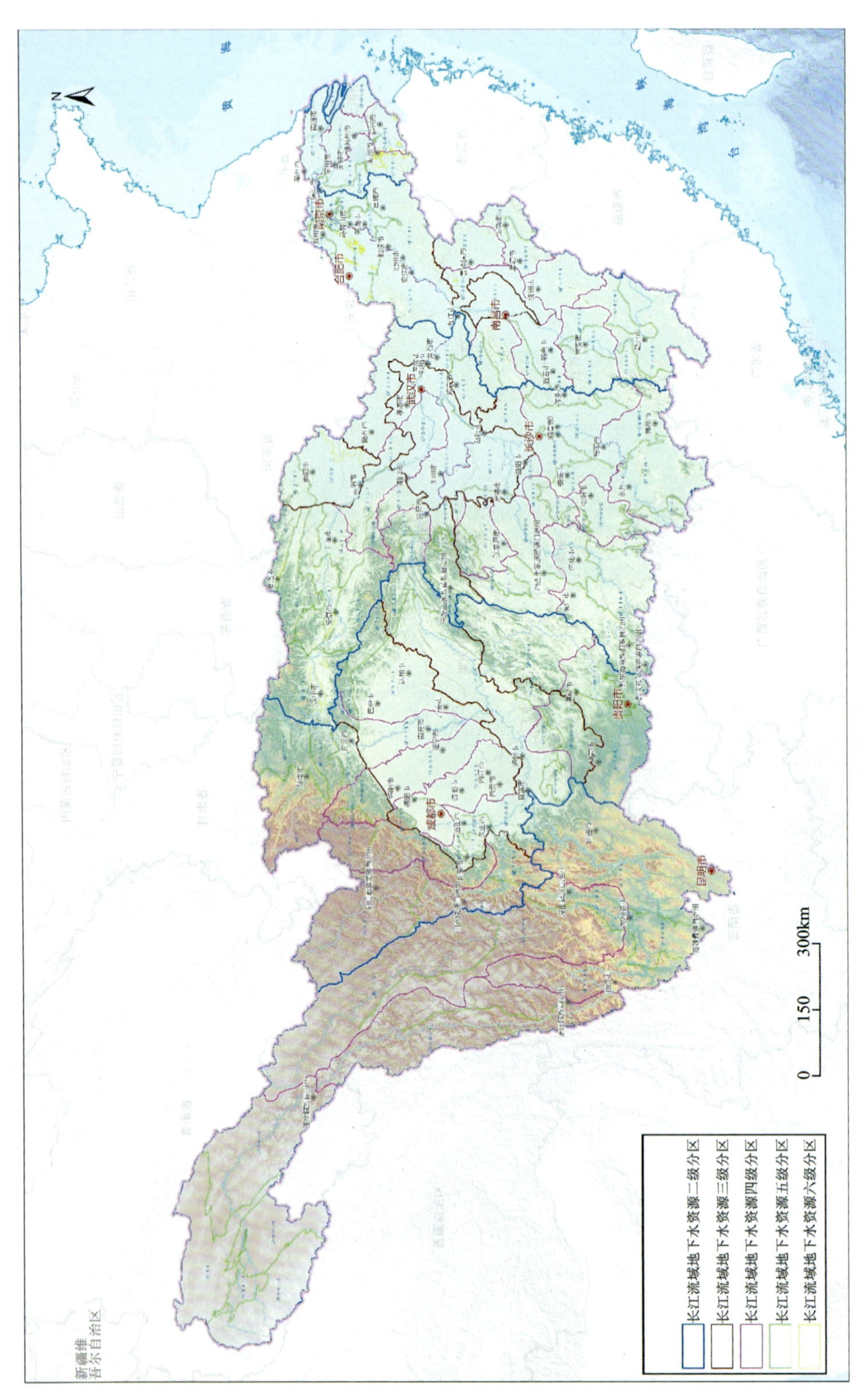


图 9.1.1 长江流域地下水资源分区图

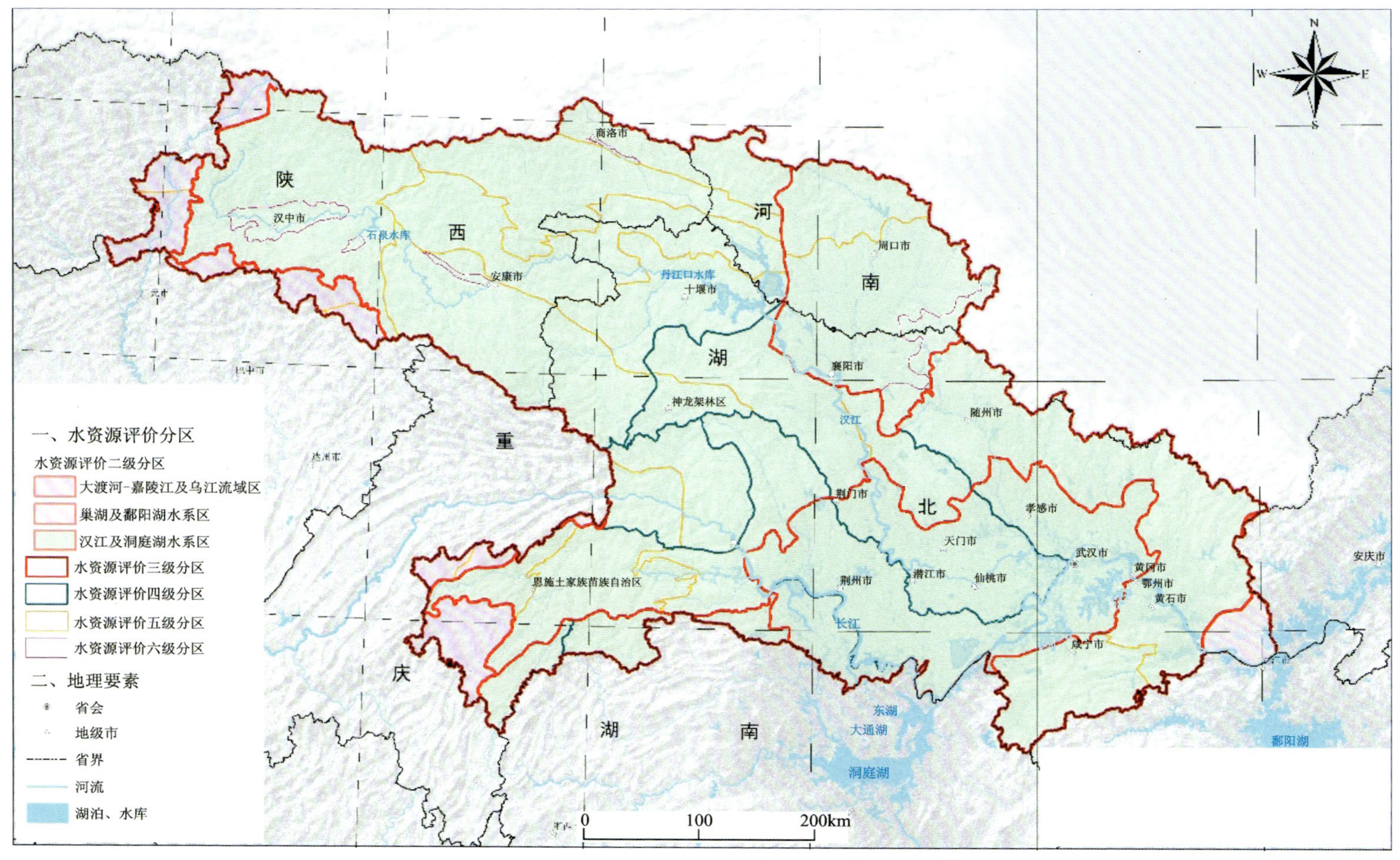

图 9.1.2　长江流域湖北、河南、陕西三省水资源评价分区图

## 第二节 水文地质概念模型

山丘区的水文地质概念模型已在第五章中描述过，故本节只描述平原区的水文地质概念模型。

以江汉平原为例，基于江汉平原的水文地质条件，将评价区自上而下共分为5层，其中第一层、第三层、第五层为含水层，第二层、第四层为相对隔水层或弱透水层。第一层为孔隙潜水含水层。第二层弱透水层由黏土或亚黏土组成，连续并稳定地覆盖在第三层之上，局部地方存在天窗，使得位于其上、下的含水层具有水力联系。第三层在盆地中心厚度较大，是本区主要的含水层，也是地下水集中开采的主要层位。第四层相对隔水层较稳定地分布在第五层之上，局部地方有些缺失，使得第三层、第五层含水层具有水力联系。第五层分布在盆地中心及边缘地区，含水层在盆地中心较厚，含水丰富，与下更新统裂隙水不产生水量交换。根据地貌和补径排特征将江汉平原总结为两种水文地质类型：山前盆地型和河间地块型。

### 一、山前盆地型

该类型主要分布于江汉盆地与周边丘陵山区的接触带地区，其主要特征是与周边丘陵山区具有一定的水力联系（图9.2.1）。根据接触带的岩性特征和水力联系，可以将边界条件分为隔水边界和补给边界。具体地，江汉平原西侧构造剥蚀丘陵区边缘以砂岩、泥岩及泥砾岩为主，钙质胶结，裂隙不发育；钻孔资料显示，西侧和北侧周围边缘一带，第四系较薄（5～10m），中—上更新统岩性多以黏土、粉质黏土、亚黏土为主，透水性差，大部分边界山前侧向的补给基本上可以忽略。根据资料显示，在周边长滩-易家岭段、十里铺段、京山钱场地段有侧向径流补给量。总体来说，评价区西侧和北侧以第四系含水岩相界线为边界，西边界概化成在局部地段带有侧向补给的隔水边界。东侧武汉地区基岩出露，仅有零星第四系松散堆积物，可视为良好的隔水边界。东南部受武汉咸宁隆起控制，第四系孔隙水集中分布于长江洪湖-汉南河段的西北部平原区，故东南侧边界以长江中央河道深泓断面为透水边界。

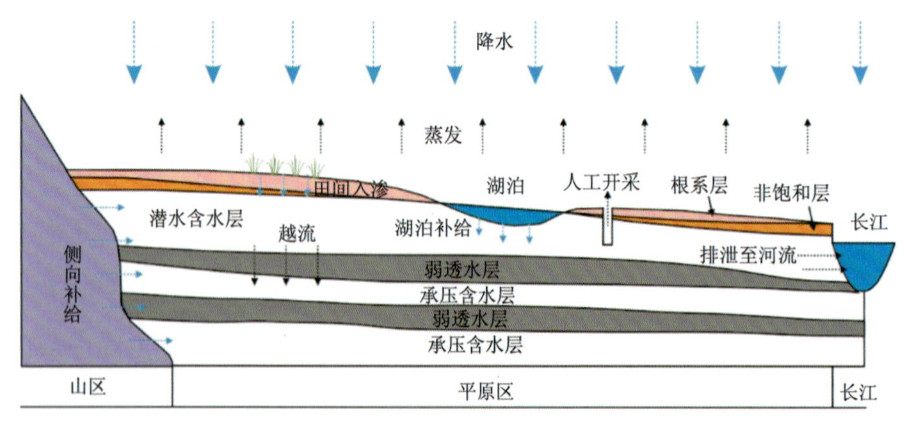


图9.2.1 江汉平原山前盆地型水文地质概念模型示意图

该类型以荆门至荆州第四系孔隙含水系统区西北部为代表。该区位于长江北岸、江汉平原西部，区中山前盆地面积1206$km^2$，地形地貌为岗波状平原区，主要水系为玛瑙河。该区东部以玛瑙河和沮漳河的地表分水岭为界，南部以长江干流为界，西部和北部以山前倾向岗波状与冲积平原区交界线为界。该区出露地层为上中更新统古老背组、善溪窑组及下更新统云池组。古老背组多分布于岗波状岗地和玛瑙河沿岸的二级阶地，其岩性上部为冲积相粉质黏土，中部为粉细砂或粉土，下部为冲洪积相砂砾卵石，局部夹薄层砂透镜体。善溪窑组一般分布于玛瑙河的三、四级阶地上，多具二元结构：上段分布在三级阶地上，上部为网纹红土，厚15～25m，下部为砂砾石，磨圆度好，其中夹细砾、砂、粉土薄层，厚10～15m；下段分布于长江四级阶地及岗地周缘地区，具二元结构，上部为黏土，厚35～50m，下部为砂砾石、砾石，厚5～20m。玛瑙河沟底多由全新统孙家河组冲积黏性土、粉质黏土等组成。云池组分布范围较少，零星出露于岗波状平原区内。该区主要补给来源为大气降水，河流入渗补给次之，地表全新统以黏土、粉质黏土为主的渗透系数一般在0.15～1.00m/d之间，降水入渗补给系数较低，而在河谷地段降水补给较强，入渗系数一般在0.2～0.4m/d之间。全新统(Qh)以粉细砂、砂砾石为主的渗透系数一般在3.66～8.70m/d之间；上、中更新统($Qp_{2+3}$)以砂卵(砾)石为主的渗透系数一般在5～10m/d之间，最小为1.51m/d，以粉细砂为主的渗透系数一般在3～4m/d之间；下更新统($Qp_1$)以砂砾为主的渗透系数一般在3.45～4.41m/d之间，以粉细砂为主的渗透系数一般为0.089～2.25m/d。根据本次和收集该系统区内的水文地质试验成果，全新统以黏土、粉质黏土为主的富水性差，单位涌水量2.47～13.48$m^3/(d \cdot m)$，释水性较差，为弱透水层，富水性丰富[$Q=400 \sim 1000m^3/(d \cdot m)$或$T=400 \sim 1000m^2/d$]的主要分布于玛瑙河沿河岸的雅鹊岭—安福寺—董市镇一带。

## 二、河间地块型

江汉平原三面环山，一面环湖，地表水系发育。长江贯穿整个盆地东西，由宜昌入盆地，经过荆州、岳阳到达盆地江汉平原东部，经武汉流出江汉平原。河间地块型地下水资源区主要分布于两条河流间的河间地块地区，在江汉平原，尤其指的是长江和汉江之间的河间地块地区(图9.2.2)。

长江和汉江之间的河间地块地区主要包括GF-3-3-1-1-1六级区和GF-3-3-2-1-1六级区，地貌表现为波状平原区、冲积低洼平原区、湖积低平原区、冲洪积高漫滩平原区。其中，冲洪积高漫滩平原区主要分布于长江干堤外侧的河流两岸地带，为河流冲积物堆积而成，一般形状呈长条带或半月状。该区内分布有第四系全新统、上中更新统和下更新统，其成因类型多样，岩性复杂，主要为粉土、粉砂，局部地段有砂砾石。全新统主要分布于长江一级阶地，以至长江与汉江共同作用的中间地带的广大区域，长江沿岸主要岩性为粉质黏土、粉土、粉砂，局部地段有薄层砂砾石层，厚度由阶地前缘向后缘变薄。长江与汉江夹持的低平原区，是河湖共同作用区，岩性为粉土、粉质黏土、粉砂、淤泥质粉质黏土与淤泥质黏土互层，厚度一般为3～10m。

表层全新统孔隙潜水的大气降水入渗补给系数一般在0.133～0.499之间，渗透系数为0.54～3.94m/d。上、中更新统为淤泥质粉砂、砂、砂砾石，含有淤泥，主要分布于江陵、李埠、

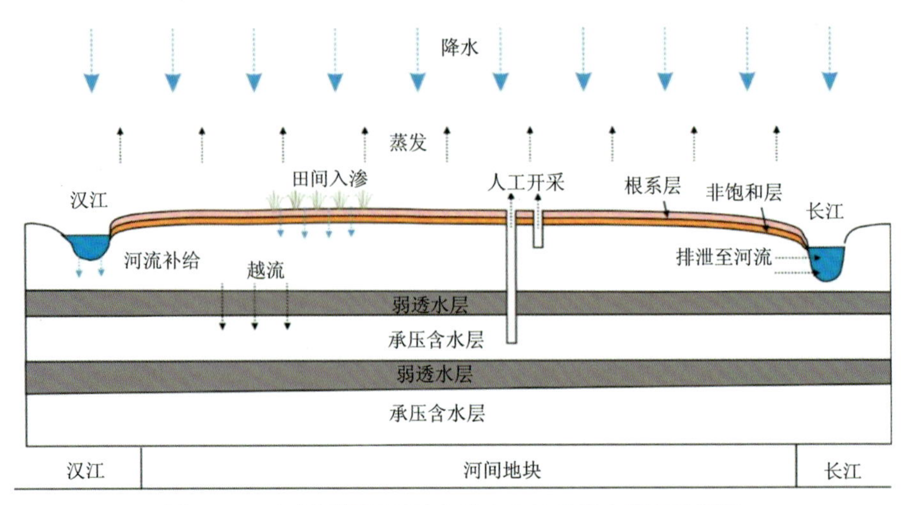


图 9.2.2 江汉平原河间地块型水文地质概念模型示意图

太湖、郝穴、资市一带，在平原中心的普济、郝穴以东、监利、洪湖一带含水层砾石含量较少，淤泥质含量显著增高。该区的主要补给来源是大气降水入渗和河流渗漏补给，根据收集该系统区内的水文地质试验成果，全新统含水岩组基本属不透水层，上、中更新统渗透系数为4.98～19.23m/d，最大的主要在洪湖以东一带，达36.73m/d，上、中更新统含水岩组富水性中等，主要分布于监利尺八镇—白螺镇—洪湖螺山镇—乌林镇—龙口镇以及新滩镇、燕窝镇一带，富水性丰富[$Q$=400～1000m$^3$/(d·m)或$T$=400～1000m$^3$/d]的主要分布于荆州市锣场—观音垱镇—岑河镇—滩桥镇一带、石首市新厂镇—横市镇以及监利县程集镇—毛市镇—汴河镇—桥市镇一带，富水性极丰富[$Q$>1000m$^3$/(d·m)或$T$>1000m$^3$/d]的主要分布在荆州市区—资市镇—普济镇一带、监利县汪桥—黄歇口—分盐镇以及洪湖以北地区一带。下更新统岩性为砂、砂砾石夹粉质黏土，中部为黏土，下部以砂、含砾粗砂、细砾石为主。该含水层与上、中更新统之间有一较稳定的黏土岩弱透水层，厚度一般为5～7m，局部地段与上部孔隙承压水含水层直接相通。下更新统渗透系数一般为4.26～14.76m/d，最大的在洪湖大沙湖农场一带，达24.89m/d，其含水岩组富水性中等分布在该系统的广大地区，主要在荆州市岑河镇—江陵县—石首市新厂镇—横市镇—监利县—潜江张金镇—洪湖市北部一带，富水性丰富的仅分布于荆州市观音垱镇—潜江浩口—积玉口镇一带，富水性极丰富的主要分布于洪湖市以东—乌林镇—龙口镇—大沙湖五分场一带及石首长江北岸一带。

## 第三节　计算方法

地下水资源量评价基本原理及理论依据为水循环理论和水循环原理。对于平原区的两种水文地质概念模型，无论是山前盆地型还是河间地块型，都充分考虑含水层的调蓄能力，体现以丰补欠、补偿疏干、储存、运移及总“均衡”可持续利用为评价原则，计算天然补给资源量为地下水资源量，并计算排泄项，做均衡验算。在山丘区，岩溶山区和基岩山区两种概念模型则充分考虑从大气降水到地表水与地下水相互转化关系，根据《水资源评价导则》(SL T238—

1999),山丘区地下水资源数量评价可只进行排泄量计算。

## 一、补给项计算

平原盆地区以地下水补给量作为地下水资源量。平原盆地区地下水主要以孔隙水的形式存在,其补给量包括降水入渗补给量、山前侧向补给量、地表水体补给量、其他补给量,各项补给量之和为总补给量。其中,地表水体补给量包括河道渗漏补给量(含河道对傍河地下水水源地的补给量)、水库渗漏补给量、湖泊渗漏补给量、田间入渗补给量、以地表水为水源的人工回灌补给量;其他补给量包括城镇管网漏损补给量、非地表水源的人工回灌补给量等。

### 1. 大气降水补给量

由于平原区大气降水受到田间农作物部分截留的影响,因此大气降水补给量主要指的是陆面大气降水入渗量。计算公式为

$$Q_{降}=10^{-5}P_{年}\alpha_{年}F \tag{9.1}$$

式中:$Q_{降}$为年降水入渗补给量(亿 $m^3/a$);$P_{年}$为年降水量(mm/a);$F$为计算区陆面面积($km^2$);$\alpha_{年}$为年降水入渗补给系数。

陆面面积为计算段内除河流湖泊干渠等水系、水稻田、旱地之外接受大气降水补给的区域面积。

### 2. 田间入渗补给量

根据江汉平原种植模式特点,研究区田间入渗补给量由水稻田生长期降水及灌溉入渗补给量、水稻田旱作期降水入渗补给量、旱地降水入渗补给量和旱地旱作期灌溉入渗补给量组成。

(1)水稻田生长期降水及灌溉入渗补给量:

$$Q_1=\varphi TF_1\times10^{-5} \tag{9.2}$$

式中:$Q_1$为稻田生长期降水及灌溉入渗补给量(亿 $m^3/a$);$\varphi$为水稻田生长期入渗率(mm/d);$T$为水稻田生长天数,包括泡田期(d);$F_1$为计算段内水稻田面积($km^2$)。

江汉平原主要为双季稻区,晚稻在早稻面积上复种,因此假定早稻、晚稻田面积相等。灌溉试验数据表明,采用水稻生长期入渗率$\varphi$乘以生长天数$T$计算的入渗补给量偏大与实际不符,而采用早、晚稻生长期和泡田期的地下渗漏总量$\varphi T$较为合理。根据2011—2014年丫角灌溉试验站灌溉试验数据,$\varphi T$取值:亚砂土391mm、亚黏土302mm、黏土284mm。

(2)水稻田旱作期降水入渗补给量:

$$Q_2=\alpha PF_2\times10^{-5} \tag{9.3}$$

式中:$Q_2$为水稻田旱作期降水入渗补给量(亿 $m^3/a$);$P$为水稻田旱作期的降水量(mm);$\alpha$为降水入渗补给系数。

研究区双季早稻、晚稻播种一般在春夏和夏秋,轮作农作物有小麦、蔬菜等,旱作期灌溉量忽略不计。旱作期为11月到次年3月。

(3)旱地降水入渗补给量：

计算方式参照陆面大气降水入渗量的计算。

(4)旱地旱作期灌溉入渗补给量：

$$Q_3=2I\beta_{渠}F_3\times10^{-5}/3 \tag{9.4}$$

式中：$Q_3$为旱地旱作期灌溉入渗补给量(亿 $m^3/a$)；$\beta_{渠}$为渠灌田间入渗补给系数；$I$为旱地旱作期多年平均灌溉定额($m^3$/亩，1 亩≈666.67$m^2$)；$F_3$为计算区内小麦、棉花、油菜种植面积($km^2$)。

由于缺乏渠灌田间入渗补给系数$\beta_{渠}$的实测资料，且$\beta_{渠}$与降水入渗补给系数$\alpha$较为相近，故直接采用降水入渗补给系数$\alpha$代替$\beta_{渠}$。根据 2001—2020 年湖北省统计年鉴，统计各行政区各类农业用地资源状况，汇总水田、旱地种植面积。依据 2019 年《湖北省用水定额》及 2001—2020 年水资源公报中江汉平原各行政区亩均灌溉用水量，江汉平原农作物多年平均灌溉定额值采用多年平均值 421.142$m^3$/亩。

### 3. 侧向径流量

$$Q_{径入}=365\cdot KLHI\sin a\times10^{-8} \tag{9.5}$$

式中：$Q_{径入}$为地下水径流流入量(亿 $m^3/a$)；$K$为渗透系数(m/d)；$H$为含水层平均厚度(m)；$L$为断面长度(m)；$I$为水力坡度；$a$为计算断面与流线之间夹角。

### 4. 河流、湖泊入渗量计算公式

$$Q_{河湖}=KMLIT\times10^{-4} \tag{9.6}$$

式中：$Q_{河湖}$为河流、湖泊入渗量(亿 $m^3/a$)；$K$为等效渗透系数(m/d)；$M$为含水层厚度(m)，统计钻孔中的含水层厚度；$L$为河流、湖泊长度(km)(利用 MapGIS 软件从图上求得)；$I$为水力坡度，利用地表水和地下水长观资料求得，没有长观资料的，利用井水位资料或者钻孔资料求得；$T$为河流、湖泊补给时间(d)。

## 二、排泄项计算

### 1. 地下水蒸发量

潜水蒸发主要受气象、地质、植被以及非饱和带厚度、岩性与结构等自然因素的影响，但对同一地点而言，气象、地质、植被以及非饱和带厚度、岩性与结构都可视为常数。因此，潜水蒸发仅与水面蒸发强度和非饱和带厚度有关。地下水蒸发量采用如下计算公式：

$$Q_{蒸}=\varepsilon_0 CF\times10^{-5} \tag{9.7}$$

式中：$Q_{蒸}$为蒸发量(亿 $m^3/a$)；$F$为蒸发区面积($km^2$)；$\varepsilon_0$为潜在蒸发量(m)；$C$为潜水蒸发系数。

由于气象站测得的蒸发量实为表面蒸发量，故需将其换算成水面蒸发度($\varepsilon_0$)，此次采用经验系数 0.8。当潜水埋深达到一定深度，潜水蒸发量接近于零，地下水水位埋深小于地下水极限埋深的区域才是有效蒸发区域。潜水蒸发系数是埋深、包气带岩性、气象条件以及有无农作物影响等因子共同影响下，水面蒸发量换算为陆面蒸发量的修正系数。前人根据该地资料利用柯夫达潜水蒸发经验公式求取了无作物条件下平均潜水蒸发系数 $C$。根据太谷均衡实验站潜水蒸发系数统计规律，用作物系数法修正上述平均蒸发系数，求得有作物条件下的平均潜水蒸发系数。

**2. 河流排泄量**

（1）断面法：已知均衡区内监测孔水位和部分地表水水位信息，选择控制性水流断面进行计算，公式如下：

$$Q_{河排}=KMLIT\times10^{-4} \tag{9.8}$$

式中：$Q_{河排}$ 为河流、湖泊入渗量（亿 $m^3/a$）；$K$ 为等效渗透系数（m/d）；$M$ 为含水层厚度（m），统计钻孔中的含水层厚度；$L$ 为河流、湖泊长度（km）（利用 MapGIS 软件从图上求得）；$I$ 为水力坡度，利用地表水和地下水长观资料求得，没有长观资料的，利用井水位资料或者钻孔资料求得；$T$ 为排泄至河流的时间（d）。

（2）基流分割法：对于盆地区，若地表水文站能够完整地控制地下水出流过程，则通过从水文站实测径流过程中分割出地下水基流量，再扣除上游山丘区的地下水资源量，剩余量即为平原盆地区地下水的河道排泄量。

**3. 地下水径流排泄量**

$$Q_{径排}=365\cdot KLHI\sin a\times10^{-8} \tag{9.9}$$

式中：$Q_{径排}$ 为地下水径流流出量（亿 $m^3/a$）；$K$ 为渗透系数（m/d）；$H$ 为含水层平均厚度（m）；$L$ 为断面长度（m）；$I$ 为水力坡度；$a$ 为计算断面与流线之间的夹角。

**4. 人工开采量**

$$Q_{开采}=M_{开采}F\times10^{-4} \tag{9.10}$$

式中：$Q_{开采}$ 为人工开采量（亿 $m^3/a$）；$M_{开采}$ 为人工开采模数［$10^4\ m^3/(km^2\cdot a)$］；$F$ 为计算区面积（$km^2$）。

## 第四节　参数计算

山丘区的计算参数已在第五章中描述过，故本节只描述平原区的计算参数。本次计算涉及的主要水文参数有大气降水入渗补给系数（$\alpha$）、潜水蒸发系数（$C$），水文地质参数多数为实测值和已有水文地质勘查报告的实验值，主要有渗透系数（$K$）、含水层厚度（$M$）、给水度（$\mu$）等，平原区水文参数及水文地质参数的获取技术路线见图 9.4.1。参数涉及区域只是评价单元的实际一部分，是为了选取典型区域而获取的必要评价参数。

## 一、大气降水入渗补给系数

大气降水入渗补给系数($\alpha$)表示某个区域大气降水补给地下水的份额，评价区内降水入渗补给系数分区主要针对浅层孔隙潜水含水岩组而言，在对降水入渗补给系数分区时，通常需要考虑地质地貌、降水强度及其时空分布、降水前的土壤含水量、地面植被、土地利用等因素。浅层孔隙潜水含水岩性的粗细和均匀程度影响降水入渗补给量的大小。颗粒粗、孔隙率大的岩性入渗补给量大于颗粒细、孔隙率小的岩性。在江汉平原区，地表出露岩性多为粉质黏土、粉土，局部为粉砂，这些为降水入渗提供了有利的条件，使其成为降水入渗最为强烈的地段。

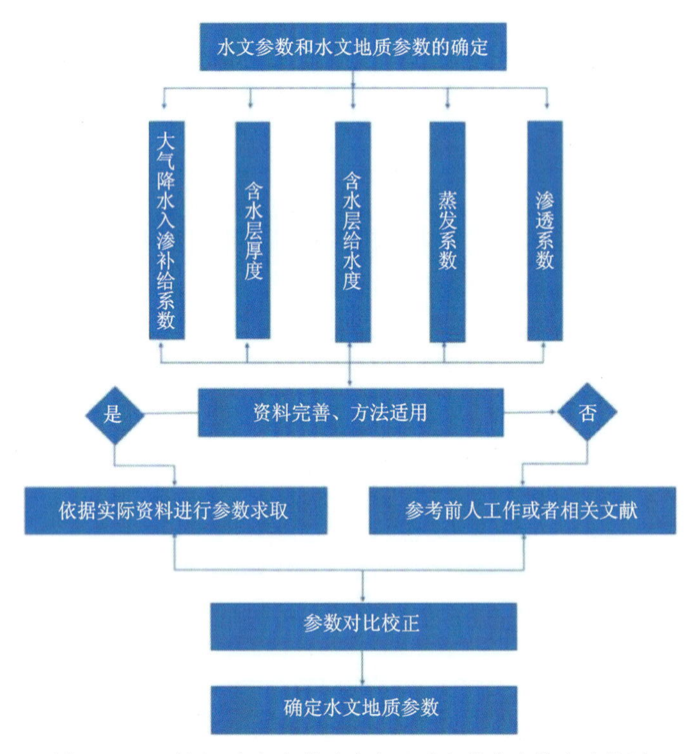

图 9.4.1　平原区水文参数及水文地质参数获取技术路线图

对评价区的大气降水入渗补给系数的系统研究，主要根据江汉-洞庭平原部分区域岩性分布和埋深所得入渗系数值，根据不同岩性对应不同的降水入渗补给系数，通过各地区的不同特性分别取适宜的降水入渗补给系数。

### 1. 考虑包气带岩性和地下水位埋深的降水入渗补给系数经验值

考虑评价区包气带的岩性和地下水位埋深的影响，降水入渗补给系数取值不同。当地下水位埋深小于1m，毛细饱和带接近地表，一般无降水入渗补给；在水田、鱼塘及湖泊等地表水体区域，降水降落直接汇入地表水体，不构成降水入渗补给。前人的研究成果表明潜水埋深对降水入渗补给系数的影响较为复杂，0～1m水位埋深时的降水入渗补给系数最小；随着水位埋深增大，入渗系数递增，在 2～3m 埋深时，降水入渗补给系数值最大；埋深继续增大，降水入渗补给系数值则与之成反比。地下水埋深大小直接决定地下水接受降水入渗补给的快慢。评价区的降水入渗补给系数根据包气带岩性、地下水位埋深及地貌状况确定(表 9.4.1)，根据沉积环境和岩性所得系数区间见表 9.4.2。

**表 9.4.1　不同埋深下各岩性降水入渗补给系数**

| 岩性 | <1m | 1～2m | 2～3m | 3～4m | >4m |
|---|---|---|---|---|---|
| 砂土 | 0.35 | 0.35 | 0.3 | 0.28 | 0.25 |
| 粉土 | 0.20 | 0.2 | 0.18 | 0.15 | 0.12 |
| 粉质黏土 | 0 | 0.12 | 0.1 | 0.08 | 0.06 |
| 黏土 | 0 | 0.08 | 0.06 | 0.05 | 0.05 |

**表 9.4.2　不同沉积环境下各岩性降水入渗补给系数**

| 沉积环境 | 岩性 | 降水入渗补给系数(区间) |
|---|---|---|
| 河流相(以砂砾石为主) | 含砾砂、砂砾石 | 0.20～0.24 |
| 河流相(以黏土为主) | 粉砂质黏土、砂质黏土 | 0.12～0.15 |
| 河湖相(以细粉砂为主) | 细砂、粉砂、黏土质粉砂 | 0.13～0.17 |
| 河湖相(黏土夹砂) | 粉砂质黏土、砂质黏土 | 0.12～0.14 |
| 湖相 | 砂质黏土、粉砂、淤积黏土 | 0.10～0.12 |

根据部分区域岩性分布和埋深，对应表 9.4.1 及表 9.4.2 内容，可确定各评价区的降水入渗补给系数值(表 9.4.3)。评价区潜水位埋深整体呈现由北向南逐渐降低的趋势，埋深最深的地方位于枝江、当阳等一带大部分地区。JY1 区岩性以粉质黏土、砂砾为主，降水入渗补给系数取 0.169；JY2 区岩性以粉质黏土、细砂为主，降水入渗补给系数取 0.127；JY3、JY5 区岩性以粉质黏土、黏土、砂砾为主，降水入渗补给系数取 0.10～0.12；JY4、JY9 区岩性以粉质黏土、黏土为主，降水入渗补给系数取 0.09～0.10；JY6、JY7 区岩性以粉质黏土、淤泥质黏土为主，降水入渗补给系数取 0.08～0.09；JY8、JY10、JY11 区岩性以黏土、砂砾石为主，降水入渗补给系数取 0.12～0.17。

**表 9.4.3　各分区岩性对应降水入渗补给系数取值**

| 分区 | JY1 | JY2 | JY3 | JY4 | JY5 | JY6 |
|---|---|---|---|---|---|---|
| $\alpha$ | 0.169 | 0.127 | 0.106 | 0.099 | 0.117 | 0.086 |
| 分区 | JY7 | JY8 | JY9 | JY10 | JY11 | |
| $\alpha$ | 0.081 | 0.129 | 0.092 | 0.168 | 0.142 | |

**2. 降水入渗补给系数经验值**

在整理降水入渗补给系数数据的同时，引用中国地质调查局武汉地质调查中心2016年4月编制完成的《江汉-洞庭平原地下水资源及其环境问题调查评价成果报告》和2005年12月出版的《中国地下水资源》(湖北卷)等资料中的大气降水入渗补给系数综合取值。研究区降水入渗补给系数计算和赋值结果见表9.4.4。

**表9.4.4 降水入渗补给系数综合取值结果**

| 分区 | JY1 | JY2 | JY3 | JY4 | JY5 | JY6 |
|---|---|---|---|---|---|---|
| $\alpha$ | 0.136～0.231 | 0.136～0.231 | 0.247 | 0.323 | 0.6 | 0.197 |
| 分区 | JY7 | JY8 | JY9 | JY10 | JY11 | |
| $\alpha$ | 0.197 | 0.144～0.361 | 0.174～0.423 | 0.6 | 0.174 | |

**3. 前人文献获取降水入渗补给系数**

通过王治强(1995)发表的《江汉平原四湖地区地下水参数的分析》可以得到江汉平原部分地区的降水入渗补给系数。根据其文章的实际测量情况，计算得到部分区域降水入渗补给系数，再类比得到江汉平原各分区降水入渗补给系数，见表9.4.5。

**表9.4.5 由文献类比得出的降水入渗补给系数结果**

| 分区 | JY1 | JY2 | JY3 | JY4 | JY5 | JY6 |
|---|---|---|---|---|---|---|
| $\alpha$ | 0.28 | 0.23 | 0.24 | 0.22 | 0.205 | 0.22 |
| 分区 | JY7 | JY8 | JY9 | JY10 | JY11 | |
| $\alpha$ | 0.22 | 0.215 | 0.215 | 0.19 | 0.23 | |

**4. 校核降水入渗补给系数**

通过上述部分所计算和类比得到的降水入渗补给系数数据，各分区入渗系数差异较大，均衡差较大，明显无法直接取值作为本次评价的参数依据。通过对前人资料加以整理讨论，调整均衡差，最后所得的较为精确的各分区入渗系数作为本次工作参数，校核后降水入渗补给系数赋值结果见表9.4.6。本次研究所用大气降水入渗补给系数$\alpha$，为各个分区总和的平均值。

**表9.4.6 校核降水入渗补给系数结果**

| 分区 | JY1 | JY2 | JY3 | JY4 | JY5 | JY6 |
|---|---|---|---|---|---|---|
| $\alpha$ | 0.169 | 0.127 | 0.106 | 0.099 | 0.117 | 0.086 |
| 分区 | JY7 | JY8 | JY9 | JY10 | JY11 | |
| $\alpha$ | 0.081 | 0.129 | 0.092 | 0.168 | 0.142 | |

## 二、潜水蒸发系数

综合考虑研究区岩性、水位埋深等因素，研究区潜水蒸发系数分区同降水入渗补给系数分区。研究区内临长江、汉江、东荆河的六级区潜水蒸发系数根据区内地下水动态观测资料，采用柯夫达潜水蒸发经验公式分析计算得出，其他不能用实际资料计算的主要参考《江汉-洞庭平原地下水资源及其环境问题调查评价成果报告》，经过校核后得到较为准确的潜水蒸发系数值。

### 1.潜水蒸发系数计算值

通过王治强(1995)发表的《江汉平原四湖地区地下水参数的分析》可以得到江汉平原地区的蒸发系数值(表9.4.7)。根据其文章中的计算方法可推求整个研究区的潜水蒸发系数。采用柯夫达潜水蒸发经验公式分析计算蒸发系数。

$$\varepsilon=\varepsilon_0\left(1-\frac{\Delta V}{\Delta V_0}\right)^n \tag{9.11}$$

式中：$\varepsilon$为潜水蒸发量(亿 $m^3/a$)；$\varepsilon_0$为水面蒸发量(亿 $m^3/a$)；$V$为地下水埋深(m)；$V_0$为地下水极限埋深(即潜水蒸发量等于零时的地下水埋深)(m)；$n$为指数，一般为1～3(与土壤质地有关)。

表9.4.7　据前人文献所得潜水蒸发计算结果

| 分区 | ZF1 | ZF2 | ZF3 | ZF4 | ZF5 | ZF6 |
|---|---|---|---|---|---|---|
| $C$ | 0.46 | 0.42 | 0.44 | 0.29 | 0.35 | 0.31 |
| 分区 | ZF7 | ZF8 | ZF9 | ZF10 | ZF11 | |
| $C$ | 0.32 | 0.24 | 0.46 | 0.36 | 0.41 | |

### 2.潜水蒸发系数经验值

蒸发系数是流域内年总蒸发量与年降水量的比值，它与径流系数之和为1，其综合反映了流域内气候的干湿程度。干燥地区蒸发系数大，径流系数小；湿润地区径流系数大，蒸发系数小。

蒸发系数计算公式如下：

$$C=\left(1-\frac{m}{L}\right)^n \tag{9.12}$$

式中：$C$为蒸发系数；$m$为潜水位平均埋深(m)；$L$为蒸发极限深度(m)；$n$为指数，取$n=2$。

江汉平原蒸发系数计算结果见表9.4.8。

### 3.校核后所得潜水蒸发系数($C$)

通过前述计算类比得到的潜水蒸发系数，各区的蒸发系数差异较大，无法取值作为本次评价的参数依据。通过对资料的分析讨论，最后所得的较为精确的各分区潜水蒸发系数作为本次工作参数，校核后蒸发系数赋值结果见表9.4.9。

表 9.4.8　江汉-洞庭平原潜水蒸发计算

| 分区 | ZF1 | ZF2 | ZF3 | ZF4 | ZF5 | ZF6 |
|---|---|---|---|---|---|---|
| $C$ | 0.30 | 0.30 | 0.06 | 0.23 | 0.11 | 0.06 |
| 分区 | ZF7 | ZF8 | ZF9 | ZF10 | ZF11 | |
| $C$ | 0.06 | 0.24 | 0.14 | 0.06 | 0.24 | |

表 9.4.9　江汉平原区潜水蒸发计算校核结果

| 蒸发分区 | 潜水位变动带岩性 | 潜水蒸发系数 |
|---|---|---|
| ZF1 | 粉质黏土、砂砾石 | 0.36 |
| ZF2 | 粉质黏土、细砂 | 0.28 |
| ZF3 | 粉质黏土、黏土、砂砾石 | 0.25 |
| ZF4 | 粉质黏土、黏土 | 0.23 |
| ZF5 | 粉质黏土、砂砾石 | 0.24 |
| ZF6 | 粉质黏土、淤泥质黏土 | 0.12 |
| ZF7 | 粉质黏土、淤泥质黏土 | 0.13 |
| ZF8 | 黏土、砂砾石 | 0.24 |
| ZF9 | 粉质黏土、黏土 | 0.19 |
| ZF10 | 黏土、砂砾石 | 0.35 |
| ZF11 | 黏土、砂砾石 | 0.24 |

## 三、含水层厚度

评价区分为全新统冲湖积浅层孔隙潜水含水层、上中更新统中层孔隙承压水含水层、下更新统深层孔隙承压水含水层。对评价区钻孔资料齐全且分布均匀的地区进行抽水试验，并根据实际钻孔资料来分析含水层厚度；对于资料不全的地区，则参照《江汉-洞庭平原地下水资源及其环境问题调查评价成果报告》中剖面图获取相应地区的含水层厚度。对不同方法所得含水层厚度进行校核，得到各分区的含水层厚度，用于水量均衡的计算。

### 1. 含水层厚度经验值

根据评价区划分，结合前人工作成果，综合分析《江汉-洞庭平原地下水资源及其环境问题调查评价成果报告》中各含水层厚度(表 9.4.10)。对比实际钻孔所测含水层厚度，二者分布范围及厚度范围接近，具有可靠性。

表 9.4.10 江汉-洞庭平原含水层厚度 单位:m

| 六级分区 | 潜水含水层 | 中层承压水含水层 | 深层承压水含水层 |
|---|---|---|---|
| GF-3-3-1-1-1 | 14.5 | 43.5 | 49 |
| GF-3-3-1-2-1 | 21.5 | 48 | 110 |
| GF-3-3-1-3-1 | 42 | 13 | 10 |
| GF-3-3-2-1-1 | 21 | 30 | 15.5 |
| GF-3-3-3-2-1 | 13.5 | 55 | 52 |

**2. 含水层厚度实测值**

在综合分析 2014—1015 年江汉平原重点区 1∶5 万水文地质调查抽水试验钻孔岩性的基础上,结合前人稳定流、非稳定流抽水试验,选择合适的含水层位成井开展抽水试验。根据钻孔数据分析可得到各含水层厚度(表 9.4.11),评价区潜水含水层厚度一般为 11～38m 不等,局部达到 50m 以上。中层承压含水层顶板埋深一般在 17～48m 之间;深层承压含水层顶板埋深一般在 10～49m 之间,长江以北埋深大,长江以南埋深较浅。

表 9.4.11 由钻孔数据分析得到的含水层厚度 单位:m

| 六级分区 | 潜水含水层 | 中层承压水含水层 | 深层承压水含水层 |
|---|---|---|---|
| GF-3-3-1-1-1 | 14.5 | 40 | 48.5 |
| GF-3-3-1-2-1 | 28.5 | 42 | 80 |
| GF-3-3-1-3-1 | 38 | 17 | 10 |
| GF-3-3-2-1-1 | 11.5 | 25 | 13.5 |
| GF-3-3-3-2-1 | 11 | 48 | 49 |

**3. 校核含水层厚度**

据前述各分区不同含水层厚度,经过校核后,可得到在本研究区中较为准确的实际含水层厚度如表 9.4.12 所示。

表 9.4.12 校核含水层厚度 单位:m

| 六级分区 | 潜水含水层 | 中层承压水含水层 | 深层承压水含水层 |
|---|---|---|---|
| GF-3-3-1-1-1 | 18.5 | 42 | 31.5 |
| GF-3-3-1-2-1 | 25 | 45 | 95 |
| GF-3-3-1-3-1 | 40 | 15 | 10 |
| GF-3-3-2-1-1 | 16.5 | 30 | 15 |
| GF-3-3-3-2-1 | 13.5 | 47.5 | 50 |

## 四、含水层给水度

给水度指地下水位下降单位体积时释出水的体积与疏干体积的比值。给水度的影响因素有岩性、初始地下水位埋深等，松散岩土的给水度取决于颗粒大小、分选、粗细颗粒成层分布状况和地下水位下降速度。针对钻孔资料详细的地区进行水文地质参数反演，分别计算含水层给水度；对于资料不完善的地区，采用《江汉-洞庭平原地下水资源及其环境问题调查评价成果报告》中的水文地质参数或采用类比法。将两种方法求取的给水度进行比较，对差异较大的地区进行二次分析讨论确定较为准确的参数。

### 1. 含水层给水度反演值

江汉平原区内潜水给水度和承压水弹性释水系数变化与含水层岩性和结构变化规律相对应。根据 2014—1015 年江汉平原重点区 1∶5 万水文地质调查抽水试验钻孔提供资料，通过反复调查获取含水层参数如表 9.4.13 所示。

表 9.4.13　抽水试验反演给水度

| 六级分区 | 潜水含水层 | 中层承压水含水层 | 深层承压水含水层 |
| --- | --- | --- | --- |
| GF-3-3-1-1-1 | 0.022 | 0.001 97 | 0.000 61 |
| GF-3-3-1-2-1 | 0.001 5 | 0.000 17 | 0.000 93 |
| GF-3-3-1-3-1 | 0.022 | 0.000 12 | 0.000 97 |
| GF-3-3-2-1-1 | 0.021 | 0.001 71 | 0.000 53 |
| GF-3-3-3-2-1 | 0.031 | 0.000 31 | 0.000 52 |

### 2. 含水层给水度经验值

由于给水度在地下水资源评价中极其重要，它的精度直接影响资源估算量，根据前人研究资料，给水度是地下水变幅带的平均给水度，实际上给水度是随地下水埋深而变的，在埋深 0.2m 以内为最大值。大于 1.0m 基本稳定不变。据前人资料对各种岩性给水度的试验研究结果，综合归纳后各种岩性的给水度见表 9.4.14，《江汉-洞庭平原地下水资源及其环境问题调查评价成果报告》重力给水度及弹性给水度见表 9.4.15。

表 9.4.14　不同岩性的给水度

| 岩性 | 给水度 | 岩性 | 给水度 |
| --- | --- | --- | --- |
| 黏土 | 0.02～0.035 | 细砂 | 0.08～0.11 |
| 粉质黏土 | 0.03～0.045 | 中细砂 | 0.085～0.12 |
| 粉土 | 0.035～0.06 | 中砂 | 0.09～0.13 |
| 粉砂 | 0.06～0.08 | 粗砂 | 0.11～0.15 |
| 粉细砂 | 0.07～0.10 | 砂卵砾石 | 0.13～0.20 |

表 9.4.15　参考《江汉-洞庭平原地下水资源及其环境问题调查评价成果报告》所得给水度

| 六级分区 | 潜水重力给水度 | 中层承压水弹性给水度 | 深层承压水弹性给水度 |
|---|---|---|---|
| GF-3-3-1-1-1 | 0.021 | 0.000 29 | 0.000 54 |
| GF-3-3-1-2-1 | 0.060 | 0.000 13 | 0.000 96 |
| GF-3-3-1-3-1 | 0.021 | 0.002 10 | 0.000 96 |
| GF-3-3-2-1-1 | 0.022 | 0.001 70 | 0.000 49 |
| GF-3-3-3-2-1 | 0.021 | 0.000 31 | 0.000 27 |

### 3. 校核含水层给水度

通过上述部分得到的给水度数据，各分区给水度差异较大，均衡差较大，无法直接取值作为本次评价的参数依据，对前人资料进行整理分析讨论，最后得较为精确的评价区各层给水度作为本次工作参数，校核后的给水度赋值结果见表 9.4.16。

表 9.4.16　校核给水度

| 六级分区 | 潜水重力给水度 | 中层承压水弹性给水度 | 深层承压水弹性给水度 |
|---|---|---|---|
| GF-3-3-1-1-1 | 0.021 | 0.001 10 | 0.000 49 |
| GF-3-3-1-2-1 | 0.030 | 0.000 15 | 0.000 93 |
| GF-3-3-1-3-1 | 0.021 | 0.000 15 | 0.000 97 |
| GF-3-3-2-1-1 | 0.021 | 0.001 70 | 0.000 50 |
| GF-3-3-3-2-1 | 0.025 | 0.000 31 | 0.000 55 |

## 五、渗透系数

渗透系数($K$)是用来定量说明水在岩石中的渗透性能的水文地质参数。可以通过抽水试验调查实地含水层与含水岩组的富水性以及降水系数和渗透系数等水文地质参数。本次工作中，综合考虑往年抽水试验和前人报告所获取的渗透系数，并通过参数校验得到较为适合于本研究区的渗透系数值。

### 1. 渗透系数反演值

根据抽水试验可反演渗透系数，通过抽水孔或观测孔规定时间内的流量和水位观测，利用稳定流理论，依据裘布依井流公式计算承压(非)完整孔抽水计算公式计算含水层参数。其计算原理如下：

$$\left.\begin{aligned}
&K=\frac{0.366Q(\lg R-\lg r_0)}{Ms} \qquad \text{(完整井)}\\
&K=\frac{Q}{2\pi sM}\left[\ln\frac{R}{r_0}+\frac{M-l}{l}\ln\left(1+0.2\frac{M}{r_0}\right)\right] \qquad \text{(非完整井)}\\
&R=10s\sqrt{K}
\end{aligned}\right\} \tag{9.13}$$

式中：$K$ 为渗透系数(m/d)；$Q$ 为出水量($m^3/d$)；$s$ 为水位下降值(m)；$M$ 为承压含水层的厚度(m)；$l$ 为滤水管的长度(m)；$R$ 为影响半径(m)；$r_0$ 为抽水井滤水管的半径(m)。

通过压水试验，运用目前最广泛使用的巴布什金公式求取含水层参数。其原理如下：

$$q = Q/(PL) \tag{9.14}$$

式中：$q$ 为渗透率；$Q$ 为压入流量(L/min)；$P$ 为作用于试验段内的全压力(MPa)；$L$ 为试验长度(m)。

通过压水试验求取水力学参数，目前运用最广的是巴布什金公式，由吕荣值 Lu 换算得到渗透系数：

$$K = 0.525\text{Lu} \times 10^{-2} \lg \frac{al}{r} \tag{9.15}$$

式中：$a$ 为换算系数，通常取 0.66；$l$ 为压水试验段长度(m)；$r$ 为钻孔半径(m)。

此次研究中，$l=5$m，$r=0.066\ 5$m。

通过抽水试验所得含水层的渗透系数见表 9.4.17。

**表 9.4.17　利用抽水试验反演江汉-洞庭平原各含水层渗透系数表**　　单位：m/d

| 六级分区 | 潜水渗透系数 | 中层承压水渗透系数 | 深层承压水渗透系数 |
|---|---|---|---|
| GF-3-3-1-1-1 | 4.680 | 6.107 | 0.857 |
| GF-3-3-2-1-1 | 2.500 | 7.460 | 1.280 |

### 2. 渗透系数经验值

在确定各分区的各含水层的渗透系数时，通过《江汉-洞庭平原地下水资源及其环境问题调查评价成果报告》可以获取江汉平原各分区的含水层的渗透系数，本研究区中，上、中更新统孔隙承压含水层在潜江、钟祥、天门及汉川等平原腹地一带渗透系数为 10～30m/d。江陵、潜江、洪湖、汉川、监利一带为 5～10m/d。当阳、荆门、钟祥及天门，其含水介质以黏性土、砂砾石层为主，且分布较为均匀，岗波状平原区渗透系数均小于 1m/d。下更新统以砂砾为主的渗透系数一般为 3.45～4.41m/d，以粉细砂为主的渗透系数一般为 0.089～2.25m/d。全新统以粉细砂、砂砾石为主的渗透系数一般为 3.66～8.70m/d。以砂卵(砾)石为主的渗透系数一般为 5～10m/d，最小为 1.51m/d，以粉细砂为主的渗透系数一般为 3～4m/d。钟祥、应城等以北一带的双层结构含水层，其含水介质以黏性土、砂砾石层为主，且分布较为均匀，浅层孔隙潜水层渗透性普遍较弱，渗透系数一般均小于 1m/d，一般为 0.072～0.821m/d。在潜江、洪湖、仙桃、天门一带渗透系数为 1～5m/d。各含水层渗透系数见表 9.4.18。

**表 9.4.18　江汉-洞庭平原渗透系数**　　单位：m/d

| 六级分区 | 潜水渗透系数 | 中层承压水渗透系数 | 深层承压水渗透系数 |
|---|---|---|---|
| GF-3-3-1-1-1 | 4.672 | 5.049 | 1.927 |
| GF-3-3-1-2-1 | 33.060 | 5.460 | 0.863 |

续表 9.4.18

| 六级分区 | 潜水渗透系数 | 中层承压水渗透系数 | 深层承压水渗透系数 |
|---|---|---|---|
| GF-3-3-1-3-1 | 20.310 | 1.280 | 0.319 |
| GF-3-3-2-1-1 | 9.160 | 10.135 | 2.307 |
| GF-3-3-3-2-1 | 51.166 | 5.643 | 1.593 |

### 3. 校核后所得渗透系数

通过前述计算类比得到的透系数，与本工作的参数选取有一定的误差，通过对资料的分析讨论，调整参数缩小均衡差，最后所得较为适合的各分区渗透系数作为本次工作的参数，整合校验后江汉-洞庭平原各分区具体含水层渗透系数见表 9.4.19。

表 9.4.19 江汉-洞庭平原各含水层渗透系数校核表 单位：m/d

| 六级分区 | 潜水渗透系数 | 中层承压水渗透系数 | 深层承压水渗透系数 |
|---|---|---|---|
| GF-3-3-1-1-1 | 4.672 | 7.068 | 1.616 |
| GF-3-3-1-2-1 | 33.060 | 5.460 | 0.863 |
| GF-3-3-1-3-1 | 20.310 | 1.280 | 0.319 |
| GF-3-3-2-1-1 | 9.160 | 8.602 | 2.307 |
| GF-3-3-3-2-1 | 51.166 | 5.643 | 1.593 |

## 第五节 降水量分布

降水入渗补给是地下水资源的重要来源，因此降水量是决定地下水资源时空分布的重要因素。降水量的数据来源主要有以下几种。①中国气象局气象数据中心和水利部官网-全国水雨情信息(由“全国水文地质与水资源调查计划”统一提供)：一个是 0.01 度×0.01 度 2001—2015 年逐年年降水量空间插值的科研数据，该数据是基于全国 2400 多个气象站点日观测数据，通过整理、计算和空间插值处理生成；另一个是 0.5 度×0.5 度 2000—2020 年逐月降水格网数据。②国家气象信息中心：本次国家气象信息中心提供了全国 2019—2020 年 857 个站点的降水量和蒸发量的数据。③地方气象部门：地下水资源评价承担单位与当地的气象部门联系，购买、获取评价区内的气象站点的数据。④气象网站：在“中国气象数据网”或其他地方气象网站上人工摘取或者利用网络爬虫爬取气象数据。⑤水利部门：部分承担单位通过与水利部沟通协商，获取水利部布设的监测站点的降水量数据。⑥国际共享数据：如美国 NOAA National Centers For Environmental Information 提供的 Federal Climate Complex Global Surface Summary Of Day Data Version 7 数据，该数据是北卡罗来纳州阿什维尔国家气候数据中心(NCDC)整合的全球表面日数据汇总，所提供的日气象数据包括平均气温、平均露点、平均海平面气压、平均气压、平均能见度、平均风速、总降水量(雨/融雪)等，也提供了平均参数的观测次数、观测频率等参数，使用英制单位。

长江流域的气候、地理条件决定着长江流域降水、蒸发、径流等水平衡要素的时空变化及各要素之间的相互关系。受气候、水汽来源、地形等因素的综合影响，长江流域降水的地区分布很不均匀，总的趋势是由东南向西北递减（图 9.5.1）、山区多于平原、迎风坡多于背风坡。就长江上、中、下游段看，降水以中游最多，上游较少。中国气象局和长江流域水资源公报统计 1956—2020 年系列，长江流域多年平均年降水深约为 1092mm（表 9.5.1），折合年降水量为 19 467 亿 $m^3$，属于降水较丰沛的地区。在 2000—2020 年时段内，长江流域的多年平均年降水深为 1114mm（图 9.5.1）。1956—1980 年、2000—2009 年降水较多年平均偏小，1980—1999 年、2010—2020 年较多年平均偏大。2020 年长江流域出现了 1998 年以来最严重汛情，降水深为 1 441.5mm，为 1961 年以来最多。2020 年受厄尔尼诺现象等不利气候因子影响，长江流域入梅早，降水持续时间长、强度大。总体上东部大于西部，南部大于北部。在 2019 年 7 月—2020 年 6 月时段内，长江流域降水量为 1 073.94mm，而在 2021 年，长江流域降水量为 1 096.33mm。

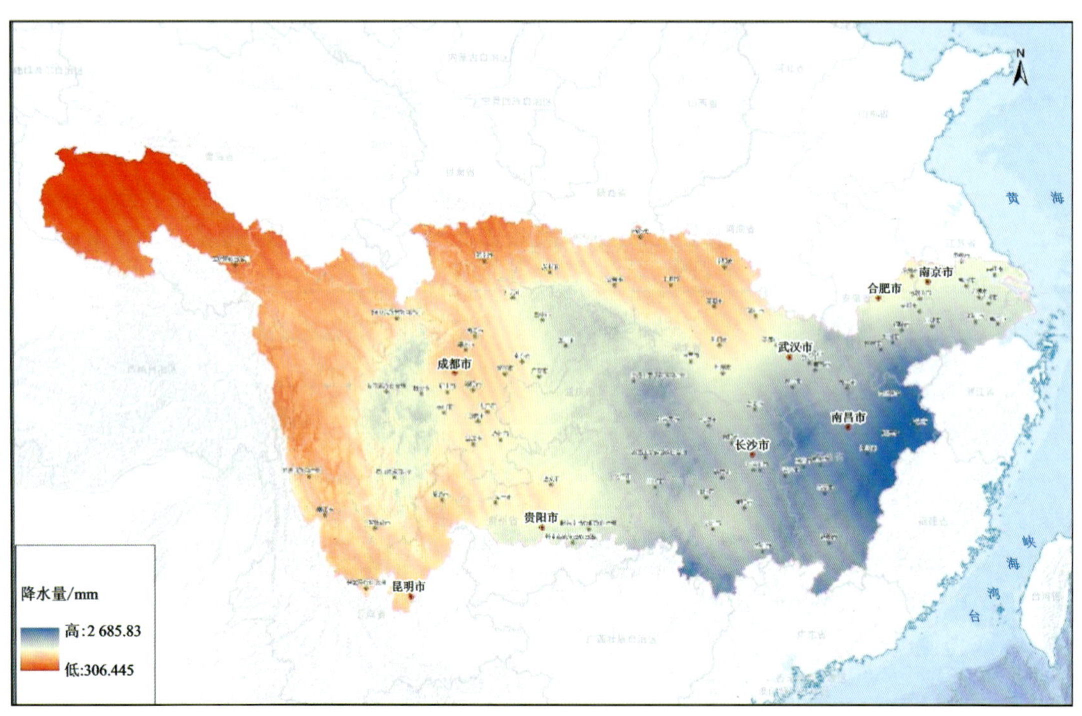


图 9.5.1 长江流域 2000—2020 年多年平均降水量分布图

**表 9.5.1 长江流域 1956—2020 年年均降水深变化**

| 时间 | 降水深/mm | 时间 | 降水深/mm |
|---|---|---|---|
| 1956—1959 年 | 1074 | 1990—1999 年 | 1107 |
| 1960—1969 年 | 1081 | 2000—2009 年 | 1050 |
| 1970—1979 年 | 1067 | 2010—2020 年 | 1130 |
| 1980—1989 年 | 1094 | 多年平均 | 1092 |

从图 9.5.2 中可以看出长江流域湖北、河南、陕西三省年降水量具有明显的空间差异性，降水中心分布在陕西南部和鄂东南、鄂西南地区，最大年降水量可达 1638mm。降水量自降水中心向四周逐渐减弱，总体呈由湖北向北部，陕西至东部降水量逐渐减小的特征。陇南、南阳、襄阳等地区年降水量普遍较小，最小降水量约为 613mm。从流域角度分析，汉中市内丹江流域两侧，宜昌南侧清江流域和咸宁北长江流域降水量最大。北部襄阳内汉江流域年降水量较小，最大年降水量差异约为 946mm。

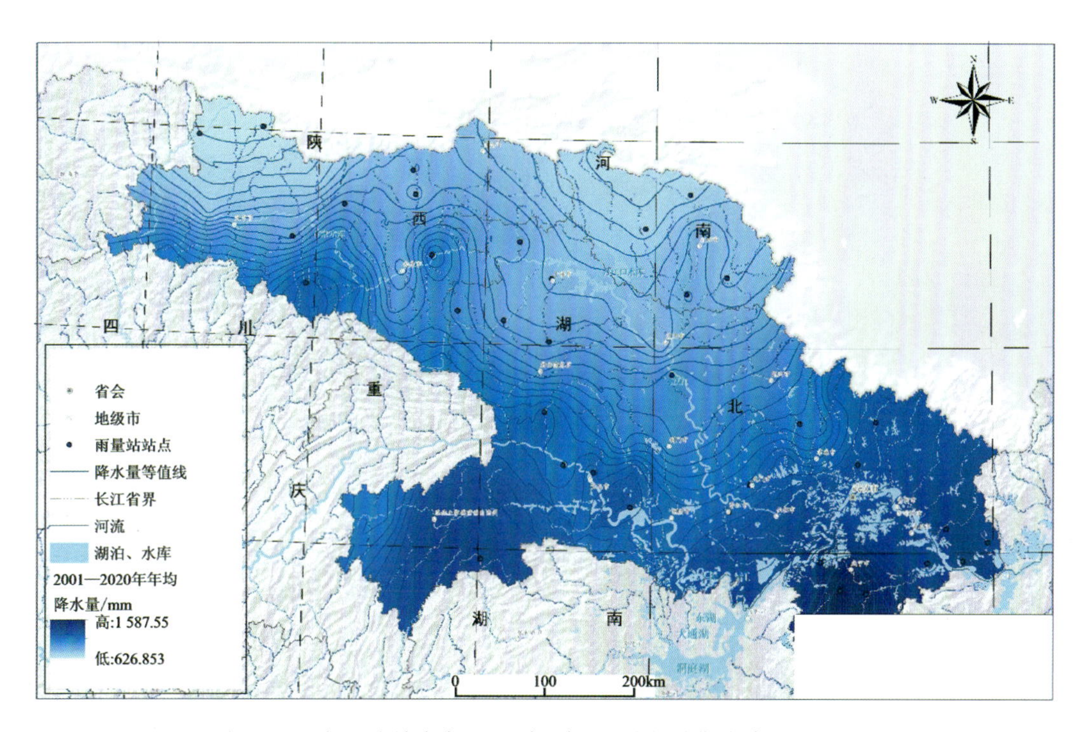


图 9.5.2　长江流域内湖北、河南、陕西三省评价期内降水量分布图

从 20 年的数据中计算分析得到三省各个年份平均降水量，根据其涨幅规律绘制出折线图(图 9.5.3)。从整体上可以看出湖北省的降水量普遍较高，河南省的降水量最小；从变化的角度上分析，三省的年均降水量涨幅规律大致相同，主要经历了 2002 年、2010 年、2016 年几个降水量峰值。三省的降水量最高年份分别是：湖北省的 2020 年，降水量高达 1600mm，且仍有增长的趋势；陕西省的 2010 年，降水量达到 1200mm；河南省的 2002 年，降水量达到 1000mm。2001—2020 年湖北省、河南省、陕西省的变差系数分别为 0.149、0.158、0.137，故从年降水变化趋势来看，陕西省更为稳定。2001—2020 年湖北省、河南省、陕西省的年降水量均值分别为 1 137.943mm、773.080mm、897.258mm，故在评价期内湖北省年降水量最为丰沛，河南省次之，陕西省相对较少。

长江流域湖北、河南、陕西三省范围属于亚热带季风性气候，降水具有明显的季节性，通过对上述气象站 2001—2020 年各月份降水情况进行统计，进行加权平均计算，结果如图 9.5.4 所示。

由图 9.5.4 可以看出，长江流域湖北、河南、陕西三省内降水量普遍呈冬季少、夏季多的

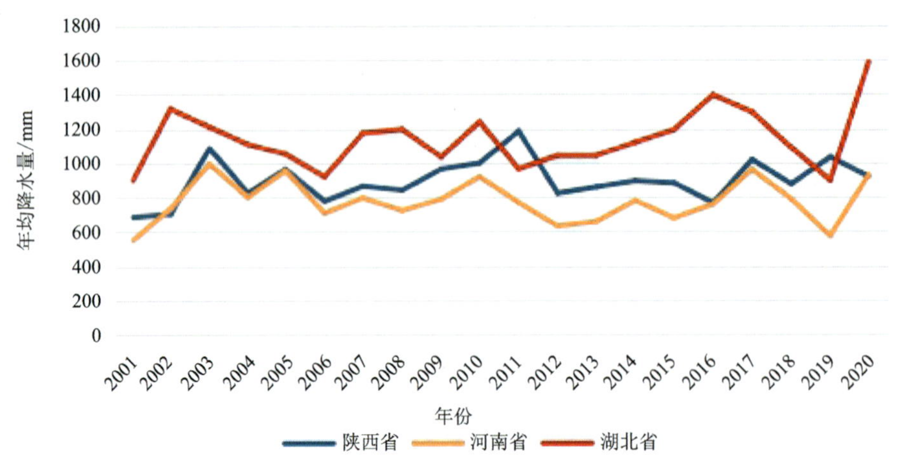


图 9.5.3 长江流域内三省年平均降水量

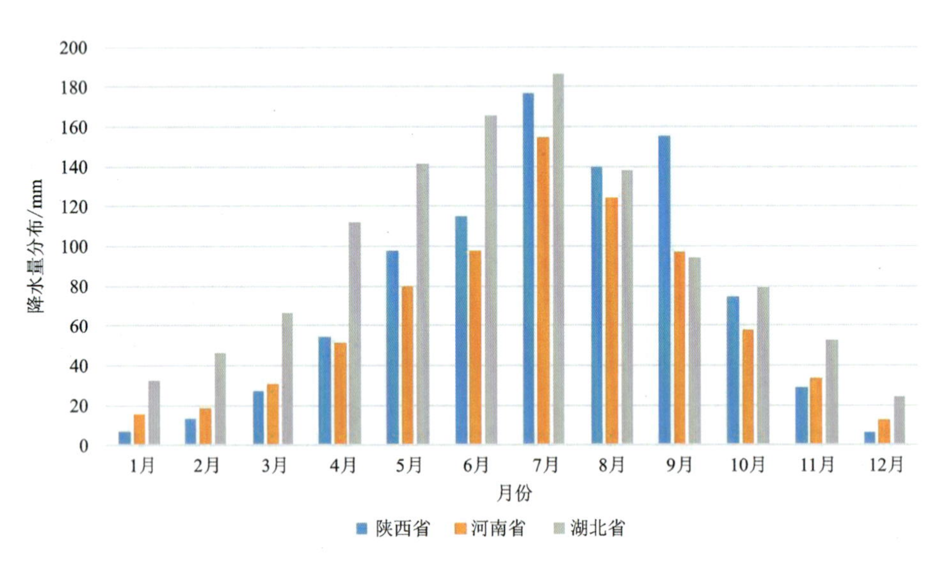


图 9.5.4 长江流域内三省平均季节性降水量分布图

分布特点，降水均集中分布在 4—9 月，分别占三省全年降水量的 70%～80%。其中 7 月降水量最大，湖北省降水量为 186mm，河南省为 154mm，陕西省为 176mm。12 月降水量最小，其中湖北省降水量为 24mm，河南省为 12mm，陕西省为 6mm。在三省之间进行降水量对比，湖北省降水最为丰富，其次是陕西省，河南省最低。

## 第六节 地下水资源计算结果

按照《全国地下水资源评价技术要求》的要求，山丘区的地下水资源量为总排泄量，平原区的地下水资源量为评价单元内溶解性总固体 TDS≤2g/L 分布区的天然补给量，评价单元内溶解性总固体 TDS>2g/L 分布区，计算地下水总补给量和(天然)补给量，但均不计入地下水资源量。

## 一、按评价区汇总

按三级评价分区，长江流域2000—2020年多年平均地下水资源量评价结果如表9.6.1和表9.6.2所示，其分布情况见图9.6.1。长江流域的地下水资源总量为2 423.52亿$m^3$/a，从地下水类型分析，碳酸盐岩类岩溶水的资源量占总资源量的48.3%，为1 170.51亿$m^3$/a，松散岩类孔隙水、基岩裂隙水以及红层孔隙裂隙水的资源量分别为378.62亿$m^3$/a、568.94亿$m^3$/a、309.88亿$m^3$/a。地下水资源量最大的三级评价分区为金沙江流域区（GF-1-1），为469.05亿$m^3$/a，地下水资源量最小的为鄱阳湖平原区（GF-4-1），该评价分区面积最小，地下水资源量仅为19.54亿$m^3$/a。从单位面积的地下水资源量分析，地下水资源模数最大的为乌江流域区（GF-2-4），主要是由于乌江流域广泛分布碳酸盐岩，地下水资源模数最小的为四川盆地汇流区（GF-2-2）。2021年度评价对比周期性评价结果显示，长江流域总的资源量增加27.89亿$m^3$，其中金沙江流域区（GF-1-1）、长江中上游干流区（GF-2-3）资源量减少较明显，分别减少24.77亿$m^3$和47.06亿$m^3$，而四川盆地汇流区（GF-2-2）、乌江流域区（GF-2-4）和长江中游区（GF-3-1）资源量增加较明显，分别增加32.98亿$m^3$、20.42亿$m^3$和45.29亿$m^3$，其余的评价分区资源量变化不显著。

**表9.6.1　长江流域三级评价分区2000—2020年多年平均地下水资源量统计表**

| 分区编号 | 分区名称 | 计算面积/万$km^2$ | 山区/（亿$m^3$·$a^{-1}$） | 平原区/（亿$m^3$·$a^{-1}$） | 重复量/（亿$m^3$·$a^{-1}$） | 资源量/（亿$m^3$·$a^{-1}$） | 2021年度资源量/（亿$m^3$·$a^{-1}$） |
|---|---|---|---|---|---|---|---|
| GF-1-1 | 金沙江流域区 | 47.30 | 469.05 | | | 469.05 | 444.28 |
| GF-2-1 | 大渡河—嘉陵江上游山地区 | 18.12 | 241.76 | | | 241.76 | 251.01 |
| GF-2-2 | 四川盆地汇流区 | 14.26 | 92.82 | | | 92.82 | 125.80 |
| GF-2-3 | 长江中上游干流区 | 8.95 | 126.07 | 44.13 | 0.08 | 170.13 | 123.07 |
| GF-2-4 | 乌江流域区 | 8.79 | 192.49 | | | 192.49 | 212.91 |
| GF-3-1 | 长江中游区 | 18.92 | 254.10 | 8.39 | 0.00 | 262.49 | 307.78 |
| GF-3-2 | 南阳盆地汇流区 | 2.79 | 9.30 | 18.76 | 0.22 | 27.84 | 33.52 |
| GF-3-3 | 江汉-洞庭平原汇流区 | 6.62 | | 116.65 | 2.17 | 114.48 | 113.07 |
| GF-3-4 | 洞庭湖水系区 | 23.85 | 460.30 | | | 460.30 | 460.23 |
| GF-4-1 | 鄱阳湖平原区 | 1.10 | | 20.02 | 0.48 | 19.54 | 18.62 |
| GF-4-2 | 赣江流域山区 | 15.10 | 186.80 | 0.06 | 0.00 | 186.86 | 183.05 |
| GF-4-3 | 巢湖及皖江沿江平原汇流区 | 7.64 | 68.54 | 60.67 | 1.47 | 127.74 | 119.30 |
| GF-5-1 | 长江三角洲汇流区 | 4.79 | 12.98 | 45.06 | 0.02 | 58.02 | 58.79 |
| 合计 | | 178.23 | 2 114.21 | 313.74 | 4.43 | 2 423.52 | 2 451.41 |

**表 9.6.2　长江流域各地下水类型 2000—2020 年多年平均地下水资源量统计表**

| 分区编号 | 分区名称 | 计算面积/万 $km^2$ | 松散岩类孔隙水/(亿 $m^3 \cdot a^{-1}$) | 碳酸盐岩岩溶水/(亿 $m^3 \cdot a^{-1}$) | 基岩裂隙水/(亿 $m^3 \cdot a^{-1}$) | 红层孔隙裂隙水/(亿 $m^3 \cdot a^{-1}$) | 重复量/(亿 $m^3 \cdot a^{-1}$) | 资源量/(亿 $m^3 \cdot a^{-1}$) | 资源模数/[万 $m^3 \cdot (a \cdot km^2)^{-1}$] | 2021 年度资源量/(亿 $m^3 \cdot a^{-1}$) |
|---|---|---|---|---|---|---|---|---|---|---|
| GF-1-1 | 金沙江流域区 | 47.30 | 21.67 | 254.59 | 66.62 | 126.16 |  | 469.05 | 9.92 | 444.28 |
| GF-2-1 | 大渡河—嘉陵江上游山地区 | 18.12 | 0.83 | 118.19 | 39.76 | 82.98 |  | 241.76 | 13.34 | 251.01 |
| GF-2-2 | 四川盆地汇流区 | 14.26 | 47.59 | 34.43 | 8.22 | 46.73 | 0.08 | 136.88 | 9.60 | 125.80 |
| GF-2-3 | 长江中上游干流区 | 8.95 | 0.34 | 107.19 | 10.12 | 8.42 |  | 126.07 | 14.08 | 123.07 |
| GF-2-4 | 乌江流域区 | 8.79 | 0.01 | 184.59 | 7.90 |  |  | 192.49 | 21.90 | 212.91 |
| GF-3-1 | 长江中游区 | 18.92 | 10.74 | 116.76 | 127.92 | 7.07 | 0.00 | 262.49 | 13.87 | 307.79 |
| GF-3-2 | 南阳盆地汇流区 | 2.79 | 18.76 |  | 9.30 |  | 0.22 | 27.84 | 9.98 | 33.52 |
| GF-3-3 | 江汉-洞庭平原汇流区 | 6.62 | 116.65 |  |  |  | 2.17 | 114.48 | 17.28 | 113.07 |
| GF-3-4 | 洞庭湖水系区 | 23.85 | 0.33 | 308.93 | 129.05 | 21.99 |  | 460.30 | 19.30 | 460.22 |
| GF-4-1 | 鄱阳湖平原区 | 1.10 | 19.01 | 0.13 | 0.79 | 0.09 | 0.48 | 19.54 | 17.73 | 18.62 |
| GF-4-2 | 赣江流域山区 | 15.10 | 24.46 | 31.53 | 114.74 | 16.12 | 0.00 | 186.86 | 12.37 | 183.05 |
| GF-4-3 | 巢湖及皖江沿江平原汇流区 | 7.64 | 70.00 | 13.22 | 45.67 | 0.32 | 1.47 | 127.74 | 16.73 | 119.30 |
| GF-5-1 | 长江三角洲汇流区 | 4.79 | 48.23 | 0.96 | 8.85 | 0.00 | 0.02 | 58.02 | 12.12 | 58.79 |
| 合计 |  | 178.23 | 378.62 | 1 170.51 | 568.94 | 309.88 | 4.43 | 2 423.52 | 13.60 | 2 451.41 |

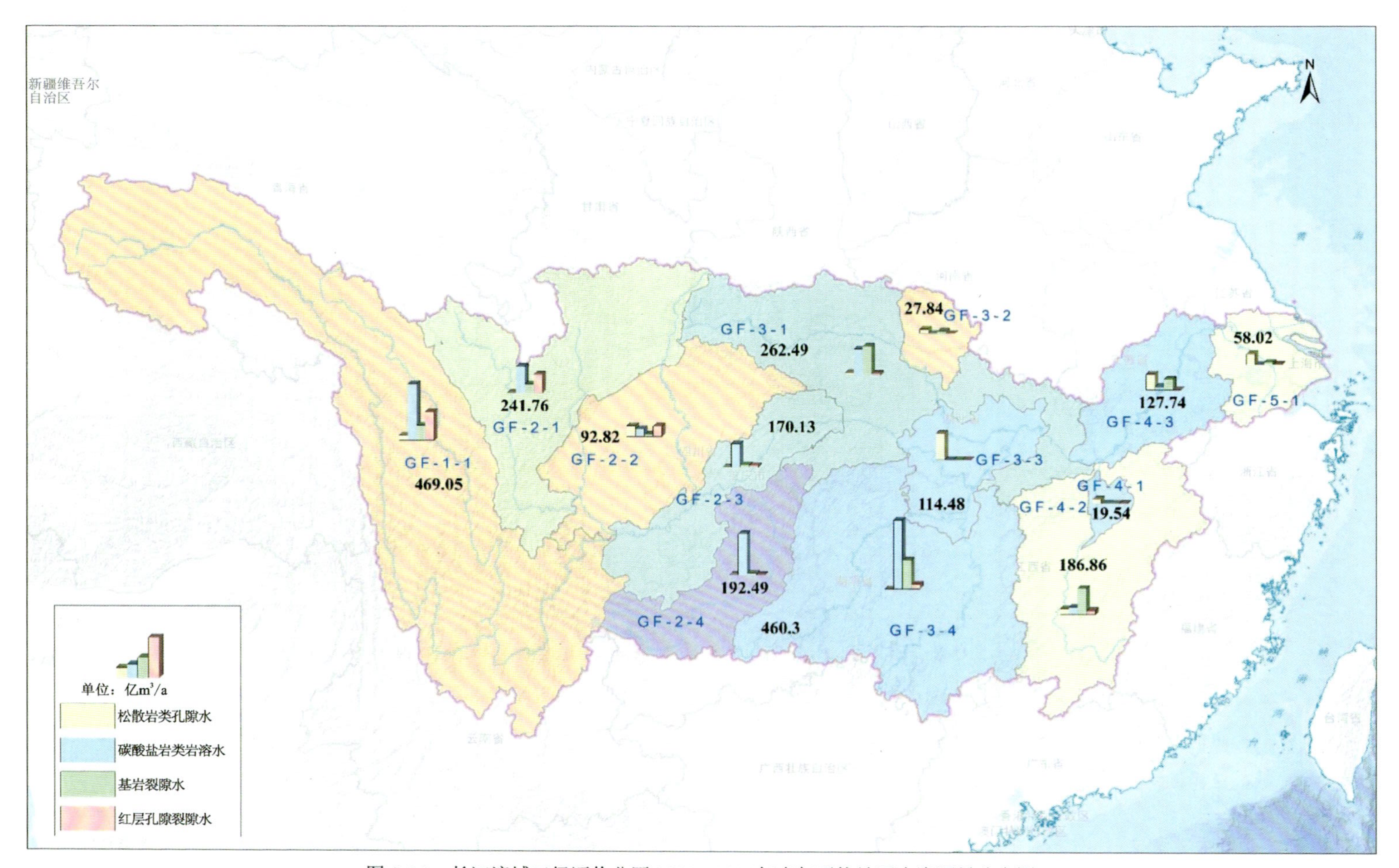


图 9.6.1　长江流域三级评价分区 2000—2020年多年平均地下水资源量分布图

## 二、按行政区汇总

长江流域内各省(自治区、直辖市)2000—2020 年多年平均地下水资源量统计如表 9.6.3 所示,其分布情况见图 9.6.2。长江流域的地下水资源总量为 2 423.52 亿 $m^3/a$,其中山丘区地下水资源量占总量的 86.4%,为 2 093.02 亿 $m^3/a$,平原区地下水资源量为 334.93 亿 $m^3/a$,平原区与山区的重复量为 4.43 亿 $m^3/a$,由于广东省在长江流域的面积仅为 0.04 万 $km^2$,其地下水资源量仅为 0.63 亿 $m^3/a$,地下水资源量最多的是四川省,为 577.27 亿 $m^3/a$,单位面积地下水资源量最丰富的是广西壮族自治区,最贫乏的是福建省。同时,根据 2020 年度评价和 2021 年度评价的结果,长江流域两者的资源量分别为 2 421.7 亿 $m^3/a$ 和 2 451.41 亿 $m^3/a$。2020 年度和 2021 年度评价的降水量分别为 1 073.94mm 和 1 096.33mm。在 2000—2021 年期间,2020 年度的降水量保证率为 73%,为相对枯水年;2021 年度的降水量保证率为 50%,为相对平水年。

**表 9.6.3 长江流域各省(自治区、直辖市)2000—2020 年多年平均地下水资源量统计表**

| 省(自治区、直辖市) | 面积/万 $km^2$ | 山区/(亿 $m^3/a$) | 平原区/(亿 $m^3/a$) | 重复量/(亿 $m^3/a$) | 资源量/(亿 $m^3/a$) | 资源模数/[万 $m^3\cdot(a\cdot km^2)^{-1}$] | 2020 年度资源量/(亿 $m^3/a$) | 2021 年度资源量/(亿 $m^3/a$) |
|---|---|---|---|---|---|---|---|---|
| 青海 | 16.29 | 61.15 | 14.54 | | 75.69 | 4.65 | 39.17 | 78.43 |
| 西藏 | 2.34 | 25.07 | 0.06 | | 25.12 | 10.74 | 14.16 | 21.93 |
| 四川 | 46.84 | 526.80 | 50.55 | 0.08 | 577.27 | 12.32 | 608.20 | 548.48 |
| 甘肃 | 3.83 | 47.69 | 0.18 | | 47.87 | 12.50 | 39.28 | 53.92 |
| 云南 | 11.05 | 145.50 | | | 145.50 | 13.17 | 139.42 | 140.85 |
| 贵州 | 11.27 | 185.21 | | | 185.21 | 16.43 | 204.41 | 210.92 |
| 重庆 | 8.25 | 137.00 | | | 137.00 | 16.61 | 116.00 | 123.52 |
| 湖北 | 18.49 | 203.77 | 84.85 | 1.02 | 287.59 | 15.55 | 272.70 | 298.58 |
| 河南 | 2.72 | 15.31 | 11.07 | 0.22 | 26.17 | 9.62 | 24.57 | 32.49 |
| 陕西 | 7.29 | 84.59 | 8.39 | | 92.98 | 12.75 | 98.07 | 135.39 |
| 湖南 | 20.68 | 373.67 | 39.49 | 1.15 | 412.00 | 19.92 | 456.60 | 407.7 |
| 广东 | 0.04 | 0.63 | | | 0.63 | 15.75 | 0.08 | 0.57 |
| 广西 | 0.84 | 24.42 | | | 24.42 | 29.07 | 25.44 | 24.58 |
| 江西 | 16.32 | 179.60 | 20.02 | 0.48 | 199.15 | 12.20 | 219.06 | 195.9 |
| 福建 | 0.90 | 1.27 | | | 1.27 | 1.41 | 1.73 | 1.27 |
| 安徽 | 6.63 | 59.94 | 59.06 | 1.41 | 117.59 | 17.74 | 81.96 | 108.45 |
| 江苏 | 3.76 | 14.90 | 32.94 | 0.07 | 47.77 | 12.70 | 57.29 | 45.68 |
| 浙江 | 1.25 | 6.50 | 4.15 | 0.01 | 10.64 | 8.51 | 9.74 | 11.58 |
| 上海 | 0.63 | | 9.64 | | 9.64 | 15.30 | 13.83 | 11.18 |
| 合计 | 179.41 | 2 093.02 | 334.93 | 4.43 | 2 423.52 | 13.51 | 2 421.70 | 2 451.41 |

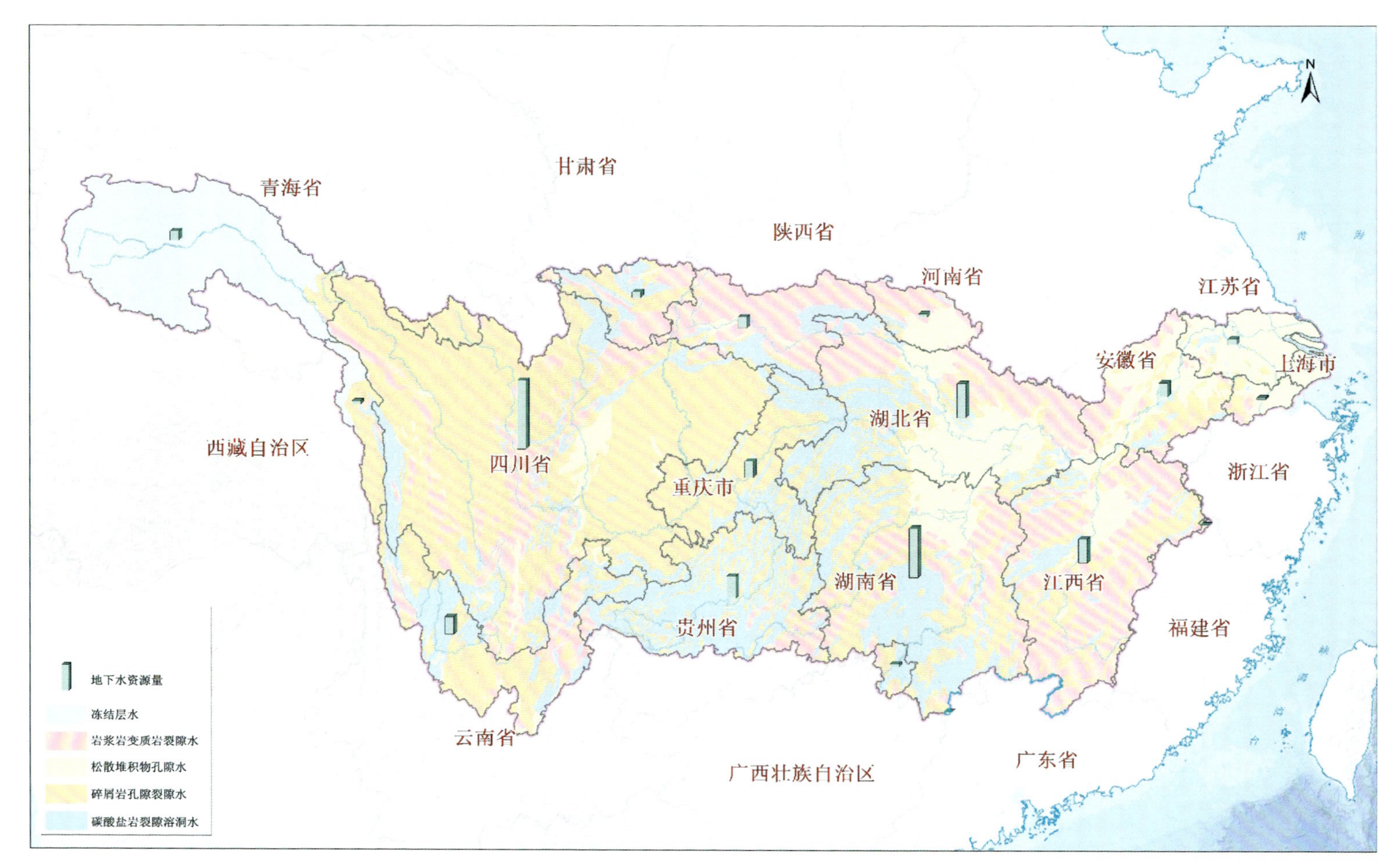


图 9.6.2 长江流域各省(自治区、直辖市)2000—2020年多年平均地下水资源量分布图

长江流域湖北、河南、陕西三省年均地下水资源总量为406.572亿$m^3$。总体来看，三省地下水资源量变化趋势相似(图9.6.3)，2001年三省地下水资源量均处于近20年间最低水平。地下水资源量最多年份三省略有不同，其中湖北省地下水资源量最多年份为2020年，陕西省、河南省地下水资源量最多年份分别为2010年及2009年。湖北省境内年均地下水资源总量为288.615亿$m^3$，占总数的70.99%，其中丰水年地下水资源量为405.43亿$m^3$、枯水年地下水资源量为239.84亿$m^3$；河南省境内年均地下水资源总量为26.384亿$m^3$，占总数的6.49%，其中丰水年地下水资源量为32.56亿$m^3$、枯水年地下水资源量为20.78亿$m^3$；陕西省境内年均地下水资源总量为91.570亿$m^3$，占总数的22.52%，其中丰水年地下水资源量为118.38亿$m^3$、枯水年地下水资源量为69.60亿$m^3$。

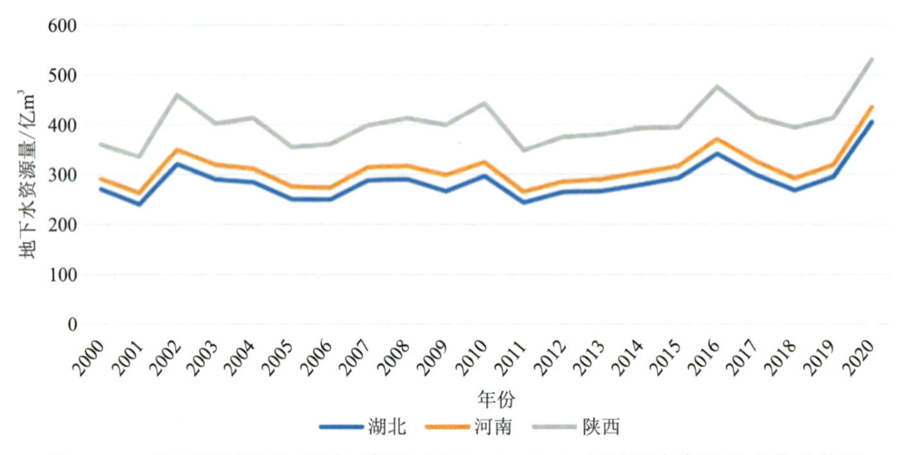


图9.6.3 长江流域湖北、河南、陕西三省2001—2020年地下水资源量变化趋势图

按照地下水赋存条件划分(图9.6.4)，地下水资源主要由松散岩类孔隙水、基岩裂隙水、岩溶水以及部分红层孔隙裂隙水构成。其中，基岩裂隙水161.512亿$m^3$，占总量的38.0%；碳酸盐岩岩溶水138.882亿$m^3$，占总量的33.0%；松散岩类孔隙水114.840亿$m^3$，占总量的27.0%；红层孔隙裂隙水8.620亿$m^3$，占总量的2.0%。

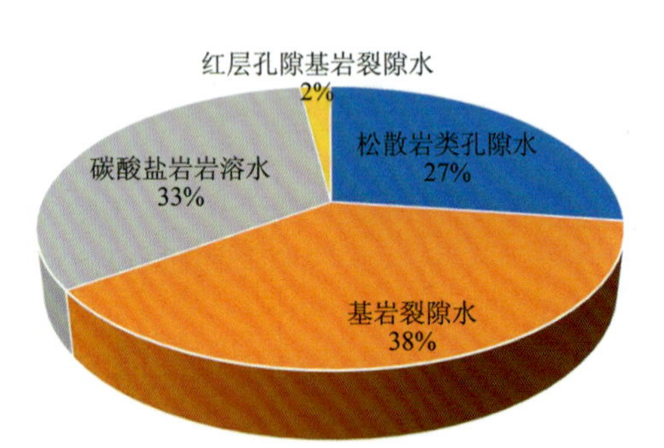


图9.6.4 长江流域湖北、河南、陕西三省各类型地下水资源占比

湖北省地下水资源量分布较多的形成区域为恩施土家族苗族自治州、宜昌市、十堰市、襄阳市、荆州市、黄冈市、荆门市，其地下水资源量分别为52.269亿$m^3/a$、37.051亿$m^3/a$、31.536亿$m^3/a$、24.318亿$m^3/a$、23.623亿$m^3/a$、19.440亿$m^3/a$、19.069亿$m^3/a$，上述7市(自治州)地下水资源量约占湖北全省地下水资源量的71.7%。

河南省本次评价共涉及市级行政区有南阳市、三门峡市、洛阳市、驻马店市。南阳市面积占整个评价区的87.4%，其地下水资源量为23.044亿$m^3$，占长江流域河南境内地下水资源总量的87.2%。

陕西境内涉及的主要地级市有安康市、汉中市、商洛市、西安市以及宝鸡市，其中安康市与汉中市地下水资源量相对较大，分别为33.079亿$m^3$、36.733亿$m^3$，共占整个长江流域陕西省境内地下水资源量的74.8%。

从三省地下水资源总量与各省地下水资源类型上看：湖北省年均地下水资源总量为288.615亿$m^3$，占整个评价区的70.99%，在地下水资源构成中，碳酸盐岩岩溶水、基岩裂隙水以及松散岩类孔隙水为主要构成组分(图9.6.5)，且三种地下水比例接近，另包括部分红层孔隙裂隙水；陕西省年均地下水资源总量为91.570亿$m^3$，低于湖北省，高于河南省，占整个评价区的22.52%，地下水资源主要由基岩裂隙水构成，基岩裂隙水占整个长江流域陕西境内地下水资源总量的58.6%，碳酸盐岩岩溶水次之，占33.8%，松散岩类孔隙水零星分布，仅占7.6%；河南省境内地下水资源量在三省中最低，地下水资源总量为26.384亿$m^3$，仅占评价区地下水资源总量的6.5%，其中地下水资源组成主要由松散岩类孔隙水构成，占总量的45.6%，基岩裂隙水与碳酸盐岩岩溶水分别占44.7%与9.7%。表9.6.4为湖北、河南、陕西三省地下水资源量汇总表。

**表9.6.4　湖北、河南、陕西三省地下水资源量汇总表**

| 省级行政区 | | | 孔隙水 | | 裂隙水 | | 岩溶水 | | 红层孔隙裂隙水 | |
|---|---|---|---|---|---|---|---|---|---|---|
| 名称 | 面积/万$km^2$ | 地下水资源量/亿$m^3$ | 面积/万$km^2$ | 地下水资源量/亿$m^3$ | 面积/万$km^2$ | 地下水资源量/亿$m^3$ | 面积/万$km^2$ | 地下水资源量/亿$m^3$ | 面积/万$km^2$ | 地下水资源量/亿$m^3$ |
| 湖北 | 19.623 | 288.617 | 5.818 | 95.83 | 9.661 | 96.03 | 4.075 | 105.42 | 0.865 | 8.62 |
| 河南 | 2.724 | 26.385 | 1.197 | 12.028 | 1.318 | 11.794 | 0.209 | 2.562 | | |
| 陕西 | 7.287 | 91.570 | 0.271 | 6.982 | 5.108 | 53.688 | 1.907 | 30.899 | | |

各地级市具体计算结果如表9.6.5所示。

长江流域湖北省境内松散岩类孔隙水主要分布在荆州、武汉、孝感、黄冈、襄阳、荆门一带，分布于江汉平原和南襄盆地及汉江沿岸河流阶地的第四系中。碳酸盐岩岩溶水主要分布在宜昌、襄阳、十堰三市及恩施土家族苗族自治州一带，主要分布于清江流域，含水岩组主要由三叠系—二叠系、寒武系—奥陶系以及震旦系碳酸盐岩组成。红层孔隙裂隙水主要分布于咸宁、阳新、大冶、随州一带，包括大冶湖断陷盆地、网湖断陷盆地以及区内边界与江汉盆地边缘，岩组主要由白垩系松散、半松散、半胶结的砂(岩)、砂砾石(岩)组成。基岩裂隙水主要分布在十堰、黄冈、宜昌、襄阳四市及恩施土家族苗族自治州一带，主要分布于鄂中-鄂西山区及丘陵地区，含水层主要为碎屑岩、岩浆岩和变质岩等。

长江流域河南省境内松散沉积物孔隙水主要分布在南阳盆地河流阶地及周边岗地第四系中。碳酸盐岩岩溶水主要分布在丹江口水库、淅川县一带，主要分布于汉江流域，含水岩组主要由三叠系—二叠系、寒武系—奥陶系以及震旦系碳酸盐岩组成。基岩裂隙水主要分布在南召县、西峡县、卢氏县、栾川县一带，主要分布于评价区北部及西北部山区及丘陵地区，含水层主要为碎屑岩、岩浆岩和变质岩等。

长江流域陕西省境内基岩裂隙水在全境广泛分布，碳酸盐岩岩溶水主要分布于大巴山、秦岭南麓部分区域，松散岩类孔隙水零星分布在一些山间盆地中。

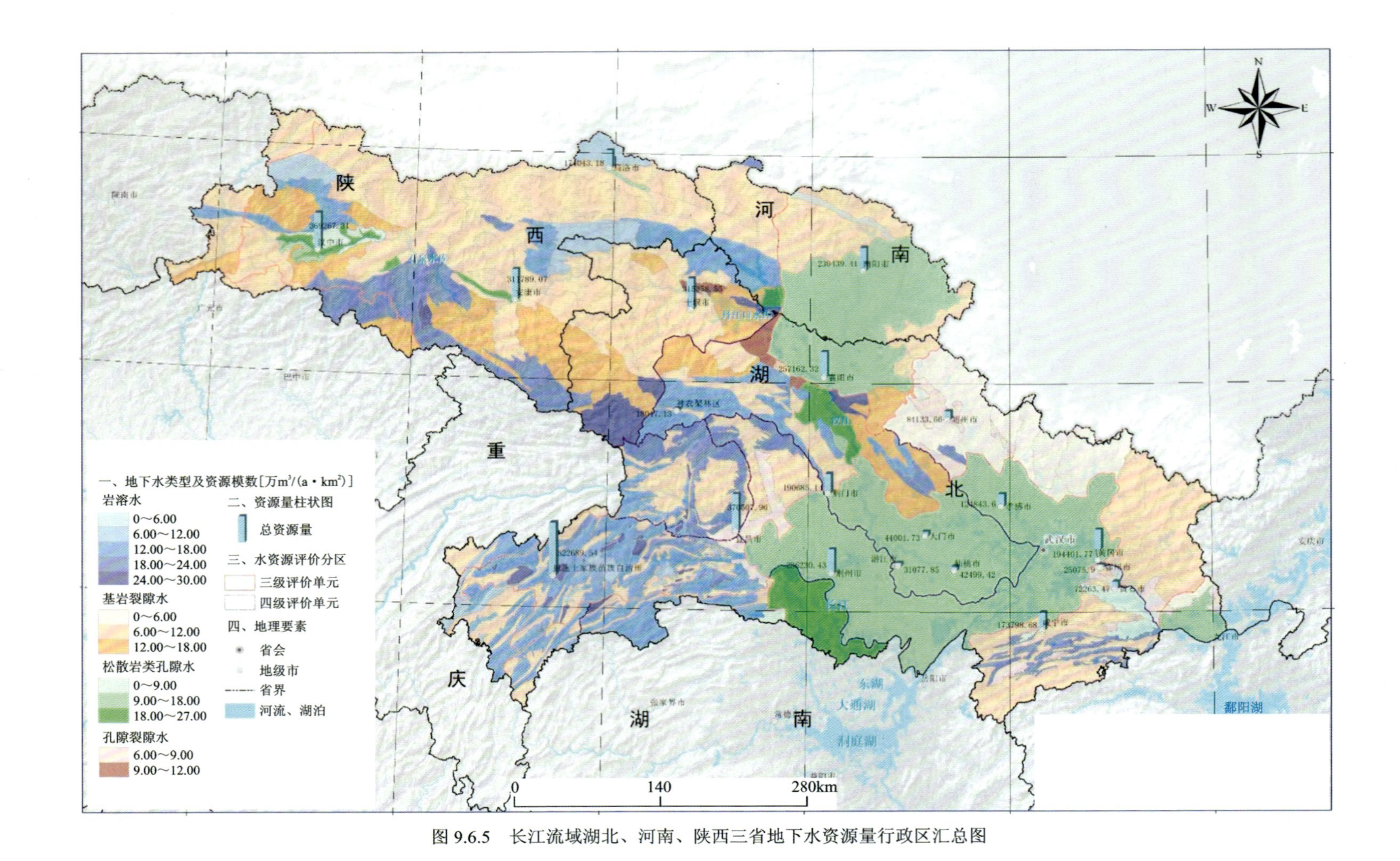


图 9.6.5 长江流域湖北、河南、陕西三省地下水资源量行政区汇总图

**表 9.6.5　长江流域三省各行政区地下水资源量汇总表**

| 省级行政区 | | | 市级行政区 | | |
|---|---|---|---|---|---|
| 名称 | 面积/万 $km^2$ | 地下水资源量/亿 $m^3$ | 名称 | 面积/万 $km^2$ | 地下水资源量/亿 $m^3$ |
| 湖北省 | 18.487 | 288.615 | 鄂州市 | 0.159 | 2.508 |
| | | | 恩施土家族苗族自治州 | 2.405 | 52.269 |
| | | | 黄冈市 | 1.749 | 19.440 |
| | | | 黄石市 | 0.459 | 7.226 |
| | | | 荆门市 | 1.234 | 19.069 |
| | | | 荆州市 | 1.400 | 23.623 |
| | | | 潜江市 | 0.200 | 3.108 |
| | | | 神农架 | 0.323 | 6.372 |
| | | | 十堰市 | 2.366 | 31.536 |
| | | | 随州市 | 0.909 | 8.413 |
| | | | 天门市 | 0.261 | 4.400 |
| | | | 武汉市 | 0.859 | 13.771 |
| | | | 仙桃市 | 0.252 | 4.250 |
| | | | 咸宁市 | 0.977 | 17.380 |
| | | | 襄阳市 | 1.972 | 25.716 |
| | | | 孝感市 | 0.842 | 12.484 |
| | | | 宜昌市 | 2.120 | 37.051 |
| 河南省 | 2.725 | 26.384 | 南阳市 | 2.381 | 23.044 |
| | | | 洛阳市 | 0.070 | 0.647 |
| | | | 三门峡 | 0.111 | 1.169 |
| | | | 驻马店 | 0.162 | 1.524 |
| 陕西省 | 7.285 | 91.570 | 安康市 | 2.353 | 31.179 |
| | | | 宝鸡市 | 0.524 | 5.872 |
| | | | 汉中市 | 2.726 | 36.927 |
| | | | 商洛市 | 1.667 | 17.404 |
| | | | 西安市 | 0.016 | 0.188 |

## 第七节　地下水质量

清江流域地下水水化学类型相对简单，多呈低矿化度重碳酸型水。水质变化与围岩介质及水动力条件密切相关。其中，二叠系阳新组灰岩、三叠系嘉陵江组及大冶组灰岩含水层的岩溶水水化学类型以 $HCO_3$-Ca 型为主；寒武系—奥陶系灰岩含水层的岩溶水水化学类型以 $HCO_3$-Ca·Mg 型为主；低山丘陵区碳酸盐岩类岩溶水水化学类型以 $HCO_3$-Ca 型、$HCO_3$-Ca·Mg 型为主；山区变质岩、岩浆岩风化裂隙水，水化学类型多以 $HCO_3$-Na 型或 $HCO_3$-Na·Ca 型为主。

### 一、总体状况

通过收集资料，经过归纳整理、综合分析，对长江流域湖北、河南、陕西三省的水样按平原区和山丘区分别进行综合水质分析，并按潜水和承压水两大类进行分别评价，采用综合指数法对水样进行水质分类。评价结果显示，研究区Ⅰ类水占比 23.9%、Ⅱ类水占比20.1%、Ⅲ类水占比 0.4%、Ⅳ类水占比 33.6%、Ⅴ类水占比 22%（表 9.7.1）。其中，平原区（江汉平原、南襄盆地）水样中Ⅰ类水占比 1.3%、Ⅱ类水占比 2.5%、Ⅲ类水占比 0.6%、Ⅳ类水占比 56.2%、Ⅴ类水占比 39.4%；山丘区（清江流域）水样中Ⅰ类水占比 51.1%、Ⅱ类水占比41.3%、Ⅲ类水占比 0%、Ⅳ类水占比 6.5%、Ⅴ类水占比 1.1%。

表 9.7.1　平原区与山丘区水质评价结果对比一览表

| 地形 | 总取样点数/个 | Ⅰ类 | | Ⅱ类 | | Ⅲ类 | | Ⅳ类 | | Ⅴ类 | |
|---|---|---|---|---|---|---|---|---|---|---|---|
| | | 取样点数/个 | 占比/% | 取样点数/个 | 占比/% | 取样点数/个 | 占比/% | 取样点数/个 | 占比/% | 取样点数/个 | 占比/% |
| 山丘区 | 264 | 135 | 51.1 | 109 | 41.3 | 0 | 0 | 17 | 6.5 | 3 | 1.1 |
| 平原区 | 317 | 4 | 1.3 | 8 | 2.5 | 2 | 0.6 | 178 | 56.2 | 125 | 39.4 |
| 总计 | 581 | 139 | 23.9 | 117 | 20.1 | 2 | 0.4 | 195 | 33.6 | 128 | 22 |

综合评价是在单项组分评价基础上进行的，因此，地下水质量级别的优劣取决于单项组分中超标最严重的组分类别。从评价结果分布图上看，水质较好的水样主要集中在清江流域，清江流域是岩溶发育区，大部分水样是在泉点和地下河点取得，水质良好，无色、无味、无肉眼可见物，重金属含量低，属Ⅰ—Ⅱ类，水质综合指标以小于 2.5 为主，为良好级别的水质。局部水样点的综合指标大于 4.25，为较差级别的水质，主要影响因子为铁、锰，但其含量不高，故该地区的地下水属于可供饮用的地下水。

从计算结果来看，长江流域湖北、河南、陕西三省境内共 581 个取样点，评价结果Ⅳ类水占比 33.6%、Ⅴ类水占比 22%。Ⅳ—Ⅴ类水属于较差级别的水质，这些水样的取样点主要是江汉平原以及南襄盆地南部，其综合指标较高的主要原因是大部分水样中存在肉眼可见物，属于Ⅴ类，浑浊度超标，达Ⅳ—Ⅴ类，铁含量超标，达Ⅳ—Ⅴ类。因此综合评价结果水质偏差。

此外，监测结果显示，部分水样中的锰、砷含量也偏高，属原生劣质水。至于氨氮、硝酸盐氮等含量偏高，只是个别点有所反映，不具有普遍性和代表性。

## 二、主要超标项

评价结果显示，综合评价为Ⅳ—Ⅴ类水的水样主要集中在江汉平原和南襄盆地两平原区，经过对数据的分析，其单因子主要超标项是肉眼可见物、浑浊度、铁、锰、砷等指标。通过对综合指标为Ⅳ类水和Ⅴ类水的水样进行主要影响因子分析，结果表明肉眼可见物、浑浊度、铁含量的超标是造成平原区水质超标的主要原因。平原区323个超标水样中有258个水样存在肉眼可见物，占比79.8%；230个水样浑浊度超标，占比71.2%；172个水样铁含量超标，占比53.2%；71个水样锰含量超标，占比22%。其中164个水样是肉眼可见物、浑浊度、铁同时超标，占比50.7%（表9.7.2），是整个平原区内超标水样的最主要的影响因子。经过对平原区超标水样主要影响因子的分析得出江汉平原内Ⅳ—Ⅴ类水主要超标项分布图（图9.7.1）和南襄盆地内Ⅳ—Ⅴ类水主要超标项分布图（图9.7.2）。

表9.7.2　Ⅳ—Ⅴ类水主要超标项分析表

| 主要超标项 | 肉眼可见度 | | 浑浊度 | | 铁 | | 锰 | | 砷 | |
|---|---|---|---|---|---|---|---|---|---|---|
| Ⅳ—Ⅴ类水总点数/个 | 点数/个 | 占比/% | 点数/个 | 占比/% | 点数/个 | 占比/% | 点数/个 | 占比/% | 点数/个 | 占比/% |
| 323 | 258 | 79.8 | 230 | 71.2 | 172 | 53.2 | 71 | 22 | 42 | 13 |

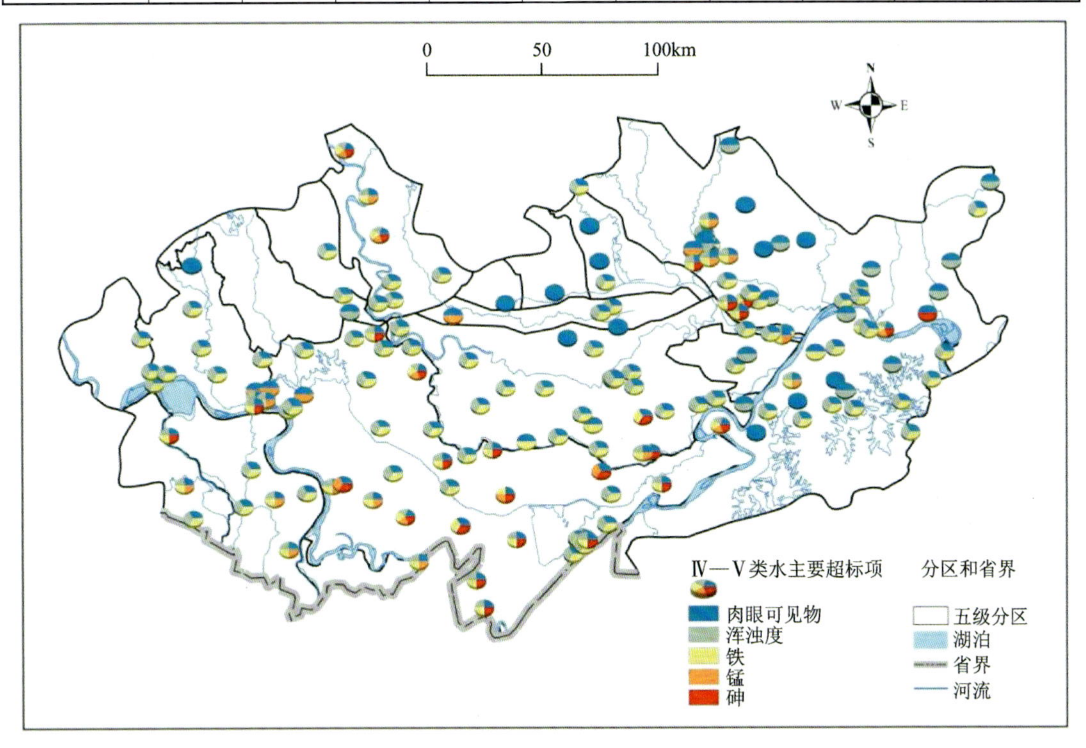


图9.7.1　江汉平原内Ⅳ—Ⅴ类水主要超标项分布图

江汉平原范围内大部分水样被评为Ⅳ—Ⅴ类水的主要原因是肉眼可见物、浑浊度、铁、锰、砷等含量的超标，其中超标水样的主要超标项为上述指标的几种组合。比如，在汉江流域和东荆河流域的水样的主要超标项为肉眼可见物、浑浊度和铁；盆地南部水样的超标项为肉眼可见物、铁、砷；少部分水样中还存在锰超标。经上述分析，江汉平原内中层承压水水质超标原因主要是天然因素，属原生劣质水。

南襄盆地内超标水样的超标原因主要是肉眼可见物、浑浊度、锰的影响。南襄盆地共检测到34组超标水样，其中浑浊度超标的22组，占比64.7%，锰含量超标12组，占比35.3%，是综合评价超标最主要的影响因子。考虑到肉眼可见物可经过滤处理，且铁、锰因子对人体健康影响不大，易处理，经曝气过滤处理后便可以达到生活饮用水标准。

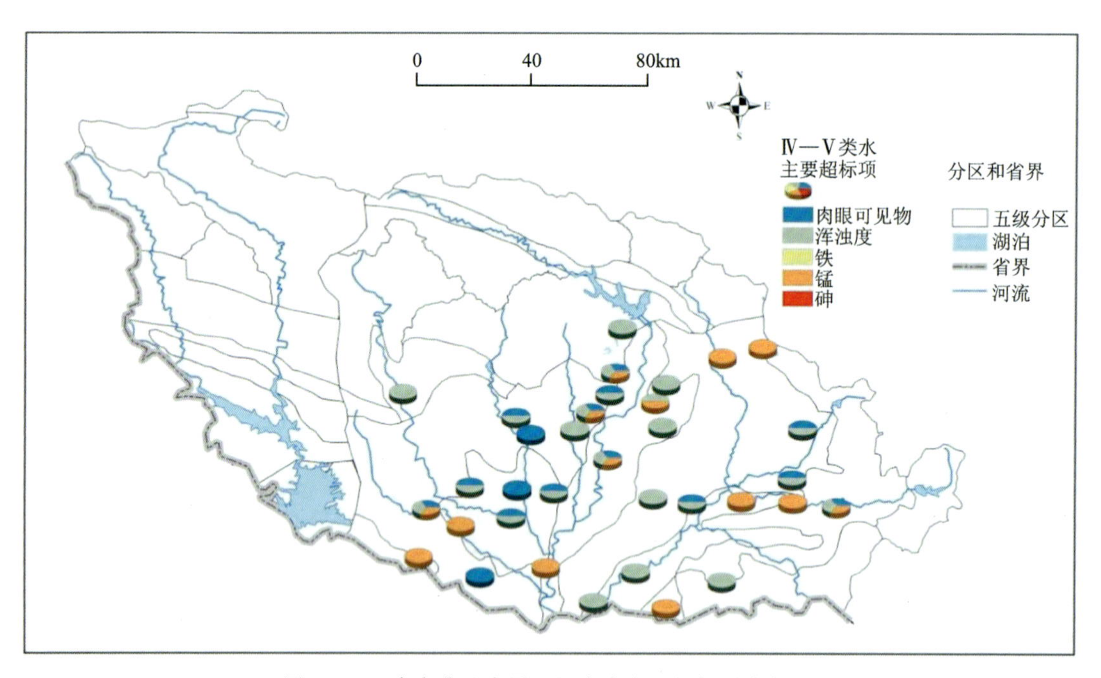


图9.7.2　南襄盆地内Ⅳ—Ⅴ类水主要超标项分布图

# 第十章 水资源动态变化与长江大保护

## 第一节 流域地下水水位统测

### 一、统测部署

为掌握水资源基本国情数据，服务水资源确权以及为后续查明流域内水资源数量和质量的空间分布特征、开发利用现状和潜力等工作打下基础，项目组于2019—2020年连续开展地下水水位统测工作，统测范围为渝东北、江汉平原、南襄盆地、清江流域，共计10.9万$km^2$，统测工作主要在丰水期进行；2021年统测范围扩大为湖北省全境（含清江流域部分）、长江流域河南省部分（含南襄盆地）、渝东北地区，共计23万$km^2$，由于经费调整，只开展丰水期统测工作。2019—2021年的统测工作量为1650点。地下水统测点部署时，选择具有重要水文地质意义的地下水点，同时开展地表水流量、高程测量及相应的监测站建设等工作。这些点包含3种，即地表水点、泉点和地下河点。地下水统测点基本控制主要含水层，地表水统测点结合已有的地表水监测站，充分利用已有监测数据，对地表水监测缺乏地区适当补充地表水统测点。此外，地下水统测点的选取基于前一年统测工作的认识，对这些点进行了部分优化和调整，删减了一些表层岩溶泉点，以及对城镇、水源地等重点区进行了点位加密。

### 二、统测完成

（一）2019年统测工作

野外统测工作主要包括测流、相关统测卡片填写、高程测量。测流主要采用了流速仪法、浮标法、雷达枪法、容积法、堰测法等方法，结合实际统测点具体情况，以保证人身安全为根本，以准确为基本原则，在此基础上选择简单、便捷的方法，对各统测点进行测流。卡片填写包括自检、互检、队检三级质量管理体系，以保证野外资料的正确性及完整性。高程测量主要结合手持GPS、填图终端结合地形图获取统测点的坐标、高程数据与1∶5万地形图共同读数的方法，以解决山区信号时常不好、GPS读数可能存在误差问题。

室内整理工作于野外结束后展开，旨在对野外工作取得的认识进行汇总与升华，工作内容包含野外统测信息整理与录入、统测资料质量检查（三级质检）、室内分析与总结、成果图件绘制、阶段进展报告编写等。

(1)清江流域。统测工作主要是通过前期收集清江流域内已有的成果资料,包括水文、气象、水利设施、钻孔、基础地质、水文地质、土地利用现状等资料进行预研究,在丰水期(7 月)及枯水期(11 月)进行全流域范围的地下水统测,山区统测点以测量流量和水位为主。2019 年清江流域丰水期统测工作完成统测点数 353 个,完成统测面积 1.72 万 $km^2$。本次丰水期野外统测工作自 2019 年 7 月 14 日开始,自 2019 年 7 月 31 日结束,总共出队 18 天,分为 10 组,每组 3 人,共计 30 人参与。

(2)南襄盆地。统测工作于 2019 年 7 月 22 日正式开展,至 2019 年 7 月 31 日正式结束,历时 10 天,野外调查路线共 9 条,完成统测点 90 个,其中潜水 66 个,承压水 24 个,RTK 测量及高程转换点 90 个。除此之外,收集国家级、省级监测工程自动监测点 98 个,人工长期监测点 34 个,所有监测点合计 222 个,其中潜水 177 个,承压水 45 个,并且完成南襄盆地地下水水位等值线及埋深图绘制。

(3)渝东北地区。统测工作于 2019 年 7 月 30 日—2019 年 8 月 31 日进行,历时 33 天,参与人员 4 人,野外调查路线 31 条,合计完成统测点 307 个,其中泉点 270 个、河流点 12 个、矿硐 14 个、隧道 11 条。

(4)江汉平原。收集荆州市已有国家站 7 月 20 日的监测数据,合计 54 个。

### (二)2020 年统测工作

(1)清江流域。2020 年清江流域丰水期统测工作完成统测点 381 个,完成统测面积 1.72 万 $km^2$。本次丰水期野外统测工作自 2020 年 7 月 26 日开始,自 2020 年 8 月 15 日结束,总共出队 21 天,分为 8 组,每组 3 人,共计 23 人参与。

(2)渝东北地区。2020 年渝东北地下水统测与分析项目(丰水期),涉及重庆市城口、巫山、巫溪、开州、云阳、奉节、万州、石柱等区、县(自治县、市),面积 3.134 万 $km^2$,完成统测点 313 个,其中泉点 295 个,河流点 18 个。本次丰水期统测工作共投入两个工作组,共 4 人,自 2020 年 7 月 4 日开始,自 2020 年 8 月 24 日结束,共出队 35 天。

(3)江汉平原。项目组于 2020 年 7 月 1 日—8 月 15 日开展丰水期野外统测工作,共完成统测点 787 个。其中,统测点 284 个,提取 7 月中旬国家地下水监测工程(自然资源部分)监测数据点 194 个、湖北省地下水长观监测数据 133 点次、国家地下水监测工程(水利部分)监测数据点 176 个。

(4)南襄盆地。统测区域以研究区内的平原区及岗地为主,主要为南襄盆地(河南段)及周边,统测区面积为 12 275.82 $km^2$。任务下达后,项目负责人带队参加野外统测工作,先后投入 6 人次参加本项目的野外调查、制图、数据校核、资料整理、综合研究等工作。

### (三)2021 年统测工作

2021 年清江流域地下水统测工作主要是通过总结 2020 年丰、枯水期两次统测成果,进一步收集清江流域内已有的成果资料,包括水文、气象、水利设施、钻孔、基础地质、水文地质、土地利用现状等资料进行统测点优化,对部分重点区(如主要城镇及主要饮用水源地附近)统测点数量加密,在丰水期(7 月)进行全流域范围的地下水统测,山区统测点以测量流量和水位为主。2021年清江流域丰水期统测工作完成统测点数400个，完成统测面积10.58万$km^2$（表10.1.1）。野外统测工作、室内整理工作与2019年内容基本相同。为进一步查明区内水化学时空变化特征，污染区域特征污染物迁移转化特征及污染情况评价，为后续地下水水质-水量一体化评价提供基础数据支持，在统测工作的基础上，结合以往水化学工作成果，共采集样品178件，进行水化学全分析测试。

**表10.1.1　2021年统测工作完成工作量统计表**

| 项目 | 工作量 | 单位 | 工作量 |
|---|---|---|---|
| 野外工作 | 泉点调查点 | 个 | 170 |
| | 暗河调查点 | 个 | 37 |
| | 地表水调查点 | 个 | 193 |
| | 水化学样 | 瓶 | 178 |
| | 同位素样 | 瓶 | 79(HO)+27(Sr) |
| | 现场指标测试 | 处 | 318 |
| | 调查路线 | km | 4189 |
| 成果图件 | 清江流域统测实际材料图 | 幅 | 1 |
| 报告 | 清江流域地下水统测成果与总结 | 册 | 1 |

## 三、统测整体认识

通过对清江流域、江汉平原、南襄盆地、渝东北等地开展的统测工作，查清了区内的水文地质条件、岩溶发育规律、地下水系统特征、地下水赋存与运移规律、地下水资源状况、主要环境地质问题，对清江流域地下水系统进行分类，对比3年的统测结果，得到了一些认识，现分区予以说明。

### （一）清江流域

查清了区内的水文地质条件、岩溶发育规律、地下水系统特征、地下水赋存与运移规律、地下水资源状况、主要环境地质问题，对清江流域地下水系统进行分类，总结构造对地下水形成分布的影响。基于清江流域地下水统测丰水期实测流量结果，采用分区计算径流模数来求清江流域丰水期地下水资源量，根据清江地层组合及清江主要二级流域将清江划分为34个区，总体上，2021年大部分区间流域的径流模数分布在8～25L/(s·$km^2$)之间。地下水资源总量为76.7574亿$m^3$。2020年清江流域平均地下水径流模数为14.22L/(s·$km^2$)，地下水资源总量为81.089亿$m^3$。

清江流域内地下水主要污染源为农业养殖污染源、生活污染源及矿产污染源。地下水污染主要超标项有肉眼可见物、氨氮、硝酸盐和亚硝酸盐等。目前调查到的污染方式有两种：一是在补给区修建垃圾填埋场或养殖场，污水流入暗河中，造成地下水污染；二是目前国家逐渐淘汰关闭中小型煤矿，煤矿周围停止抽水降低水位，地下水水位抬升至一定程度后击穿底部隔水层，导致煤矿污染水流入暗河中，对生态环境及居民生活产生不利影响。

### （二）江汉平原

水位动态变化以2021年与2020年同期水位相比，按照水位变差大小划分为6种水位变化型：强上升（水位升幅≥2m）、弱上升（水位升幅1～2m）、稳定上升（水位升幅0～1m）、稳定下降（水位降幅－1～0m）、弱下降（水位降幅－2～－1m）、强下降（水位降幅≤－2m）（表10.1.2）。

**表10.1.2 监测区丰水期地下水水位变差类型统计表**

| 含水层类型 | 强上升区（水位≥2m） | | 弱上升区（水位1～2m） | | 稳定上升区（水位0～1m） | | 稳定下降区（水位－1～0m） | | 弱下降区（水位－2～－1m） | | 强下降区（水位≤－2m） | | 总计/km² |
|---|---|---|---|---|---|---|---|---|---|---|---|---|---|
| | 面积/km² | 占比/% | 面积/km² | 占比/% | 面积/km² | 占比/% | 面积/km² | 占比/% | 面积/km² | 占比/% | 面积/km² | 占比/% | |
| 浅层孔隙水 | 1807 | 3.8 | 1352 | 2.8 | 7571 | 15.8 | 25 680 | 53.6 | 10 075 | 21.0 | 1458 | 3.0 | 47 943 |
| 中深层孔隙水 | 98 | 0.4 | 391 | 1.7 | 2694 | 11.9 | 16 591 | 73.0 | 2952 | 13.0 | 6 | 0.0 | 22 732 |
| 裂隙水 | 7556 | 33.2 | 2812 | 12.3 | 6314 | 27.7 | 5934 | 26.0 | 169 | 0.7 | 0 | 0.0 | 22 785 |

根据分析研究区2021年度地下水水位整体呈下降趋势，孔隙水中水位下降比例高于裂隙水，裂隙水中水位上升占比较孔隙水更高。

#### 1.浅层孔隙水位动态

浅层孔隙水位变差总体呈下降趋势（图10.1.1），平均水位高程为31.69m，平均变幅－0.64m，下降区面积占统测区面积的近77.62%；而上升区面积仅占统测区面积的22.38%，主要在襄阳、孝感、宜昌、荆门、天门市及潜江市零星分布。最大升幅为4.095m（湖北省襄阳市襄州区双沟镇金营村3组），最大降幅为4.595m（湖北省天门市卢市镇新机关大院东北角）。

#### 2.中深层孔隙水位动态

中深层孔隙水位变差总体呈下降趋势（图10.1.2），平均水位高程为32.53m，平均变幅－0.26m。下降区面积占统测区面积的近86%；而上升区面积仅占比统测区面积的14%，仅武汉、孝感、天门、荆州、荆门、潜江、仙桃零星分布。最大升幅为15.184m（江口养殖厂），最大降幅为2.687m（孝感市孝南区朋兴乡老）。

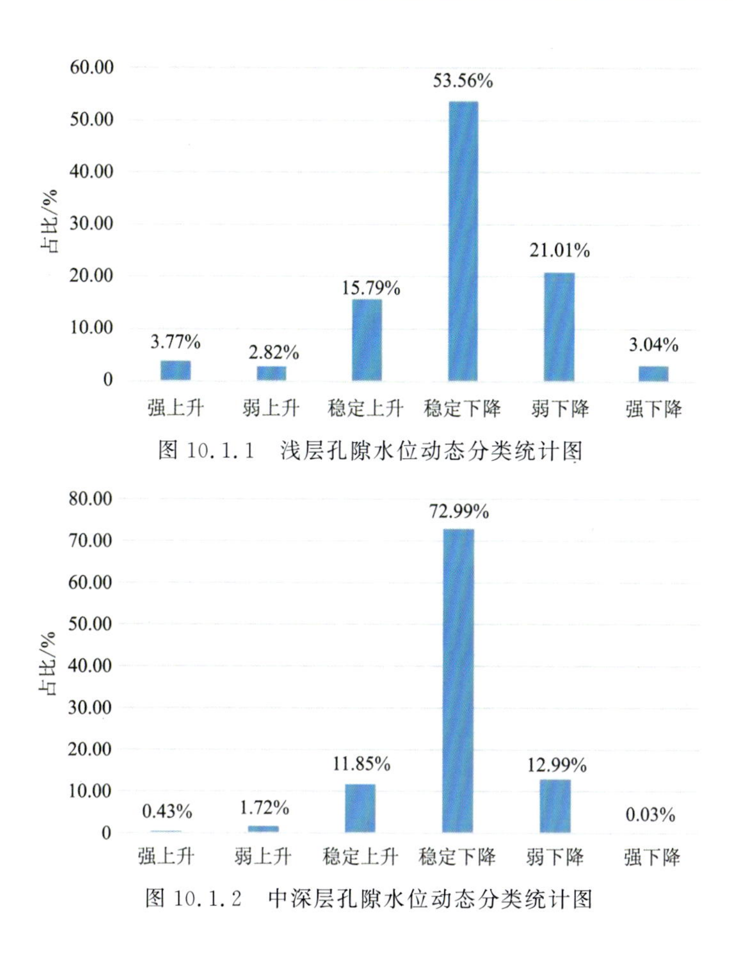


图 10.1.1　浅层孔隙水位动态分类统计图

图 10.1.2　中深层孔隙水位动态分类统计图

**3. 裂隙水位动态**

丰水期裂隙水位变差总体呈上升趋势(图 10.1.3),平均水位高程为 52.84m,平均变幅 1.07m。上升区面积占统测区面积的近 73.21%;而下降区面积仅占比统测区面积的 26.79%,仅在荆州、荆门、潜江等地零星分布。最大升幅为 20.319m(钟祥市石牌镇勤劳村),最大降幅为 1.75m(湖北省黄梅县苦竹乡梅狮岭村)。

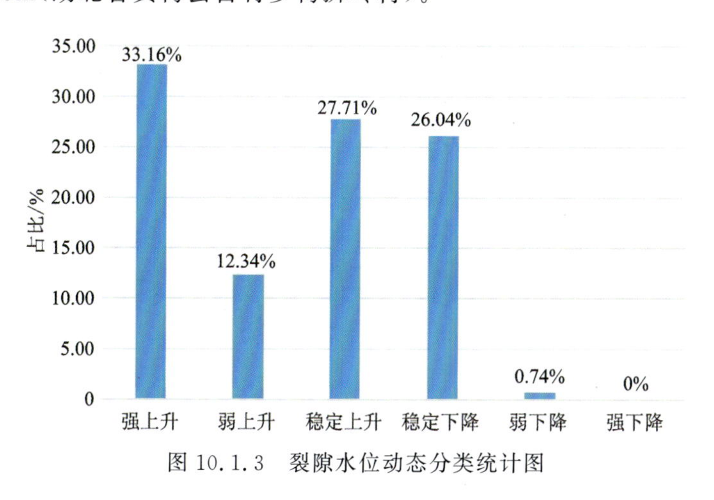


图 10.1.3　裂隙水位动态分类统计图

## （三）南襄盆地

### 1. 浅层地下水

1）高水位期浅层地下水变幅分区

2021年浅层地下水水位与2020年同期相比，总体呈上升趋势，平均水位高程为121.29m，比去年同期上升6.62m，平均变幅2.97m，最大降幅位于驻马店市泌阳县花园乡禹庄村－5.39m，最大升幅位于南阳市邓州市S231公路中石化加油站（27.4m），各区分布情况见图10.1.4。

急剧上升区（＞2m）：分布在监测区东部，覆盖方城县、社旗县以及唐河县北部邓州和新野县北部地区，面积5 416.80km²，占监测区总面积的44.13％。

缓慢上升区（0.5～2m）：分布在监测区中部、西南和东南部大部分地区，面积6 385.82km²，占监测区总面积的52.02％。

基本平衡区（－0.5～0.5m）：主要在邓州市刘集镇—赵集镇一带、镇平县小部分区域、南阳市区中心、卧龙区—宛城区一带、沁阳市西部小部分区域分布，面积426.71km²，占监测区总面积的3.48％。

缓慢下降区（－2～－0.5m）：主要分布于镇平县西南小部分区域以及沁阳市西部极少部分区域，面积35.91km²，占监测区总面积的0.28％。

急剧下降区（＜－2m）：面积小，分布于缓慢下降区域内，面积10.48km²，仅占监测区总面积的0.09％。

2）浅层地下水水位动态变化分析

区内浅层地下水开采较为普遍，市区内浅层地下水开采多用于绿化浇灌、小作坊及洗车行业等，郊区及村镇多用于农田浇灌、乡镇企业、农村畜禽养殖业等。根据河南省水文水资源局水情月报资料统计，2020年7月—2021年6月监测区全年降水量为1 030.68mm，比2019年同期上升334.34mm，另因“7·20”河南的雨情，南阳地区也受到不同程度的影响，整个监测区内受强降水及河谷上游来水等因素影响，地下水水位急剧上升。上升区面积11 802.72km²，占监测区面积的96.15％，比2019年同期增加90.16％；下降区面积占监测区面积较小为46.39km²，占比不足0.4％，比2019年同期减少43.47％。

### 2. 中深层地下水

根据统测资料：2021年高水位期中深层地下水水位高程区间为74.13～322.76m，平均水位高程为115.23m，与2020年同期相比上升15.53m，平均变幅3.24m，与2021年同期相比呈上升趋势。最大升幅33.60m，位于南阳市卧龙区工业北路河南省第一地质勘查院物资公司院内。最大降幅－5.76m，位于南阳市邓州市彭桥镇S99邓老高速彭桥收费站内。虽然每年南水北调中线工程向南阳中心城区及邓州、新野、镇平、唐河、社旗、方城等地分配水量10.914亿m³，但受水地区以人类活动比较密集的城区为主，而各乡（镇）、村还是以中深层含水层为主要水源，多为中深层农村集中供水井，且分布较广，高水位期统测时，同样受降水量影响，地下水补给充沛，中深层地下水水位呈上升趋势。

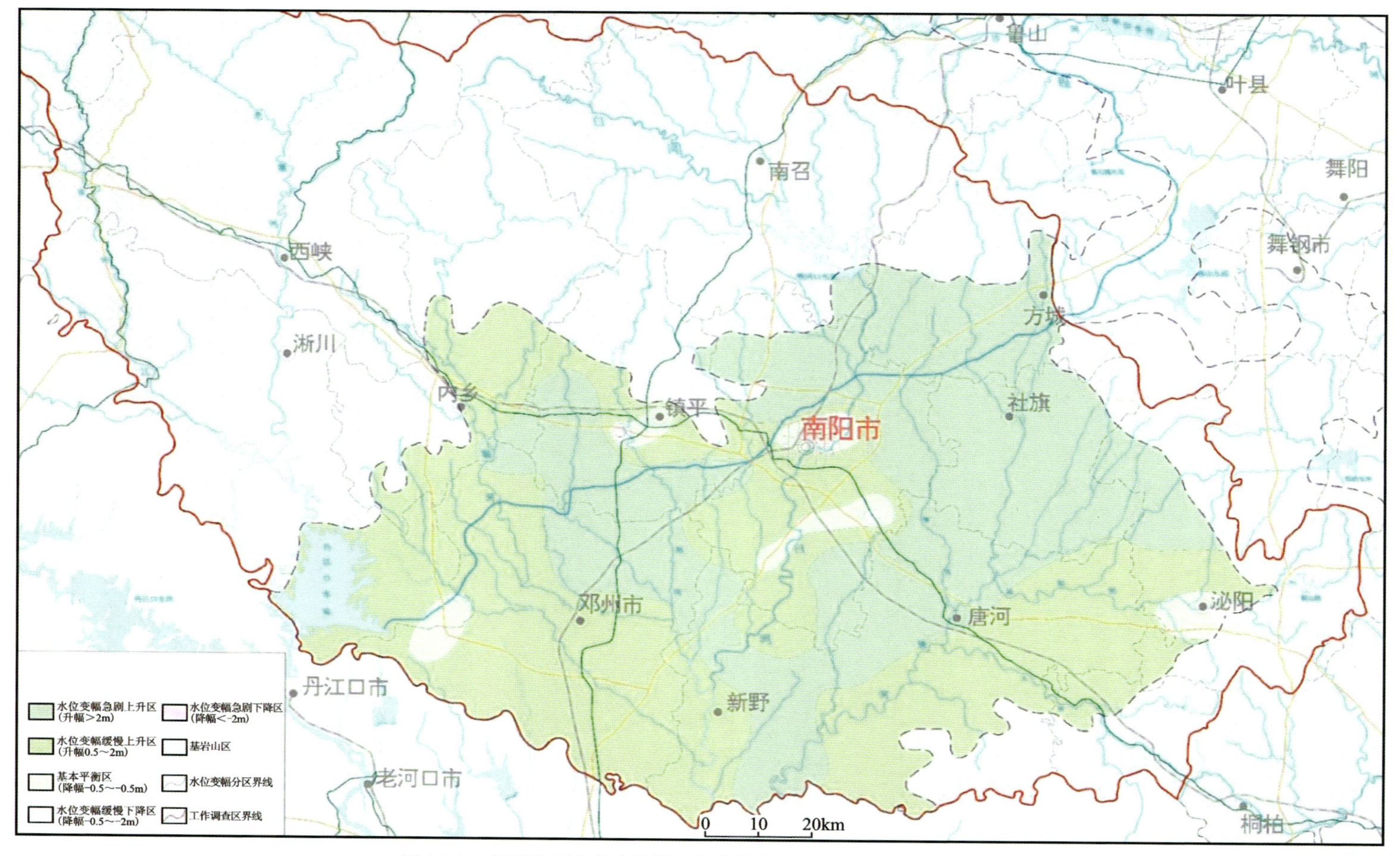


图 10.1.4 浅层地下水高水位期水位变幅图(2020年7月—2021年7月)

## 第二节 重点地区地下水漏斗动态

### 一、漏斗分布

南襄盆地新发现地下水降落漏斗2个，即测区南部新野县东北部前高庙-王庄镇降落漏斗和测区东北部唐河县少拜寺乡降落漏斗。前高庙-王庄镇降落漏斗面积约17.8km²，以70m等水位线圈闭，漏斗中心处含水层埋深约12.41m，该降落漏斗位于新野县城区，呈现出以漏斗为中心向四周埋深不断升高、水位逐渐升高、水力梯度依次递减的现象。少拜寺乡降落漏斗面积74.84km²，以100m等水位线圈闭，漏斗中心含水层埋深约54.44m，该区域水位较高，埋深较大。

南襄盆地枯水期地下水水位与丰水期相比未新发现地下水漏斗，但枯水期整体水位埋深增高，南部新野县东北部前高庙-王庄镇降落漏斗面积有所减小，但变化不大，约15.3km²，以70m等水位线圈闭，漏斗中心水位埋深11.94m，水位相对丰水期有所上升。

高水位期2020年浅层地下水水位与2019年同期相比(图10.2.1)，总体呈下降趋势，平均水位高程为114.67m，平均变幅0.64m，下降区面积占监测区面积的近45%，而上升区面积占比较少，不足监测区面积的6%；低水位期2020年浅层地下水水位与2019年同期相比，总体呈上升趋势，平均水位高程为117.21m，平均变幅2.03m，上升区面积达到统测区面积的86%以上，而下降区面积占比极少，不足统测区面积的0.73%。

高水位期2021年浅层地下水水位与2020年同期相比，总体呈上升趋势，平均水位高程为121.29m，比2020年同期上升6.62m，平均变幅2.97m，下降区面积占监测区面积较小，不足0.4%，比2020年减少43.47%。而上升区面积占绝大多数监测区面积的96.15%，比2020年同期增加90.16%(图10.2.2)。

### 二、漏斗成因及发展趋势

南襄盆地地下水降落漏斗形成和发展的因素是地下水开采量增加，同时降水量减少也具有一定的影响。而孔隙潜水开发利用程度不平衡，年际动态受降水影响明显。地下水是南阳市城区的重要供水水源，除天冠燃料乙醇公司和南阳热电厂外，城市公共供水和自建设施供水全部取用地下水。根据南襄盆地(河南部分)丰、枯水期等水位线图对比分析可知，地下水流向整体西、南、东向北流动，通过新野县流向省外，伴随着城市地下水的大规模开发利用，集中供水现象十分普遍，因此出现前高庙-王庄镇降落漏斗。但通过与往年资料进行对比发现地下水水位正不断呈现出回升的趋势，漏斗面积不断减少。

截至2021年2月，南阳市累计承接南水北调水44.38亿m³，包括农业用水31.62亿m³，生活用水4.9亿m³，生态补水7.86亿m³。供水范围覆盖市中心城区、新野、镇平、社旗、唐河、方城及邓州，受益人口达310万人。南阳市南水北调配套工程共设置分水口门8座，分别向新野、镇平、南阳中心城区、社旗、唐河、方城、邓州的共17座水厂供水。受水区共关停管网内自备井1121眼，完成地下水压采量6 897.414 7万m³，加上南阳市强力实施“四水同治”战

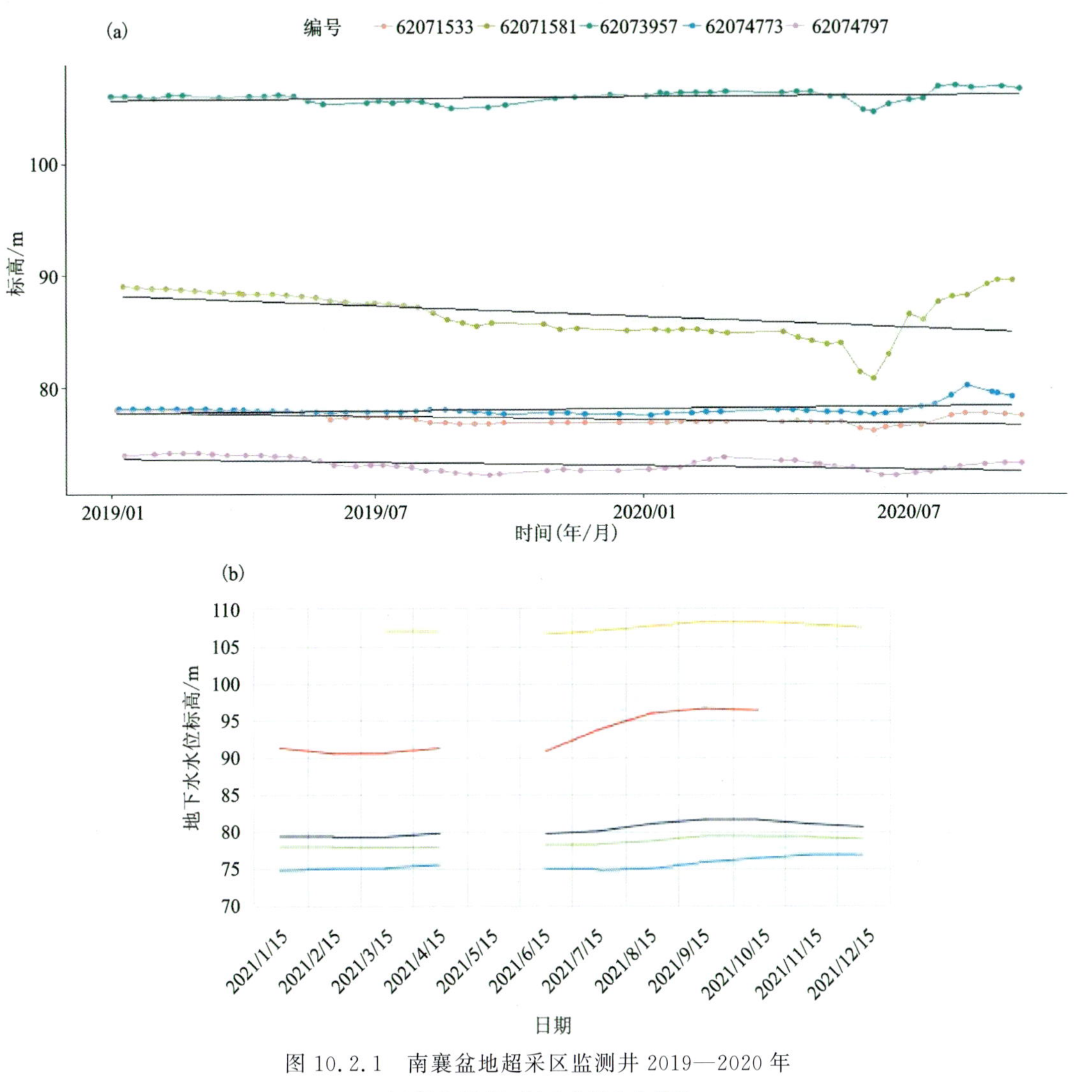


图 10.2.1　南襄盆地超采区监测井 2019—2020 年(a)和 2021 年;(b)水位变化曲线图

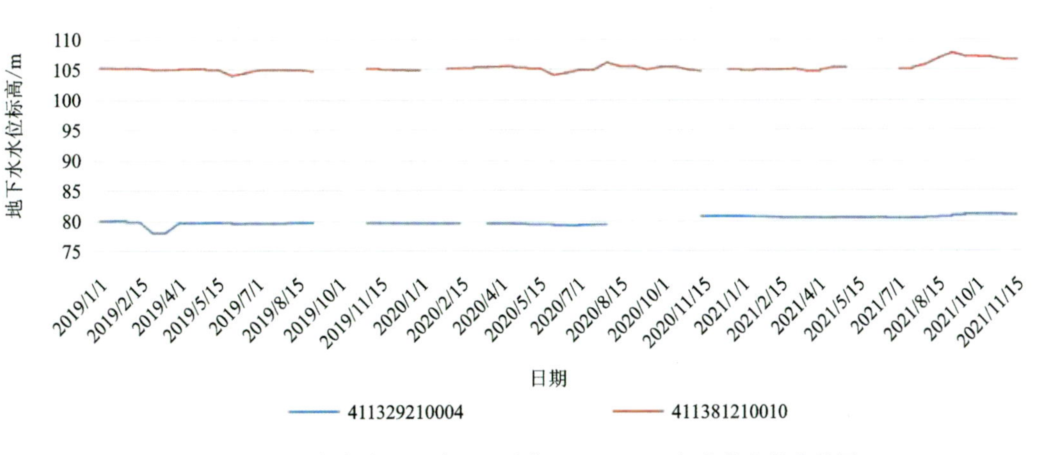


图 10.2.2　南襄盆地超采区监测井 2019—2021 年水位变化曲线图

略，通过转换城市公共供水的地下水水源，封停、禁采、限采自备井，同时受降水量增加因素影响，地下水水位持续上升，区域内浅层及中深层漏斗面积呈消失趋势，直至灭失。

## 第三节　清江流域梯级水库开发对水资源的影响

### 一、清江梯级水库概况

1994年，湖北省人民政府通过了《清江流域规划补充纲要》，规划在清江中下游建设“水布垭—隔河岩—高坝洲”3个梯级工程，实现清江“流域、梯级、滚动、综合”开发的宏伟目标(图10.3.1)。截至2014年，清江流域干流自上而下共建有水电站13座，装机容量350.66万kW，年发电量97.65kW·h。其中，最主要的水电站有水布垭、高坝洲、隔河岩3座，在发电、航运、防洪和泄洪方面都发挥了重要功能(图10.3.1，表10.3.1)。2018年，《湖北省清江流域水环境保护条例(草案)》明确设定了生态补水流量条款，规定清江流域干流、一级支流及其二级支流水电站，应当根据生态环境用水与生态补水方案，下排生态用水流量不得低于多年平均径流量的10%。

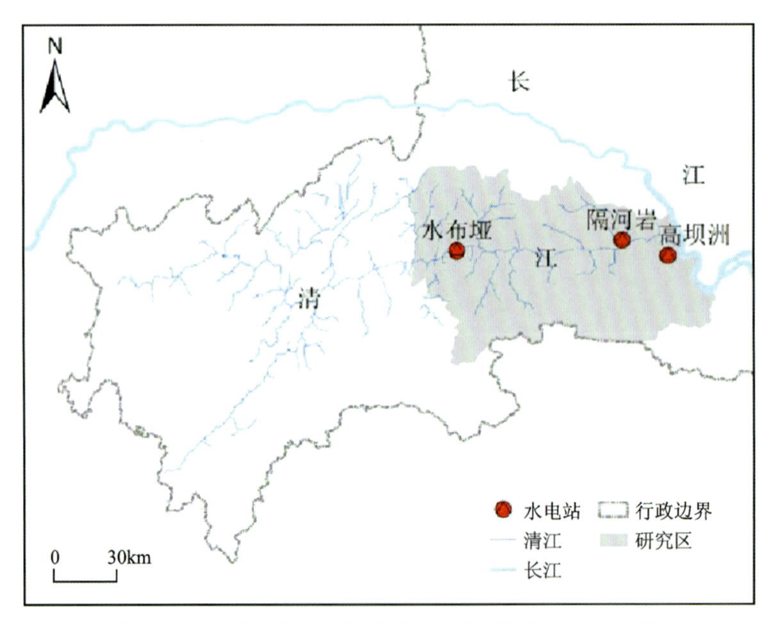


图10.3.1　“水布垭—隔河岩—高坝洲”水电站分布图

清江梯级水库设计要求为长江洪水错峰预留10亿$m^3$防洪库容。即水布垭和隔河岩水库在主汛期(6月21日—7月31日)各预留5亿$m^3$防洪库容。水布垭水库实际防洪库容大于设计预留5亿$m^3$防洪库容。水布垭和隔河岩水库坝址控制流域面积分别为10 860$km^2$、14 430$km^2$，两库区间面积3570$km^2$，为河道型水库，没有防洪任务。

目前，清江梯级生态调度的研究较为欠缺，在当前清江流域生态环境问题日益受到重视、水生态环境保护立法工作积极开展的大背景下，进行清江梯级发电与生态均衡优化调度研究十分必要。

表 10.3.1　清江流域三大水电站概况

| 电站名称 | 竣工时间 | 总库容/亿 $m^3$ | 装机容量/kW | 发电量/(亿 kW·h) | 主要功能 |
| --- | --- | --- | --- | --- | --- |
| 水布垭 | 2008 年 | 45.8 | 184 | 39.8 | 发电、防洪、航运 |
| 高坝洲 | 2003 年 | 4.86 | 27 | 8.98 | 发电、防洪、航运 |
| 隔河岩 | 1994 年 | 34 | 121.2 | 30.4 | 发电 |

## 二、梯级水库对清江水资源的影响

清江流域梯级开发后，由于大坝的建设，天然河道产生严重隔断与镶嵌效应，破坏了河流的连续性，主要表现在对水量、水质和水生态 3 个方面的影响。以 2010 年调度为例，水布垭(图 10.3.2)、隔河岩(图 10.3.3)、高坝洲水电站实际调度起始水位和终止水位分别为 382.88m 和 388.44m、186.15m 和 198.00m、79.06m 和 79.33m。

图 10.3.2　水布垭水电站坝前水位

图 10.3.3　隔河岩水电站坝前水位

### 1. 梯级水库

(1)水布垭水电站。均衡调度方案水位在 0—13 旬高于发电调度方案，下泄流量相对较小；在 14—29 旬低于发电调度方案，下泄流量相对较大；在 30—36 旬水位基本一致。发电调度方案和均衡调度方案中的下泄流量，在 0—11 旬都要高于适宜上限流量，但均衡调度方案下泄流量要更加接近适宜上限流量，有效减少了生态溢水量；在 12—15 旬发电调度方案出现连续性的生态缺水，而均衡调度方案的下泄流量都落在适宜流量范围内，减少了生态缺水量；在 16—36 旬发电调度方案中，21 旬、25 旬、29 旬出现 3 次较大的生态溢水，而均衡调度方案中仅在 23 旬出现一次生态溢水。

(2)隔河岩水电站。均衡调度方案水位在 0—15 旬低于发电调度方案，下泄流量相对较大；在 16—21 旬高于发电调度方案，下泄流量相对较小；在 24—36 旬水位基本一致。0—10 旬发电调度方案和均衡调度方案分别在 8 旬、1 旬各出现一次生态溢水；发电调度方案在 11—14 旬出现连续性的生态缺水；在 15—29 旬，发电调度方案在 15 旬、25 旬、29 旬出现 3 次生态溢水；30—36 旬两种方案下泄流量基本一致。

(3)高坝洲水电站。由于高坝洲水电站为日调节型水库，调节库容小，水位变幅较大，发电调度方案出现4次水位大幅度变动，且在低水位持续的时间更久，而均衡调度方案中仅出现3次，发电更加稳定。高坝洲在8旬、15旬、25旬出现3次生态溢水，且在12—14旬出现连续性的生态缺水。

**2. 水资源影响情况**

1)水质

水利水电工程建设属非污染类生态环境影响。根据水库调度运行方式，汛期水库低水位运行，库区及坝下游河段的水文情势与天然情况较为类似，非汛期水库维持高水位运行，显著改变库区及下游河段的水流状态，污染物进入水库水体后的稀释扩散与建库前发生较大的变化，主要表现在深水水体内氮、磷等营养元素富集，导致水体富营养化，各种藻类生物大量繁殖，水质恶化。水库建设后对水质的影响采用岸边排放二维稳态混合衰减模型进行预测：

$$c(x,z)=\exp\left(-k\frac{x}{u}\left\{c_h+\frac{c_p Q_p}{H\sqrt{\pi E_2 xu}}\left[\exp\left(-\frac{uz^2}{4E_2 x}\right)+\exp\left(-\frac{u(2B-z)^2}{4E_2 x}\right)\right]\right\}\right) \tag{10.1}$$

式中：$c(x,z)$为在坐标$(x,z)$处污染物浓度(mg/L)；$H$为污染带内平均水深(m)；$B$为河流宽度(m)；$c_p$为河流上游某污染物的浓度(mg/L)；$Q_p$为河流上游的流量($m^3/s$)；$c_h$为排污口处污染物浓度(mg/L)；$x$、$z$为水流横向、纵向坐标(m)；$u$为水流纵向流速(m/s)；$E_2$为水流横向扩散系数($m^2/s$)；$k$为污染物综合衰减系数(s−1)。

根据水布垭水库的水力学特征，水库运行调度方式及污染源分布情况，水文参数选取了保证率为90%最枯月平均流量$S_1$、保证率为50%最枯月平均流量$S_2$和多年平均流量$S_3$共3种水文条件组合。

耗氧系数$K$按$K_1$或$2(T)=K_1$或$2\times(20℃)\times\theta(T-20)$进行校正，水流横向扩散系数$E_z$按$E_z=(0.4\sim0.8)H(gHI)1/2$进行计算。

预测结果表明：$S_1$条件下水质状况较差，BOD5大于4mg/L的污染范围为长3km、宽15m；$S_3$条件下水质状况较好，BOD5大于4mg/L的污染范围为长1.3km、宽8m；$S_2$条件下水质状况次之，BOD5大于4mg/L的污染范围为长1.7km、宽10m。由于库区河段的主要污染物为有机污染物，建库后库区水流变缓，水深增加，有利于有机污染物的降解转化，水库下泄水质总体优于建库前。

水库下泄低温水主要对下游河流水生生物和灌区农作物生长产生影响，一般河道中的鱼类产卵季节为4—8月，鱼类产卵所耐受的最低温度一般为18℃，低温水的下泄可能导致河道中的鱼类产卵期推迟，影响鱼类生长发育。低温水下泄还将造成鱼类产卵场地被迫向下游迁移，如没有合适的场所，建坝前存在的一些产卵场所部分会消失，部分产卵场规模变小。涉及灌区的水工程项目，在水稻生长期内，如引用低温水进行灌溉，将会对水稻产生明显影响。我国长江流域中下游的双季稻种植区，如果取用低温水进行灌溉，将会造成对水稻生长和产量方面不利的影响，有数据表明，利用水库表层温水灌溉早稻比用水库底层冷水灌溉产量相差5%～15%，在东北地区可达30%以上。

2)水生态

河流水能资源的开发改变了天然河流的水文情势,通过径流调节提高了水资源利用效率,在满足社会经济发展和人民生活水平不断提高对能源需求的同时,由于河流径流过程的改变,河流水生生境发生较大的变化,已不同程度地对河流生态系统产生影响,对生态环境的影响主要表现为生态用水不足。生态用水不足对陆生生态的影响主要表现在对河道两岸部分区域内植被的影响,河水是河岸区域植被的主要补水来源,如果补给水量达不到植被需水的下限,将会造成植被物种的改变,由喜水植物向旱作植物转变。对水生生物的影响主要是改变了河流水生生境,使部分鱼种可能迁徙到上游或其他适合其生存的溪流中,生存空间被不断压缩。合理确定河流生态用水是减缓水工程对生态环境影响的重要方面。

根据水利水电工程的枢纽布置和运行特征,对鱼类的主要影响可概括如下:大坝的建设阻断了河道,使得某些洄游鱼类的洄游通道被切断,无法上溯到产卵场繁殖;同时由于流量被控制,流速减缓,某些中下层鱼类受精卵下沉水底,被淤泥覆盖而停止发育;在大坝上游孵化的鱼苗随着水流卷进水轮机或溢洪道,因受到强大的水压力冲击而大量死亡。拦河建筑物使河流水生生境片段化,阻隔鱼类洄游通道,阻碍上下游鱼类种质交流;库区水深、流速等水文情势的变化造成原有水生生境的改变甚至消失;河道减水造成鱼类资源量减少,减水河段水生生境的改变造成原有物种的消失;高水头的水利水电工程挑流消能造成水体气体过饱和,可导致使部分鱼类死亡等。研究结果证明,拦河大坝采用鱼道、鱼梯、升鱼机等过鱼设施,对救护各种上溯鱼类是有一定的效果的,可以使水利工程对生态的破坏降低。

清江梯级水库位于华中地区与西南地区的过渡地带,属中国第二级阶梯东部边缘,区域气候属中亚热带季风性山地湿润气候区,区内植物资源极为丰富,库区及库周自然植被以常绿阔叶林和常绿阔叶混交林为主,植被垂直分布规律明显,海拔由低到高依次分布常绿针阔叶林带—常绿落叶林带—落叶阔叶林带—山地灌丛草甸带。通过资料分析和实地样方调查,库区种子植物可分为15个类型,分属188科,855属,2901种。调查表明,库区分布有37种国家保护植物。库区库周分布的陆生脊椎动物隶属于4纲26目62科83属296种,在各类陆生脊椎动物中,有国家I级保护动物金雕,国家II级保护动物43种,分别是大鲵、虎纹蛙、鸳鸯等。建成蓄水后,将淹没部分地表植被以及陆生动物的栖息环境,对植被的影响主要是淹没导致水域面积扩大,植被覆盖降低,对分布于库区库周国家Ⅱ级重点保护动物中两栖类大鲵,哺乳类水獭,鸟类鸳鸯等产生一定的影响。对于大鲵、水獭等动物,它们将随环境条件的改变而迁移,影响较小,但栖息范围发生改变;对于鸟类,水库的修建、水域面积的扩大,将会给鸟类生境带来更为有利的条件。

清江河流水体清澈,光合条件好,但水流较急,浮游植物以硅藻和绿藻较多。浮游动物主要有原生动物和轮虫动物两类。轮虫动物中单巢目种类最多。底栖动物以四节蜉、花扁蜉、膜小裳蜉、扁泥甲、中华米虾、方格短钩蜷、扁旋螺等为多见,清江水系有鱼类103种,分别隶属于6目13科。水库形成后库区水生生态将发生显著的变化,喜急流鱼类将有一定程度的减少,喜缓流鱼类在库区河段得以较大的发展,大坝阻隔对鱼类产生一定程度的不利影响,由于河道已有隔河岩水库的阻隔,总体上来说影响程度不大,适应能力较强的部分鱼类可找到新的生境。浮游植物、浮游动物和底栖动物等的种群数量都明显增加,为多种鱼类提供了丰富的饵料资源,有利于发展库区渔业,水库建设为水库渔业发展提供机遇。

# 第四节　南水北调中线引水对汉江环境影响

## 一、汉江自然概况

汉江是长江中游最大的支流，发源于秦岭南麓，干流流经陕西、湖北两省，于武汉市汇入长江，全长1570余千米。流域位置在东经106°—114°，北纬30°—34°之间。北以秦岭及外方山与黄河流域为界；东北以伏牛山及桐柏山与淮河流域为界；西以大巴山及荆山与嘉陵江和沮漳河相邻；东南为汉江平原，水系纷繁，与长江干流无明显天然分界，全流域面积15.9万$km^2$（图10.4.1）。

图10.4.1　汉江回龙湾

汉江流域地势西北高，东南低，绝大部分是山地。山地面积约123 000$km^2$，占全流域面积的70%；丘陵地面积约22 000$km^2$，占全流域面积的13%；平原面积约27 000$km^2$，占全流域面积的16%；湖泊面积约2000$km^2$，占全流域面积的1%。山地分布在老河口以上，主要平原分布在钟祥以下，之间为丘陵地区。当然，在上游山地区内亦有局部平坝与丘陵地貌，在下游平原上亦有个别丘陵，但在整个地貌上显得无足轻重。汉江流域西北部是我国著名的秦巴山地，海拔自西向东由3000m降至1000m，山间的汉水谷地以峡谷地貌为主，间有盆地分布。东南部由山丘区逐渐向东南倾斜至广阔的江汉平原，平原地势平坦，河网交织，湖泊密布，堤坑纵横，海拔一般在50m以下。据统计，全流域集水面积在1000$km^2$以上的有20条，其中流域面积超过5000$km^2$的较大支流有唐白河、丹江、涡水、堵河、任河、南河、旬河和甲河8条，这些大小河流及其支流形成叶脉状水网格局。

汉江生态经济带属于亚热带季风区，气候温和湿润，境内水系发达，水量较丰沛，河湖密集，流域面积达6.3万$km^2$，占全省面积的34%，具备自然资源、经济实力、生态环境等方面的优势，作为重要的农业生产区及生态功能区，逐渐成为长江经济带与新“丝绸之路”经济带的桥梁。但是，由于降水量时空分布不均，人均可利用水资源量少，水资源开发利用方式粗放，水质污染、水资源浪费等问题普遍存在。自 2000 年以来，湖北汉江生态经济带已经发生过 6 次严重干旱，给湖北社会经济造成了巨大损失。2012 年 7 月 23 日《湖北日报》发布了“水资源严重短缺城市”名单，共涉及全省 36 个县(市、区)，而湖北汉江生态经济带就有 24 个县(市、区)，占 60%，短缺形势非常严峻。随着湖北汉江生态经济带开放开发，社会经济发展用水量将快速增加，水资源短缺问题日益突出。湖北汉江生态经济带的开放开发，是湖北经济社会发展的重要区域，也是南水北调中线调水的优质水源供应地。南水北调中线工程调水后，丹江口水库下泄后水资源量大幅减少，水环境容量下降，水资源承载力降低，导致湖北汉江生态经济带水资源短缺状况更加严重。

## 二、南水北调工程概况

南水北调工程作为我国 21 世纪初为解决北方水资源短缺、实现水资源优化配置的重大战略性基础工程，受到了党和政府的高度重视及国内外的广泛关注。南水北调中线工程从汉江流域丹江口水库引水，自流输水至京津华北地区，对促进我国北方地区经济社会发展与生态环境改善具有重大作用，但同时将会使汉江流域水资源自身可利用量大幅度减少。调水后如不采取相应措施，由于水环境容量下降，将严重影响到江汉平原相对发达地区的经济社会发展，使某些耗水型企业及粮食生产基地被迫转型，并产生一系列水环境问题。

南水北调的中线工程，不仅是实施我国水资源优化配置必不可少的一部分，也是改变南涝北旱和北方地区水资源严重短缺局面的跨世纪重大战略工程，可缓解京、津、华北地区水资源危机。其中，中线工程整体规划分两期实施，一期年均调水量 95 亿 $m^3$，远期年均调水量 130 亿 $m^3$。截至 2021 年 7 月，南水北调中线一期工程自陶岔渠首累计调水入渠水量达 400 亿 $m^3$，向河南省供水 135 亿 $m^3$，向河北省供水 116 亿 $m^3$，向天津供水 65 亿 $m^3$，向北京供水 68 亿 $m^3$。中线工程连续安全平稳运行 2400 多天来，水质达到或优于地表水Ⅱ类标准。中线工程通水近 7 年来，工程供水由“辅”变“主”，已由规划时的受水区沿线大中城市生活用水的补充水源，转变为主要水源，改变了京津冀豫受水区供水格局。中线各受水城市的生活供水保证率从最低不足 75%提高到 95%以上。在优化供水格局的同时，发挥着重要的生态功能。通过生态补水，促进沿线河湖生态持续恢复，水环境持续改善，为淮河、海河、黄河流域河湖水系健康，水生态系统良性循环，沿线地区特别是华北地区地下水超采综合治理提供了重要支撑。中线工程已累计向北方 48 条河流生态补水达 59 亿 $m^3$，其中，华北地区地下水超采综合治理河段回补 37.89 亿 $m^3$。工程优化了水资源配置格局，保障了群众用水安全，复苏了沿线河湖生态环境，受水区人民群众的获得感、幸福感、安全感显著增强。

南水北调中线一期工程从丹江口水库引水，利用伏牛山和桐柏山间的方城垭口“流出”南阳盆地，全程自流到京津冀豫。南水北调中线工程从加高扩容后的丹江口水库引水，经湖北、河南、河北，输水到北京、天津。中线工程一期线路总长 1432km，多年平均调水量 95 亿 $m^3$(枯水年 62 亿 $m^3$)。目前南水北调中线引江补汉工程正在规划。南水北调中线工程不仅改变了我国南北的水资源配置，而且对中部地区内部资源开发与利用产生了直接影响。南水北调工程对水资源进行了重新配置，优化了水资源的利用效率。

## 三、南水北调对汉江水资源的影响

南水北调中线工程总调水规模 130 亿 $m^3$/a(其中一期调水 95 亿 $m^3$/a),调水量占丹江口断面径流量的 1/3,汉江中下游的流量及季节性分配将发生变化,防洪、生态环境、水质、农业灌溉、工业生产以及城市发展等将受到不同程度的影响。

### 1.防洪形势发生变化

汉江流域受地理环境和气候条件的影响,往往在短时间内因集中性暴雨而产生峰高量大的洪水,加之中下游河道自上而下泄洪能力逐渐减小,并且受长江洪水顶托影响,中下游地区常常破堤成灾。调水后汉江中下游出现 800～1000$m^2$/s 中水流量的天数将减少约 20d,出现 1000～3000$m^3$/s 大水流量的天数将减少 100d,河道冲淤情况将发生变化,对防洪会造成不利影响。但是,由于丹江口水库大坝加高,防洪库容扩大,使中下游流域的防洪标准由 10～20a 一遇提高到 100a 一遇,沿江 14 个分蓄洪民垸基本可以不分洪,为区域经济社会发展提供一个长治久安的水利环境。库容增大,可以增加丹江口水库(图 10.4.2)枯水期的下泄流量,加上引江济汉工程,能够增加汉江中下游在枯水季节的水环境容量。

图 10.4.2　丹江口水库

### 2.部分地区水资源短缺

南水北调中线工程调水后,汉江生态经济带的水资源状况呈现较明显的变化,各市级行政区的水资源短缺风险指数均有所增加,说明中线调水对汉江生态经济带产生了一系列潜在影响,应积极采取相应策略,保障汉江生态经济带的可持续发展。

南水北调中线工程的实施,使丹江口水库成为水源地开始供水,造成汉江中下游部分地区灌溉供水量不足,农业区的正常生产受到较大影响。中线调水后,汉江航道变浅,部分航道将无法继续使用,航道的维护和整治工程难度也不断加大,经济成本相对增加,对整个经济带的经济起到负面影响,再加之,渔业、旅游业的相对削弱,使得整体经济状况受损。总体看来,中线工程的实施将会给汉江生态经济带带来前所未有的挑战，其经济发展、生态环境、社会生活等各方面都需要水资源的支持，政府部门应明确汉江流域的水资源环境承载力，建立健全相应的对策和措施，以应对将要面临的问题。

**3. 干流区域生态环境发生重大变化**

中线调水后，由于汉江生态经济带水流量的减少，水流流速减缓，导致整个汉江流域的水体自净能力减弱，破坏生态环境的平衡，尤其是枯水期，将会导致严重的水危机，并且，使得汉江与蓄水库区的交换能力减弱，工农业废水污染相对加剧，水源区的水安全问题将逐渐影响周边生活区人们的正常生活。

中线工程的调水，直接影响到水源区生态环境，而生态环境的变化对人类的影响是长期性的。横跨湖北、河南两省的丹江口水库在大坝加高蓄水后，库区总面积将达 1 022.75km$^2$，将带来库区邻近的区域小气候发生变化，必然使生物环境发生变化，江水流速减缓，库区泥沙淤积量增加，水库加高后诱发地震的可能性会增加，这些变化已经在水库一期建成使用后有所体现。调水后径流年内分配趋于均匀化，在引江济汉工程的作用下更趋均匀；调水后径流年内集中度变小，在引江济汉工程的作用下更小，但集中期不变；调水后径流年内相对变化幅度减小，在引江济汉工程的作用下相对变化幅度更小，影响水生生物的生存条件。径流变化幅度的大小对于水利调节和水生生物的生长繁殖都有重要的影响。河川径流形势适当的变化幅度是一些水生生物重要的生存条件，过于平稳或者过于激烈的变化则可能导致水生生物生境的破坏，威胁生态安全。不可忽略的是，调水工程导致汉江中下游的水质明显恶化。

除此以外，调水后汉江下游水华暴发风险也会升高，受上游来水量减少的影响，河道内水质状况虽未发生明显恶化，但汉江下游水生态恶化风险依然较高，汉江下游水华的发生对水文过程改变更加敏感。据历年调查，浮游生物量自丹江口以下干流河段呈逐渐增加的态势(图 10.4.3)。尤其在汉江下游枯水期，又恰逢长江春、秋水汛，对下游及河口段的水流顶托，形成水流平缓的河道型“湖泊”洄流，从而促使藻类大量聚集繁衍，这种现象近几年时有发生。突出的实例是 1992 年 2 月中旬至 3 月初，自潜江以下约 240km 的干流河段曾发生了前所未有的硅藻“水华”现象，河水变为褐色，色度明显增加，水体中藻类猛增，造成自来水厂水处理极为困难，市民饮水一度受到影响。这种在流动水体中硅藻猛增的现象为国内外所罕见。因此，研究汉江中下游河段中藻类现状及纳污河段和河湾处藻类“水华”发生的可能性，作为预测南水北调中线工程实施对汉江中、下游藻类生态环境的影响十分必要。

**4. 农业灌溉受到较大影响**

工业生产、城市发展和航运受到制约，汉江中下游地区干旱季节缺水灌溉，成为制约农业发展的重要因素。随着社会的发展，工业用水增加，灌区复灌面积扩大，对用水的需求量将逐步增长；同时，由于水库、湖泊的萎缩，原来灌溉范围灌溉用水不足或根本无水可用，需用汉江水补充，也加重了汉江用水的负担。南水北调中线工程实施后，丹江口水库下泄流量大幅度减少，导致汉江中下游干流水位下降，沿江两岸引水工程的引水能力下降，已严重影响了灌区的灌溉效益，引起沿江引、提水闸站灌溉供水量减少，农业灌溉受到较大影响。汉江中下游沿江城镇密集，城镇人口集中，工业密布，工业用水量大，沿岸货物、客运由汉江进出所占比重

图 10.4.3　武汉汉江"水华"

大,汉江缺水无疑将影响工业生产,沿江城市发展也将面临水资源短缺的矛盾。航道水深减小,航道宽度和弯曲半径发生变化,河漫滩增大,对沿江港口和航运设施有不利影响,航道维护的困难加大。

**5. 水体污染负荷加剧**

仅汉江中下游各江段的环境容量,在特枯流量时增加 8.8%,在枯水流量时减少 7.6%;在多年平均流量时,环境容量损失较大,约减少 28%。按多年平均流量在调水 145 亿 $m^3$ 后,仙桃断面及其下河段平均流量将减少 $352m^3/s$,流速变缓,使汉江武汉段已存在的上、中游污染汇聚的"积累"效应在受到长江较高水位顶托的作用下而增强,造成污染负荷加重,无疑对水体自净能力是雪上加霜。

从表 10.4.1 可以看出,在维持现状径流量的情况下,丹江口-武汉河段的污径比和污染负荷明显增高。实施调水后,2020 年污径比达到 1∶17.1,污染负荷 $COD_{cr}$ 增加到 $5.07g/m^3$,BOD5 为 $1.97g/m^3$,超越了 1∶20 污径比值的水体污染临界指数,从而大大降低了干流水体稀释自净能力,加重水体污染负荷,水质环境更趋恶化。

**表 10.4.1　汉江调水后中下游干流污染负荷变化趋势**

| 时间 | 阶段 | 丹江口-武汉 | | |
|---|---|---|---|---|
| | | 污径比 | CODcr | BODcr |
| 1990 年 | 调水前 | 1∶108.7 | 1.39 | 0.54 |
| 2000 年 | 未调水 | 1∶69.0 | 1.91 | 0.73 |
| | 调水 | 1∶46.7 | 2.81 | 1.09 |
| 2020 年 | 未调水 | 1∶25.3 | 3.45 | 1.34 |
| | 调水 | 1∶17.1 | 5.07 | 1.97 |

对于汉江中下游地区来说，南水北调中线工程的实施，既是机遇，也是挑战。为配合调水工程，国家在汉江中下游地区布置了四项治理工程，即引江济汉、兴隆枢纽、局部航道整治、部分闸站改造工程，以减少调水造成的不利影响；湖北省委、省政府也适时提出了在汉江中下游进行水利现代化示范工程试点建设的建议，并进行了前期的规划工作。这些都为区域和谐社会的建设提供了难得的机遇。随着中央中部崛起战略的部署和实施，汉江中下游将面临一个新的发展阶段。针对面临的挑战，做好宏观研究和区域规划工作、建立流域管理机构，加强统一管理、加快进行汉江中下游水利现代化示范工程试点建设、加大环境治理和污染控制力度、加强对汉江流域生态环境的动态监测和科学研究等措施可以有效缓解南水北调工程对汉江的不利影响。

## 第五节 长江中游湖泊湿地对生态系统的影响

### 一、长江流域湖泊湿地现状与影响

#### （一）长江流域湖泊湿地概况

湿地是天然、人工或暂时的沼泽地、泥炭地和水域地带，包括河流、湖泊、滩涂、水库、稻田以及低潮时水深浅于6m的海域地带。湿地是地球上重要的生命支持系统之一，被誉为“地球之肾”“生命的摇篮”“文明的发源地”。湿地是陆地生态系统和水域生态系统相互作用形成的一种特殊生态系统，湿地系统分类见图10.5.1。湿地生物多样性丰富，生物生产力高，是陆地天然蓄水库，在调蓄洪水、减免洪涝灾害、调节气候诸多方面有着其他生态系统不可替代的作用。

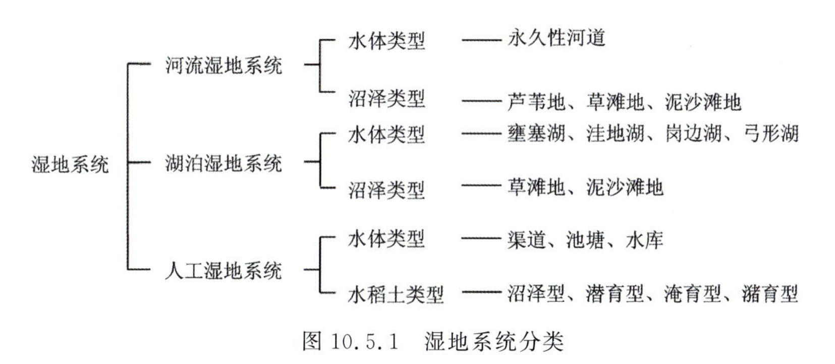


图10.5.1 湿地系统分类

长江是我国第一、世界第三大河流，以其丰富的自然资源和区位优势在我国“T”字形生产力整体布局中占有极其重要的战略地位。长江流域是21世纪我国经济最强大的“驱动轴”，也是我国21世纪重点开放开发地区。在占全国不足18%的国土面积上集中了分别占全国30%、40%的人口和国内生产总值。长江流域是我国资源最富集、经济最集中的巨型产业带，也是我国经济发展潜力最大的地区之一。

长江源头地处世界第三极的青藏高原腹地，地势高亢，气候干寒，环境脆弱，具有敏感响应全球变化的特点。源区气候暖干化趋势明显，造成冰川退缩、草场沙化和湖泊萎缩；长江上游地区毁林开荒，陡坡垦殖，导致森林面积不断减少、水土流失十分严重，促使大量泥沙向中下游地区输送，引起江河湖泊淤积变迁。长江上游目前水土流失面积达 45.24 万 $km^2$，致使多年平均进入中下游的输沙量达 5.3 亿 t；长江中下游地区由于上游来沙量的增加以及人类的过量垦殖，湖泊湿地严重淤积，调蓄功能显著削弱，同时大量污染物排放引起水质恶化。20 世纪中叶以来，长江中下游湖泊湿地的 1/3 被围垦，因围垦而消亡的湖泊数以千计。河湖水质严重富营养化已危及成千上万人的饮用水安全。

### （二）长江流域生态系统的复杂性与影响广泛性

湿地生态系统是流域生态系统中极为重要的子系统。湿地生态系统兼有水体和陆地的双重特征，又是重要的天然草场和珍稀生物的栖息繁育地，集中体现了环境多样性和生物多样性的统一，对保护人类的生存环境、资源可持续利用和揭示流域乃至全球变化等都十分重要。因此，研究湿地生态系统在维护总系统平衡中的作用、功能和地位以及保护整个流域的生态平衡和生态安全方面显得尤为急切。长江流域横穿我国东中西三大地带，地跨平原、盆地、山地和高原，发育了分布广泛和类型多样的湿地。长江源头高原沼泽湿地普遍发育，成为我国最大的沼泽分布区，总面积达 8000 余平方千米。长江上游地区分布有河谷森林湿地。长江中下游地区分布着全国最大的几个淡水湖泊群，从而成为我国淡水湖泊湿地的集中分布区（图 10.5.2）。河口地区在海陆交界处分布有大面积的滩涂湿地。这些湿地在涵养长江水源、保护其水质以及减少泥沙输送通量、维系区域水汽循环平衡等方面发挥着十分重要的作用，它们孕育了种类纷繁的生物物种，是重要的生物物种资源库和基因库，有的已经成为国家级自然保护区（图 10.5.3）。

图 10.5.2　汉丰湖国家湿地公园

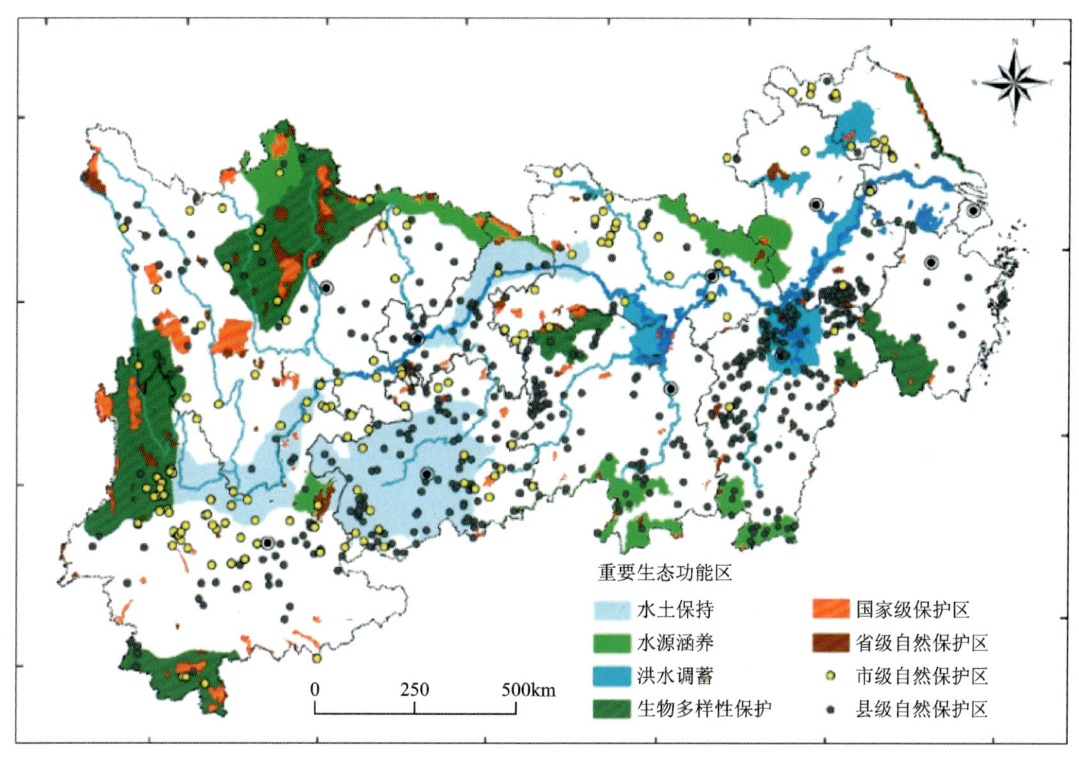


图 10.5.3　长江经济带重要生态功能区和自然保护区空间分布

（三）长江流域生态系统类型多，格局复杂

森林生态系统面积最大，总面积 60.9 万 $km^2$，占长江流域总面积的 34.2%，其次是农田、草地和灌丛，面积分别为 44.5 万 $km^2$、28.7 万 $km^2$ 和 25.5 万 $km^2$，四类生态系统占全流域面积的 89.6%（图 10.5.4）。长江流域湿地生态系统占 7.2 万 $km^2$，城镇生态系统为 6.5 万 $km^2$，分别占比 4.0% 和 3.7%。就各类生态系统的构成来看，森林生态系统中，针叶林面积最大，占森林总面积的 64.6%；灌丛生态系统中，以阔叶灌丛为主，占 97.7%；草地生态系统的构成以草原和草甸为主，占 65.2%；湿地生态系统中，沼泽、湖泊、水库/坑塘和河流的总面积基本相当；农田生态系统中水田和旱地占比 97.2%。

（四）长江流域湖泊湿地主要问题

**1. 围垸筑堤与围湖造田使湖泊面积减少、湿地功能下降**

随着人类活动不断加强，为了有效控制洪灾而加固堤防；人口猛增和经济发展，掀起了大规模围垸筑堤和围湖造田活动，这使中游天然湿地面积剧减，湿地蓄水功能急剧下降。

**2. 湿地资源的不合理利用使生物多样性锐减**

围湖造田、环境污染以及对湿地的不合理和过度利用，使长江中游湿地的生态系统结构

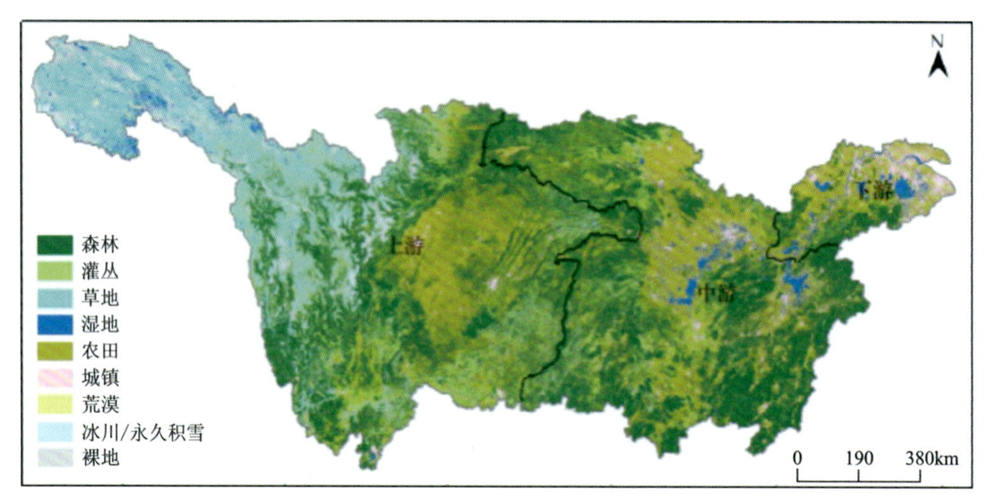


图 10.5.4 长江流域生态系统空间分布图

趋于简单,组成种类趋于单一,生产力降低,生物多样性严重受损。有关资料表明,洪湖鱼类从 40 年前的近 100 种降到目前的 50 多种。洞庭湖、鄱阳湖中的白豚几乎绝迹,长江中游江豚也变得稀有;鲟鱼、鳜鱼、银鱼等经济鱼种,成为濒危物种,处于灭绝的状态;对鸟类的过度捕猎、捡拾鸟蛋导致鸟类种类和数量急剧减少。

### 3. 湿地环境污染日益严重

长江中游湿地作为天然的污水处理系统和污染缓冲带,对处理长江中游的污染物、减少长江的污染起到了举足轻重的作用。但污染物的排放量已经超过了湿地的承载容量,产生严重的环境污染,对湿地系统结构和功能产生巨大影响。据统计,洞庭湖区有"三废"排放单位 1500 多个,每年向湖区排放大量的有毒物质,如汞、镉、六价铬、砷、铅、酚、硫化物等。农药和化肥的过量及不科学使用,造成了严重的农业面源污染。同时,血吸虫防治工作投放的以铬渣及五氯酚钠为主要成分的化学药剂,也对洞庭湖的环境产生了一定影响。

### 4. 湿地整体价值受损

长江中游湿地具有重要的价值,除了提供高生产力的自然资源价值,进行排灌、调蓄,调节气候和净化水质、改善环境的生态环境价值以及文化科研教育价值外,还具有其他特殊的价值:天然的基因库;许多有代表意义的生态系统和生态链;自然景观和人文景观的旅游价值。但变化的自然和社会经济环境使长江中游湿地价值大大受损:过度开发利用导致湿地生产力下降;湿地面积和结构的改变导致湿地整体生态价值的退化或消失;生境的破坏、生物多样性的降低导致湿地基因库的价值不断丧失;水质的污染、血吸虫病的"死灰复燃"导致湿地旅游价值大打折扣。

## 二、湖泊湿地存在的与水资源相关的问题

长江中下游地区是我国淡水湖泊资源最为集中的区域,拥有面积大于 $1km^2$ 的湖泊 651 个。

据 20 世纪 80 年代调查资料，大于 $1km^2$ 的湖泊总面积 16 $558km^2$，占我国淡水湖泊总面积的 60%以上。由综合分析文献资料和湖泊面积遥感数据可知，近 70 年来长江中下游湖群湖泊面积呈萎缩状况，特别是 2003 年三峡水利工程运行后，加剧了中下游湖泊水面的萎缩。据不完全统计，2015 年 $1km^2$ 以上的湖泊总面积相比 20 世纪 80 年代净减少 $1862km^2$。其中，素有"千湖之省"之称的湖北省湖泊总面积由 20 世纪 60 年代的 $8300km^2$ 下降到 $2656km^2$。这一现象直至 1998 年施行"平垸行洪，退田还湖"政策后才得到遏制，长江中下游湖群的湖泊面积才得以维持。目前，受人类活动影响，通江湖泊仅有洞庭湖、鄱阳湖、石臼湖 3 个。鄱阳湖 2003—2016 年湖面平均面积 $1380km^2$，相比此前 50 年减少 $268km^2$。

湖泊流域的水环境是十分脆弱的生态系统，这些地区的生态系统十分复杂，并且会对气候、人类活动极为敏感。现如今，受到湖泊污染、水质的富营养化的影响，湖泊流域的自我清洁能力大大减弱，保护湖泊流域水环境成为了一个迫在眉睫的现实问题。

三峡工程是开发治理长江的骨干工程(图 10.5.5)，它的开发目标主要是保护中下游地区免受洪水灾害，向华中、华东及川东地区提供大量清洁能源，改善川江航运；水库蓄水后还可发展渔业和旅游业，有利于南水北调。

图 10.5.5　三峡水库

**1. 对中游平原湖区的有利影响**

三峡工程可以有效地减轻长江洪水灾害对中下游人口稠密、经济发达的平原地区生态与环境的严重破坏。经水库调蓄，可减少分流入四湖地区及洞庭湖、鄱阳湖的洪水，缓解洞庭湖淤积，延长湖泊寿命。

**2. 对中游湿地的保护**

三峡建库后，长江枯季 1—5 月下泄流量有所增加，水位将略有抬高，但仍在建库前天然水位变幅范围内；10 月水库蓄水，下泄流量减少，长江水位将略有降低。四湖地区潜育型、沼泽型渍害农田主要在总干渠两侧的湖盆地带，远离长江，地下水位不受长江水位变化的影响，排水状况也不会改变，三峡建库不会加剧这些地区农田的潜育化、沼泽化。水库在10月蓄水后，长江水位降低，有利于四湖地区汛后排涝排渍，提前降低湖、田水位和农田地下水位。

三峡建库后，沿洞庭湖泥沙淤积将会减少，可延长湖泊寿命。长江枯季下泄流量有所增加，城陵矶水位略有抬高，但湖区水位仍低于圩区地面3～4m，不会影响湖区农田自排。每年10月水库蓄水，下泄流量减少，城陵矶附近江水位比建库前降低2m，湖区水位可尽快退落，对洞庭湖汛后排涝排渍有利。

三峡建坝后，如遇长江干流发生特大洪水，经三峡水库调蓄后，可减少鄱阳湖中下游平原湖区分洪的负担和损失。遇鄱阳湖水系发生大洪水时，还可减少下泄流量，降低湖口水位，有利于鄱阳湖水排入长江。每年10月三峡水库蓄水，鄱阳湖可提前退水，有利于湖区农田排涝排渍。1—4月下泄流量比建库前略有增加，湖口水位抬升不超过0.6m，湖区农田地面仍高出长江水位3m以上，既不会影响枯季排水，也不会加重湖区土壤的地下渍害。三峡建库后，水位随洪枯季节调蓄变化，结合中下游平原湖区排灌抽提，湖水交换相对频繁，促使水生生物生长茂盛，为水体稀释自净、消纳污染提供了有利条件。

## 三、湖泊湿地保护利用建议

### 1. 制定三峡湿地地方性保护法

健全法制是有效保护湿地的关键。我国已有不少与湿地有关的保护自然资源的法律法规，但至今还没有专门的湿地保护法。在西方发达国家，湿地被看作同农地、林地同等重要。例如，美国1977年颁布保护洪泛平原和湿地的法规，欧洲联盟的农业政策十分重视保护湿地。由于我国对湿地管理没有专门立法，库区管理委员会应该出台专门的三峡湿地地方性保护法，使得三峡湿地保护有法可依。

### 2. 强化国家级湿地自然保护区保护措施

保护三峡湿地生态系统和生物物种多样性最有效途径是建立国家级湿地自然保护区，并且争取入围世界湿地自然保护区。建立以珍贵水禽、候鸟、珍稀濒危的鱼类及水环境为主要保护对象的保护区。将三峡湿地自然保护区划分为一级区、二级区、实验区、带状廊道区及将周围一定范围列入保护区。

### 3. 加强三峡湿地重要性的宣传教育，提高公众保护意识

目前，公众还普遍缺乏三峡湿地的保护意识。对三峡湿地资源的掠夺性开发，根本原因还是在于对三峡湿地资源的价值和重要性认识不足。对三峡湿地的保护，很大程度上取决于公众和管理层对三峡湿地生态功能的认识。通过宣传教育活动，提高全社会对三峡湿地功能的认识，强化公众对三峡湿地的保护意识，加强公众参与意识，才能有效地保护和管理好三峡湿地资源。

#### 4. 全面实施长江流域生态环境的恢复重建

搞好长江上游退耕还林还草工程，长江上游地区90%以上是山地高原，特别是25°以上的陡坡地很多，裸露的土地，不可避免地出现严重水土流失。加上长江上游大雨、暴雨主要集中在5—8月，一场暴雨就使陡坡地表土被冲走一层。如果上游地区有良好的植被保护，水土流失量减少，入库的泥沙也减少到极限程度。保护好长江上游原始森林林，加快上游防护林体系建设。长江上游地区天然林长期遭受严重破坏，生态环境已经十分脆弱并持续恶化。而人工防护林体系建设进展缓慢，因此必须加大天然林宏观调控和执法保护力度，加快人工防护林体系建设步伐，切实提高长江上游森林覆盖率。

# 第十一章　地下水流速流向监测研究

地下水流速和流向是计算地下水流量及判断地下水运动方向、污染物扩散过程、影响范围和治理措施的重要水文地质参数。研究分别在清江流域和武汉市进行，以武汉市黄陂区鄂北丘陵和光谷区汉江平原的2个钻孔为代表，对灰岩溶隙裂隙水和片岩变质裂隙水进行较系统的监测研究（表11.1.1）。

表11.1.1　地下水流速流向监测孔基本参数表

| 位置 | 鄂北丘陵 | 江汉平原 |
| --- | --- | --- |
| 监测含水层岩性 | 片岩 | 灰岩 |
| 钻孔深度/m | 200 | 500 |
| 孔口高程/m | 130 | 21 |
| 孔底高程/m | −70 | −479 |
| 水位埋深/m | 8.6 | 1.4 |
| 监测深度/m | 129 | 120、134 |
| 监测高程/m | 1 | −113～−99 |

## 第一节　数据采集技术

### 一、监测位置确定

应用孔内摄像，定位被监测的裂隙。研究使用的是Allegheny Instruments公司（美国）生产的GeoVISION™ VR钻孔摄像仪。利用绞车系统，将电缆和水下摄像机送入钻孔内，通过不锈钢水下摄像机在孔内进行摄像，再通过电缆将视频实时传输到地表的视频播放和存储设备。直观地检测20mm以上任意尺寸的井孔，对钻孔进行井内摄像，观测检查钻孔的完整度，确定井壁结构；检查洗孔情况，了解井水清澈程度和孔底泥浆淤积情况；记录主要岩石界面、破碎带和硅化带、裂隙面的位置和产状及水流状况，选定进行监测的具体位置。直立裂隙监测效果较差，监测中选择倾角较平缓的倾斜裂隙、水平裂隙或破碎带。

## 二、探头摆动防止与浅表干扰、层间垂向流干扰消减的分层封隔

采用物理固定防止探头摆动，分层封隔阻断浅表干扰和层间垂向流干扰。为防止监测探头在深孔中摆动影响监测质量，给监测探头加装深井找稳抓捕器（黄长生等，2020）。

通过加大探头的放置深度可以规避气压、温度、地表贯入和人类活动对地下水水压变化的干扰。选择江汉平原监测孔进行试验，将探头放置在水深 10m、50m、129m、189m 等不同深度，监测了 2020 年 1 月 13 日 12 时—2 月 24 日 4 时的水压力变化。监测表明，钻孔中不同深度放置的探头所记录的水压变化曲线完全一致，说明加大探头放置深度不能消减浅表干扰。

为阻断浅表干扰，屏蔽不同深度含水层、裂隙之间因压力差引起的垂向水流的影响，仿真地下水流的原生流动状态，获得目标含水裂隙的真实水流参数，监测中采用分层封隔高保真监测系统，将监测的目标裂隙置于监测窗口中，利用上下两个封隔器把被监测裂隙上、下都进行封隔，屏蔽裂隙上下水流的影响（图 11.1.1）。监测窗口布置在当地恒温层之下。通过封孔器中间的钢管按要求穿入探头和通信线缆，从支架的滑轮上穿入钢丝绳和注水线，把组装好的封孔器连接到钢丝绳上并悬挂在地面孔口正上方，将封孔器下放到恒温层以下的指定深度，锁止钢丝绳绞盘，封孔器会固定不动。在注水线的另一端接口上连接高压球阀和数显压力表组件，向封孔器内注压，压力达到水深压力的 3～5 倍，使封孔器橡胶体胀开封孔。

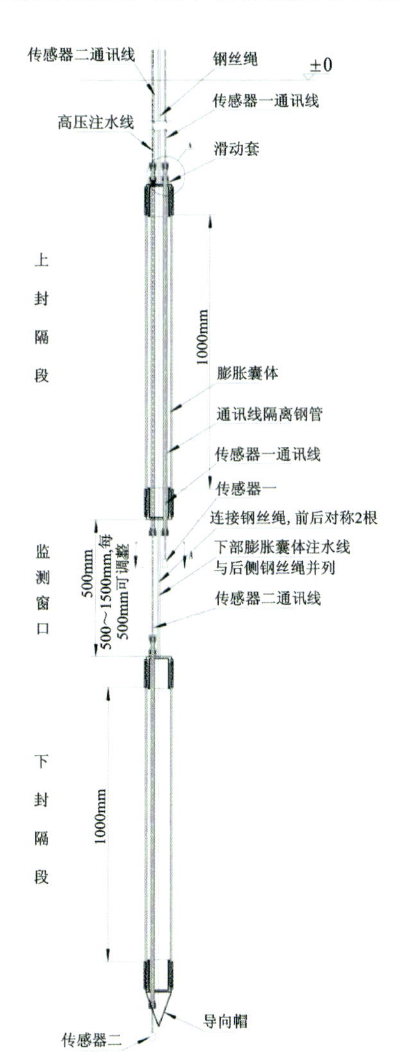


图 11.1.1　高保真分层封隔装置

## 三、流速流向监测

美国吉奥特环保设备有限公司（Geotech Environmental Equipment，Inc.）生产的 RCS-1100-FG 型号 CS-1100-FG Colloid Borescope With Flux Gate Compass 是通过内视镜观测、追踪地下水中胶粒质点的运动速度和方向，确定地下水的流速流向。监测时，数据采集探头安装在分层封隔装置的窗口段，实时捕捉和记录地下水流速流向，目前已在中国销售了 60 多台（套）。

# 第二节　数据处理方法

## 一、数据预处理

### 1. 坐标转换

流速流向仪监测的流速是一量值，流向是按照地理方位角（0°～360°）表示的方向。流速可以表示为矢量投影到极坐标中。为规避计算中出现（0°＋360°）平均值等于180°的错误，为后续的分析考虑，必须对数据进行预处理，将极坐标转换为直角坐标。计算方法为

$$v_x = \rho\sin\left\{(90°-\theta)\ \frac{\pi}{180°}\right\} \tag{11.1}$$

$$v_y = \rho\cos\left\{(\theta-90°)\ \frac{\pi}{180°}\right\} \tag{11.2}$$

式中：$\theta$ 为流向方位角；$\rho$ 为流速；$v_x$ 为流速的东西向分量，向东为正，向西为负；$v_y$ 为流速的南北向分量，向北为正，向南为负。

### 2. 空缺数据的补齐

该方法是通过测量地下水中大小合适的微粒质点运动方向、速度，来计算地下水流速流向。当深层地下水中，某时段没有适合监测的微粒质点时，就容易造成数据缺失。本书所使用的时均流速是按照10min计算所得，监测连续时间大部分都超过10h。为确保数据的连续性、一致性，将间断时间控制在5％内。当连续监测时间达600min时，如时均流速的时长为10min，共计有60个数据，其中的时均数据间断应控制在不超过3个，即数据间断时间应小于30min，当超过3个数据间断（30min）时不作为连续数据使用。利用间断数据点前后4个数据的平均值补齐空缺。

### 3. 随机数据和数据冗余消减

开始监测时由于受到探头放置过程的扰动，出现大量的可监测微粒，数据量特别大，冗余问题突出。随着探头在钻孔中静置时间的增加，数据量显著减少，先后数据量不均匀。本书采用等时段平均值消减数据的随机性和数据冗余。

监测屏幕中的观察表明，监测的质点在地下水中的运动，虽然有一个总体的方向和速度，但仍然具有一定的随机性。采用等时段内数据的统计平均值来代表这一时段的流速流向值。考虑到数据的连续性，并与重力固体潮监测、水压力监测时间间隔的一致性，采用的分段时长为10min，即每10min取得一个统计平均值，该值为10min平均速度。江汉平原按照瞬时流速统计得到的水流优势方向15°～25°，按照10min时均流速计算得到的水流优势方向为350°～355°，两者差异明显，且处理后的流向更符合实际。

## 二、流向分析计算

### (一)统计图解法

#### 1. 方位角统计图解

将经过随机性消减和数据冗余处理的结果重新转换成极坐标,按0°～360°地理方位角每5°进行统计,再计算出所占的点数,并把这些数据投影成雷达图。该图可以直观地表示地下水的主要流向,也可以从图中读取主要流向值,但误差较大,误差值±5°。

#### 2. 点密度统计图解

利用转换后的坐标$(x, y)$,在“深层地下水运移数据分析软件”中(黄长生等,2020)生成等密度图,其中极值点代表测点的流速流向最集中的数值。

### (二)数值解析法

为准确计算出监测期地下水的总体流向,采用两种数学算法。当数据变化较大,趋势线难以代表水流总体方向时,采用第二种方法。

#### 1. 趋势线方程法

将预处理数据头程散点图,从图中生成趋势线方程,根据方程中的直线斜率,计算出趋势线与$x$轴的交角,再转换成方位角。

#### 2. 终点坐标解算法

方法是利用监测的起点、终点直接连线,使用起点、终点的坐标值计算直线与$x$轴的交角,再转换成方位角。

$$\alpha = A - \frac{180^\circ}{\pi}\arctan k \tag{11.3}$$

式中:$k$为斜率;$A$为常数,当$x$值为正数时取$A=90^\circ$,当$x$值为负数时取$A=270^\circ$。

## 三、质点运动轨迹算法与制图

将经过随机性消减和数据冗余处理的数据,按东西向分量$x$、南北向分量$y$进行累加,这样,前一时段的终点成为后一个时段的起点,连续形成一条折线,这条折线代表着质点的总体运动路径。各点直角坐标的数学算法为

$$\begin{cases} x_n = \sum_{i=1}^{n} x_i = \sum_{i=1}^{n} S \times v_{ix} \\ y_n = \sum_{i=1}^{n} y_i = \sum_{i=1}^{n} S \times v_{iy} \end{cases} \tag{11.4}$$

式中：$v_{ix}$ 为时均流速的东西向分量，流向东为正数，流向西为负数（μm/s）；$v_{iy}$ 为时均流速的南北向分量，流向北为正数，流向南为负数（μm/s）；$S$ 为计算时均流速的时间长度（s）；$n$ 为连续正整数。

连接以下各点：$(x_1,y_1)(x_2,y_2)(x_3,y_3),\cdots,(x_i,y_i),\cdots,(x_n,y_n)$，则形成质点运动轨迹图。

以上过程通过“深层地下水运移数据分析软件 V1.0”来实现。

## 四、地下水累积流速流向计算

根据质点位移轨迹图，在 $t$ 时刻，质点位置为 $(x_t,y_t)$，则该质点相对于原点的距离 $L$ 为

$$L=\sqrt{x_t^2+y_t^2} \tag{11.5}$$

则定义累积流速 $v_c$ 为：在时段 $t$ 内，通过观测地下水中微粒质点相对于原点的位移得到的速度称为地下水累积流速。累积流速的数学算法为

$$v_c=\frac{L}{t}=\frac{\sqrt{x_t^2+y_t^2}}{t} \tag{11.6}$$

累积流向的数学算法为

$$\alpha=A-\frac{180^\circ}{\pi}\arctan\left(\frac{y_t}{x_t}\right)\begin{cases} x>0, A=90^\circ \\ x=0, y<0, \alpha=180^\circ \\ x=0, y>0, \alpha=360^\circ \\ x<0, A=270^\circ \end{cases} \tag{11.7}$$

累积流速代表了质点在计算的这段时间内离开原点的总体速度，这个速度越小说明质点运动后离原点的距离越小，反之则离原点的距离越大。水中质点的累积流速流向更能够代表监测点地下水在监测时段内的流动状态。

## 五、地下水实际流速计算

监测时间越长累积流速就越接近监测点地下水的真实流速，由此可知，可以通过无限长时间监测得到地下水实际流速。用监测过程中不同时间的累积流速，构建累积流速-监测时间曲线，用时间为自变量、累积流速为因变量建立曲线方程，取时间趋向于无穷大时该方程的极限值就是实际流速：

$$v_a=\lim_{t\to\infty}v_c(t) \tag{11.8}$$

式中：$v_a$ 为实际流速（μm/s）；$v_c$ 为累积流速（μm/s）。

实际流速的计算过程：一是取连续监测的过程，确保无人为扰动，且无间断的数据，计算出不同监测时段的累积流速值；二是以监测时间为横坐标、累积流速为纵坐标进行投点，形成累积流速-监测时间曲线；三是利用相关软件，建立以监测时间为自变量、累积流速为因变量的拟合方程；四是分析拟合方程，计算当自变量（监测时间）趋于无穷大时累积流速的极限值，即得到实际流速。

根据本次对裂隙水流速流向监测计算结果，曲线可分为 4 种类型。“L”形曲线：流速随

时间递增由大快速变小、再缓慢波动变化并趋向于一个稳定值；“Γ”形曲线：流速由小快速变大、再缓慢波动变化并趋向于一个稳定值；“V”形曲线：流速随时间由大快速变小、再显著变大并趋向于一个稳定值；“Λ”形曲线：流速由小快速变大、再显著变小并趋向于一个稳定值。

拟合方程主要选择指数方程或对数方程模型，以确保极限可以求得；当残差值变化较大时，应取残差值随时间递增而减小的拟合方程；$R^2$ 尽量接近 1；方差尽量小。迭代优化算法优先采用 Levenberg Marquardt，当 $R^2$ 值小于 0.8 时，或残差过大时，或无法求得极限值时，可选择正交距离回归迭代。

## 第三节　典型钻孔地下水瞬时、时均和累积流速

监测中取得了大量的瞬时流速，每 10min 计算出时均流速。利用时均流速进行累加，计算出从监测开始到监测结束的整个过程中每隔 10min 累积速度。这 3 种流速由一系列的数据组成，对这些数据进行统计分析，得到相应的平均值和中值。利用累积流速的系列数据，建立的累积流速与监测时间的拟合方程，并求取监测时间趋向于无穷大时的流速的极限值代表监测点地下水的实际流速，每一个完整的监测过程只能得到一个实际流速。

### 一、鄂北丘陵

武汉市黄陂区高家冲属于大别山南麓低山－丘陵地貌区，山体走向北西、北北西向，山顶高程 300～600m。元古宇变质岩裂隙水赋存于元古宇红安群变质岩中，岩性为绢云母石英片岩、阳起钠长绿帘片岩、绿泥绿帘阳起片岩、白云钠长石英片岩、绢云钠长片岩、浅粒岩、绢云石英岩、绢云片岩。岩石的片理和片麻理发育，风化层厚度一般为 20～30m，裂隙不甚发育，局部虽发育，也常被风化物充填，并往往呈闭合状态。地下水主要赋存于风化带中，但风化后形成泥化现象，所以富水性弱，水量贫乏，泉点少，流量一般小于 $3m^3/d$，民井单井开采量为 $2\sim5m^3/d$。变质岩风化裂隙水主要接受大气降水补给，但渗入补给量微小。地下水动态受季节和气候因素影响，一般丰-枯期水位升降明显。监测孔位于湖北省武汉市黄陂区高家冲，孔口高程为 130m，钻进深度为 200m，孔底高程为－70m。钻井 0～39m 为人工填土，用 PVC 板管封隔；39～200m 为岩壁。监测时间为 2019 年 9 月 22 日 13:26 至 26 日 9:37，采集数据124 259 个。

根据质点运动轨迹曲线去实现方程分析，地下水总体流向为 102.18°，即自北西向南东流动(图 11.3.1a)。10min 时均流速统计表明，最大流速是最小流速的 7.8 倍，相差较大；南北向、东西向流速最大值较接近，最小值差异大，东西向是南北向的近 3 倍；东西向流速与综合流速具有良好的正相关，但南北向流速与综合流速负相关，相关系数分别为 0.92 和－0.38。实际流速最大值是最小值的 1.2 倍，累积流速最大值是最小值的 1.3 倍，两者较接近；综合流速与东西向、南北向流速的相关性与 10min 平均速度的统计结果相同(图 11.3.1b～d，表 11.3.1)。

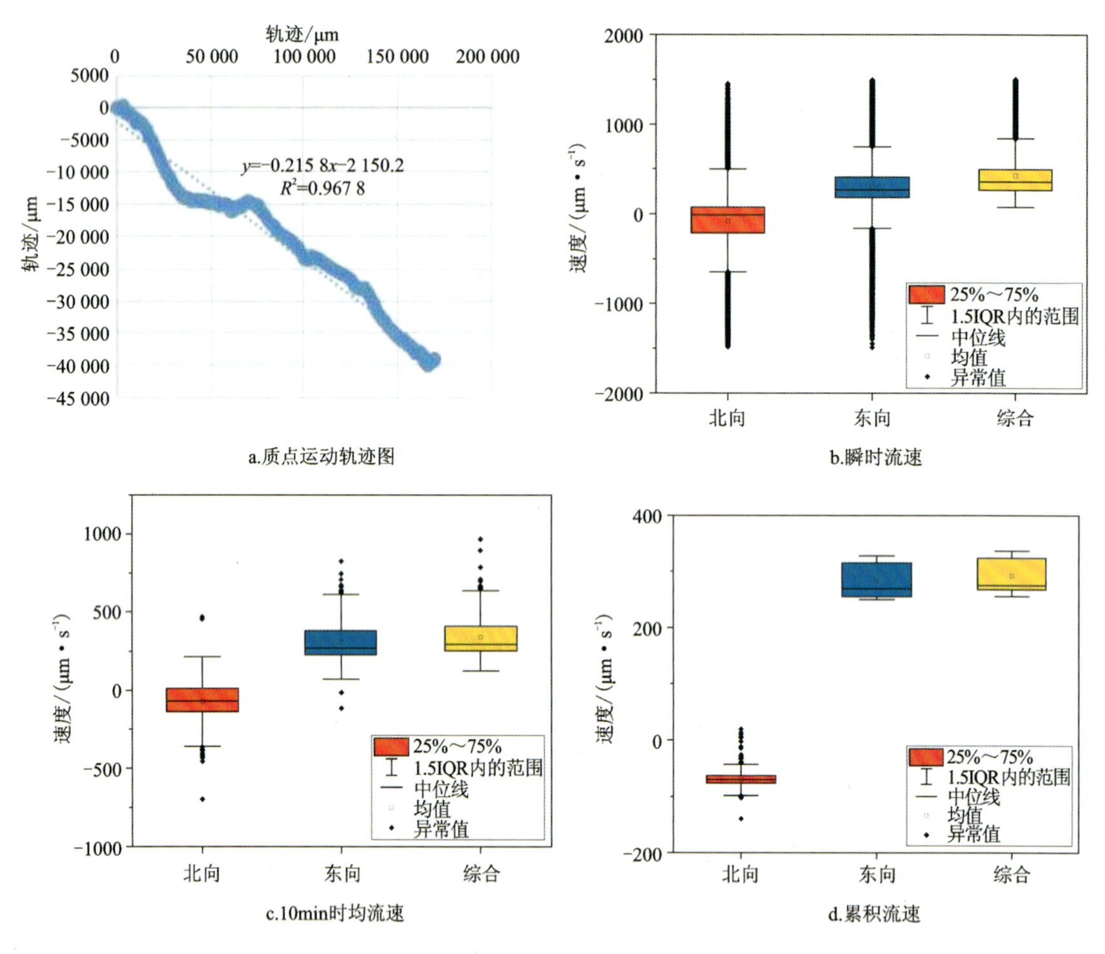


图 11.3.1 地下水质点运动轨迹(a)及统计箱图(b～d)

**表 11.3.1 裂隙水流速分类分向统计表**

| 地区 | 类型 | 分量 | 总数 N/个 | 最小值/(μm·s⁻¹) | 最大值/(μm·s⁻¹) | 中位数/(μm·s⁻¹) | 均值/(μm·s⁻¹) | 标准差/(μm·s⁻¹) | 变异系数 |
|---|---|---|---|---|---|---|---|---|---|
| 鄂北丘陵 | 瞬时流速 | 东西 | 124 259 | −1 488.29 | 1 493.19 | 266.45 | 302.16 | 251.02 | 0.83 |
| | | 南北 | 124 259 | −1 481.48 | 1 448.34 | −14.78 | −82.58 | 277.50 | −3.36 |
| | | 合计 | 124 259 | 71.30 | 1 499.30 | 354.80 | 423.63 | 242.23 | 0.57 |
| | 时均流速 | 东西 | 552 | −116.30 | 826.69 | 267.55 | 308.28 | 127.03 | 0.41 |
| | | 南北 | 552 | −695.65 | 470.94 | −70.36 | −70.78 | 122.02 | −1.72 |
| | | 合计 | 552 | 123.75 | 968.13 | 292.74 | 339.25 | 126.29 | 0.37 |
| | 累积流速 | 东西 | 552 | 249.90 | 328.00 | 269.11 | 282.91 | 29.62 | 0.10 |
| | | 南北 | 552 | −139.53 | 19.19 | −70.45 | −70.50 | 17.14 | −0.24 |
| | | 合计 | 552 | 255.44 | 336.93 | 274.80 | 292.19 | 28.41 | 0.10 |
| | 实际流速 | 合计 | 2 | 229.33 | 267.21 | 248.27 | 248.27 | — | — |

续表 11.3.1

| 地区 | 类型 | 分量 | 总数 N/个 | 最小值/(μm·s⁻¹) | 最大值/(μm·s⁻¹) | 中位数/(μm·s⁻¹) | 均值/(μm·s⁻¹) | 标准差/(μm·s⁻¹) | 变异系数 |
|---|---|---|---|---|---|---|---|---|---|
| 江汉平原 | 瞬时流速 | 东西 | 48 310 | −1 494.09 | 1 480.60 | −36.85 | −41.73 | 364.28 | −8.73 |
| | | 南北 | 48 310 | −1 428.61 | 1 490.41 | 319.48 | 310.94 | 265.52 | 0.85 |
| | | 合计 | 48 310 | 84.10 | 1 498.20 | 453.10 | 504.31 | 217.47 | 0.43 |
| | 时均流速 | 东西 | 1542 | −1 167.72 | 1 050.77 | −41.63 | −43.62 | 249.08 | −5.71 |
| | | 南北 | 1542 | −514.68 | 1 177.06 | 355.43 | 328.34 | 181.44 | 0.55 |
| | | 合计 | 1542 | 55.34 | 1 180.62 | 426.50 | 432.16 | 133.63 | 0.31 |
| | 累积流速 | 东西 | 1542 | −324.53 | 364.27 | −14.66 | −8.44 | 51.22 | −6.07 |
| | | 南北 | 1542 | 138.48 | 389.23 | 276.66 | 299.98 | 71.45 | 0.24 |
| | | 合计 | 1542 | 193.26 | 498.94 | 281.29 | 304.78 | 69.99 | 0.23 |
| | 实际流速 | 合计 | 4 | 220.21 | 364.50 | 348.12 | 320.24 | — | — |

注：东西向、南北向速度分量流向东、向北为正值，向西、向南为负值。

瞬时流速、时均流速的流速-频数统计直方图都呈单峰、偏态，最大值出现在流速 200～300μm/s 区间。累积流速直方图呈双峰，最大值分别出现在流速 260～270μm/s、320～330μm/s 区间。累积流速的东西向分速度也呈双峰分布，但是南北向分速度呈单峰分布，由此可知，累积流速的分布与东西向流速关系更密切（图 11.3.2）。

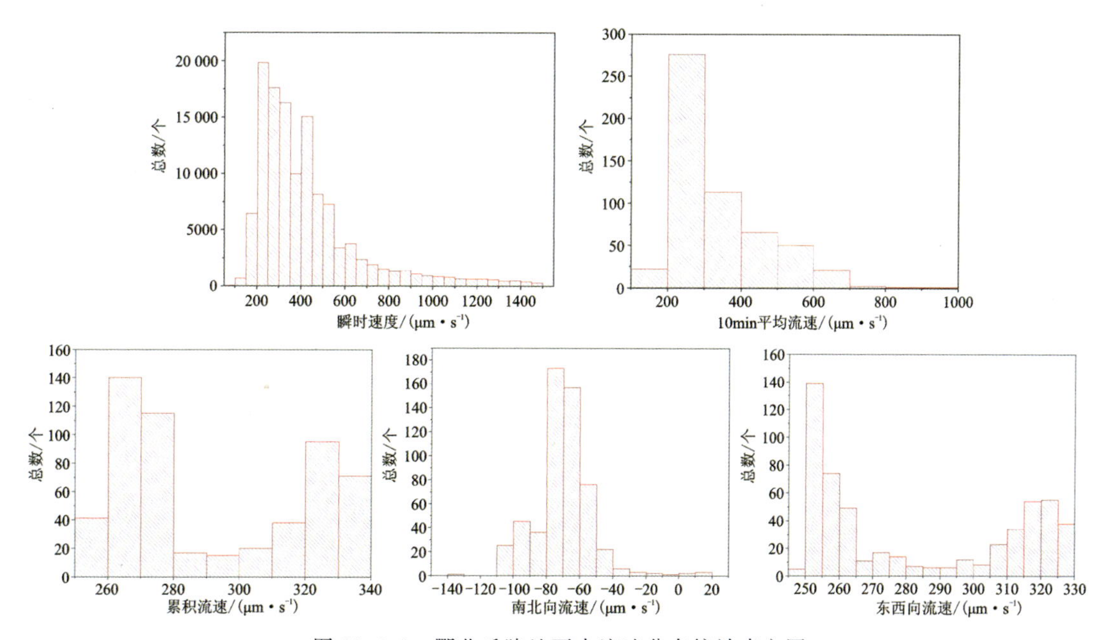


图 11.3.2 鄂北丘陵地下水流速分布统计直方图

## 二、江汉平原

江汉平原属长江中游江汉河湖平原地貌区中部，地面起伏小，地形坡度小于3°，地表高程20～30m。大部分被第四系覆盖，下伏古生界至新生界。地下水类型有松散岩类孔隙水、碎屑岩类裂隙孔隙水、碳酸盐岩溶隙裂隙岩溶水和基岩风化裂隙水。碳酸盐岩裂隙岩溶水赋存于三叠系嘉陵江组、石炭系—二叠系栖霞组及元古宇红安群七角山组溶隙裂隙含水层中。含水岩组的岩性为灰岩、白云岩、大理岩等。地层露头零星，大多被第四系覆盖或埋藏于白垩系—古近系之下。含水岩组富水性受岩性、断裂构造以及岩溶发育程度控制而极不均一，单井涌水量141～878.00$m^3/d$，水量中等—较丰富。该含水层在岗地上覆第四系红黏土，顶板埋深9.40～35.72m；在长江一级阶地区上覆全新统孔隙含水岩组，顶板埋深一般30～50m。部分地区含水层埋藏于白垩系—古近系砂岩之下，顶板埋深大于80m，水位埋深0.71～7.21m。山前丘陵区基本为现代水，向平原腹地纵深至汉江和长江排泄区，地下水年龄在几百年至6000a不等，水循环交替缓慢(图11.3.3)。地下水的水化学类型较为简单，多属$HCO_3$-Ca-Na、$HCO_3$-Ca-Mg和$HCO_3$-Ca型水。pH6.1～8.4，矿化度30～830mg/L，总硬度21～675mg/L。

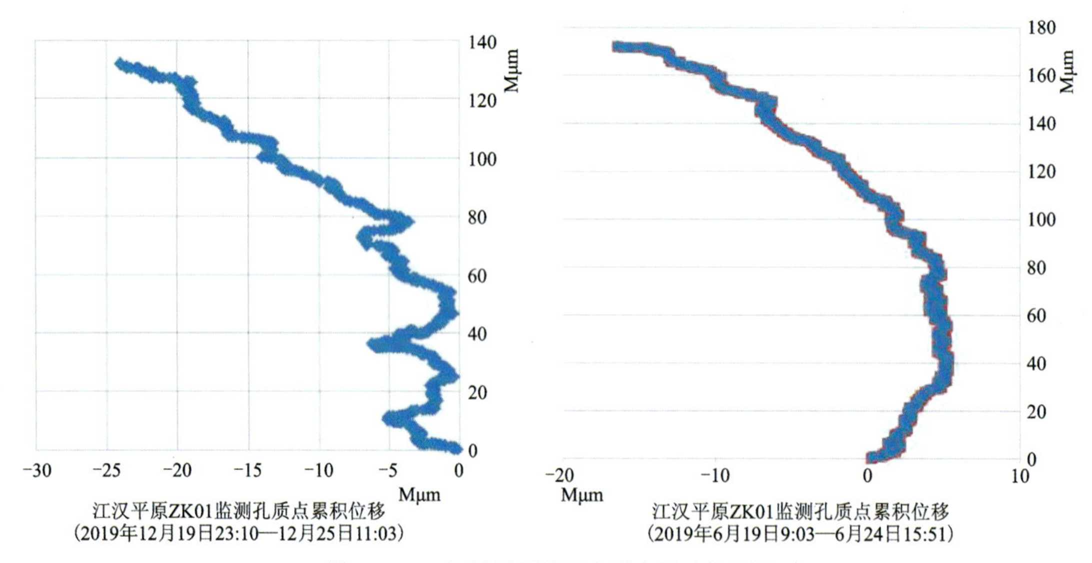


图11.3.3　江汉平原地下水质点运动轨迹图

监测井钻进深度为500m，钻井0～3.9m为人工填土，3.9～8.6m为黄褐色、灰色黏土，8.9～500m为灰岩。成井中0～12m用不锈钢管封隔，12～500m为岩壁。分别于2019年6月19—25日和2019年12月19—24日两个时段进行流速流向监测，采集到可用数据48 310个。

根据地下水质点运动轨迹图，计算得地下水流向为352.12°，总体自南南东向北北西向流动，且南北向流速分量远大于东西向流速分量(图11.3.4)。瞬时流速的东西向、南北向流速分量极大值、极小值量值相当，方向相反，合流速最大值是最小值的17.8倍。时均流速中，合流速最大值是最小值的21倍；东西向流速最大值与最小值接近，但负值更大，反映质点沿东西方向的位移量较小,位移总体向西;流速南北向分量最大值、最小值相差 2.3 倍,正值远大于负值,反映出地下水显著向北位移。累积流速中,合流速最大值是最小值的 2.2 倍;东西向流速分量均为负值,最大绝对值显著大于最小绝对值,反映地下水向西流动;南北向流速分量均为正值,最大值是最小值的 2.6 倍,反映地下水向北流动(表 11.3.1,图 11.3.4)。实际流速平均值为 320.24μm/s,最大值是最小值的 1.66 倍,变化较大。

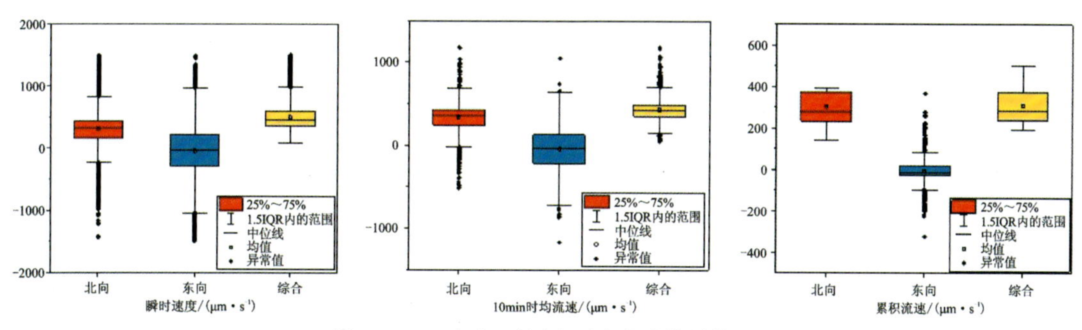


图 11.3.4　江汉平原地下水流速统计箱图

瞬时流速、时均流速的统计直方图均呈单峰,其中瞬时流速略呈偏态,最大值区间为 400～600μm/s。时均流速呈对称分布,最大值区间为 400～500μm/s。累积流速统计直方图呈双峰,两个最大值区间分别为 220～230μm/s、360～380μm/s。累积流速的南北向分量统计直方图为双峰,东西向分量为单峰,反映出累积流速主要受南北向流速控制(图 11.3.5)。

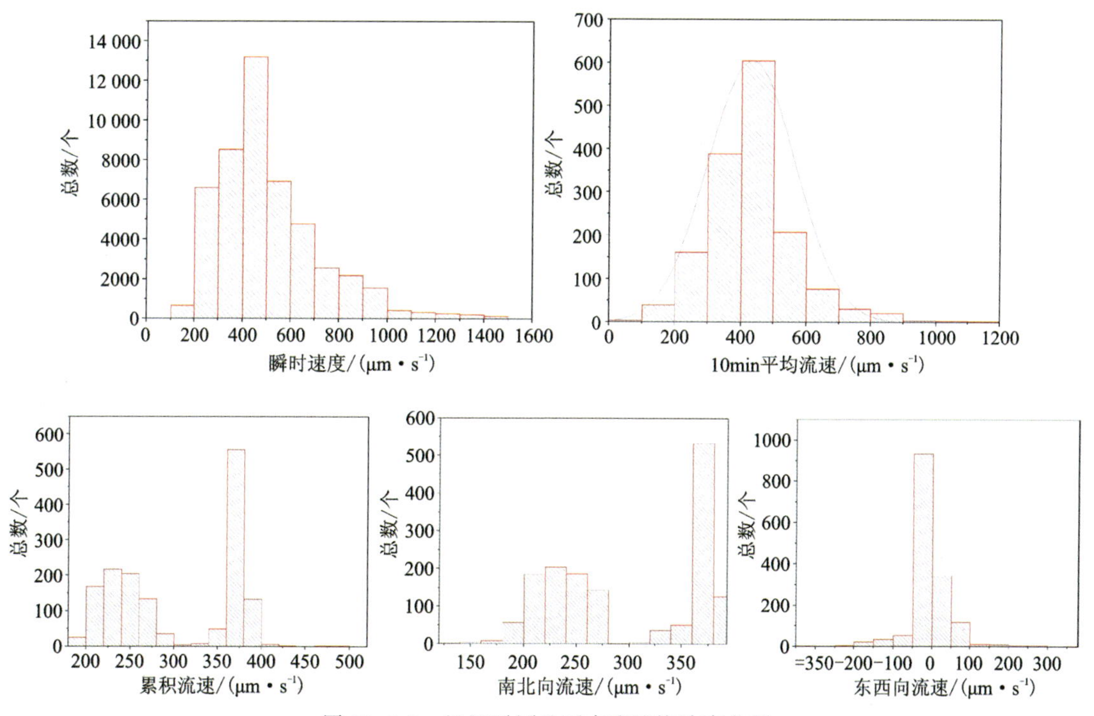


图 11.3.5　江汉平原地下水流速统计直方图

# 第四节　不同类型裂隙水实际流速

## 一、灰岩溶隙裂隙水

江汉平原监测了灰岩溶隙裂隙水的运动，按照每10min取一个累积流速值，构建了4条累积流速-监测时间曲线。在钻孔134m深的同一个位置，分别于2019年6月、12月，共计进行了3次监测，构建了3条拟合曲线。在钻孔120m深的位置完成了1次监测，并构建了1条拟合曲线。按照曲线形态，可分为3个类型。“Γ”形曲线1条（图11.4.1b），“L”形曲线3条（图11.4.1a、c、d）。钻孔深120m处的“L”形，其后期速度具有正弦变化特征。根据曲线特征，为便于分析时间趋向于无穷大时累积流速的极限值，采用了指数方程和对数方程模型，分别为ExpDec、Logistics，应用正交距离回归迭代优化算法，建立了4条曲线的拟合方程。拟合方程$R^2$为0.99～1.00，拟合程度好。4个不同深度监测点的实际流速为220.21～364.50μm/s，其平均值为320.24μm/s（表11.4.1）。总之，灰岩溶隙裂隙水实际流速变化大，最小流速是最大流速的1.7倍，同一个深度位置在不同时间监测的实际流速值相近。

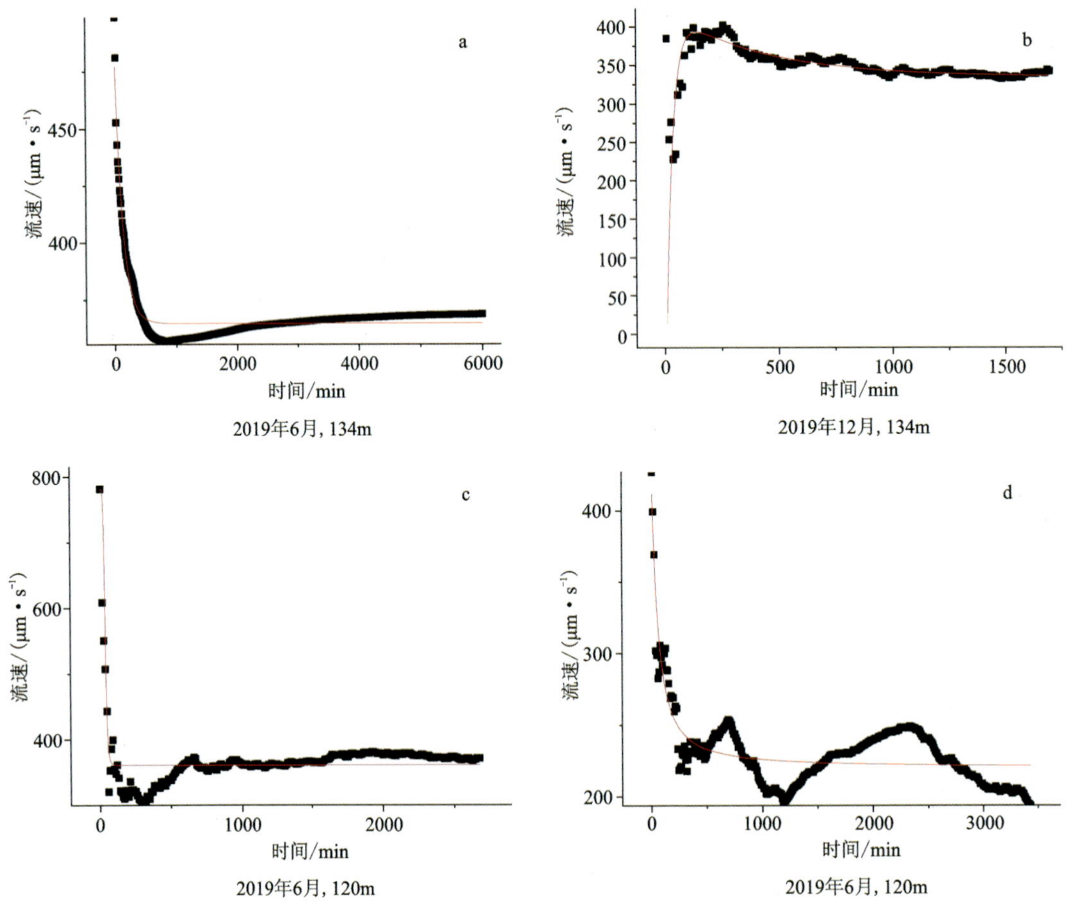


图11.4.1　灰岩溶隙裂隙水累积流速-监测时间拟合曲线图

表 11.4.1 灰岩溶隙裂隙水实际流速极限方程法计算结果

| 日期 | 深度/m | 时长/min | 模型 | 拟合方程 | 实际流速/(μm·s⁻¹) | $R^2$ |
|---|---|---|---|---|---|---|
| 2019年6月19日 | 134 | 6000 | ExpDec1 | $v(t)=364.50+122.04e^{-t/125.5}$ | 364.50 | 1 |
| 2019年12月21日 | 134 | 1700 | ExpDec2 | $v(t)=335.08-576.43e^{-t/28.8}+87.56e^{-t/415.02}$ | 335.08 | 0.99 |
| 2019年12月23日 | 134 | 26 800 | Logistic | $v(t)=361.16+420.25/[1+(t/39.34)^{6.98}]$ | 361.16 | 1 |
| 2019年12月19日 | 120 | 3430 | Logistic | $v(t)=220.21+217.20/[1+(t/51.72)^{1.22}]$ | 220.21 | 1 |

江汉平原二叠系灰岩含水层溶隙裂隙水的时均流速是瞬时流速的86%，累积流速是时均流速的71%。累积流速小于实际流速，累积流速是实际流速的95%。4种流速变化在304.78～504.31μm/s之间，累积流速是瞬时流速的60%，相差较大。

溶隙裂隙水含水层介质是灰岩，这是碳酸盐矿物组成的岩石，这类岩石力学性质与花岗岩相似，在构造应力作用下产生脆性破裂，形成构造裂隙。灰岩地层早期岩溶作用是原生层理面和裂隙的溶解作用(Gabrovšek and Dreybrodt，2000)，流动在灰岩缝隙中含有$CO_2$的水，由$CO_2$-$H_2O$-Ca $CO_3$构成气-液-固3相系统，系统内的化学平衡和反应动力学规律决定了灰岩裂隙的演化过程。与硅酸盐矿物不同的是，碳酸盐矿物在地下水中能够溶于水，在这种溶蚀作用中，裂隙面齿状突出处更易于被溶蚀，使裂隙面变得更加平整光滑，裂隙的粗糙度较花岗岩更小。这种构造破裂、溶蚀的共同作用，使灰岩溶蚀裂隙水的蓄水空间、连通性优于花岗岩裂隙水。但是，岩溶水系统由岩溶孔隙、管道、洞穴和裂隙组成，是一个极为复杂的系统，其中含水介质的空间异质性、连通性，较玄武岩孔洞裂隙水含水介质差，所以灰岩溶隙裂隙水的流速介于花岗岩构造裂隙水与玄武岩空洞裂隙水之间。

## 二、片岩变质裂隙水

鄂北丘陵监测了片岩变质溶隙裂隙水的运动，在孔深129m处，分别进行了两个时段的监测。按照每10min取一个累积流速值，构建了2条累积流速-监测时间曲线，曲线形态都呈"L"形(图11.4.2)。据曲线特征，为便于分析时间趋向于无穷大时累积流速的极限值，采用了ExpDec1指数方程，进行正交距离回归迭代优化，建立了2条曲线的累积流速-监测时间拟合方程。拟合方程$R^2$为1.00，拟合程度好。2个不同时间监测点的实际流速分别为267.21μm/s和229.33μm/s，其平均实际流速为248.27μm/s(表11.4.2)。片岩变质裂隙水在同一个位置不同时段的实际流速不完全一致。

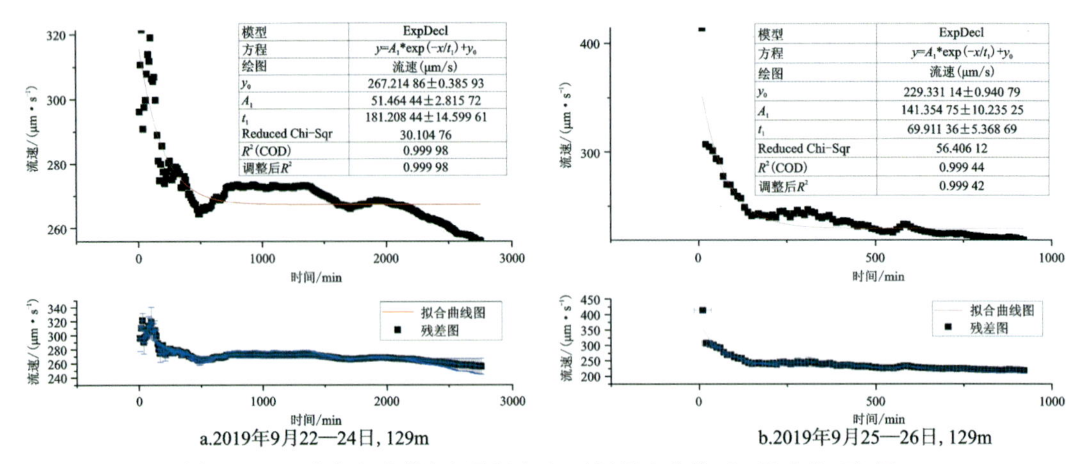


图 11.4.2　片岩变质裂隙水累积流速-时间拟合曲线(上)及残差(下)图

**表 11.4.2　片岩变质裂隙水实际流速极限方程法计算结果**

| 日期 | 深度/m | 时长/min | 模型 | 拟合方程 | 实际流速/(μm·s⁻¹) | $R^2$ | 原数据/组 |
|---|---|---|---|---|---|---|---|
| 2019 年 9 月 22—24 日 | 129 | 2750 | ExpDec1 | $v(t)=267.21+51.46e^{-t/181.21}$ | 267.18 | 1 | 72 564 |
| 2019 年 9 月 25—26 日 | 129 | 920 | ExpDec1 | $v(t)=229.33+141.35e^{-t/69.91}$ | 229.33 | 1 | 13 003 |

鄂北丘陵变质岩含水层中变质裂隙水时均流速是瞬时流速的 80%，累积流速是时均流速的86%，实际流速大于累积流速，是累积流速的 85%。4 种类型流速介于 248.54～423.63μm/s之间，实际流速是瞬时流速的 59%，相差较大。

变质岩含水层地下水的活动与裂缝发育有密切关系，只有裂缝发育并能够提供渗流通道地下水的活动才可能存在。地下水活动性的强弱与裂缝的渗透性大小有关(罗厚义等，2004)。变质构造裂隙水的含水介质是片岩，这是一套元古宙地层，经历了多期次构造运动和区域变质作用。大气降水入渗储存在于风化裂隙带中(李智民等，2014)，沿片理、劈理等变质构造缝隙运动。这套片岩的矿物组成以云母为主，其次为石英、钠长石等，岩石力学性质属韧性—韧脆性，在构造应力作用下形成片理、劈理等构造面，这些构造面多垂直于区域主压应力作用方向，呈紧闭或闭合状，开放性差。同时，片理、劈理面受到绢云母等变质矿物、变质析出的铁质和钙质物、岩石风化形成的泥质物等物质充填(刘振夏等，2020)。所以片岩等变质岩含水层的连通性、渗透性差(卞学军等，2018)，地下水在其中运动速度往往偏小。由于变质矿物韧性较花岗岩矿物强，且易泥化，所以变质裂隙水的瞬时流速、时均流速均为最小。同时，由于片岩的结构面较花岗岩发育，且更加均一，但较玄武岩孔洞裂隙和灰岩溶隙裂隙差，所以变质裂隙地下水的累积流速、实际流速虽小于孔洞裂隙水和溶隙裂隙水，但大于花岗岩构造裂隙水。

# 第十二章　数据库建设

## 第一节　长江流域水文地质与地下水资源数据集

### 一、数据集建设目标与任务

#### 1. 总体目标

在依托长江流域水文地质调查工程的基础上，围绕工程目标任务，以服务于长江流域水资源调查、监测、评价、区划为导向，查明长流的自然地理和地质背景条件、水资源数量、质量、开发利用状况、动态变化情况及其影响因素问题，对长江流域历史及本次二级项目、工程调查研究成果进行总结梳理，工作总体思路见图12.1.1。

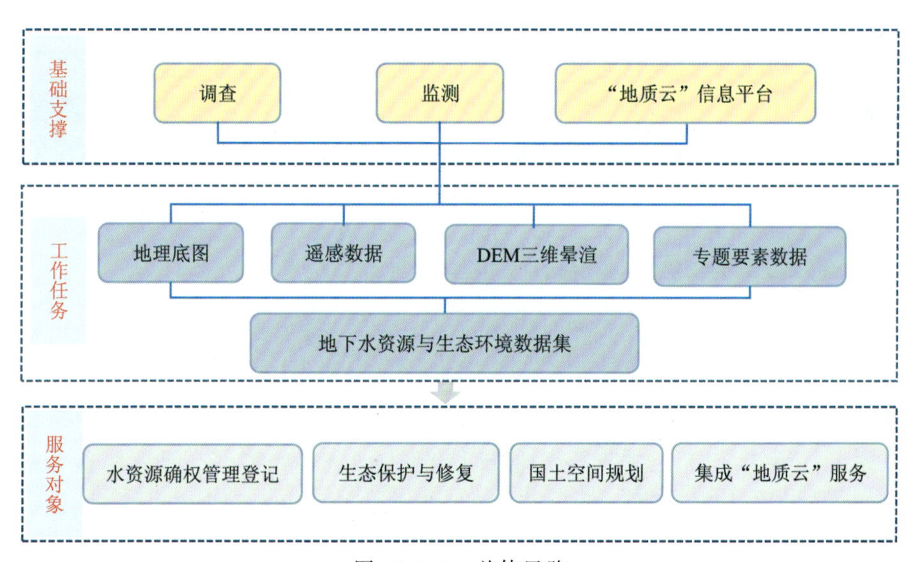


图12.1.1　总体思路

全面掌握长江流域水资源调查工作研究程度，掌握全流域的水文资料，同时也对流域水域空间变化、水土流失、水资源利用、水质变化、岩溶塌陷、地面沉降等涉水地质环境问题进行了深入分析研究，对长江流域的总结及下一步工作提供基础支撑；为长江流域水资源评价、水环境承载能力评价和水资源开发优化配置评价提供科学的技术资料支撑，同时为长江流域国土空间规划与用途管制、生态保护修复和国家重大战略决策提供重要依据。

#### 2. 主要任务

长江流域水文地质与地下水资源数据集编制过程中，全面分析掌握长江流域地下水资源情况，系统梳理长江流域水资源、水生态等问题，回应国家重大关切。

(1)全面搜集长江流域基础资料，并涉及水文、气象等相关地下水资源评价相关资料，全面分析掌握前期长江流域地下水资源情况，系统梳理长江流域水资源、水生态等问题。

(2)通过开展长江流域地下水位、河流湖泊坑塘水位、泉(地下河)流量等要素监测，掌握区域地下水水位(头)埋深、流场状况及地表水与地下水补排关系；结合地下水监测站点及国家监测工程数据，分析地下水流场变化特征和地表水与地下水补排关系及变化，服务地下水超采治理、地下水资源评价与确权登记、国土空间规划与生态保护修复。

(3)划分不同级次的地下水资源区，确定地下水资源评价单元及其子区。开展地下水资源数量评价。系统掌握地下水资源量、储存量、可开采量及其空间分布，分析地下水储存量变化及资源动态特征。

(4)开展地下水质量评价。分析地下水化学特征，评价地下水质量现状，分析地下水质量变化过程。

(5)开展气候和人为活动变化条件下的含水层结构、补给-径流-排泄条件、开采量与用水结构变化分析与评价，进而研究地下水循环模式的变化。

(6)开展区域水资源开发利用相关的生态地质环境问题的调查评价与发展趋势预测。开展重点地区水资源平衡研究，分析水土资源利用与生态地质环境问题的互馈机制，提出水土资源利用与生态环境保护与修复建议。

(7)汇总长江流域水文地质调查研究、地下水位统测、水资源评价成果，集成地下水资源与生态环境数据集。按照统一编图技术要求，形成全国、流域、省级和重点地区的地下水资源、生态环境及综合评价成果数据集。

### 二、数据集建设原则与工作流程

#### 1. 数据集建设原则

以“生态优先”和“山水林田湖草生命共同体”为理念，坚持资源环境并重，生态、环境优先原则；以需求和问题为导向，以支撑服务地下水资源确权登记、国土空间规划和生态修复、地下水资源科学利用与保护为导向，注重成果精准服务原则；以地球系统科学和水循环理论为指导，充分利用调查与评价的新技术新方法，坚持创新引领原则。

#### 2. 工作流程

数据集以水文地质与水资源环境图集、长江流域地下水统测图集和长江流域水资源评价图集的形成集成，以国土资源大调查以来调查监测数据资料和研究成果为基础，依托现有工程、二级项目，采取“统一组织、分工协作、分步实施”的方式，按照需求导向、重点突出水资源、水环境、水生态现状及问题，在统一地理底图、统一技术要求、统一建库标准的前提下，开展资料集成分析和综合研究工作，紧密围绕区域典型水文地质条件及水资源、水生态和水环境特点，编制专业性与应用性相结合，图面简洁、美观，可读性强的综合应用性图集4册。

细化总体目标任务，明确编制思路、图系构成、工作部署和组织保障等方面内容，同时以技术标准先行为原则，全面收集和分析研究区编图所需基础资料，已有资源与环境地质调查成果资料和专项研究成果，收集长江流域自然地理、地质背景、人口经济规划、重要水利设施建设、水资源数量、质量、环境以及2019—2021年地下水统测成果，水资源年度评价和周期性评价结果等各种资料以及区内最新的调查研究成果资料；掌握研究区地质环境特征、条件、主要环境地质问题区域分布规律及气象、水文条件，国家监测站点分布情况；对数据进行预处理、深加工与信息挖掘，集成长江流域水文地质与水资源环境图集、长江流域统测成果图集、长江流域年度评价图集和长江流域周期性评价图集。

在统一的GIS平台上，通过人机交互，对数据进行综合分析、编辑及管理，实现数据的可视化操作，并在符合行业技术规范下进行质量控制与检查，最终形成统一版面布局，可进行多媒介出版印刷，并集成“地质云”服务系统的成果图集。

## 三、数据来源及数据集编制技术要求

资料搜集整编包括长江流域自然地理、地形地貌、基础地质、人口与经济活动，水文、气象，国家、省（自治区、直辖市）地下水监测站点，年度地下水统测、地下水资源区划分，地下水开采量核查与水文地质补充调查，地下水资源数量、质量及可开采量评价，地下水开发利用相关生态地质环境问题核查评价，地下水易污性、潜力评价及重要水源地综合评价，重点地区水平衡研究等。图集编制在选取数据时对历年来不同阶段的成果进行甄别，尽量反映最新的地下水资源调查、监测成果，体现流域水文地质调查的最新研究水平，以保证数据集的现势性与时效性。

### 1.数据来源

编图资料必须通过多种正规渠道，获取广泛、全面、权威、系统的资料，确保数据可靠、内容翔实、评价方法正确，以保证图集的权威性。主要遵循以下几个原则。

（1）国家测绘部门提供测绘数据和地理底图资料：以国家基础地理信息数库中存储的1∶100万、1∶50万、1∶25万、1∶10万等11种基本比例尺的矢量地形数据库为基础；数字高程数据采用数字高程模型数据库；遥感数据以LandSat8 Oil及高分数据为主。

（2）国家统计局提供各类统计数据：社会经济类数据以统计年鉴、政府总体规划文件为主；自然科学类数据来源于水资源公报、气候公报、地质资料文献库等。

（3）国家各管理部门提供各部门专题数据：国家监测站点采用自然资源部及水利部国家监测工程点，气象数据采用气象部门监测站点数据。

（4）水文地质、水生态、水环境专题分析成果：主要来源于相应的国家各管理部门和学术界，并得到双方共同认可。

编图资料必须通过多种正规渠道，获取最新的、完整的资料，以保证数据集的现势性。当最新资料不完整时，可采用相对较早的资料。

**2. 技术要求**

(1)采取统一部署、分级实施、分类编制的原则,按统一标准开展工作。从长江流域—二级流域—三级流域、重点区3个层级开展工作,形成不同层次、不同内容的规模化地质产品。

(2)所有图件均采用A2幅面横版表示,图示、图例根据图幅内容参照相关规范表示,图面结构按专业需求和科学美观进行合理编排。

(3)空间坐标系统采用CGCS2000中国大地坐标系。高程基准采用1985年国家高程基准定义的黄海平均海水面。投影原点经度、纬度,双标准纬度视编图区范围选定,二级流域、三级流域、重点区要统一兼顾比例尺偏小取整及图面撑满版心的原则进行调整设计。

(4)同一区域图件使用统一的数字地理底图,叠置DEM晕渲地形地貌,增强图件的立体感和层次感。

(5)图廓整饰采用统一要求,图名和图例编排的位置、间距,以及字体符号大小采用统一规格。图例按照点、线、区的顺序进行编排,以保证图幅版面样式统一、美观。

## 四、数据集结构及内容

长江流域水文地质与地下水资源数据集由长江流域水文地质与水资源环境图集、长江流域地下水统测成果图集和长江流域水资源评价图集构成(图12.1.2)。3个部分的横向结构内容涵盖长江流域自然地理和水文地质背景,人口经济规划及重要工程设施建设,地下水统测成果图集,水资源、水环境、水资源监测评价,纵向结构内容涵盖长江流域—二级流域—三级流域、重点区3个层级开展工作,形成不同层次、不同内容的规模化的图件,内容以长江流域自然地理和地质背景为基础,突出水资源调查、监测、评价及规划的需要,涵盖了长江流域自然地理、地质背景、人口经济规划、重要水利设施建设与水资源数量、质量、环境,以及3个年度地下水统测和水资源评价等图件。

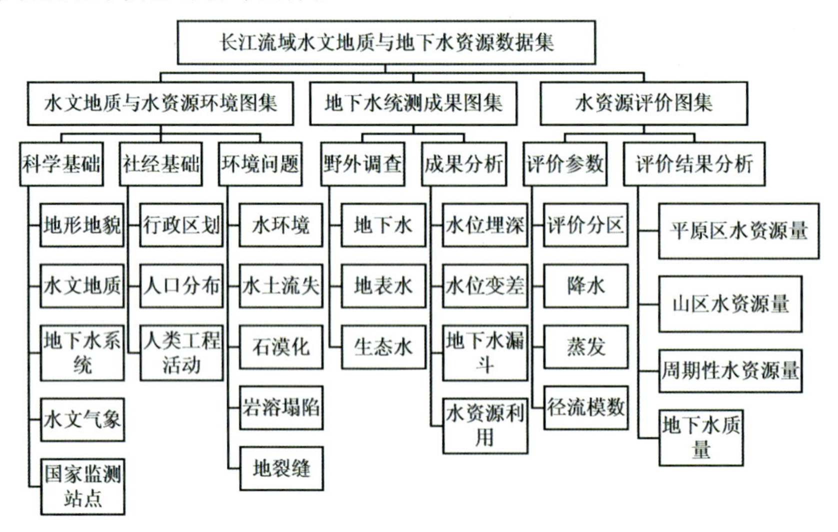


图12.1.2 数据集结构内容框架图

### 1. 长江流域水文地质与水资源环境图集

（1）自然地理和地质背景。以长江流域180万$km^2$面积为单位，编制了长江流域遥感影像图、三维地势图、地貌图、地质图、水文地质图等11张图件，其中全流域性图件6张，二级流域图件5张。

（2）长江流域人口经济规划及重要水利设施建设。以长江流域人口、经济、规划和重要水利设施、重大工程建设等人类活动相关因素为主要内容编制了行政区划图，重要城市和人口分布图，大中型电站分布图，重大工程建设分布图，国家监测站点分布图等6张图件。

（3）水环境。水环境类图件以反映水资源质量及影响水资源质量的因素为内容，编制了长江流域地下水水环境分布图、长江流域入江支流断面水质状况图、长江流域水生态分区图、长江流域水土流失分布图、长江流域石漠化分布图、长江流域崩岸分布图、长江流域地质灾害分布图、长江流域岩溶塌陷分布图、长江流域地面沉降分布图、武胜县生态环境类型分区图、武胜县地下水化学类型分区图、乌江流域地下水质量状况图12张图件，其中全流域图件9张，二级流域图件1张，重点区图件2张。

### 2. 长江流域地下水统测成果图集

地下水统测成果图集编制了长江流域、四川盆地、成都平原、云贵地区、渝东北地区、清江流域、南襄盆地、江汉平原、鄱阳湖平原、洞庭湖平原及长江三角洲等重点区的地下水统测工作基础图，包含统测区地下水长期监测点、以往测点分布情况；编制了地下水统测成果分析图件，包括潜水等水位线及埋深分区图、承压地下水等水头线及埋深分区图、潜水地下水水位变差分区图、承压地下水水头不同年份和不同时期的水位变差分区图；在南襄盆地、江汉平原及长江三角洲地下水超采区选择了合理的地下水等水位线，圈定具有漏斗形状、四周地下水向中心区汇聚的地下水降落漏斗区，编制了地下水降落漏斗分布图。

### 3. 长江流域水资源评价成果图集

长江流域水资源评价图集包含了2020年、2021年两个年度的评价成果及2000—2020年周期性评价成果，图集的内容分为评价参数和评价结果分析两大部分。长江流域地下水评价单元共有5个二级分区，13个三级分区，54个四级分区，132个五级分区，142个六级分区，由工程与各个地下水评价承担单位研讨，统一分区后提交计划承担单位，汇总入全国地下水资源评价系统。评价参数则由各评价区根据评价方法而选定并制作了相应的评价参数图件，评价结果则形成了年度水资源量图件、周期性水资源量图件及地下水质量图件。

## 第二节　数据库建库工作方法和流程

### 一、建库准备

### 1. 计算机软硬件环境

（1）硬件。微机：ThinkPad X1 Inter(R) Core(TM)i7－1165G7 @ 2.80GHz。

(2)软件。

系统软件：Windows 10 旗舰版 64 位操作系统。

GIS 软件：MapGIS6.7，ArcGIS10.6，“水文地质与水资源调查”App 野外移动端、元数据录入软件。

野外数据采集系统：华为平板 M5 青春版 8.0 英寸，4G 内存，Android4.0 操作系统。

**2. 建库使用标准**

本次数据库建设依据中国地质调查局地质调查技术标准《水文地质调查数据库建设规范(1∶5 万)》(DD 2019-05)，进行野外数据采集及数据库建设。对清江流域水文地质调查项目资料进行收集整理、检查、误差校正、重建拓扑关系及分层、填写各图层对应属性卡片、编辑图元编号以及属性挂接等一系列建库工作，利用自编检查与处理工具软件进行数据空间质量检查，对存在的问题进行处理。同时按成果汇交办法和要求提交成果。参考标准如下：《标准化工作导则　第 1 部分：标准的结构和编写》(GB/T 1.1—2009)、《全数字式日期表示法》(GB/T 2808—1981)、《信息技术　词汇　第 17 部分：数据库》(GB/T 5271.17—2010)、《地质矿产术语分类代码　第 20 部分：水文地质学》(GB/T 9649.20—2009)、《基础地理信息要素分类与代码》(GB/T 13923—2006)、《国家基本比例尺地形图分幅和编号》(GB/T 13989—2012)、《基础地理信息标准数据基本规定》(GB/T 21139—2007)、《基础地理信息数据库基本规定》(GB/T 30319—2013)、《基础地理信息数据库建设规范》(GB/T 33453—2016)、《地质钻孔(井)基本数据文件格式》(DZ/T 0122—1994)、《数字地质数据质量检查与评价》(DZ/T 0268—2014)、《地质数据库建设规范的结构与编写》(DZ/T 0274—2015)、《水文地质调查规范(1∶5 万)》(DZ/T 0282—2015)、《水文地质调查数据库建设规范(1∶5 万)》(DD 2019-05)、《地质信息元数据》(DD 2006-06)、《地质数据质量检查与评价标准》(DD 2006-07)。

**3. 运行环境及数学基础**

本数据库既有基于原始资料形成的属性数据库，又有完全基于地图而产生的数字化产品，因此在选择软件环境时，原始资料数据库采用“水文地质与水资源调查”APP 野外移动端在野外采集，上传至“地调在线”统一存储、管理。成果图件空间数据库因既要考虑图形数据录入、编辑的操作简单方便又要兼顾非空间属性数据与图形数据间有效关联的可操作性，故本次建库选择了目前同行业内应用较为广泛的 MapGIS 软件。

“在线调查”数据库：由“水文地质与水资源调查”APP 野外移动端在野外采集，“地质云”的“地调在线”导出成原始资料数据包。

成果图件空间数据库中所有空间图形数据均以 MapGIS 格式存储，非空间的属性数据采用 MapGIS 内部属性格式存储。另外，建立正确的图形数学基础对于空间数据库至关重要，本数据库中空间数据投影参数如下：

坐标系类型：投影平面直角。

投影类型：高斯克吕格横切椭圆柱等角投影坐标系

比例尺：1∶5 万。

坐标单位：mm。

椭球参数：CGCS 2000 国家大地坐标系。

中央子午线经度：1170000。

投影带序号：19。

## 二、数据库建设原则与要求

### 1. 数据库建设原则

数据库建设过程中应遵循以下原则：①数据库建设贯穿并服务于水文地质调查全过程；②数据库建设主要以《水文地质调查数据库建设规范（1∶5万）》(DD 2019-05)、《水文地质调查规范（1∶5万）》(DZ/T 0282－2015)规定的水文地质野外调查内容及调查表为数据源，与《水文地质调查图件编制规范　第1部分　水文地质图（1∶5万）》(DD2019-04)有机衔接；③数据库建设以满足综合分析、评价及服务于水文地质编图为目标。

### 2. 数据库建设要求

清江流域水文地质调查数据库包含有“在线调查”数据库、原始资料数据集、成果数据库、成果数据集、元数据库及相关技术文档。

清江流域水文地质调查数据库建设是在计算机软、硬件的支持下，应用GIS技术并结合区域地质等相关专业来建立、完成的。结合这一特点，根据项目目标任务，进行如下的组织实施：

(1)按项目要求配制计算机软、硬件环境，包括计算机及其相应的数据库软件。

(2)紧密结合GIS系统是多学科综合发展的产物这一特点来组织项目组，特别是那些复合人才（既懂专业又熟悉地理信息系统）是地理信息系统成功应用的关键，而强有力的组织是系统运行的保障。所以，无论是需求分析、总体设计，还是空间数据库的建设，都离不开专业人员的参与。

(3)收集并熟悉相关标准及指南、规范、标准，进行项目组成员内部的培训，建立质量监控制度。

(4)按照项目要求，组织数据库建设工作。

## 三、工作方法和流程

### （一）建库方法与流程

#### 1. 建库方法

野外调查数据均采用“水文地质与水资源调查”APP野外移动端采集，完成资料的质量检查后上传录入到“地调在线”模块，录入的数据均符合《水文地质调查数据库建设规范1∶5万》(DD 2019-05)的规定。

本标准未涉及的其他类数据，如资料收集、遥感解译、地球物理勘探等产生的数据，分别参考《地球物理勘查技术符号》(GB/T 14499—93)、《地理空间数据库访问接口》(GB/T 30320—2013)、《基础地理信息数字产品元数据》(CHT 1007—2001)，按照水文地质调查手段分类整理。

将野外采集表及分类整理的其他类数据导入桌面数据库管理系统，实现对调查数据的统一管理。

**2. 建库流程**

项目数据库建设按照野外数据采集、数据检查入库、统计分析、成果图编制、数据库成果报告编制、数据库成果质量检查等流程执行。在完整地收集水文、气象、地质等资料和完成水文地质调查的基础上，对项目数据进行分类整理，利用 MapGIS 软件数字化成图、校正和检查，通过“地质云”系统对基础调查类、水资源调查类和环境地质调查类进行卡片数据录入，使用 MapGIS 属性库管理系统建立属性数据库，并对物探、钻孔、长观等数据按规范和内容归档整理。经过上述数据建库和进一步的质量检查修改，达到数据差质量标准后，从而建成清江流域水文地质调查数据库。

(二)原始资料数据库建设

原始资料数据库(属性数据库)指以野外调查数据为主体建立的数据库，内容包括各类调查数据、物探、钻探施工数据、样品测试数据和其他相关数据。本项目实施中，野外调查数据均使用“水文地质与水资源调查”App 野外移动端采集，为基于数据库的水文地质调查数据采集系统，因此，此次原始资料数据分为“在线调查”数据库和原始资料数据集两部分。野外移动端采集的野外调查数据在完成资料的质量检查后上传录入“地调在线”模块，经过自检、互检、抽检后反复修改编辑、数据汇总整理后形成“在线调查”数据库；无法完全上传录入“地调在线”系统的原始数据，则经过室内核查、整理后形成数据集的形式提交。

原始资料数据库总体建库工作分为数据采集、数据录入、数据核查和数据整理 4 个过程。

**1. 数据采集**

数据采集包括野外调查、室内收集、资料开发集成结果等多个采集来源。数据采集贯穿整个数据录入的过程。

**2. 数据录入**

数据录入是数据库的基础，在城市群地质环境数据录入子系统中将工作过程中产生的六大类成果逐项录入。该系统提供了目录管理区、数据编辑区，对目录树操作可实现相应表格的打开、输出及打印功能，数据编辑区可实现各种表格数据的录入、浏览和编辑。

**3. 数据核查**

数据核查是为确保数据库质量，在建库前，首先应对原始记录进行核对，尤其是原始数据统一编号的核查，确保数据库后期的关联、数据分析能够顺利进行；在建库中，需注意检查录入数据的完整性及与原始数据的一致性；数据录入完后，可采用系统中数据信息分类检索再次核查数据。

**4. 数据整理**

数据整理是为充分发挥信息平台提供的数据管理子系统、数据分析与评价子系统、三维地质建模子系统、三维可视化子系统等辅助系统的功能和作用，使信息技术融入地质调查工作中，提高效率，促进项目工作的全面完成。

（三）综合成果数据库建设

综合成果数据库建设过程是整个建库工作的主要内容。将项目调查的综合成果图数字化，形成 MapGIS 格式的点、线、面文件后，专业图层及其属性结构参照《水文地质调查图件编制规范　第 1 部分　水文地质图（1：5 万）（DD2019-04）和《水文地质调查数据库建设规范（1：5 万）》（DD2019-05）建立，属性内容以真实的调查内容及研究成果反映。

**1. 图形数据采集**

图形数据使用 MapGIS 平台软件进行采集，地理地质底图采用项目组统一购置的1：1 万地理底图和 1：5 万地质底图、1：20 万地质地图，在此基础上修编建库。对于调查产生的地质点、泉、井、地下河等点图元，采用点坐标投影生成 MapGIS 明码文件格式的方式进行。线、区图元的获取采用黑白扫描矢量化的方式进行图形数字化。所有建库图幅均以线数≥300线的精度进行扫描，形成栅格形式的图像文件，并进行误差校正后备用。

矢量化采用交互跟踪矢量化的方法将栅格数据转换成图形的矢量数据。具体操作时严格按照空间数据库建设技术要求中的录入方向和录入顺序进行，并采用以不同颜色区分不同线型要素的方法形成综合图形线文件，以利于分层提取线文件和便于操作人员及地质人员的自检、互检，保证各类地质线要素的准确性。采集的空间数据各图层有正确的地图参数、拓扑关系，不存在悬挂弧段、相交弧段、重叠坐标、微小多边形等。

**2. 图形检查、校正**

矢量化工作完成后，经操作员和地质人员随机检查后输出素图（分色线划图）提供地质专检人员检查，保证各类地质体空间位置的准确和组合实体间及基础图形要素之间的关系原则或制约得当。

**3. 图形划分与属性表设置**

根据《水文地质调查数据库建设规范（1：5 万）》（DD2019-05）进行图层划分及命名，图层划分和属性表设置遵循如下基本原则：①图层的划分重点考虑地质专业属性特征，按专业类型进行划分，若同一专业内容具有多组数据时可划分为多个图层；②野外调查点（地质专业野外调查点）统一划分为一个图层，属性表设置在建立点图元基本内部属性的基础上进行多级派生，每一个属性表具有特定的水工环地质专业意义，同时相应专业野外调查点又可划分为单个专业图层，分别与相应专业属性表关联；③非点图元图层按单一属性表处理，不能存在多级关联现象；④元数据库按中国地质调查局地质信息元数据标准建设。

#### 4. 拓扑处理

为保证点、线、面类型定义正确，以及不同图层共用界线的一致性、多边形封闭、结点关系（线状实体交叉应建立结点关系）正确等拓扑一致性的要求，对综合图层进行整体拓扑处理，并进行拓扑错误检查、检查自相交等相关问题，直到拓扑通过，再进行分层剥离各图元要素。

#### 5. 内部属性文件编制、录入与挂接

属性表字段结构严格按《1∶5万区域水文地质调查数据库建设指南（2015版）》以及《水文地质调查数据库建设规范（1∶5万）》（DD2019-05）执行，数据录入采用根据参数赋属性来完成，在录入过程中根据本项目实际情况部分字段作了必要的调整。

将编制好的属性文件利用Excel或MapGIS软件的属性管理功能录入，形成DBF数据文件。录入完成后须经计算机人员自检后输出全部数据交地质人员检查校对，经修改无误后方进行图形的属性挂接，挂接后对导入属性结构、内容检查校对，确保数据录入准确、完整、符合规范。

#### 6. 图形与属性一致性检查

为确保图形数据与属性数据的一一对应并不出现重号现象，对图形和属性进行了多重的一致性检查，包括操作人员100%的自检和地质人员与操作人员间100%的互检。

### （四）元数据库建设

元数据项的填写方法参照《地质调查元数据内容与结构标准》（中国地质调查局2006版）。使用统一配置的"地质信息元数据采集系统"完成清江流域水文地质调查数据库元数据的录入、修改编辑等元数据建设。

地质信息元数据采用UML类图和元数据数据字典相结合的方法描述。在元数据结构上采用《国土资源核心信息元数据标准》的结构作为本标准的基本结构，在内容上通过数据字典和代码表对元数据的特征（子集/实体名、元素名、英文名、英文缩写、定义、约束/条件、出现次数、类型和值域）进行详细描述。

本项目数据库建设中的元数据建立是按中国地质调查局的元数据结构最新标准执行。每个元数据库的地质信息元数据由7个子集（UML包）和14个代码表构成。其中，元数据信息、标识信息、数据质量信息、内容信息是必选子集，空间参照信息、分发信息、引用和负责单位联系信息是可选子集，且引用和负责单位联系信息是公用信息子集。

元数据信息：包含元数据的名称、创建日期、语种、元数据标准等基本信息。

标识信息：描述地质数据集的基本信息。

数据质量信息：提供数据集数据质量总体评价信息。

内容信息:描述数据集的内容信息。

空间参照系信息:数据集使用的空间参照系的说明。

分发信息:描述数据集分发者和获取数据的方法。

引用和负责单位联系信息:提供引用资料名称、日期以及负责单位名称、职责、联系等信息。

### 四、提交成果及数据格式

(1)"在线调查"数据库:由"水文地质与水资源调查"APP野外移动端在野外采集,地质云"地调在线"模块导出成原始资料数据包。

(2)"清江流域水文地质调查"原始资料数据集1份,包括实地质测量、水资源评价参数、遥感数据原始文件、物探原始文件、水文地质钻探原始文件、测试分析文件。主要工作量为水文地质钻探709.15m;地球物理勘探共677个点,其中210个高密电阻率测量点、467个广域电磁法物理测量点;岩矿分析311个,土壤样品测试101个,水质分析2784个,岩矿鉴定及试验470件。

(3)清江流域水文地质调查完成了《高家堰幅》《贺家坪幅》1∶5万水文地质调查、环境地质调查,使用MapGIS软件格式,按要求完成了高家堰幅、贺家坪幅2个图幅1∶5万空间数据库,文件分别由点、线、面文件组成,非空间的属性数据采用MapGIS内部属性格式存储,与空间图形数据形成一一对应的关系。

(4)提交清江流域水文地质调查成果数据集1套,其中实际材料图18张,成果图件8张,图集(册)7册,遥感解译成果2套,物探成果1套,水文地质钻探成果1套,图件(集)使用MapGIS软件格式,分别由点、线、面文件及ArcGIS桌面软件的.shp格式组成。

(5)提交清江流域水文地质调查数据库建设报告1份,原始资料质量控制文档1份,空间数据库质量控制文档1份,为Microsoft Word文档.docx格式。

(6)地质信息元数据,采用元数据采集器(Access)V1.2编辑,包括清江流域水文地质调查"在线调查"原始资料库元数据库1条、原始资料数据集元数据库8条、综合成果图件元数据库21条,共30条元数据,输出xml格式,txt格式,放入一个目录中提交。

(7)"在线调查"数据库、原始资料数据集、空间数据库、成果数据集、建库报告及元数据提交时间为2022年7月。

## 第三节　数据库建设成果

清江流域水文地质调查项目数据库内容包括非空间的"在线调查"数据库、原始资料数据集、空间图形的成果数据库、成果数据集及元数据库,五项内容为一一对应关系。

### 一、数据库存储内容及数据结构

数据库存储结构主要分为"在线化"原始资料数据库、原始资料数据集、综合成果空间数据库、综合成果数据集、技术文档资料及元数据库,其内容组成包括调查数据、分析测试数据、研究成果数据，集合到信息系统平台中即为野外综合调查类、野外综合施工类、野外动态监测类、样品测试类、数据整理与汇总类五大类，基本上按地质调查评价工作过程来组织数据内容，如图12.3.1所示。

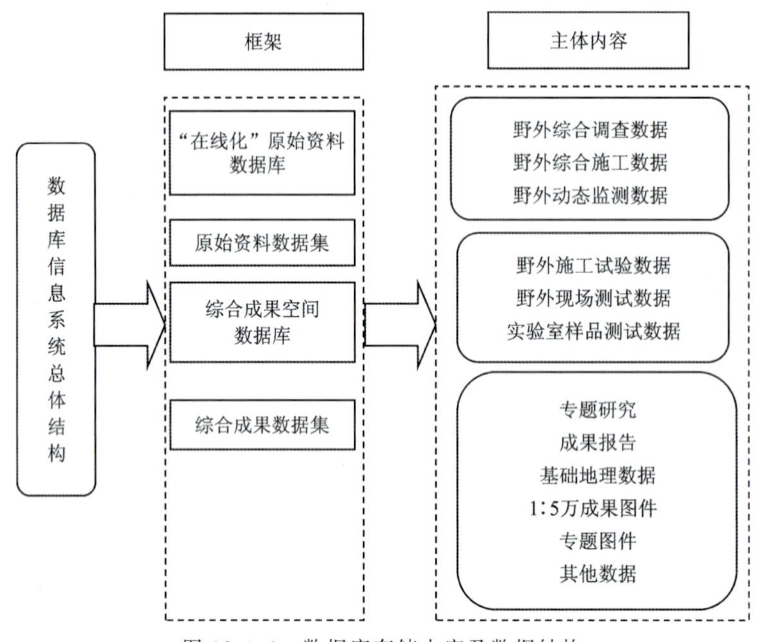


图12.3.1　数据库存储内容及数据结构

## 二、"在线化"原始资料数据库

2019—2021年度，清江流域水文地质调查项目完成了《高家堰幅》《贺家坪幅》1∶5万水文地质调查，调查面积880km²，完成了清江流域1∶25万补充性水文地质调查工作，调查面积17 000km²；重点区1∶5万水文地质调查，形成龙鳞宫、甘溪鱼泉洞、恩施龙洞水文地质图；完成了重点平原区1∶25万水文地质编测，形成南襄盆地水文地质图，完成了清江流域地下水水位统测，面积约10.58km²。

上述内容均按标准提交了"在线化"原始资料数据库及原始资料数据集1份，在线化记录共分为野外综合调查类、野外综合施工类、野外动态监测类和样品测试4个类别26个类型的记录表，共计11 830条数据。其中，野外综合调查类含13个类别调查表，分别为野外调查路线小结表366个，统测记录表2829个，地貌点调查记录127条，地质构造点调查表记录141条，岩溶地貌点记录163条，岩溶洞穴点记录20条，河流溪沟渠道点调查表记录951条，湖泊(水库)坑塘调查表记录92条，泉点调查表记录2452条，地下河调查点记录249条，井(孔)点调查表673条，环境地质调查表62条，岩溶环境地质调查点记录表1条；野外综合施工类含5个类别记录表，分别为孔基本信息表记录5条，钻孔岩芯编录表记录5条，钻孔结构表记录5条，钻孔井孔安装记录表记录5条，钻孔综合柱状图简表记录5条；野外动态监测类含6个类别记录表，分别为钻孔抽水试验综合数据表记录5条，抽水试验水位观测记录表记录15条，抽水试验水位恢复数据表记录18条，水位动态观测表记录565条，地表水流量观测流速仪法记录表记录3条，地表水流量观测堰测法记录表记录1条；样品测试类共2个类别，含水化学同位素采样记录表记录1536条，水质测试分析资料记录表记录1536条。具体内容见表12.3.1。

**表12.3.1　“在线化”原始资料数据库数据量表**

| 序号 | 数据库一级表名称 | 数据库二级表名称 | 入库数量/个 |
|---|---|---|---|
| 1 | 野外综合调查类 | 野外调查路线小结表 | 366 |
| 2 | | 统测记录表 | 2829 |
| 3 | | 地貌点调查表 | 127 |
| 4 | | 地质构造点调查表 | 141 |
| 5 | | 岩溶地貌调查表 | 163 |
| 6 | | 岩溶洞穴调查表 | 20 |
| 7 | | 河流溪沟渠道点调查表 | 951 |
| 8 | | 湖泊(水库)坑塘调查表 | 92 |
| 9 | | 泉点调查表 | 2452 |
| 10 | | 地下河调查表 | 249 |
| 11 | | 井(孔)点调查表 | 673 |
| 12 | | 环境地质调查表 | 62 |
| 13 | | 岩溶环境地质调查表 | 1 |
| 14 | 野外综合施工类 | 钻孔基本信息表 | 5 |
| 15 | | 钻孔岩芯编录表 | 5 |
| 16 | | 钻孔结构表 | 5 |
| 17 | | 钻孔井孔安装记录表 | 5 |
| 18 | | 钻孔综合柱状图简表 | 5 |
| 19 | 野外动态监测类 | 抽水试验综合数据表 | 5 |
| 20 | | 抽水试验水位观测记录表 | 15 |
| 21 | | 抽水试验水位恢复数据记录表 | 18 |
| 22 | | 水位动态观测表 | 565 |
| 23 | | 地表水流量观测流速仪法记录表 | 3 |
| 24 | | 地表水流量观测堰测法记录表 | 1 |
| 25 | 样品测试类 | 水化学同位素采样记录表 | 1536 |
| 26 | | 水质分析资料记录表 | 1536 |

## 三、原始资料数据集

原始资料数据集主要存放无法录入到“在线调查”数据库中的原始数据，这类数据含野外实际材料图、遥感、物探、地质测量及部分实验测试资料的原始调查资料及报告，“清江流域水文地质调查”原始资料数据集1份，包括实地地质测量、水资源评价参数、遥感数据原始文件、物探原始文件、水文地质钻探原始文件、测试分析文件，包含的主要工作量为水文地质钻探709.15m；地球物理勘探共677个点，其中210个高密电阻率测量点、467个广域电磁法物理测量点；岩矿分析311个，土壤样品测试101个，水质分析2784个，岩矿鉴定及试验470件。具体内容见表12.3.2。

**表12.3.2 原始资料数据集数据量表**

| 序号 | 数据集名称 | 数据集内容 | 单位 | 数量 | 数据格式 |
| --- | --- | --- | --- | --- | --- |
| 1 | 地质测量 | 1∶5000水文地剖面测量 | 条/m | 4/6.08 | Word、jpg |
| 2 | | 溶洞测量 | 个 | 5 | Word、CAD |
| 3 | 水资源评价 | 年度评价、周期性评价数据表 | 套 | 1 | Excel |
| 4 | 物探 | 高密度点法原始资料 | 点 | 210 | CMB |
| 5 | | 广域电磁法原始资料 | 点 | 467 | CMB |
| 6 | | 水文地质钻孔测井原始资料 | m | 709.15 | FLD |
| 7 | 钻探 | 水文地质钻探 | 个/m | 5/709.15 | Word、Excel、PDF |
| 8 | 测试分析 | 沉积物化学全分析 | 件 | 105 | PDF、Word、Excel |
| 9 | | 岩矿化学全分析 | 件 | 206 | PDF、Word、Excel |
| 10 | | 土壤样品测试 | 件 | 101 | PDF、Word、Excel |
| 11 | | 地下水有机污染组分分析 | 件 | 283 | PDF、Word、Excel |
| 12 | | 水化学全分析简分析 | 件 | 1536 | PDF、Word、Excel |
| 13 | | 同位素 | 件 | 657 | PDF、Word、Excel |
| 14 | | 饮用水质分析 | 件 | 308 | PDF、Word、Excel |
| 15 | | 扫描电镜 | 件 | 60 | PDF、Word、Excel |
| 16 | | 土壤含水量测试 | 件 | 100 | PDF、Word、Excel |
| 17 | | 土壤粒度测试 | 件 | 110 | PDF、Word、Excel |
| 19 | | 岩石薄片鉴定 | 件 | 200 | PDF、Word、Excel |

## 四、综合成果空间数据库

对本次建库工作涉及的成果图件进行收集整理，在MapGIS平台中经过拓扑检查，数据结构及属性内容编辑后形成空间数据库，进行了多次的100%自互检及抽检等质量检查工作。在建库过程中，打印输出校对(包括分层图)图纸及成果图件，参照《水文地质调查数据库建设规范

（1∶5万）》（DD 2019-05）、《水文地质调查规范（1∶5万）》（DZ/T 0282—2015）及《水文地质调查图件编制规范　第1部分　水文地质图（1∶5万）》（DD2019-04）建立成果图属性、图层名称及属性结构。按要求完成了《贺家坪幅》《高家堰幅》2个图幅1∶5万水文地质图（表12.3.3）。

**表12.3.3　原始资料数据集数据量表**

| 序号 | 图件名称 | 数据格式 | 比例尺 | 数量/幅 | 属性文件 |
|---|---|---|---|---|---|
| 1 | 《贺家坪幅》（H49E009012）水文地质环境地质调查 | MapGIS | 1∶5万 | 1 | 地下水类型、地貌点、泉点等图层 |
| 2 | 《高家堰幅》（H49E009013）水文地质环境地质调查 | MapGIS | 1∶5万 | 1 | 泉点、控制性水点、含水岩组类型划分等图层 |

## 五、综合成果空间数据集

本次工作完成了重点区20km²的1∶1万水文地质调查，形成了大长冲1∶1万水文地质图、环境地质图；完成了岩溶区清江流域17 000km²的补充性水文地质调查工作，平原区南襄盆地14 500km²的编测水文地质调查工作，形成了2张1∶25万水文地质图；完成了重点区1∶5万水文地质调查，完成了龙洞、龙鳞宫、鱼泉洞和渔洋关水文地质图的建库工作及清江流域、长江流域水文地质调查与水资源评价成果集成工作，提交了清江流域水文地质调查成果数据集1套，其中实际材料图18张，成果图件8张，图集（册）7册，遥感解译成果2套，物探成果1套，水文地质钻探成果1套（表12.3.4）。

**表12.3.4　清江流域水文地质调查综合成果空间数据集**

| 序号 | 图件类型 | 图名 | 属性图层 | 比例尺 | 数据格式 | 数量 |
|---|---|---|---|---|---|---|
| 1 | 实际材料图 | 贺家坪幅水文环境地质调查实际材料图 | 泉点、地下河、地貌点 | 1∶5万 | MapGIS | 1张 |
| 2 | | 高家堰幅水文环境地质调查实际材料图 | 泉点、地下河、地貌点 | 1∶5万 | MapGIS | 1张 |
| 3 | | 清江流域水文地质调查实际材料图 | 泉点、落水洞、井点 | 1∶25万 | MapGIS | 1张 |
| 4 | | 南襄盆地水文地质调查实际材料图 | 泉点、机民井 | 1∶25万 | MapGIS | 1张 |
| 5 | | 龙洞水文地质调查实际材料图 | 泉点、落水洞、天窗 | 1∶5万 | MapGIS | 1张 |
| 6 | | 龙鳞宫水文地质调查实际材料图 | 泉点、水库等 | 1∶5万 | MapGIS | 1张 |
| 7 | | 鱼泉洞水文地质调查实际材料图 | 泉点、地下河等 | 1∶5万 | MapGIS | 1张 |
| 8 | | 渔洋关水文地质调查实际材料图 | 泉点、落水洞等 | 1∶5万 | MapGIS | 1张 |
| 9 | | 大长冲水文环境地质调查实际材料图 | 泉点、落水洞、岩溶点 | 1∶1万 | MapGIS | 1张 |
| 10 | | 清江流域统测实际材料图 | 泉点、溶井溶潭 | 1∶25万 | MapGIS | 5张 |
| 11 | | 江汉平原统测实际材料图 | 泉点、井 | 1∶50万 | ArcGIS | 2张 |
| 12 | | 南襄盆地统测实际材料图 | 基岩山区、井 | 1∶50万 | | 2张 |

续表 12.3.4

| 序号 | 图件类型 | 图名 | 属性图层 | 比例尺 | 数据格式 | 数量 |
|---|---|---|---|---|---|---|
| 13 | 成果图件 | 清江流域水文地质图 | 泉点、地貌点等 | 1∶25 万 | MapGIS | 1 张 |
| 14 | | 南襄盆地水文地质图 | 泉点、地貌点等 | 1∶25 万 | MapGIS | 1 张 |
| 15 | | 长阳大长冲水文地质图 | 泉点、控制性水点、含水岩组类型等 | 1∶1 万 | MapGIS | 1 张 |
| 16 | | 长阳大长冲环境地质图 | 石漠化、硝酸点等 | 1∶1 万 | MapGIS | 1 张 |
| 17 | | 龙洞水文地质图 | 泉点、落水洞等 | 1∶5 万 | MapGIS | 1 张 |
| 18 | | 龙鳞宫水文地质图 | 泉点、水库等 | 1∶5 万 | MapGIS | 1 张 |
| 19 | | 鱼泉洞水文地质图 | 泉点、地下河等 | 1∶5 万 | MapGIS | 1 张 |
| 20 | | 渔洋关水文地质图 | 泉点、落水洞等 | 1∶5 万 | MapGIS | 1 张 |
| 21 | 图集（册） | 长江流域水文地质与水资源环境图集 | 水文、监测站点、环境地质等 | 1∶600 万 | ArcGIS | 30 册 |
| 22 | | 长江流域湖北、河南、陕西地下水资源年度评价图集（册） | 降水、水资源评价、水质 | 1∶300 万 | ArcGIS | 19 册 |
| 23 | | 长江流域湖北、河南、陕西地下水资源周期评价图集（册） | 降水、水资源评价分区、水资源量 | 1∶300 万 | ArcGIS | 10 册 |
| 24 | | 清江流域、渝东北、江汉平原、南襄盆地重点区统测图集（册） | 清江流域 | 1∶25 万 | MapGIS | 18 册 |
| | | | 南襄盆地 | 1∶50 万 | | |
| | | | 江汉平原 | 1∶25 万 | | |
| | | | 渝东北 | 1∶150 万 | | |
| 25 | | 长江流域地下水统测图集（册） | 长江流域 | 1∶600 万 | ArcGIS | 40 册 |
| | | | 渝东北地区、江汉平原 | 1∶150 万 | | |
| | | | 南襄盆地 | 1∶45 万 | | |
| | | | 长江三角洲 | 1∶75 万 | | |
| 26 | | 长江流域地下水资源年度评价图集（册） | 长江流域 | 1∶600 万 | ArcGIS | 24 册 |
| | | | 四川、甘肃、青海、西藏地区 | 1∶500 万 | | |
| | | | 湖北、河南、陕西地区 | 1∶300 万 | | |
| | | | 浙江地区 | | | |
| | | | 上海市 | 1∶50 万 | | |

续表 12.3.4

| 序号 | 图件类型 | 图名 | 属性图层 | 比例尺 | 数据格式 | 数量 |
|---|---|---|---|---|---|---|
| 26 | 图集（册） | 长江流域地下水资源年度评价图集（册） | 湖南（含广西、广东）地区 | 1∶50 万 | MapGIS | 24 册 |
| | | | 江西（含福建）地区 | 1∶50 万 | | |
| | | | 安徽地区 | 1∶50 万 | | |
| | | | 江苏地区 | 1∶50 万 | | |
| | | | 重庆、贵州、云南地区 | 1∶200 万 | | |
| 27 | | 长江流域地下水资源周期评价图集（册） | 长江流域 | 1∶600 万 | ArcGIS | 15 册 |
| | | | 四川、甘肃、青海、西藏地区 | 1∶500 万 | | |
| | | | 湖北、河南、陕西地区 | 1∶300 万 | | |
| | | | 重庆、贵州、云南地区 | 1∶200 万 | | |
| | | | 浙江地区 | 1∶50 万 | | |
| | | | 上海市 | 1∶50 万 | | |
| | | | 湖南（含广西、广东）地区 | 1∶50 万 | MapGIS | |
| | | | 江西（含福建）地区 | 1∶50 万 | | |
| | | | 安徽地区 | 1∶50 万 | | |
| | | | 江苏地区 | 1∶50 万 | | |
| 28 | 遥感 | 高家堰贺家坪遥感解译成果 | | 1∶5 万 | ArcGIS | 8 套 |
| 29 | | 清江流域遥感解译成果 | | 1∶25 万 | ArcGIS | 8 套 |
| 30 | 物探 | 高密度电法广域电磁物探成果 | | MapGIS、jpg | | 1 套 |
| 31 | 钻探 | 水文地质钻探综合成果柱状图 | | MapGIS、jpg | | 5 张 |

## 六、元数据库

本次数据库建库工作依据《地质信息元数据标准》（DD 2006-06），对原始资料数据库、原始资料数据集、空间数据库、综合成果数据集建立元数据，使用中国地质调查局提供的元数据采集软件录入元数据，建成标准的元数据库。

原始资料数据库元数据采集时，原始资料属性库元数据库名称按“工作项目名称＋原始资料数据元数据库”命名。原始资料元数据库、维护信息、分发信息、属性列表已填写完整。

综合成果数据库元数据采集时，以图幅为单位记录元数据，即一张成果图件的所有说明信息为一条元数据记录，成果图件元数据库名称按照“工作项目名称＋成果图件元数据库”命名。成果图元数据库，图件的坐标系名称、投影参数、分发信息、属性结构描述文件、要素类型名称、属性列表等数据内容都已填写完整。

数据集元数据库：以数据集类别为单位建立元数据库，即一个类别的数据集建立一条说明该数据表信息的元数据记录，数据集元数据库名称按“工作项目名称＋数据集名称＋元数据库”命名。数据集元数据库、维护信息、分发信息、属性列表已填写完整。

此次共提交了元数据共 30 条，包括清江流域水文地质调查“在线调查”原始资料库元数据库 1 条、原始资料数据集元数据库 8 条、综合成果图件元数据库 21 条(表 12.3.5)。

**表 12.3.5　元数据库工作量完成情况一览表**

| 序号 | 元数据类型 | 元数据库名称 |
|---|---|---|
| 1 | 原始资料数据库 | 清江流域水文地质调查原始资料数据库元数据库 |
| 2 | 原始资料数据集 | 清江流域水文地质调查剖面测量 |
| 3 | | 清江流域水文地质调查溶洞测量 |
| 4 | | 清江流域水文地质调查物探 |
| 5 | | 清江流域水文地质调查钻探 |
| 6 | | 清江流域水文地质调查遥感 |
| 7 | | 清江流域水文地质调查野外试验方法类元数据库 |
| 8 | | 清江流域水文地质调查样品测试类元数据库 |
| 9 | | 清江流域水文地质调查水资源评价 |
| 10 | 综合成果数据库(集) | 清江流域水文地质调查实际材料图 |
| 11 | | 清江流域水文地质调查统测实际材料图 |
| 12 | | 《贺家坪幅》(H49E009012)水文地质图(1∶5 万)元数据库 |
| 13 | | 《高家堰幅》(H49E009013)水文地质图(1∶5 万)元数据库 |
| 14 | | 《贺家坪幅》(H49E009012)环境地质图(1∶5 万)元数据库 |
| 15 | | 《高家堰幅》(H49E009013)环境地质图(1∶5 万)元数据库 |
| 16 | | 清江流域水文地质图(1∶25 万)元数据库 |
| 17 | | 南襄盆地水文地质图(1∶25 万)元数据库 |
| 18 | | 长阳大长冲水文地质图(1∶1 万)元数据库 |
| 19 | | 长阳大长冲环境地质图(1∶1 万)元数据库 |
| 20 | | 龙洞水文地质图(1∶5 万)元数据库 |
| 21 | | 龙鳞宫水文地质图(1∶5 万)元数据库 |
| 22 | | 鱼泉洞水文地质图(1∶5 万)元数据库 |
| 23 | | 渔洋关水文地质图(1∶5 万)元数据库 |
| 24 | | 长江流域水文地质与水资源环境图集 |
| 25 | | 长江流域湖北、河南、陕西地下水资源年度评价图集(册) |
| 26 | | 长江流域湖北、河南、陕西地下水资源周期评价图集(册) |

续表 12.3.5

| 序号 | 元数据类型 | 元数据库名称 |
|---|---|---|
| 27 | 综合成果数据库(集) | 清江流域、渝东北、江汉平原、南襄盆地重点区统测图集(册) |
| 28 | | 长江流域地下水统测图集(册) |
| 29 | | 长江流域地下水资源年度评价图集(册) |
| 30 | | 长江流域地下水资源周期评价图集(册) |

## 第四节　使用时注意的问题

(1)表格中部分数据项缺失,主要是由于野外调查时无法获取或收集的已有资料中亦无相关调查数据。

(2)部分机民井调查数据中缺少现场测试内容、平面图、剖面图等是因为该部分机民井是地下水统测内容,其调查内容与水文地质调查中机民井调查内容不同。

(3)水文地质钻探、样品测试在水文地质"在线调查"系统中只有部分调查表,因此只有部分录入"在线化"原始资料数据库中,完整的水文地质钻探、样品测试数据以原始资料数据集中存放为主。

(4)由于剖面测量、物探、遥感解译、水资源评价数据在水文地质"在线调查"系统中没有对应的录入模块。因此,本次建库工作提交的物探、遥感解译数据作为数据集的形式存放于原始资料数据集中。

# 第十三章　结论与建议

## 第一节　解决的资源环境问题

本项目已全面完成2019—2021年目标任务，系统分析了统测报告和动态变化特征，进行了地下水资源评价、水资源承载能力评价、重点流域调查、地表水-地下水一体化调查、水量-水质-水生态评价，在长期水文监测工作的基础上，对清江流域的水文地质特征进行了研究，并探讨了地表水与地下水一体化的评价体系，对地下水资源量、地下水质量、清江流域对长江大保护的作用进行了评价，取得了以下主要认识。

### 一、查明了清江流域水文地质背景条件

清江流域水文地质调查项目2019年、2020年以及2021年先后完成了《贺家坪幅》《高家堰幅》水文地质填图；清江流域、甘溪鱼泉洞、恩施龙洞和龙鳞宫暗河水文地质填图；补充性水文地质调查编测。根据水文地质条件将清江流域初步划分成了6类地下含水系统。将地下水流系统进行了分类，包括地下河、岩溶大泉以及分散排泄系统，并对其进行了分析。地下河根据补给方式的不同，分为地表水灌入式补给地下河系统、洼地落水洞灌入式补给地下河系统、地表水渗入式补给地下河系统和降水渗入式补给地下河系统4个类别。岩溶大泉系统根据含水介质类型的不同，分为洼地落水洞灌入式补给岩溶大泉系统、地表水渗入式补给岩溶大泉系统和降水渗入式补给岩溶大泉系统三大类。分散排泄系统根据排泄方式的不同，分为基岩裂隙水流系统、表层岩溶泉系统。

重点介绍了岩溶水系统4类结构模式：单斜单层裂隙分散排泄型、背斜核部双层管道裂隙集中排泄型、背斜两翼裂隙分散排泄型、断裂管道裂隙分散-集中排泄型，并且详细介绍了每类岩溶水系统的分布特征、结构特征以及水流运移特征。对3组典型地下水系统进行了详细的分析，主要从边界条件、地质结构特征、补径排条件、水文规律、水动力特征等角度，全面分析了清江流域最有代表性的红岩泉地下河、五爪泉暗河、酒甄子地下河3个系统。

清江流域的地下水动态与大气降水关系紧密，受大气降水补给控制明显，与地表水动态相差无几，主要受大气降水调控。不同结构对降水快速响应特征也不同，地下河管道型响应时间更短，补给迅速；管道-裂隙型起峰时间较长，补给速度慢，裂隙释水缓慢。在时空角度观察下，各地下河及岩溶大泉流量年际变化明显，受大气降水调节，枯雨季流量相差大，验证了以管道和地下河为主的区域陡升陡降的流量特征。

## 二、基本掌握了重点地区(南襄盆地)地下水位动态变化

南襄盆地2020年浅层地下水水位与2019年同期相比,高水位期总体呈下降趋势,下降区面积占监测区面积的近45%,而上升区面积占监测区面积的6%;低水位期总体呈上升趋势,上升区面积达到统测区面积的86%以上,而下降区面积占比不足统测区面积的0.73%。2021年浅层地下水水位与2020年同期相比,高水位期总体呈上升趋势,平均变幅2.97 m,上升区面积占绝大多数监测区面积的96.15%。根据南襄盆地(河南部分)丰、枯水期等水位线图对比分析,地下水流向整体西、南、东向北流动,伴随着城市地下水的大规模集中供水利用,出现王庄镇-前高庙降落漏斗。但是通过与往年资料进行对比发现地下水位正不断呈现出回升的趋势,漏斗面积将不断减少。

## 三、查明了长江流域内湖北、河南、陕西三省的地下水资源量

本次地下水资源计算分区采用了六级分区,以六级评价单元作为地下水资源量计算单元。长江流域内湖北、河南、陕西三省本次划分共涉及3个地下水资源二级区,并划分出9个三级地下水资源区、20个四级地下水资源区、41个五级地下水资源区、47个六级地下水资源区。长江流域湖北、河南、陕西三省年均地下水资源总量为406.572亿$m^3$,2001年三省地下水资源量均处于近20年间最低水平,湖北省最多年份为2020年,陕西省、河南省最多年份分别为2010年及2009年。湖北省境内年均地下水资源总量为288.615亿$m^3$,占总数的70.99%,碳酸盐岩岩溶水、基岩裂隙水以及松散岩类孔隙水为主要组分。河南省境内年均地下水资源总量为26.384亿$m^3$,占总数的6.49%,主要由松散岩类孔隙水构成。陕西省境内年均地下水资源总量为91.570亿$m^3$,占总数的22.52%,主要由基岩裂隙水构成。地下水资源主要由松散岩类孔隙水、基岩裂隙水、岩溶水以及部分红层孔隙裂隙水构成。其中基岩裂隙水占38.0%;碳酸盐岩岩溶水占33.0%;松散岩类孔隙水占27.0%;红层孔隙裂隙水占2.0%。

## 四、集成了长江流域地下水资源量

2020年、2021年评价表明,长江流域地下水资源量分别为2 421.7亿$m^3/a$和2 451.41亿$m^3/a$。按三级评价分区,2000—2020年周期性评价表明,长江流域的地下水资源总量为2 423.52亿$m^3/a$,碳酸盐岩类岩溶水占48.3%,为1 170.51亿$m^3/a$,松散岩类孔隙水、基岩裂隙水以及红层孔隙裂隙水分别为378.62亿$m^3/a$、568.94亿$m^3/a$、309.88亿$m^3/a$。资源量最大三级评价分区为金沙江流域区(GF-1-1),为469.05亿$m^3/a$;最小为鄱阳湖平原区(GF-4-1),面积也最小,仅为19.54亿$m^3/a$。地下水资源模数最大为乌江流域区(GF-2-4),最小为四川盆地汇流区(GF-2-2)。

长江流域内各省2000—2020年多年平均地下水资源总量为2 423.52亿$m^3/a$。其中山丘区地下水资源量占总量的86.4%,为2 093.02亿$m^3/a$,平原区地下水资源量为334.93亿$m^3/a$,重复量为4.43亿$m^3/a$。资源量最多的为四川省,单位面积最丰富的为广西壮族自治区,最贫乏的为福建省。

## 五、基本查明了清江流域地下水化学特征、主要物质来源及水质状况

通过SPSS软件对岩溶水阴阳离子和TDS进行相关分析，揭示了清江流域地下水化学成因。$Mg^{2+}$与$Ca^{2+}$和$HCO_3^-$的相关性最好，$Mg^{2+}$主要来源于白云岩溶解；$Na^+$与$Cl^-$相关性较好，$Na^+$和$Cl^-$主要来源于岩盐溶解。$Ca^{2+}$与$Na^+$、$K^+$相关性较好，$SO_4^{2-}$与$Cl^-$相关性最好，说明两组阴阳离子有相同的物质来源；$NO_3^-$与$K^+$、$Na^+$、$SO_4^{2-}$、$Cl^-$相关性差，说明人类污染并非主要来源。结合以灰岩、白云岩为主的碳酸盐岩等矿物分布特征，可以推断来源为清江流域的蒸发岩。

清江流域存在六大岩溶含水层岩组，不同地层岩性或相同地层不同出露条件差异导致水化学成分有一定差异。岩溶水化学类型主要为$HCO_3$-Ca型；下寒武统、奥陶系、二叠系及三叠系含水岩组中$Mg^{2+}$含量较低，震旦系及上寒武统岩溶水的$Ca^{2+}$、$Mg^{2+}$含量较高。震旦系含水岩组中$SO_4^{2-}$含量较高；上寒武统为蒸发相白云岩，$Na^+$、$SO_4^{2-}$、$Cl^-$含量较高，但变异系数较大；二叠系地下水中$SO_4^{2-}$含量为19.491mg/L，并且分布有煤系地层，煤系地层中常有黄铁矿（$FeS_2$）；三叠系嘉陵江组—巴东组岩溶水$Na^+$、$K^+$、$SO_4^{2-}$、$Cl^-$较高，来源于蒸发岩中矿物；$Sr^{2+}$主要赋存于下寒武统、二叠系及三叠系中。

清江流域岩溶地下水TDS范围在133.22～758.38mg/L之间，化学组成集中并大部分落在岩石风化控制区域，主要受岩石风化作用控制。但盐池温泉受断层影响，数值偏高。通过SPSS软件对清江岩溶地下水进行主成分分析，结果显示，3个主成分的方差贡献率分别为51.847%、20.812%、11.354%。与第一主成分PC1的特征值相关的是$Ca^{2+}$、$Mg^{2+}$、$Na^+$、$K^+$、$HCO_3^-$、$SO_4^{2-}$、$Cl^-$，反映水岩作用的影响；与第二主成分PC2的特征值相关的是$Ca^{2+}$、$Mg^{2+}$、$HCO_3^-$，这3种指标与区域的白云岩密切相关，PC2反映了白云岩对清江流域岩溶地下水组分的影响显著；与第三主成分PC3的特征值相关的是$Ca^{2+}$、$Cl^-$、$NO_3^-$，推测PC3和大气降水输入有关，反映了大气降水输入对地下水的影响。

清江流域山丘区水质良好，水温一般为16～18℃，属于岩溶发育区，大部分水样是岩溶水，在泉点和地下河点取得。地下水及地表水呈弱碱性，其水化学类型主要为$HCO_3$-Ca型。水质良好率达到92%，适合作为生活饮用水和各种农业用水。

## 六、基本掌握了长江流域地下水质状况

本次水质评价工作完成了长江流域内湖北、河南、陕西三省内水样的综合水质分析，按潜水和承压水分别进行了地下水水质单项组分评价和综合评价。湖北省内清江流域地下水统测采集20项指标；其他范围内水质评价采集29项指标。湖北省内清江流域地下水多呈低矿化度重碳酸型水，长江流域湖北、河南、陕西三省境内共581个取样点，评价结果Ⅳ类、Ⅴ类水占比较大，Ⅰ类水占比23.9%、Ⅱ类水占比20.1%、Ⅲ类水占比0.4%、Ⅳ类水占比33.6%、Ⅴ类水占比22%。

平原区综合评价为Ⅳ—Ⅴ类水较多，水温一般为17～24℃。平原区323个超标水样中有258个水样存在肉眼可见物，占比79.8%，肉眼可见物、浑浊度、铁是超标水样主要影响因子，

部分水样中的锰、砷含量也偏高，属原生劣质水。集中在江汉平原和南襄盆地两平原区，包括汉江流域和东荆河流域、盆地南部、江汉平原内中层承压水等取样区。

### 七、建立了地下水资源调查评价数据库

本次清江流域水文地质调查工作，取得了野外调查、遥感、钻探、物探、测量、动态监测、样品测试等众多数据资料，形成了重要的原始资料、文档、图件等成果数据。为了能够保存、分类、整理以及再利用，数据库的建设是不可或缺的。数据库主要包括原始资料数据库、综合成果数据库和元数据库。综合成果数据库是建库的主要内容，需要将项目调查的综合成果图数字化，参照图件编制规范与数据库建设规范，最终形成 MapGIS 格式等格式电子文件。原始资料数据库以野外调查数据为主体，使用“水文地质与水资源调查”APP 野外移动端采集，建库工作分为数据采集、数据录入、数据核查和数据整理 4 个过程。元数据库：利用“地质信息元数据采集系统”完成清江流域水文地质调查数据库元数据的录入、修改编辑等元数据建设。

数据库的建设，包括数据的提交、上传、打包、分类和汇总等诸多步骤，并且严格要求数据的提交格式，还要充分消化和吸收野外调查资料，野外施工资料，监测、检测与样品测试资料以及收集所得前人报告文献等资料。这些资料获取的过程中要严格遵守相关标准，不仅要系统全面地进行资料收集，还要对所获得资料综合分析与汇总。遵循国家出台的各项标准，配置好系统环境，严格数据库建设原则，按照数据采集、检查入库、统计分析、成果编制、报告编制、质量检查等流程，建成清江流域水文地质调查数据库。数据库成果主要包括在线化原始资料数据库与原始资料数据集、空间图形的成果数据库与成果数据集，以及标准的元数据库等 5 项内容。本次项目的数据库建设以工作成果为基础，严格把控三级质量检查体系，精确每项数据库建设的标准要求，数据质量由项目组成员按程序严格把关，谨慎注意数据库建设中的问题，履行自检、互检、抽检的质量检查程序，并根据检查结果进行相应调整，最终再次对照检查无误后提交验收。

## 第二节　成果转化应用及有效服务

### 一、打井找水服务脱贫攻坚与高质量发展

贺家坪镇现有供水水源主要为两处，即头道河水库和老雾冲水源地，通过收集资料，两处水源地供给能力均为 105 L/(d·人)，根据宜昌市水资源规划制定的 100 L/(d·人)的用水标准，在枯水期现有水源地很难全时段保证居民正常生活用水。贺家坪镇集中供水工程情况见表 13.2.1。

大长冲村海拔在 1000m 以上，地貌类型属高山台原区，是长阳高山蔬菜的种植基地之一。大长冲村上面土壤多呈弱酸性，腐殖质深厚，土层深，熟化程度高，水资源丰富，适宜多种蔬菜作物生长，然而由于地表岩溶化程度高，水资源具有来得快、去得快的特点。虽然当地居民采用蓄积雨水、引用表层泉水、开挖水井、修建蓄水池等方法应对缺水危机，但由于客观条件限制，雨季过后当地居民仍会出现缺水的现象。如“天河水”——居民通过房顶蓄水或开挖地

表 13.2.1　贺家坪镇集中供水工程情况

| 水厂所在乡镇 | 工程名称 | 建成时间/年 | 设计供水规模/($m^3 \cdot d^{-1}$) | 日实际供水量/($m^3 \cdot d^{-1}$) | 受益人口/人 | 供水入户人口/人 |
|---|---|---|---|---|---|---|
| 贺家坪 | 老雾冲供水工程 | 2007 | 63 | 63 | 600 | 600 |
| 贺家坪 | 贺家坪集镇供水工程 | 2002 | 63 | 63 | 600 | 600 |
| 贺家坪 | 紫台村大长冲供水工程 | 2015 | 70 | 70 | 573 | 573 |

表水池对雨水进行收集利用(图 13.2.1);开发地下水——利用表层岩溶泉及开挖水井(图 13.2.2);修建蓄水池——人工修建蓄水池,蓄积地表水(图 13.2.3)。

图 13.2.1　水源利用模式——“天河水”

图 13.2.2　水源利用模式——开发地下水

针对该现状,分别在老雾冲村集中供水水源地旁及大长冲村布设水文地质钻孔 ZK01 和 ZK02(图 13.2.4),通过揭露深层地下水为当地缺水问题提供后备方案。贺家坪镇与沪渝高速公路入口及长阳火车站仅 1km 之遥,又有 318 国道穿村而过,有良好的交通主动脉。常住人口 887 户 2945 人,按照全国城市居民生活用水量最低标准[75L/(人·d)],日均蓄水量 220.8$m^3$/d,贺家坪镇 3 个供水水源地设计日供水能力合计 196 $m^3$/d,在雨季往往达不到供水能力,存在较大的供水缺口。

图 13.2.3　水源利用模式——蓄积地表水

ZK01抽水试验过程　　ZK02施工过程

图 13.2.4　水文地质钻孔抽水试验及施工现场

ZK01 现已进尺 210m，根据 86m 钻至南津关组后开展的第一次抽水试验(表 13.2.2)，对该孔的供水能力有了初步了解。经计算，最大单孔涌水量 350 $m^3/d$，可解决 4600 人用水，能从根本上解决当地用水问题。

**表 13.2.2　ZK01 第一次抽水试验参数**

| 序号 | 井径/m | 层厚/m | 流量/($m^3 \cdot d^{-1}$) | 降深/m | 渗透系数/($m^3 \cdot d^{-1}$) | 影响半径/m | 涌水量/[$L \cdot (s \cdot m)^{-1}$] |
|---|---|---|---|---|---|---|---|
| 1 | 0.065 | 58 | 24.0 | 27.4 | 0.015 0 | 33.6 | 0.010 |
| 2 | 0.065 | 58 | 15.6 | 16.6 | 0.014 7 | 20.2 | 0.011 |
| 3 | 0.065 | 58 | 9.8 | 8.4 | 0.016 2 | 10.7 | 0.014 |

ZK02 布设于大长冲村，根据地球物理勘探资料，地下 100m 左右为低阻带，推测为岩溶管道发育层位，该孔以揭露该岩溶管道地下水为目的，预计完孔后将大大改善大长冲村枯季供水量不足的问题。

## 二、分析了水资源动态变化对长江大保护的影响

长江大保护应该深入推进长江经济带“生态优先，绿色发展”的建议。其中，清江流域人类活动较为频繁，导致清江流域的动态变化波动较大，考虑会对长江大保护产生影响，分别对清江流域梯级水库开发对水资源、汉水南水北调开发对水环境和湖泊湿地对生态系统3个方面的影响进行了论述分析。清江中下游建设“水布垭—隔河岩—高坝洲”3个梯级工程，建有水电站共13座，导致天然河道产生严重隔断与镶嵌效应，破坏了河流的连续性，主要表现在对水量、水质和水生态3个方面的影响。水布垭水电站、隔河岩水电站、高坝洲水电站3个水电站，均出现过数次生态溢水和连续性的生态缺水。在一定程度上导致水体富营养化、水质恶化，还导致生态用水不足、部分鱼种生存空间压缩、鱼类生存繁殖环境破坏、水库蓄水和地表植被以及陆生动物的栖息空间减少。水域面积扩大给鸟类带来有利条件，利于发展库区渔业。

南水北调调水后，水资源数量大幅减少，水环境容量下降，水资源承载力降低。南水北调导致汉江防洪形势变好，并且加强了水库枯水季节的容量；造成部分地区供水不足，农业、汉江航道受到影响，渔业、旅游业的相对削弱；水体自净能力减弱，破坏生态平衡；引水工程的引水能力下降，影响灌溉效益，工业用水、航道运输受到不利影响；上、中游污染汇聚，污染物负荷加重。

湖泊、湿地是陆地生态系统和水域生态系统相互交叉作用的特殊生态系统，在调蓄洪水、减免洪涝灾害、调节气候、涵养长江水源、保护其水质以及维系区域水汽循环平衡起到重要作用，并孕育了种类纷繁的生物物种，是物种资源库和基因库。如今一些人类活动导致了湿地环境污染，湿地整体价值受损等。还有一些人类工程，如三峡工程对中游湿地起到了保护作用，减少了下游泥沙淤积，枯季调蓄也提高了湖泊湿地环境容量，为水体稀释自净、消纳污染提供了有利条件。建议强化国家级湿地自然保护区保护措施，制定三峡湿地地方性保护法，分区、分级落实三峡湿地自然保护区建设，加强三峡湿地重要性的宣传教育，提高公众保护意识，全面实施长江流域生态环境的恢复重建。

## 三、建立了水资源-水环境-水生态等多维度承载能力评价方法

完善清江流域水资源承载力评价理论与方法，探索建立流域水量-水质-水生态多维度评价方法体系，统筹考虑不同主体功能区差异化的考评重点、“三水共治”的任务，与“三线一单”和国土空间适宜性评价相衔接、保护与发展的关系等多个方面，同时兼顾原值、余量、潜力评价和情景分析，以及单项、集成评价和耦合分析，构建了清江流域水资源承载力评价指标体系与方法（图13.2.5～图13.2.8）。

在清江流域水资源评价成果数据的基础上，进行极差法标准化，采用变异系数法计算权重，最终采用加权TOPSIS法计算出综合评价值。清江流域水资源承载力分别进行了原值评价、余量集成评价与潜力集成评价，以及水资源、水环境、水生态等多个维度的评价。评价结果表明，恩施市、利川市和宜都市的水资源禀赋条件较好，五峰土家族自治县的水资源禀赋条件最差。恩施市水资源综合承载能力最强，利川市次之，宜都市最弱。恩施市、利川市、建始

县、咸丰县等鄂西县(市)表现为水环境滞后型,巴东县、宣恩县、鹤峰县等县(市)表现为水资源滞后型,宜都市、长阳土家族自治县、五峰土家族自治县等宜昌东部县(市)表现为水生态滞后型。

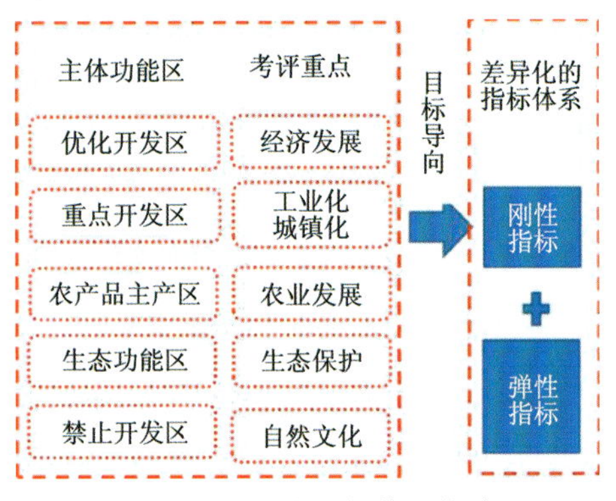


图 13.2.5 评价指标体系构建图

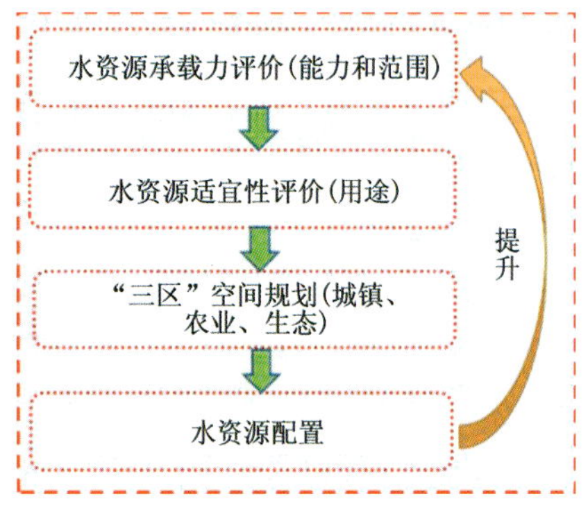


图 13.2.6 水资源承载力提升的循环过程

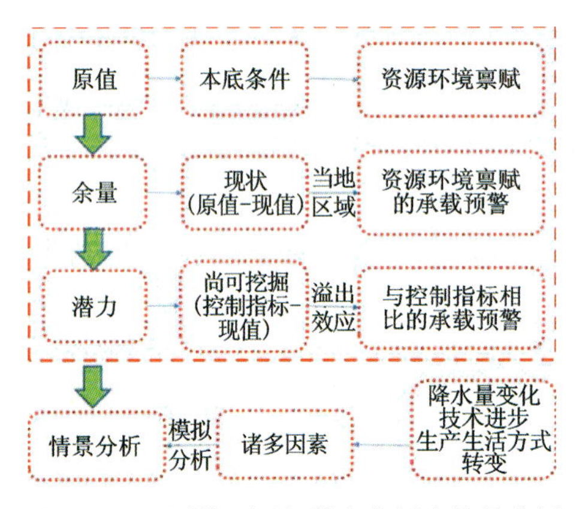


图 13.2.7 原值、余量、潜力分析和情景分析

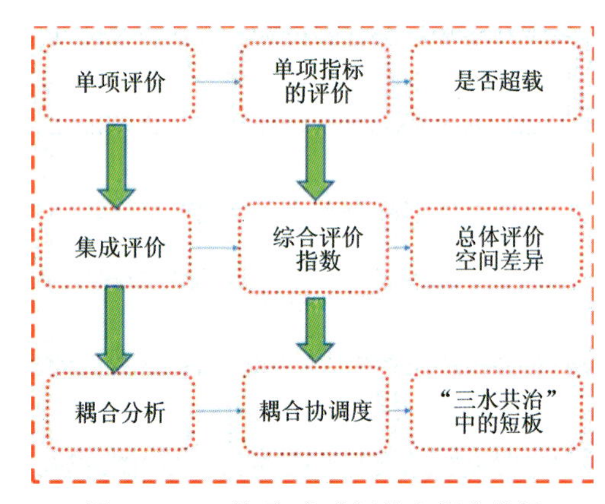


图 13.2.8 单项、集成评价和耦合分析

## 四、白石河水污染调查服务环境治理

陕西省白河县硫铁矿开采污染导致河水以及河床变黄,产生酸性废水,水中铁离子、锰离子含量超标严重,给当地居民造成了困扰。针对该地磺水问题,中国地质调查局武汉地质调查中心长江流域水文地质水资源调查工程项目组,对区内的水质情况进行了野外调查和现场简易监测(图 13.2.9),初步识别了研究区水质超标情况并分析了引起水质超标的主要原因,查明了已进行工程治理的部分堆渣场废水达标情况,针对尾砂库、弃渣场、废弃矿洞的处理提出了相关建议,为保障居民生活、生产用水安全提供支撑。

## 五、龙洞湾地下水污染调查服务地方管理

龙洞湾地下河为清江一级支流龙洞河中游左(东)岸大型地下河,2019 年夏季在强降水的影响下,补给区洼地垃圾填埋场发生防渗层破损,导致了大规模的地下水污染问题,直接影响

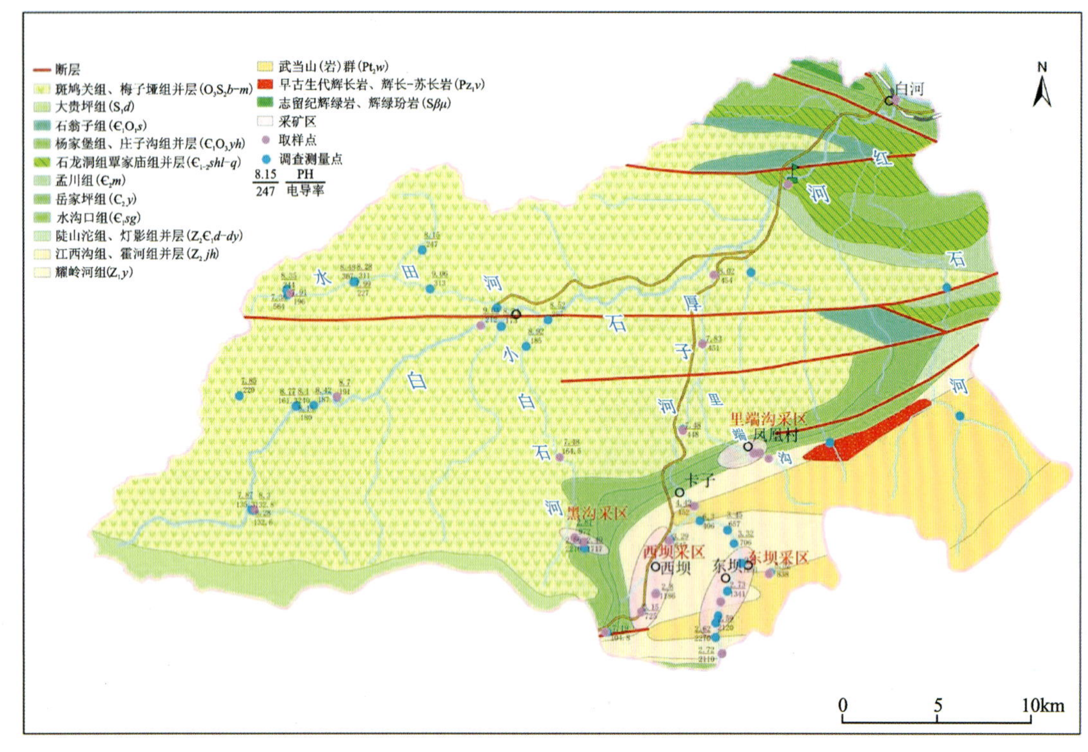


图 13.2.9 白石河流域水文地质调查点分布图

了清江干流水质和水生态健康。项目组开展地面调查，分析了恩施龙洞湾地下河系统的补径排特征，基于示踪实验和水化学分析查明了龙洞湾地下水污染的主要来源，服务恩施市岩溶地下水污染防治，得到了恩施市领导的充分肯定。

## 第三节 科学理论创新与技术方法进步

### 一、提出了基于流域水循环的地表水-地下水资源一体化调查-监测-评价方法

现有的地表水资源或地下水资源调查评价工作往往将地表水和地下水作为孤立的要素进行评价，缺乏对两者转化关系的分析以及对流域水文循环的整体考虑。本项目基于流域水循环和地下水流系统理论，通过开展流域下垫面条件和区域水文地质调查，针对流域内各水均衡要素，开展系统的气象水文监测，识别并求取重要水文要素的关键转换参数，查明流域内地下水补给-径流-排泄条件以及地表水-地下水转换关系；以地下含水系统和典型子流域为单元，分析地表水与地下水转化方式和类型，确定流域水循环的基本规律和水均衡方程，建立流域水文地质概念模型，融合水文-水文地质综合分析评价方法和流域水文学方法，构建了地表水-地下水耦合模型，形成了基于流域水循环的地表水-地下水资源一体化评价方法体系。方法体系包括：①地表水-地下水资源一体化调查方法；②地表水-地下水资源一体化监测方法；③地表水-地下水资源一体化评价方法。

针对地下水资源区的特点，提出了不同地表水-地下水转换模式下的水资源评价方法体系。对于具有集中排泄的岩溶大泉或地下河的岩溶山区，提出了包括岩溶管道快速流和裂隙慢速流的地下水资源概念；基于季节性统测或长期自动化监测与水文分析，识别并计算快速流、慢速流组分资源量，提出了利用次降水径流分析方法获取流域次降水入渗补给系数和利用泉域法计算地下径流模数的两种地下水资源评价方法。对于地下水向地表水分散排泄的岩溶山区或基岩裂隙水地区，基于地表径流监测数据，利用基流分割法计算降水入渗补给系数，并采用上下游断面测站进行水资源量校核。对于地表水与地下水转换关系复杂的平原盆地区，基于气象、水文和地下水位数据，在每个地下水资源计算单元内利用水均衡法计算各均衡项，实现补给量和排泄量的计算与均衡分析。在流域尺度上，针对丘陵山区、平原盆地和盆山转换地带的组合关系，建立地表水-地下水耦合模型，嵌套各地貌单元的地表水-地下水转换模式，实现地表水-地下水资源一体化评价。

## 二、建立了分层封隔地下水流速流向监测及“极限方程法”计算方法

利用胶囊管道孔镜结合井内摄像仪，研发深井找稳抓捕器、高保真分层封隔器，实现了对监测目标含水层或裂隙的精确定位，解决了管道孔镜数据采集时探头在井中的摆动问题，屏蔽了地下水在井中垂向流动所引起的流速流向干扰，为采集高精度数据提供技术保障。将管道镜监测得到的瞬时流速值和流向方位角，转换为直角坐标系中的南北向、东西向分量，并按照选定的时段计算出南北向、东西向的时均流速分量，这个过程可以消减由于瞬时流速数据过多、分布不均匀所造成的数据冗余问题。

累积流速-监测时间曲线拟合方程极限分析可以计算出地下水实际流速。各时段时均流速的南北向和东西向分量与计算时均流速时选定的时长的积，分别对应各时段质点在南北向、东西向的位移距离，多个时段位移距离的累加，可以编制出质点位移轨迹图。各时段质点相对于原点（计算的起点）的南北向、东西向位移分量，可以计算出该时刻质点的累积位移距离和方位角，该位移距离与完成该位移的时间比值称为累积流速。累积流速是自计算开始至结束时间内一组连续的数据，可以用来建立“累积流速-监测时间”曲线。曲线形态可分为“L”“Γ”“V”和“Λ”4 种类型，可以拟合成指数方程或对数方程。监测时间越长累积流速越接近监测点地下水的真实流速。实际流速是对“累积流速-监测时间”曲线拟合方程取监测时间趋于无穷大时计算的地下水累积流速极限值，该值可代表监测点地下水流速的实际值。总体上，基岩裂隙水的流速是瞬时流速＞时均流速＞累积流速≥实际流速，在灰岩含水层出现了累积流速略小于实际流速。

基岩裂隙水流速与含水层岩性关系明显。对典型监测井的地下水流速流向监测计算表明，基岩裂隙水流速差异大，瞬时流速为 415.42～635.17μm/s，时均流速为 339.25～432.16μm/s，累积流速为 188.30～412.92μm/s，实际流速为 186.82～412.95μm/s。基岩裂隙水流速与含水层关系密切，与含水层岩性、裂隙发育程度和填充条件、结构面的均一性等因素有关。实际流速和累积流速表明，灰岩溶隙裂隙水流速＞片岩变质裂隙水流速。主要原因是灰岩发育层理面，且均一性较好，沿层理面易被地下水溶蚀，钙质物呈离子状态随地下水流失，从而发育成溶隙；片岩沿一定的方向发育片理，均一性较好，但沿片理面形成的泥质物不

易流失而充填在结构面上影响地下水的流动。

为提高工作效率，针对不同类型含水层，可根据不同的精度要求选择不同的方法来监测计算裂隙水流速流向。首先，获得高精度基岩裂隙水流速流向的最有效方法是实际流速法，应用实际流速法才能获得误差小于5%的变质裂隙水。其次，累积流速法适用性广，误差小于20%。最后，时均流速法适应性较广，误差小于50%。

## 三、制定了地下水统测、地下水资源评价技术要求和指南

制定了长江流域地下水统测、地下水资源评价技术工作方案和技术指南，统一了全流域地下水统测和地下水资源评价技术要求，建立了3类6种地下水评价模型及地下水评价参数计算方法，为长江流域地下水统测、地下水资源评价提供了技术支撑。

## 四、建立了地下水资源量计算水文地质模型

地下水资源量计算水文地质模型主要分为平原区、岩溶山区以及基岩山区水文地质模型。将研究区水文地质模型归为3类6种，全面概括了研究区内的主要平原、岩溶山区、基岩山区主要地形地貌。

以江汉平原为代表将平原区水文地质模型分为山前盆地型和河间地块型，进行平原盆地区补给量和排泄量的计算与均衡分析。补给量包括降水入渗补给量、山前侧向补给量、地表水体补给量、其他补给量，各项补给量之和为总补给量。排泄量包括地下水蒸发量、河流排泄量、地下水径流排泄量、人工开采量。平原盆地区资源量的计算涉及的水文参数有大气降水入渗补给系数$\alpha$、潜水蒸发系数$C$、渗透系数$K$、含水层厚度$M$、给水度$\mu$等。

清江流域属于典型的岩溶山区，水文地质模型按照碳酸盐岩岩溶水排泄方式分为地下河型、岩溶大泉型、岩溶裂隙分散排泄型。岩溶区地下水资源量计算常采用降水入渗补给系数法、泉域法、基流分割法等。需要分析流域内基本条件，进行水资源评价分区，分别利用次降水入渗补给系数法、泉域法计算水资源量，然后利用基流分割法进行校正调参。根据各分区面积以及径流模数可计算清江流域地下水资源量；根据不同岩性对应不同降水的次降水入渗补给系数，求取年平均降水入渗补给系数，再通过各分区面积及降水量计算地下水资源量；泉域法：通过丰、枯水期实测流量的平均值与圈画的地下水系统面积，可计算出其所在含水层的年平均丰、枯水期径流模数，在利用径流模数反推降水入渗补给系数时，再结合分区面积可计算地下水资源量。基流分割法校核：选择水文站控制的小流域进行多年径流数据基流分割，分割所得基流量视为天然地下水排泄量，亦为校核水资源量。

基岩裂隙出露面积较小，同时其透水性及富水性均较差，地下水多以小型泉来分散排泄，主要以小型季节性泉点来排泄。基岩山区地下水资源量采用基流分割法，利用河川径流量的长观资料分割地下水径流量，结合降水资料反推多年平均降水入渗补给系数，再利用评价期内降水量计算地下水资源量。

## 五、初步建立了以地下水为主的流域监测网络

整体数据库的建设依托长江流域水文地质与地下水资源数据集，全长江流域基础资料，

掌握区域地下水流场、地表水与地下水补排关系，划分不同级次的地下水资源区，掌握地下水资源量、地下水质量以及地下水化学特征，进而研究地下水循环模式，服务于水资源利用、生态地质环境问题调查评价与趋势预测，并提出保护建议，最终汇总长江流域水文地质、生态环境及综合评价成果数据集。清江流域地表水-地下水一体化多尺度的水文要素长期监测网络的建设，是长期大尺度水文资料获取的重要前提保障，整体工作包括平台架构、实验场建设、监测网布局、野外巡查与组网，以及数据采集与分析，最终汇总到数据库，服务于清江流域监测、开发与保护。基于多空间尺度水文要素长期监测，开展地表水-地下水循环过程、不同尺度的流域调查，建立地表水、地下水、气象三位一体的全流域、子流域及末级利于水文-气象监测的网络，从而实现地表水-地下水一体化评价。已建成监测站28个，介绍了最为典型的丹水流域地表水-地下水一体化评价成果，重点详细地调查了丹水流域的水文地质调查和三水转换规律，选择了老雾冲流域、五爪泉泉域、酒甄子泉域3个末级流域为典型流域开展水文气象监测。

## 第四节　人才培养与团队建设

### 一、团队建设

构建了长江流域水文地质与水资源调查评价团队，形成了“7省-2所-1校-1中心”的长江流域水资源调查评价与监测体系，组建了综合协调和成果集成组、评价参数和计算方法研究组、数据库建设和图件编制组、地下水统测组、水质评价组5个专题组。支撑了武汉地质调查中心申报中国地质调查局“地质调查支撑服务脱贫攻坚优秀团队”。

培养了青年科学研究人员9名，获评高级工程师2名，培养了博士研究生4名，硕士研究生36名，本科生8名。2019—2021年，依托所承担项目成功获批国家重大研发计划课题2项、面上基金2项、青年基金1项。获评国家基金委访问学者资助2人。培养技术骨干2名，均获评高级工程师。图13.4.1为项目野外工作队伍。

### 二、论文发表

在本项目支持培养青年科学研究人员的同时，各位研究学者在2019—2021年期间，先后发表了27篇中文核心论文，5篇SCI论文，3篇EI论文。团队目标是在项目实践的同时，将生产与研究相结合，在实践中开创研究创新；在项目工作的同时，培养青年科学研究人员研究领域的经验与技术。在研究领域的成就更能体现项目的重要性，从侧面反映了人才培养的重要环节，鼓励研究人员产学研相结合，多学多做多创作优秀文章，做出更优异的成绩。

### 三、重点专项与专利

本项目团队成员积极参加科研活动，努力创新发明，获批国家知识产权局实用专利4项，国家版权局软件著作权3项。

图 13.4.1 项目团队野外工作

# 第五节 问题与建议

长江流域水文地质水资源存在的主要问题是尚未建立系统的地下水长周期监测体系，难以获得系统、完整的资料，尤其是反映地下水与地表水交换关系的观测资料；部分地区背景参数资料缺失，如给水度、渗透系数等；水质数据不完整，尤其是山丘区地下水质数据控制程度低；不同部门、单位之间的资料共享合作机制尚未建立，数据共享障碍重重。

(1)加密长江流域地下水监测网点，建立全流域系统化、智能化、地表水-地下水一体化监测体系。建议开展长江中上游水文地质与水资源调查监测；加密建设生态脆弱区、边远地区、水资源涵养区、高强度开发建设区等重点地区的地下水-地表水一体化监测网点。

(2)加强典型地区水文地质调查，加快大区域水资源调查及快速评价方法创新研发。查明区域性主要含水层的空间展布及其水文地质参数变化，更新下垫面条件下变化后的水文地质参数。加强地下水资源属性、水循环规律、水资源快速评价方法研究，提升对地下水资源的认识，实时服务于确权管理与规划。

(3)加快部门、行业之间的数据共享机制建设。以自然资源部、水利部、生态环境部、农业农村部为主体，建立跨部门联合工作机制，建立共享制度，实现流域水资源数据资料的共建共享。

(4)在未来工作中，加强单孔实测与计算结果的验证。即与多孔传统方法的对比，同时关注单点流速流向与尺度的关系，特别是在非均质的基岩地区。

# 主要参考文献

包锡麟,费宇红,李亚松,等,2020.大武水源地断裂带关键水动力参数确定及污染防治对策[J].水文地质工程地质,47(5):56-63.

卞学军,王宇驰,梁晓艳,2018.鄂北丘陵山区变质岩-岩浆岩区地下水富集规律与供水模式研究[J].资源环境与工程,32(1):79-83.

常宏,章昱,李景富,等,2014.鄂西清江岩溶与地质灾害的关系[J].中国岩溶,33(3):288-293.

陈根深,郭绪磊,刘刚,等,2019.宜昌长江南岸岩溶流域典型区三维地质建模[J].安全与环境工程,26(2):1-8.

陈如冰,罗明明,罗朝晖,等,2019.三峡地区碳酸盐岩化学组分与溶蚀速率的响应关系[J].中国岩溶,38(2):258-264.

杜凤文,1987.江汉平原沙洋地区地下水系统分析[J].长春地质学院学报,17(4):431-440.

郭绪磊,陈乾龙,黄琨,等,2020.宜昌潮水洞岩溶间歇泉动态特征及成因[J].地球科学,45(12):4524-4534.

郭绪磊,朱静静,陈乾龙,等,2019.新型地下水流速流向测量技术及其在岩溶区调查中的应用[J].地质科技情报,38(1):243-249.

何军,陶良,徐德鑫,等,2022.多要素城市地质调查的实践及成效:以武汉市为例[J].华南地质,38(2):240-249.

湖北省地质调查院,2003.长江中游水患区环境地质调查评价报告[R].武汉:湖北省地质调查院.

湖北省水文地质工程地质大队,1985.湖北省江汉平原1∶50万第四纪地质调查报告[R].荆州:湖北省水文地质工程地质大队.

湖北省水文地质工程地质大队,1985.湖北省江汉平原环境水文地质与地方病现状调查研究报告[R].荆州:湖北省水文地质工程地质大队.

湖北省水文地质工程地质大队,1985.湖北省江汉平原冷浸田环境地质初步调查研究报告[R].荆州:湖北省水文地质工程地质大队.

湖北省水文地质工程地质大队,1988.湖北省1∶50万地下水资源评价报告[R].荆州:湖北省水文地质工程地质大队.

湖北省水文地质工程地质大队,1995.长江中游地区沿岸(宜昌—沙市段)环境地质综合勘查报告[R].荆州:湖北省水文地质工程地质大队.

湖北省水文地质工程地质大队,2000.湖北省1:50万环境地质调查报告[R].荆州:湖北省水文地质工程地质大队.

湖北省水文地质工程地质大队,2006.湖北省地下水资源调查评价报告[R].荆州:湖北省水文地质工程地质大队.

黄长生,张胜男,侯保全,等,2020.深井找稳抓捕器:202020981199.1[P].2020-06-02.

黄长生,张胜男,侯保全,等,2021.一种分层封隔高保真监测系统:202120511228.2[P].2021-03-11.

黄长生,周耘,张胜男,等,2021.长江流域地下水资源特征与开发利用现状[J].中国地质,48(4):979-1000.

贾晓青,刘建,罗明明,等,2019.基于改进的DRASTIC模型对香溪河典型岩溶流域地下水脆弱性评价[J].地质科技情报,38(4):255-261.

蒋文豪,周宏,李玉坤,等,2018.基于钻孔内地下水流速和流向的岩溶裂隙介质渗透性研究[J].安全与环境工程,25(6):1-7,18.

兰圣涛,周宏,曾圆梦,等,2021.基于模糊综合评判法的岩溶地区地层含水性评价:以三峡地区寒武系地层为例[J].安全与环境工程,28(2):133-141.

李玉坤,燕子琪,王纪元,等,2020.基于改进新安江模型的岩溶地区径流过程模拟:以庙沟岩溶流域为例[J].安全与环境工程,27(3):10-16.

李智民,刘云彪,赵德君,等,2014.鄂北严重缺水区地下水富集模式与找水实践[J].资源环境与工程,28(6):899-903.

梁杏,张婧玮,蓝坤,等,2020.江汉平原地下水化学特征及水流系统分析[J].地质科技通报,39(1):21-33.

梁永平,韩行瑞,时坚,等,2005.鄂尔多斯盆地周边岩溶地下水系统模式及特点[J].地球学报,26(4):365-369.

廖春来,罗明明,周宏,等,2020.鄂西岩溶槽谷区洼地的水位响应特征及产流阈值估算[J].中国岩溶,39(6):802-809.

刘丽红,李娴,鲁程鹏,2012.岩溶含水系统水动力特征研究进展[J].水电能源科学,30(7):21-24,79.

刘昭,周宏,曹文佳,等,2020.清江流域地表水重金属季节性分布特征及健康风险评价[J].环境科学,42(1):175-183.

刘昭,周宏,陈丽,等,2020.鄂西典型锰矿区河流表层沉积物中重金属的空间分布特征与污染评价[J].安全与环境工程,27(3):110-117.

刘昭,周宏,刘伟,等,2020.清江流域地下水重金属含量特征及健康风险初步评价[J].环境工程,39(5):196-203.

刘振夏,胡成,许子东,2020.大别山西南麓贫水山区富水规律及找水方向[J].地质找矿论丛,35(4):474-480.

陆石基,周宏,刘伟,等,2020.湖北秭归岩溶流域锶的分布特征与富集规律[J].中国地质,48(6):1865-1874.

罗厚义,陶果,孙耀庭,等,2004.CCSD-PPⅡ变质岩地层的裂缝评价[J].石油勘探与开发,31(2):81-86.

罗明明,陈植华,周宏,等,2016.岩溶流域地下水调蓄资源量评价[J].水文地质工程地质,43(6):14-20.

罗书文,张远海,陈伟海,等,2010.基于流域水文地貌系统的清江流域地貌研究[J].安徽农业科学,38(3):1646-1649.

罗晓容,陈荷立,王家华,等,1989.江汉盆地地层埋藏史研究[J].石油实验地质,11(4):370-378.

潘庆燊,1997.长江中下游河道演变趋势及对策[J].人民长江,28(5):22-24.

皮向东,胡顺华,熊莎,等,2019.湖北省典型流域地表水资源可利用量分析研究[J].中国水利(21):27-29.

孙毅,2015.清江上游岩溶流域径流特征及洪水预报[D].武汉:中国地质大学(武汉).

谭珉,2022.SWAT模型在清江上游流域的应用研究[D].恩施:湖北民族大学.

谭珉,孙毅,胡洋,等,2021.SWAT模型在清江流域上游径流模拟中的应用[J].湖北民族大学学报(自然科学版),39(3):353-360.

童国榜,贾秀梅,郑绵平,等,2002.江汉盆地始新世中—晚期气候变化周期性的孢粉学证据[J].地球学报,23(2):160-164.

王节涛,王彤,裴来政,等,2022.基于形态计量学的清江流域地下水潜在区研究[J].长江流域资源与环境,31(8):1823-1835.

王敬霞,2019.地下水作用下灰岩裂隙溶解扩展过程实验研究[D].北京:中国地质大学(北京).

王儒述,2005.三峡工程与长江中游湿地保护[J].三峡大学学报(自然科学版)(4):289-293.

王泽君,周宏,罗明明,等,2019.南方小型岩溶流域与非岩溶流域的释水过程及径流组分差异[J].水文地质工程地质,46(3):27-39.

王增银,沈继方,徐瑞春,等,1995.鄂西清江流域岩溶地貌特征及演化[J].地球科学(4):439-444.

王治强,1995.江汉平原四湖地区地下水参数的分析[J].水文(4):35-39.

吴德宽,刘波,2015.鄂北丘陵山区表层地下水富水性等级划分探析:以广水寿山地区为例[J].资源环境与工程,29(6):830-834.

武亚遵,万军伟,林云,等,2015.基于岩溶演化模型的隧道突水危险性评价[J].地质科技情报,34(5):166-171.

向芳,2004.长江三峡的贯通与江汉盆地西缘及邻区的沉积响应[D].成都:成都理工大学.

熊平生,谢世友,谢金宁,2004.初探三峡水库湿地面临的问题及其对策[J].国土与自然资源研究(4):62-63.

杨丽芝，刘迪，刘本华，等，2019. 胶体探孔器在观测岩溶水流速流向中的应用[J]. 工程勘察，47(4)：35-39.

於开炳，万军伟，2009. 宜万铁路岩溶发育规律及工程地质综合选线研究[D]. 武汉：中国地质大学(武汉).

曾昭华，1996. 江汉平原东部地区地下水资源的开发利用与保护[J]. 长江流域资源与环境，5(4)：375-378.

张昊，敖松，刘俊洋，2016. 北京地铁下穿运河区间地下水流速流向测试[J]. 城市轨道交通研究，19(7)：27-29＋34.

张欧阳，熊文，丁洪亮，2010. 长江流域水系连通特征及其影响因素分析[J]. 人民长江，41(1)：1-5.

张人权，梁杏，陈国金，等，2000. 长江中游盆地地质环境系统演变与防洪对策[J]. 长江流域资源与环境，9(1)：104-111.

张三定，朱红霞，王胜波，等，2019. 武汉城市表层岩溶带地下水特征研究[J]. 地下空间与工程学报，15(1)：157-164.

张永生，王国力，杨玉卿，等，2005. 江汉盆地潜江凹陷古近系盐湖沉积盐韵律及其古气候意义[J]. 古地理学报，7(4)：462-470.

张永生，杨玉卿，漆智先，等，2003. 江汉盆地潜江凹陷古近系潜江组含盐岩系沉积特征与沉积环境[J]. 古地理学报，5(1)：30-35.

张芸，2002. 长江流域全新世以来环境考古研究[D]. 南京：南京大学.

张中旺，常国瑞，2016. 中线调水后汉江生态经济带水资源短缺风险评价[J]. 人民长江，47(6)：16-21.

赵德君，2005. 江汉平原地下水系统三维数值模拟[D]. 武汉：中国地质大学(武汉).

中国地质调查局武汉地质调查中心，2016. 江汉-洞庭平原地下水水质与污染调查评价成果报告[R]. 武汉：中国地质调查局武汉地质调查中心.

中国地质调查局武汉地质调查中心，2016. 江汉-洞庭平原地下水资源及其环境问题调查评价成果报告[R]. 武汉：中国地质调查局武汉地质调查中心.

朱敬毅，1996. 清江流域岩溶发育综合研究成果简介[J]. 地质科技情报，15(2)：78.

BAUER S，LIEDL R，SAUTER M，2005. Modeling the influence of epikarst evolution on karst aquifer genesis：a time-variant recharge boundary condition for joint karst-epikarst development[J]. Water Resources Research，41(9)：109-127.

BINTI GHAZALI M F，BIN ADLAN M N，BIN SAMUDING K，et al.，2015. Direct determination of groundwater direction and velocity using colloidal borescope at Jenderam Hilir，Selangor[J]. Applied Mechanics and Materials，802：640-645.

GABROVŠEK，FRANCI，WOLFGANG DREBRODT，2000. "Role of mixing corrosion in calcite-aggressive $H_2O$-$CO_2$-$CaCO_3$ solutions in the early evolution of Karst Aquifers in limestone"[J]. Water Resources Research(36)：1179-1188.

LIU W, WANG Z J, CHEN Q L, et al., 2020. An interpretation of water recharge in karst trough zone as determined by high-resolution tracer experiments in western Hubei, China[J]. Environmental Earth Sciences, 79(14): 1-13.

VESPER D J, WHITE W B, 2004. Storm pulse chemographs of saturation index and carbon dioxide pressure: implications for shifting recharge sources during storm events in the karst aquifer at fort Campbell Kentucky/Tennessee, USA[J]. Hydrogeology Journal, 12(2): 135-143.